U0206093

THE SECRET OF LIFE

〔美〕霍华德 · 马克尔（Howard Markel）——— 著

生命的秘密

弗兰克林 ——— 沃森 ——— 克里克

和DNA双螺旋结构的发现

李果 ——— 译

社会科学文献出版社
SOCIAL SCIENCES ACADEMIC PRESS (CHINA)

ROSALIND FRANKLIN,
JAMES WATSON, FRANCIS CRICK,
AND THE DISCOVERY OF DNA'S DOUBLE HELIX

谨以此书纪念

M. 德博拉·戈尔丁·马克尔博士

1958 年 8 月 1 日——1988 年 10 月 16 日

一心扑在事业上的科学家，很遗憾，她的一生因癌症而过早地结束了

目　录

卷四　止步不前，1952 年

卷五　最后的冲刺：1952 年 11 月至 1953 年 4 月

卷六 诺贝尔奖

卷一　序曲

正如一位智者所言，所有的古代历史都不过是约定俗成的寓言。

——伏尔泰（Voltaire）[1]

就我而言，我认为各方把过去交给历史会好得多，越是在我打算书写历史之际，这种感觉越强烈。

——温斯顿·丘吉尔（Winston Churchill）[2]

第一章 开场

小学生都知道，DNA 是以四种字母的语言写成的丰富化学信息……当然，现在我们已经知道了其传递的内容，一切看上去都是那么的显而易见，甚至如今都没人记得当初这个问题看起来多么令人费解……科学研究的前线几乎总是迷雾重重。

——弗朗西斯·克里克（Francis Crick）[1]

1953 年 2 月 28 日，教堂的钟声刚响过不久，只见两个年轻人从剑桥大学卡文迪许实验室的楼梯间飞奔而下。二人欣喜若狂，因为他们刚刚取得了一生中最重大的科学发现，他们想把这个消息告诉同事们。来自伊利诺伊州芝加哥市、头发卷曲的 25 岁生物学家詹姆斯·D. 沃森（James D. Watson）"砰"的一声率先跳下楼梯。跟在他身后下来的是风格更加稳重的弗朗西斯·H.C. 克里克（Francis H. C. Crick），这位 37 岁的英国物理学家来自北安普顿的村庄韦斯顿·费弗尔（Weston Favell）。[2]

如果把此刻的情景拍成好莱坞电影，首先映入眼帘的会是空中俯瞰的剑桥大学，接着镜头切到克莱尔学院可爱的英式花园——沃森曾在这里住过。接下来，镜头移到浅浅的康河（Cam River）岸边，短短地掠过河上驾驶方头小船顺流而下的船夫。接着，镜头穿过"河背面"的三一学院和国王学院的宽阔草坪，最后向上对准数不胜数的石塔。

3　　　　我们的两位科学家气喘吁吁地跑着，领带都歪了，夹克衫的尾巴紧紧跟在屁股后面，他们刚从卡文迪许实验室哥特式的拱形双开门出来。二人冲下自由学校巷（Free School Lane），这是一条由不规则的风化石板铺成的蜿蜒小路。接着，他们冲过一丛遮住了圣贝尼特（St. Bene's）教堂的古树，教堂敦实的撒克逊塔（Saxon tower）可追溯至 1033 年，接着二人绕过了铁艺栅栏，旁边停满了自行车，这是剑桥许多学生、研究员和教授的主要交通工具。

图 1-1　圣贝尼特教堂，剑桥

　　那是个微风拂面、阳光明媚的下午，两位科学家的目的地是"老鹰"酒吧。[3]"老鹰"酒吧距离卡文迪许实验室仅百步之遥，于1667 年在本尼特街北侧开业。当时的名字为"老鹰与小孩"（the Eagle and Child），酒吧的主要特色为"一便士的三加仑啤酒"（beer for three gallons a penny）。从那时起，这里就一直是剑桥大学学生们最喜爱的饮酒场所。二战期间，"老鹰"酒吧曾是驻扎在附近的皇家空军部队的非正式总部。酒馆一个房间的墙上画有巨幅涂鸦和空军中队编号，现已斑驳陆离。一位不知名的飞行员甚至在天花板上装饰了一幅画，画中是一位身材丰满、衣着暴露的女性。 4

每周的六天里，沃森和克里克都会在位于皇家空军用过的房间和橡木风格的酒吧大厅之间的舒适沙龙里享用午餐，酒吧里摆满了五颜六色的黑啤、麦芽啤和拉格啤酒。2月28日这天，他俩气喘吁吁、汗流浃背地出现在"老鹰"酒吧门口时，里面已经挤满了各路学者，众人正在品尝热气腾腾的香肠土豆泥、炸鱼薯条、牛排、腰子派等午间美食。大快朵颐间，剑桥这些人杰大声辩论着人类生活的方方面面。

我们的生物学家和物理学家的嗓门明显要大很多。他们刚刚发现了脱氧核糖核酸（DNA）的双螺旋结构。弗朗西斯"飞奔"进酒馆，扯着嗓子喊道："我们发现了生命的秘密！"[4]沃森说当时的情况就是这样——尽管克里克后来一直礼貌但决绝地否认在那个改变命运的下午曾说过这番话。[5] 5

在剑桥的学术圈里，这种自吹自擂的行为会被鄙视，只是克里克多数时候压根不予理会。但无可争辩的是，沃森和克里克在这天确实发现了生命的秘密，或者说，至少发现了生命的核心生物学秘密。他们对DNA结构的阐明体现了一条数百年来一直流传至今的定律：必须先明确一个生物单位的结构或其解剖学，才能完全理解（和操纵）其功能。说起DNA，我们现代人对它携带遗传信息方式的几乎全部理解都建立在这个发现的基础之上。我们可以毫不犹豫地说，1953年2月28日是科学史上——甚至人类史上——曙光乍现的时刻。一旦光明出现，我们对遗传、生命科学和人体的理解就变得不一样了。一切都变了，世界仿佛从黑暗时代进入到了无限光明的时代。[6]

图 1-2 "老鹰"酒吧

双螺旋结构的澄清解释了 DNA 在单个活细胞分裂成两个的过程中发挥的核心作用，每个新细胞都包含并体现了亲代 DNA 的一个拷贝。DNA 的结构单元名为核苷酸（nucleotides）；每个核苷酸由一个糖或碳水化合物组成，糖或碳水化合物连接着一个碳酸基团（phosphate group，一个磷原子与四个氧原子结合而成）和一个氮基（nitrogen base）。DNA 中的氮基从化学上分为嘌呤和嘧啶。我们现在知道，一条螺旋中的嘌呤（鸟嘌呤与腺嘌呤）与另一条中的互补嘧啶（胞嘧啶和胸腺嘧啶）通过氢键相连，从而构成了螺旋楼梯的阶梯。数十亿个 DNA 分子相连，它们的双螺旋结构中包

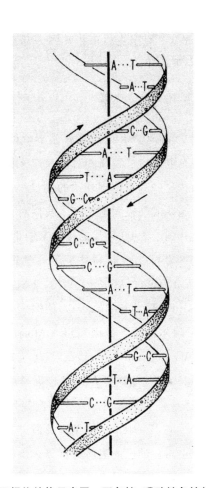

图 1-3　双螺旋结构示意图。两条糖-磷酸链条缠绕在外侧，
扁平的氢键碱基对构成核心。从这个角度看，
双螺旋结构就像一个由碱基对构成台阶的螺旋楼梯。
（画家：奥迪尔·克里克，1953 年）

含了精确排列的嘌呤和嘧啶碱基。

　　长长的双螺旋核苷酸分子构成了所谓的生命的秘密，也即我们
现在所说的遗传密码。沃森和克里克的洞察力最终解开了遗传学中

的质能公式（$E = mc^2$），克里克后来将其称为"生物学中的核心教义"：DNA→RNA→蛋白质。

�

20 世纪上半叶，物理学家统治着科学界。[7]他们在原子、X 射线、放射性物质、光电效应、狭义相对论和广义相对论等方面做出的重大发现，以及对这些基本物理现象的测量得出的"不确定性"令世界为之振奋。这些成就极大地改变了我们对自然的看法，也把科学的社会地位提升到了 1900 年代的科学家们难以想象的高度。[8]

现代物理学的一个标志性胜利是量子力学理论——由"伟大的丹麦人"（the great Dane）尼尔斯·玻尔（Niels Bohr），奥地利人埃尔温·薛定谔（Erwin Schrödinger），德国三人组马克斯·普朗克（Max Planck）、阿尔伯特·爱因斯坦（Albert Einstein）和维尔纳·冯·海森堡（Werner von Heisenberg），生于布达佩斯的利奥·西拉德（Leo Szilard）及其他许多人共同推动（也为了容纳其他理论而做了调整）。这些科学家试图深入人类肉眼所不及的原子及其最细微组成部分——电子、中子、质子以及最近发现的夸克和希格斯玻色子（Higgs boson）的层面去解释世界。他们梦想着用一系列令人叹为观止的数学概念解释乃至预测自然科学。因此，理论物理学家名扬四海，而那些默默在实验室耕耘以证实伟大理论的实验物理学家则显得默默无闻。[9]

二战期间，盟军的物理学家与数学家、化学家和工程师合作，开发了雷达、声呐、喷气发动机和塑料，推动了电子学和电磁学领域的发展，并利用新型的计算机技术破解了纳粹的英格玛密码（Enigma code）。[10]而在新墨西哥州的洛斯阿拉莫斯、田纳西州的橡树岭和华盛顿州的汉福德，其他物理学家利用铀和钚原子展现出的惊人力量研制出了摧毁广岛和长崎的原子弹。

意识到自己的工作所造成的恐怖后果后，其中许多科学家承诺永不再参与研发一切军需物资。取而代之，科学前沿热烈讨论的主题转移到了所知最小的量子层面的生命构造：构成血液、肌肉、神经元、器官和细胞的分子（也即"分子生物学"和"生物物理学"等术语指涉的领域）。正如沃森谈到的，"在二战后的学术界，唯一让所有人感到兴奋的学科就是物理学。化学革命产生于物理学。生物学革命也起源于物理学，但这场革命直到 DNA 结构的发现才真正开始"。[11]

1950 年之际，没人知道基因是如何把生命体的关键数据和特征传递给后代的，哪怕世界上最优秀的科学家也不知道。基因是如何发挥作用的呢？细胞质或细胞核中是否存在中介信使？细胞的这两个不同部分——细胞质和细胞核——是如何相互作用的？是否存在遗传密码，如果存在，它又是如何传递如此多样的信息呢？由于氨基酸链又长又曲折，其可能的组合方式也近乎无限，蛋白质是不是决定细胞复制方式的关键因素呢？还是人类不太了解的 DNA？如果是的话，DNA 又是如何传递如此复杂的遗传信息呢？由于 DNA 仅包含四种不同的氮碱基（腺嘌呤、鸟嘌呤、胸腺嘧啶和胞嘧啶），其化学词汇是否过于有限、过于简单，而无法充当生命的罗塞塔石碑（Rosetta Stone）？

从物理学到生物学的漫长演变中，最有影响力的引导者或许是薛定谔。为发泄他对量子力学日益不满的情绪，他提出了一个能让物理学家计算出一个系统的波函数的方程，为此他还设计了一个名为"薛定谔的猫"的思想实验。[12]1933 年，他因"发现新的原子能产生形式”而与其他科学家分享了诺贝尔物理学奖。[13] 1944 年，薛定谔出版了一本名为《生命是什么：活细胞的物理观》（*What Is Life?: The Physical Aspect of the Living Cell*）的小书，书中内容以他于 1943 年在都柏林三一学院高等研究所（Advanced Studies of Trinity College）的系列讲座为基础。[14] 没有其他任何一本书能对分子生物学的概念产生如此巨大的影响。在一次采访中，沃森、克里克和威尔金斯都曾谈到这本书对他们产生的震撼，以及它对他们科学生涯的巨大影响。

《生命是什么》描述了一位名叫马克斯·德尔布吕克（Max Delbrück）的德裔科学家的工作，并提出了四个生物物理学问题：基因是什么？基因是遗传的最小单位吗？构成基因的分子和原子是什么？父母的性状是如何遗传给后代的？为此，薛定谔假设存在一种非周期性的晶体或固体，即“基因——或整个染色体纤维”，它们由按照特定规则序列排列或重复的分子组成。[15] 他进一步指出，这些基因的化学键中蕴藏着指引生命、疾病和繁殖的遗传信息。这个观点让年轻的沃森和其他许多人相信，确定构成基因的原子的确切位置至关重要，这意味着要确定许多化学键以及它们在空间中的精确排列形式。

9　　从 1947 年开始，英国医学研究理事会向伦敦大学国王学院物理系拨款 2.2 万英镑，用于开展“生物物理学实验……研究细胞，特别是活细胞及其成分和产物”。确定 DNA 的结构及其在细胞生命中所起的作用，是这笔资金的几个目标之一。[16] 国王学院的研究小组拥有世界上最好的实验设备、最好的 DNA 样本，以及表面看上去合适的人选，他们可通过老式的科学方法（缓慢而稳定的数据累积）来解决这个问题。很遗憾，他们的工作受到两位关键研究人员之间不和谐关系的困扰：一个是神经兮兮、笨手笨脚的莫里斯·威尔金斯（Maurice Wilkins），另一个是刻薄、谨慎的罗莎琳德·弗兰克林（Rosalind Franklin）。他们的每次交流都因斗嘴、轻蔑、性别和文化差异、父权、权力机制等一系列问题而无法深入，研究工作也因此延误。

剑桥大学卡文迪许实验室就很不一样，在这里工作的沃森和克里克刚巧能够相互配合，二人都能在对方开口之前就把对方的话说完。他们的上司把他们分配到同一个小办公室，因为后者对二人不间断的打闹、逗乐已经不厌其烦。卡文迪许实验室这边也获得了医学研究理事会的巨额资助，但其生物物理研究组的任务是确定血红蛋白的结构，它是红细胞中结合并携带氧气的分子。沃森对这项工作毫无兴趣，于是他开始背离英国科学行为准则的要求。这位来自美国中西部地区的粗人丝毫不遵循英国绅士的训诫——绝不能觊觎其他单位的指定研究课题。他一心想搞清楚 DNA，不管付出多大代价，也不管会不会得罪国王学院的同事。这种行为最恶劣的例子可能就是沃森在弗兰克林不知情的情况下，"借用"她的数据来完成了这项研究。

而在大洋彼岸的帕萨迪纳（Pasadena），加州理工学院的莱纳斯·鲍林（Linus Pauling）被公认为世界上最伟大的化学家。1951年，鲍林在洛克菲勒基金会的全力支持下，击败卡文迪许实验室，发现了蛋白质的螺旋构型，卡文迪许实验室也颜面尽失。[17]1953 年，局面发生反转，鲍林当时提出了 DNA 的结构，但事实证明，他犯下了严重的错误。

时隔 15 年后，诡计多端的沃森狡猾地篡改了历史记录。他的诡计是一本看似在他还是个愣头青的时候就写好的语气刻薄但又令人难以抗拒的回忆录。实际上，这本书是沃森在 30 多岁担任哈佛大学生物学教授期间，利用几个暑假精心撰写的——1968 年的经典畅销书《双螺旋：发现 DNA 结构的故事》(*The Double Helix：A Personal Account of the Discovery of the Structure of DNA*)。[18]按照好莱坞的经典套路，沃森的《双螺旋》可能是"男孩遇到女孩——女孩羞辱男孩——男孩阴谋获胜"这类故事的最佳版本。作为科学侦探式写作的杰作，《双螺旋》几乎确保了沃森的故事版本在后续有关 DNA 的叙事中成为最强音。

48 年后的 2016 年 5 月 16 日，分子生物学界的名人齐聚冷泉港实验室（Cold Spring Harbor Laboratory）——这个实验室坐落于长岛北岸绿树成荫的校园内，致力于探索生命和疾病的基因密码。实验室最高的建筑是一座陶土红砖钟楼，钟楼上装饰有双螺旋楼梯。钟楼的四面分别镶嵌着绿色康尼玛拉大理石（Connemara marble）牌匾，上面标有代表组成 DNA 碱基的缩写字母：a、t、g、c，分别代表了腺嘌呤、胸腺嘧啶、鸟嘌呤和胞嘧啶。自沃森和克里克的重大发现在 1953 年 4 月 25 日出版的《自然》上杂志发表以来，这个建筑就成了沃森为自己竖立的纪念碑，虽然他会抱怨建筑师错用小写字母代替了大写字母，但所有科学家基本上都会做类似的事情。

这次活动的主题是"庆祝弗朗西斯的诞辰"，以纪念弗朗西斯·克里克诞生一百周年（他于 2004 年 7 月 28 日去世，享年 88 岁）。研讨会的开幕式由另一位 88 岁的长者主持，他因常年伏案 11 工作而双肩伛偻，粉红色的斑驳头皮上几缕银发迎风飘动。此人站在最近筹建的漂亮礼堂的讲台上，陶醉在冷泉港听众对他的注目中。这位长者就是"詹姆斯·沃森国王"，这里是他无可争议的科学王国。

沃森在演讲一开始就重复了他在《双螺旋》中提到的那个著名

的"老鹰"酒吧的情节。不过，这次他终于承认，自己为了"戏剧效果"而编造了克里克"发现了生命秘密"的感叹。[19]两年后的2018年夏天，坐在冷泉港双螺旋钟楼的阴影下，沃森着重解释了自己当时如此措辞的原因："弗朗西斯应该这么说，也会这么说。所以，我当时写下了这句完全符合他个性的话，所有人都会这么想。"[20]

但这个情节从未发生过。20世纪最著名的科学公告并不是按照我们多数人在中学教科书上看到的那种方式发布的。这个天方夜谭般的时刻就像DNA结构发现史诗的其他许多时刻一样，长期以来一直被夸大、篡改和美化。大量的回忆录、新闻报道和传记都从这个或那个参与者的角度讲述了DNA结构发现的故事，乃至这段历史已经成了罗生门式的传奇故事。外行人所能得出的结论很大程度上取决于他最后读到的是谁的故事版本。

沃森常用一句话来驳斥他的诋毁者："一切都是分子。分子以外都是社会学。"[21]然而，历史告诉我们，人类历史很少沿着这种狭隘的二元论或还原论的道路推进。这些年轻有为、才华横溢的科学家的人生由许多事件组成，其中一些在当时显得十分重要，而另一些则因为被忽视而显得无足轻重，直到多年后才被认为是重要的。巧合但关键的事件往往与蓄谋已久但最终无关紧要的事情同时发生，正确的人在正确的时间随机组合在一起，会碰撞出激情的火花，而错误的人在错误的时间相遇，则会留下无尽的遗憾。历史有胜利的高光，也有失败的低落；有同志般的精诚合作，也有琐碎无聊的内讧。这个故事还代表了一连串带有缺点的人参与和推动的进程，他们的行为举止常常体现了对成果优先权的竞争，而这正是诸多伟大科学发现的特点。[22]DNA分子结构发现的故事隐藏在层层解释、说明和混淆之下，成了科学史上被误解最深的悬案之一。

现在，是时候告诉世人整个事件的前因后果了。

第二章　僧侣和生物化学家

> 遗传的规律尚有很多未知；没人能够说清楚为何同一物种的不同个体和不同物种个体的相同特征有时候会遗传，有时候不会；为什么孩子的某些特征会跟其祖父或祖母以及其他更遥远的祖先的特征类似；为什么某些特征往往从一种性别传递给两种性别的后代，而另一些仅遗传给单独某个性别的后代，更常见的则是遗传给同样性别的后代（但也有例外）。
>
> ——查尔斯·达尔文，1859 年[1]

起初，在摩拉维亚（Moravia，今捷克共和国布尔诺）布吕恩（Brünn）的一座小山上建有一座修道院。1352 年，奥古斯丁派修士建造了一座 L 形的双层石灰泥外墙的石砌修道院，顶部是橘色黏土瓦片的斜屋顶。一层是环抱排列的食堂和图书馆，正上方是修士们的开放式方形宿舍。这些房间的一侧可以俯瞰斯维塔瓦河（Svitava）和斯夫拉特卡河（Svratka）的交汇之处，另一侧是哥特式方形红砖圣母升天大教堂。当权者将其命名为圣托马斯修道院，以纪念这位最初怀疑耶稣基督复活的使徒（他也因此得名"怀疑的托马斯"）。

修道院的大厅和拱廊显得很肃静，偶闻鸟啼声。修道院紧挨着斯塔罗布诺酿酒厂（Starobrno brewery），空气里弥漫着煮沸的啤酒花、酵母和谷物的混合香味，这个酒厂自 1325 年起就开始为布吕

恩的村民们提供酒水。修道院中庭的一个角落处是一座被精心打理 14
的花园，周围是一片修剪整齐的草地。一位名叫格里高尔·孟德尔
（Gregor Mendel）的修士在花园里种植了西红柿、豆子和黄瓜。[2]修
士最引以为豪的是他种下的豌豆，这些豌豆发芽后形成了名副其实
的旁尼特方格（Punnett Square），形状、大小和颜色各不相同。[3]

图 2-1　开展豌豆实验时期的孟德尔

约翰·孟德尔（Johann Mendel，加入奥古斯丁派后得名格里
高尔）于 1822 年生于一个农民家庭，他们家在摩拉维亚-西里西
亚边境附近，以种地为生。孟德尔打小喜欢园艺和养蜂。他在当地
学校里成绩不错，1840 年考入附近奥勒马克（Olemac）的一所大
学。三年后的 1843 年，由于家里没钱且学费高昂，孟德尔被迫在
取得学位前退学。

但孟德尔决心继续学业，于是放弃了本就不多的财产，于

1843 年进入圣托马斯修道院当了僧侣。晚间祈祷时，他都会因为不必再为生计或偿还家庭债务担忧而感谢上帝。他的小卧室很舒适，饭菜也很丰盛。由于修道院是布吕恩的知识中心，1851 年，孟德尔说服修道院院长为他筹措到一笔可自由支配的资金，用于支付他前往维也纳大学学习的费用。[4]在维也纳大学学习期间，孟德尔在物理学、农业、生物学，以及植物和羊的遗传性状研究方面都表现突出。孟德尔天资聪颖，不像托马斯那般多疑，而更像圣安东尼（St. Anthony）那样善于发现新的事物和观念。

1853 年，格里高尔修道士回到了布吕恩，修道院院长安排他在当地中学讲授物理——尽管他前后两次都没能通过成为合格教师的口试。与教区的工作相比，他更喜欢打理自己的花园。就在这片狭小的土地上，孟德尔开始了现代遗传学的研究。每天，他都会详细记录下眼前豌豆植株连续自花受精（self-fertilizing）过程中出现的七种变化：高度、豆荚形状和颜色，种子的形状和颜色，以及花朵的位置和颜色。

孟德尔把高植株与"矮植株"杂交后不久，注意到后续世代的所有植株都很高。因此，他把"高"的特征称为显性性状，把"矮"的特征称为隐性性状。而在杂交植株彼此结合培育出的下一代植株中，孟德尔观察到高矮两种性状都表现出三比一的显隐比。孟德尔发现，豌豆植株的其他显隐特征也呈固定的显隐比。最后，他提出了数学公式来预测这些性状在后续世代和受精过程中的表现形式。[5]他认为这些现象是由"看不见的因素"造成的，也即我们如今所知的基因。

☤

1865 年 2 月 8 日和 3 月 8 日晚，我们的修士在布吕恩自然科学学会接连举行的两次会议上介绍了他的研究成果。今天，科学研讨会的参与者中如果出现一位身着长及脚踝的黑色羊毛僧袍，头顶黑色尖形长帽（或称僧帽）的僧侣会显得有些奇怪。但彼时布吕恩自然科学学会的参与者不仅有修道院的修士、知识分子，甚至还有临近乡村好奇的农民。孟德尔仅用一块黑板来演示他的复杂公式，他的声音因多年的沉默寡言而近乎耳语，这给当时在场的四十多名参与者留下了深刻印象，也让他们感到困惑。

同年晚些时候，孟德尔在该学会的论文集上发表了此前的演讲内容。遗憾的是，《布吕恩自然科学学会论文集》（*Verhandlungen des naturforschenden Vereines in Brünn*）并未得到广泛传播，孟德尔的发现也没能取得世界范围的影响。书斋里的历史学家常常把孟德尔的工作迟迟得不到认可归结为他发表论文的平台太低，但实际情况远非如此简单。孟德尔把遗传描述为发生在离散的、可预测的单位中，这与当时的人对身体和生殖官能的解释背道而驰。当时的传统观点认为，人体四种体液（血液、黏液、黄胆汁和黑胆汁）之间的平衡控制着人体器官的功能，甚至控制着子女的性格。[6]这一流传了数百年的理论是完全错误的，但要推翻它尚需数十年的科学探索。此外，孟德尔用来解释其数据的数学与当时的生物学家和博物学家们对科学的理解格格不入，这些人理解达尔文的理论尚且有些困难，更不用说接受它了。孟德尔时代的博物学家更乐于收集、命名和根据形态特征对不同物种分类。[7]

遗憾的是，孟德尔以圣托马斯修道院院长的身份度过了他生命最后的十七年时光，其间还卷入了与奥匈帝国官僚机构之间关于修道院税单的纠葛中。1884 年，他因慢性肾病去世，享年 62 岁。又过了 16 年，时间来到了 1900 年，一位荷兰植物学家［雨果·德·弗里斯（Hugo de Vries）］、一位奥地利农学家［埃里希·冯·舍马克-塞舍尼格（Erich von Schermack-Seysenegg）]、一位德国植物学家［卡尔·科伦斯（Karl Correns）] 和一位美国农业经济学家［威廉·贾斯珀·斯皮尔曼（William Jasper Spillman）] 秉承着无畏的文献查证精神，从尘封的书堆中找出孟德尔的论文，并验证了他的研究成果。[8]如今，只有最感兴趣的人才会想起这四位科学家，因为他们如此慷慨（和诚实）地把首要功劳归于孟德尔。近年来，一小撮事后诋毁者认为孟德尔伪造了数据，因为他的论文中数学比率过于完美，在统计上是不可能的。但更多的生物学家和生物统计学家却热忱地为孟德尔辩护。[9]如今，多数史家都认为孟德尔的报告肯定是正确的，而且很可能也是如实记录。

重新发现孟德尔关于简单的隐性和显性性状传递的主导"定律"为现代遗传学奠定了基础。孟德尔被后人尊称为"经典遗传学"之父，或者至少说是"孟德尔遗传学"之父。这个学说体系的主要问题在于，多数遗传性状并不简单，它们由多个基因相互作用产生，而这些基因在环境、社会和其他因素的影响下也会改变其表达方式。

17

1868 年秋，距离孟德尔的论文发表已过去三年，一位名叫约翰内斯·弗里德里希·米舍尔（Johannes Friedrich Miescher）的人正在收集他刚从图宾根大学外科病房获得的绷带上的脓液。作为一名新晋的瑞士医生（当年刚获得巴塞尔大学的医学博士学位），米舍尔出身良好。他的父亲约翰·F. 米舍尔（Johann F. Miescher）是巴塞尔大学的生理学教授；叔叔威廉·米舍尔（Wilhelm His）是巴塞尔大学的解剖学教授，在神经生物学、胚胎学和显微解剖学等领域做出了革命性贡献。[10]

米舍尔从小就因为中耳炎加重引起的乳突窦患上了严重听力障碍。而当他的身份从课堂的学生转变为医院和诊所的医生时，听力障碍就成了问题，这让他与病人之间的交流变得困难。他的父亲和叔叔一致认为，开始临床实践之前，米舍尔休养一段时间可能对他自己有好处。二人利用自己的关系，在图宾根大学费利克斯·霍普-塞勒（Felix Hoppe-Seyler）教授的实验室为他安排了一个待遇优厚的研究职位。霍普-塞勒教授是现代生物化学的奠基人。他的众多发现就包括红细胞的携氧功能，即血红蛋白的蛋白质及其关键成分——铁所发挥的作用。

霍普-塞勒的实验室位于此前霍亨图宾根城堡（Hohentübingen Castle）的地下室。它由一组狭窄的房间组成，房间里有深嵌的拱形窗户，可以俯瞰内卡河和阿玛尔山谷。米舍尔爱上了这个地方，他开始在霍普-塞勒教授的指导下研究起中性粒细胞和白细胞的构成，后者会在血液中搜寻外来入侵者并抵御感染。米舍尔之所以选择白细胞做研究对象，是因为白细胞没有嵌入组织，因此更容易分离和纯化；此外，白细胞的细胞核特别大，是细胞的指挥中心，放在光学显微镜的放大镜物镜下就能看到。

事实证明，采集白细胞最好的地方莫过于包裹手术病人的青灰色、沾满脓液的绷带。19世纪的外科医生推崇一种现已过时的观念，即"脓液值得称赞"（laudable pus）。他们认为脓液是可怕手术后伤口愈合的副产物，伤口产生的脓液越多——通常是外科医生肮脏的手术刀和手造成的——伤口愈合的可能性就越大。我们现在知道，多数情况下，脓液分泌过多会导致术后感染。"值得称赞的脓液"最常见的后果是让感染通过血液扩散，从而使病人陷入败血症的死亡阴影中。

就像科学探索中的常见情形一样，米舍尔也从另一位研究者的技术发明中获益。这位让他获益的人便是图宾根大学外科诊所主任维克多·冯·布伦斯博士（Dr. Viktor von Bruns），此人刚刚发明了一种被称为"毛感棉"（woolen cotton）的高吸水性棉织材料。如今，我们把它称作纱布。撇开术后感染不谈，这种类似海绵的新型绷带对米舍尔日常的脓液收集起到了重要作用。[11]

随着时间的推移，米舍尔学会了如何更好地把脆弱的白细胞从这些绷带上的脓液中分离出来同时又不损坏或完全破坏它们——这可不是件容易的事。幸运的是，他长了双外科医生口中的"巧手"（good hands），还开发了一系列化学技术，析出了一种前人从未描述过的富含磷和酸的物质。米舍尔确定这种物质仅存在于细胞核中，并将这种新物质命名为核蛋白质（nuclein）。今天，我们把米舍尔发现的物质称为脱氧核糖核酸（或 DNA）。[12] 人们在闲聊时，常常误以为沃森和克里克发现了 DNA，而事实上，他们发现的正是米舍尔在 84 年前的 1869 年用化学方法分离出的脱氧核糖核酸的分子结构。

19

1871 年，米舍尔离开图宾根前往莱比锡，在著名生理学家卡尔·路德维希（Carl Ludwig）指导下开展工作。[13] 就在当年，他撰写了一篇关于核蛋白质的研究论文，霍普-塞勒博士对文中高度可重复的数据严格审查后，同意在他主编的著名期刊《药物化学研究》（Medicinisch-chemische Untersuchungen）1871 年的一期上发表。而与米舍尔论文一同出版的当期社论中，霍普-塞勒对核蛋白质的科学创新性给予了热烈的肯定。[14]

图 2-2　发现 DNA 时期的弗雷德里希·米舍尔

　　翌年，米舍尔回到家乡巴塞尔获得了"特许任教资格"（Habilitation，某种博士后讲席职位），这是 19 世纪德国、奥地利和瑞士年轻医生的入门级学术职位。[15]1872 年，28 岁的米舍尔旋即获得了巴塞尔大学生理学主任和教授职位。由于他的父亲和叔叔都曾是巴塞尔大学的著名教授，嫉妒的同事们便无端指责大学任人唯亲。米舍尔证明了这些指责毫无根据，并在科研岗位上站稳了脚跟。

　　巴塞尔大学坐落于莱茵河畔。它的地理位置造就了另一个奇妙的巧合。鲑鱼捕捞是巴塞尔地区的主要产业。鲑鱼精子细胞也很容易用米舍尔时代的化学技术分离和纯化。这些细胞的细胞核也特别大，因此也富含可供提取研究的核蛋白质。因此，米舍尔乐此不疲地从鲑鱼生殖腺中提取源源不断的精子细胞。在实验室中，他确定了核蛋白质由碳、磷、氢、氧和氮组成。顺便一提，米舍尔早期研

20

究的核蛋白质经常受到杂散蛋白（stray proteins）及其成分硫的污染。

1874 年，米舍尔报告了不同脊椎动物核蛋白质的诸多相似之处（以及一些细微差异）。米舍尔论文中的一句不温不火的话表明，他曾一度徘徊于重大科学发现的门口："如果一个人……想要假定一种物质……是受精的具体原因，那么毫无疑问，他首先应该考虑的是核蛋白质。"[16]然而，一阵左右摇摆后，他最终还是无法理解，像生殖这般复杂的过程，怎么会由一个"多样性有限"的简单化学物质引导。寥寥数语之后，米舍尔得出结论："没有一种特定的分子能够解释受精现象。"[17]

与孟德尔一样，可怜的米舍尔也陷入了行政事务争论的泥潭，而没有花时间进一步思考相关问题。1895 年，年仅 51 岁的米舍尔死于肺结核。巴塞尔大学以他的名字命名了一个生物医学研究所。然而，在他的家乡以外，很少有人记得他的名字和贡献。又过了半个多世纪，世人才弄清 DNA 的实际作用。不幸的是，在此之前，学术界对遗传的理解已经偏离了正轨。

21

第三章　双螺旋发现之前

让有缺陷的人无法生养有缺陷的后代，这个主张建立在最合理的理由之上，适当地满足这个要求是人类必须面对的最人道的任务。这样做可让上百万人免于不幸和不该承受的痛苦，从而逐步改善国民健康……这是当代人和子孙后代的福气。本世纪所经历的短暂痛苦可以而且将会让千千万万的后代免于痛苦。

——阿道夫·希特勒，1925 年[1]

从 19 世纪 80 年代末开始，众多盎格鲁-撒克逊新教上层白人（以及他们的妻子和孩子）对自己国家的基因库的前景忧心忡忡，这种情绪在 20 世纪前 30 年逐步升至顶峰。[2]英国博物学家、达尔文的堂兄弟弗朗西斯·高尔顿爵士（Sir Francis Galton）于 1883 年提出了一个伪科学理论来为这群人的担忧背书。他发明了一个新词来刻画自己的理论：优生学（eugenics），这个词源于希腊语 "εὐγενής"（或 eugenes），意为 "优良的品质或先天赋予的高贵品质"。为了 "让更适应的种族……有更好的机会迅速战胜不那么适应的种族"，高尔顿提出了一项改善公众健康的计划。[3]不久之后，弗朗西斯爵士的优生学就在英国和欧洲的白人知识分子中如火如荼地传播开来，还进一步传播到了美国。

而在美国这边，此时正处于历史学家口中的进步时代（1900~1920 年左右），这个世代的改革者试图解决当时主要的社会问题，

22 比如城市中的贫困现象、教育、大量移民涌入美国后的同化问题——从流行病到婴儿惊人的高死亡率等公共卫生危机，以及人口的爆炸性增长等不一而足。这些改革者常常对他们心中不受欢迎的人做出不恰当的优生学解释：所谓的"精神缺陷者"（医生和心理学家会发明新的临床术语来给他们贴标签，比如"低能儿"、"白痴"和"愚笨者"等）、盲人、聋哑人、精神病患者、"跛足者、瘸子、残废"、癫痫患者、孤儿、未婚母亲、美国原住民、非裔美国人、移民、生活在城市贫民窟和阿巴拉契亚山区和丘陵地带的穷人，以及许多其他"外来"群体。进步人士声称，所有这些"劣等种族"都对美国社会的经济、政治和道德健康构成了威胁。

优生学为身居要职的美国人提供了一种权威的科学话语，从而进一步确证他们对那些自己所担心的"危险种族"的偏见。当时的解决办法是隔离和封锁，从而防止不受欢迎的人污染"优越的"、占统治地位的当地白种美国人。[4]那些被划为"优生优育"的人，尤其是盎格鲁-撒克逊新教徒则被鼓励以更快的速度生育，这种观念又称积极优生学（positive eugenics）。那些被认为"基因低劣的人"——几乎涵盖其他全部族群——则被施以消极优生学（negative eugenics）计划，从而阻止其繁衍后代，比如国家强制精神缺陷者绝育法，以种族或种族通婚法律等形式限制谁能与谁结婚，婚前强制通过血液检测性传播疾病、节育手段和苛刻的收养法等。本土主义者呼吁限制那些他们认为无法同化的"移民"入境，由此产生了更加恶劣的社会政策。美国国会利用优生学宣传作为所谓的证据基础通过了《1924 年移民法》，从此关闭移民通道长达40 多年。这项政策也相当于为德国和东欧数百万犹太人下达了死亡令，因为他们无法通过移民美国来躲避希特勒的疯狂残害。[5]

23 美国优生学运动的中心是位于长岛冷泉港的实验进化站

（Station for Experimental Evolution）和优生学记录办公室（Eugenics Record Office），负责人为查尔斯·本尼迪克特·达文波特（Charles Benedict Davenport），一位孜孜不倦、毕业于哈佛大学的生物学家，也是著名的国家科学院院士。[6]优生学记录办公室成立于1910年，当时，铁路大亨 E. H. 哈里曼（E. H. Harriman）的妻子玛丽·哈里曼（Mary Harriman）向它捐赠了一笔巨款，华盛顿特区卡内基研究所（Carnegie Institution of Washington，DC）、小约翰·洛克菲勒（John D. Rockefeller，Jr.）和约翰·哈维·凯洛格博士（Dr. John Harvey Kellogg）也纷纷慷慨解囊。现在，这个机构就是冷泉港实验室所在地，长期以来一直由沃森负责日常运作及扩建和宣传，直到他因种族主义问题被解雇。[7]直到今天，冷泉港实验室生物研究院的研究生们还住在达文波特曾经居住过的维多利亚式阴暗宿舍里。

在孟德尔的著作被重新发现后的几年里，他的理论引发了一场激烈的公共讨论。而优生学记录办公室则是这场讨论中最为热烈的参与者，相关的主张也最多。其中最广为人知的恶劣结果则是：优生论者将孟德尔对豌豆的观察结果错误地应用于一系列复杂的社会问题上。达文波特决心向那些他心中威胁到国家基因库纯洁性的人宣战。[8]在1910年美国育种家协会优生学委员会的一次会议上，他怒吼道："社会必须保护自己；正如它有权剥夺杀人犯的生命一样，它也可以消灭恶毒到无可救药的原生质。"[9]

为此，达文波特负责组建了一个由社会工作者、实地调研员、社会学家和生物学家组成的团体，他们整理了冗长、错误且极具影响力的血统分析报告，断言各种行为都有遗传学基础，包括他声称在意大利人中常见的好色和犯罪；犹太人遗传的神经衰弱、肺结核和商业交易中的狡诈；常见于阿巴拉契亚地区人群中的弱智；吉普

图 3-1 优生学记录办公室主任查尔斯·B. 达文波特，1914 年

赛人和流动工人的游牧特征；甚至水手对大海的热爱或嗜海癖（thalassophilia）都涵盖在内。

在达文波特心中，东欧犹太人对美国社会构成了特别严重的威胁。1925 年 4 月 7 日，他对朋友麦迪逊·格兰特（Madison Grant）愤愤谈道，"我们的祖先把浸礼会教徒从马萨诸塞湾赶到了罗德岛，但我们却没有地方可以驱赶犹太人。此外，他们烧死了女巫，但烧死我们自己任何相应规模的人口都显得不合时宜"。[10]作为保护主义者、律师和美国自然历史博物馆理事，格兰特同样是优生学的著名支持者。1916 年，他撰写了《伟大种族的逝去》（*The Passing of the Great Race*）一书，书中提倡反移民政策、隔离"不受欢迎的"种族，以及制定强制绝育法等，因为他认为许多美国人来自"劣等种族"。这本书对纳粹德国产生了最为恶劣的影响。阿道夫·希特勒在制订其臭名昭著的"种族卫生"（racial hygiene）计划时，就把格兰特的巨著称为"我的圣经"，这些计划灭绝了 600万犹太人和数百万同性恋者、吉普赛人、残疾人、政治犯或宗教犯，以及元首认为不适应第三帝国的其他人。[11]

撇开优生学抹不去的污点不谈，当时那个时代确有其他一些科学家在努力为现代遗传学奠定基础。最重要的工作由一批遗传学家共同完成，他们证明了细胞核中被称为染色体的线状结构携带着生物体的部分或全部遗传物质，也即我们今天所谓的基因。多个实验室的生物化学家都开发出了确定染色体由蛋白质和脱氧核糖核酸（DNA）组成的方法。还有一些科学家开创了群体遗传学领域，旨在研究不同人群内部和群体之间的遗传变异。[12]

然而，他们所有人都无法理解的是生物繁殖的生物学机制。要解决这个关键问题，必须先发展出一门全新的科学——分子生物学。在完全理解基因的功能之前，人们必须从分子和组成分子的原子的最小层面描述基因的形式或结构。在这条路上往前推进的障碍在于，科学家们对遗传物质究竟存在于 DNA 中还是蛋白质中，抑或同时存在于二者之中存在巨大分歧。在 20 世纪上半叶的大部分时间里，许多人都把赌注压在了化学性质复杂得多的蛋白质上（但事实证明，这是错误的）。许多人认为，DNA 是被动的，是基因赖以生存的分子架构。[13]

这场科学争论在纽约洛克菲勒医学研究所内显得尤为激烈。1901 年，洛克菲勒医学研究所由同名基金会和标准石油垄断公司捐资成立，它是美国第一家独立运行、资金充足的医学研究机构。洛克菲勒父子明确要把这个研究所建成现代医学研究的一座熠熠生辉的灯塔。[14]首先，他们明白，实质性的科学研究需要大片土地。于是，1903 年时，老约翰·D. 洛克菲勒和小约翰·D. 洛克菲勒斥巨资 65 万美元在能够俯瞰曼哈顿东河、位于第 64 街和第 68 街之间的陡岸上购买了 13 英亩土地。1906 年 5 月，研究所永久落户于此，四年后，旁边一家拥有 60 张床位的医院正式开业，免费为任何患有下述五种重点研究疾病的患者提供治疗：脊髓灰质炎、心脏病、梅毒、"肠道幼稚症"（乳糜泻）以及人类的头号杀手之一——大叶性肺炎。随着时间的推移，医院的临床任务也在不断拓

26 展。洛克菲勒家族以向"他们的"科学家提供所需的一切资源为荣，并预计这种慷慨会带来许多新的伟大发现。"小子"，年迈的石油大亨对儿子说，"我们有钱，但只有找到有想法、有预见、有担当的能人将其用到实处，这些钱才对人类有价值"。[15]

洛克菲勒家族最有成就的员工之一是名为奥斯瓦尔德·T. 艾弗里（Oswald T. Avery）的医生。艾弗里生于加拿大新斯科舍省哈利法克斯，父亲是一位牧师，他们一家于 1887 年迁往纽约，艾弗里在这里度过了余生。即便在年轻时，奥斯瓦尔德也表现出了刚毅的气质，一脸严肃，他的医学知识令人印象深刻。艾弗里秃顶、头

27 型如卵，长长的鼻梁上架着一副夹鼻眼镜。他身材矮小、声音柔和、举止温和，衣着总是无可挑剔。学生们会带着亦庄亦谐的口吻称他为"那个教授"（the Professor）。[16]

艾弗里博士的实践和研究主要集中在肺炎链球菌（Streptococcus pneumoniae，或称肺炎球菌）上，它是大多数"社区获得性肺炎"的致病菌。抗生素问世之前，美国的肺炎致死率超过十万分之一。[17]一旦证实肺炎链球菌是多数社区获得性肺炎的病因，众多研究人员

图 3-2　洛克菲勒医学研究所和医院的员工奥斯瓦尔德·艾弗里，1922 年

便试图从肺炎患者的白细胞和血液的其他免疫成分中提取血清。
1928 年，美国细菌学家和公共卫生官员弗雷德里克·格里菲斯
（Frederick Griffith）发现，经过热处理的带毒肺炎链球菌可将不带毒
菌株转化为带毒菌株，自此，相关研究领域的关注点也起了变化。[18]
20 世纪 30 年代初，洛克菲勒研究所和哥伦比亚大学的研究人员又开
展了进一步的研究，结果表明，有毒力的 III 型或 S 型肺炎链球菌
（因未被包裹，表面显得光滑）与无毒力的 II 型或 R 型肺炎链球菌

（因被包裹，表面显得粗糙）混合培养，无毒力菌株可转化为有毒力菌株。[19]

没人知道这一微生物过程中的活性转化因子（transformative factor）究竟是什么，也不清楚它是如何把毒性传递给另一菌株的，更不清楚其可能的化学成分。有人推测，肺炎链球菌的多糖外壳是其自我复制的模板。还有人认为，这种因子是一种存在于细胞内部的蛋白质多糖抗原。自 1935 年开始，艾弗里教授着手回答这些问题。他与两位年轻的同事科林·麦克劳德（Colin Macleod）和麦克林·麦卡蒂（Maclyn McCarty）合作，以严谨的态度和惊人的效率完成了相关研究工作。许多科学家认为，他们的工作应被授予诺贝尔奖；可惜，面对 1932~1948 年多达十几次的提名，斯德哥尔摩均置若罔闻。[20]

像僧侣孟德尔一样，艾弗里也细心打理着自己的微生物花园。他花了数年时间开发生化技术，用于培养、操作和分离大量肺炎链球菌培养物。但他的努力多以失败告终。"失望是我的家常便饭，但我却在失望中茁壮成长，"教授常常如此说道。在那些特别艰难的日子里，他也更加直白地表达了自己的挫败感："不记得多少次了，我们都曾打算彻底放弃。"[21]最终，他创建了一套可靠且可重复的操作规程，用于分离和分析所谓的"转化物质"。

除了要在实验室克服许多技术难题外，艾弗里还患上了格雷夫氏病（Graves' disease），这是一种甲状腺自体免疫性疾病，会发展成让人衰弱的甲状腺功能亢进，"尽管非常努力，但抑郁和烦躁的情绪并不总能掩饰得住"。他于 1933 年或 1934 年接受了甲状腺切除术（医院记录现已销毁）。虽然恢复了往日的健康，但艾弗里还是经常以生病为借口，尽量避免社交活动，回避学术会议，从而

"全身心投入到工作中"。[22]

1943 年初，艾弗里已经确定了所谓的转化物质是脱氧核糖核酸。是年 5 月的一个深夜，他给在范德比尔特大学（Vanderbilt University）当医生的弟弟罗伊（Roy）写信，讲述了自己的发现。这封长达 14 页的信件至今仍是 DNA 发现史中的关键文献之一：

> 谁能想到呢？据我所知，这种核酸此前从未在肺炎链球菌中被发现过——尽管在其他细菌中发现过它……听上去像病毒，也可能是基因……它涉及遗传学、酶化学、细胞代谢和碳水化合物的合成等许多领域。如今，要让人相信不含蛋白质的脱氧核糖核酸钠盐可能具备如此活跃和特殊的生物特性，需要搬出大量可信证据，而我们现在正在寻找相关证据。夸海口会让人陶醉，但先人一步戳破吹大的泡沫才是明智之举……半途而废有风险——事后又不得不收回曾经夸下的海口就显得很尴尬。[23]

艾弗里在 1944 年发表的论文就建立在他对化学、血清学、电泳、超速离心、纯化和灭火技术等领域的研究基础上。他发现，转化物质由碳、氢、氧和磷（核酸的元素成分）组成。它的活性为一亿分之一，可被攻击 DNA 的酶破坏，但不能被降解核糖核酸（RNA）的酶或消化蛋白质/多糖的酶破坏。此外，这种转化物质被紫外线照射（一种显示分子"指纹"的技术）时，其吸收的波长与核酸完全相同。凭借医生的排除诊断法，艾弗里用轻描淡写的口吻得出结论说："此处的证据支持如下观点：脱氧核糖型核酸是 III 型肺炎链球菌转化机制的基本单位。"[24] 1946 年，艾弗里和麦卡蒂又发表了两篇后续论文，其中记录了他们在分离转化物质方面取得的进展，并更加坚定地宣称基因是由 DNA 构成的。[25] 然而，艾弗里无法确定 DNA 究竟是如何起作用的，也无法确定其精确的原子结构。正如我们在孟德尔和米舍尔身上所看到的，我们的教授的工作并未立即改变科学界的格局。

个中缘由在于，有权势的"蛋白至上论者"（protein men）顽固地坚持蛋白质在遗传现象中的首要地位。他们在 1945～1950 年的几次学术研讨会上激烈反对艾弗里的观点。或许，艾弗里最强大的敌人是他在洛克菲勒研究所的同事——世界级生物化学家菲比斯·A. 莱文（Phoebus A. Levene），此人提出了"四核苷酸钾说"。这一理论认为，由于核苷酸 DNA 仅有四种碱基（腺嘌呤、鸟嘌呤、胞嘧啶、胸腺嘧啶），因此它既不复杂，也不够多样化，不足以承载遗传密码。相反，莱文坚持认为，染色体中的蛋白质成分以及组成蛋白质的多种氨基酸必须作为遗传的基础才说得通。莱文的这一"致命一击"无异于一剂"毒药"：艾弗里教授怎么能确定他的制剂中绝对不包含任何蛋白质成分，而后者又反过来可能成为细菌转化现象的真正原因呢？[26]

许多事后诸葛亮式的史学研究均声称，艾弗里的工作超越了他生活的时代，因此被大多数科学家尤其是遗传学家所忽视。一种常见的解释为，他的研究成果发表在医生而非科学家阅读较多的《实验医学杂志》（*Journal of Experimental Medicine*）上。[27]这种说法纯属无稽之谈。《实验医学杂志》由约翰·霍普金斯医院的威廉·亨利·韦尔奇（William Henry Welch）于 1896 年创办，洛克菲勒研究所出版，长期以来享有盛誉。这本杂志在美国的所有大学和国外很多大学的医学图书馆中很容易获取。如果遗传学家们能找出孟德尔那篇完全晦涩难懂但具有里程碑意义的论文，他们肯定能穿过校园去查找和阅读艾弗里的著作。

实际上，从 20 世纪 40 年代中期到 50 年代，艾弗里的论文在物理学家、分子生物学家和细菌遗传学家参与的学术会议上被广泛讨论。1944 年，英国物理学家威廉·阿斯特伯里（William Astbury，他在 20 世纪 30 年代成为第一位用设备对 DNA 结构进行成像分析的 X 射线晶体学家）称赞艾弗里的工作是"我们这个时代最了不起的发现之一"。[28]哥本哈根的赫尔曼·卡尔卡尔（Herman Kalckar of Copenhagen，后来曾指导沃森从事博士后研究）声称自己早在 1945 年就知道了艾弗里的工作。[29]1946 年，艾弗里在当时最重要的遗传学家出席的会议（冷泉港夏季会议）上发表了题为"微生物的遗传和变异"的演讲。

约书亚·莱德伯格（Joshua Lederberg）——1958 年的诺贝尔生理学或医学奖得主，后于 1978 年成为洛克菲勒大学校长——在艾弗里的论文刚出版时就已经拜读过了。他认为这篇论文是"揭示基因的化学本质最激动人心的关键步骤"。[30]莱德伯格在 20 世纪 40 年代和 50 年代发表的论文中经常引用艾弗里的研究成果。在莱德贝格后来耀眼的职业生涯中，他礼貌而坚定地反驳了后来众人口中关于艾弗里默默无闻的说法。在 1973 年写给《自然》杂志编辑的一封信中，他宣称"艾弗里对肺炎链球菌转化的研究在 1944 年发表后的十年间没有得到遗传学家广泛认可的说法，与我自己的回忆和经历有些不符"。[31]

颇具影响力的遗传学家、诺奖获得者马克斯·德尔布吕克（Max Delbrück）由衷地赞同莱德贝格的观点。他于 1941 年或 1942 年首次访问了洛克菲勒研究所的艾弗里实验室，并在《实验医学杂志》上发表了艾弗里教授的研究成果。[32]30 年后的 1972 年，德尔布吕克回忆起 20 世纪 40 年代与莱文那流传甚广的四核苷酸理论做斗争的困难情形时说道："每个知道、思考过这个理论的人都会面临以下的悖论：一方面，你似乎可以通过 DNA 获得特异性，另一方面，当时的人们认为 DNA 是一种愚蠢的物质，是一种不能产生任何特异性状的四核苷酸。因此，这两个前提必有一个是错误的。"[33]

卷二　DNA玩家俱乐部

多数人都不过只是常人。他们脑子里装的是别人的观点，过着别人一样的生活，连激情也不过是附庸。

——奥斯卡·王尔德[1]

第四章　带我去卡文迪许实验室

我从未见过弗朗西斯·克里克谦虚的样子。

——詹姆斯·D. 沃森[1]

詹姆斯·沃森的《双螺旋》一书开篇的这句话既让弗朗西斯·康普顿·克里克恼火，但也是对他的真实写照。与书中对弗兰克林的刻薄描写不同，沃森并没有不尊重克里克的意思。他只是想说，克里克十分了不起，用不着谦虚。但有那么几年，克里克的态度着实有些恶劣。读罢沃森的书稿，克里克对其中油腔滑调的语调感到不快，不久后，他联络了包括莫里斯·威尔金森在内的其他几位有类似观感的科学家。他们向时任哈佛大学校长的内森·普西（Nathan Pusey）请愿，要求哈佛大学的独立出版社不要出版这本书。克里克赢得了这场战役，却输掉了整个战争。尽管哈佛大学于1967 年放弃出版此书，但沃森的编辑托马斯·威尔逊（Thomas Wilson）还是带着沃森的手稿离开麻省的剑桥，前往了纽约的雅典娜神殿（Atheneum）出版社。[2]次年，《双螺旋》成为国际畅销书，至今销量已超百万册。[3]

克里克于 1916 年 6 月 8 日出生在英国东米德兰地区（East Midlands）北安普顿附近的韦斯顿法维尔村（Weston Favell）。他的父母哈里·克里克和安妮·克里克（Harry and Annie Crick）家境富裕，哈里的鞋靴厂和家族控制的连锁零售店利润丰厚。年幼的弗

35 朗西斯对科学书籍和百科全书如痴如醉，过目不忘。他曾对母亲说，担心自己长大后，就没什么留待自己去探索的科学发现了。

在北安普顿上完文法学校（grammar school）后，克里克寄宿在了伦敦的米尔希尔学校（Mill Hill School），这个阶段的克里克擅长数学、化学，还爱恶作剧。有一次，他组装了一台收音机——晚自习期间禁止使用的电器——每当舍监在走廊巡逻时，收音机就会自动打开，而在舍监进入克里克的房间寻找声音的来源时，收音机便会自动关闭。他还在玻璃器皿里塞满各种炸药，制作了"瓶子炸弹"以进一步疏远老师。[4]

1934 年，克里克未能通过牛津和剑桥的入学考试，转而进入伦敦大学学院学习。他读的是物理专业，21 岁毕业时获得了二等荣誉学位。有意思的是，威尔金斯和弗兰克林获得的也都是二等荣誉学位，这个等级的学位原本预示着他们会沦为英国科学界的二流科学家，但他们却做出了一流的科学贡献。[5]克里克走了一条相对容易的捷径，他接受了伦敦大学学院爱德华·内维尔·达科斯塔·安德拉德（Edward Neville da Costa Andrade）教授的学生研究职位，同时依靠叔叔阿瑟·克里克的资助继续在国际大都市伦敦生活。在伦敦大学学院，弗朗西斯研究的是最枯燥的问题，即测定 100~150 摄氏度的水在压力下的黏度。[6]

对生物学的未来而言幸运的是，1939 年，一枚德国炸弹炸毁了克里克的实验室和他精心制作的研究设备，彻底终结了这个研究方向。第二年的 1940 年，克里克开始了海军部办公室长达六年的战时工作，研究磁性水雷和感音水雷，这种水雷在入侵船只没有直接接触时就会爆炸，因此比旧式水雷有效得多。战争结束后，武器专家得出结论说，英国的这些新型水雷击沉或毁坏了敌方上千艘

36 海船。[7]

图 4-1　1938 年，弗朗西斯·克里克在伦敦大学学院

　　在此期间，克里克的个人生活就有些一言难尽了。他的第一任妻子露丝·多琳·多德（Ruth Doreen Dodd）也是大学学院的一名学生，专业为英国文学，尤其喜爱托比亚斯·斯摩莱特（Tobias Smollett）的流浪汉小说。战争爆发、需要人手之际，她就收起了书桌，开始在劳工部做文员。[8]1940 年，二人结婚；就在 9 个月后

37　的几乎同一天，他们的儿子迈克尔出生了。1946 年，克里克与奥迪尔·斯比德（Odile Speed）坠入爱河，斯比德是一位法国女性，20 世纪 30 年代来到英国学习英语和艺术；战争期间，她加入了皇家海军妇女勤务队（Women's Royal Naval Service）。1947 年，露丝和弗朗西斯离婚，弗朗西斯后来几乎没怎么抚养过他们的儿子。1949 年，弗朗西斯和奥迪尔开始了一段非常幸福的婚姻，二人育有二女，这段婚姻一直持续到弗朗西斯去世。

图 4-2　克里克和他的儿子迈克尔，1943 年前后

　　战争结束后，克里克认为，考虑到自己"并不出色的学位等级"、未完成的博士学位论文以及年纪较大等条件，最好的出路就是在英国政府部门担任公务员。起初，英国海军部的高层并不确定再次长期雇用这位多才多艺的年轻人是否可行。在物理化学家兼小说家 C. P. 斯诺（C. P. Snow）主持的第二次面试后，克里克获得了一份工作。不过，此时的克里克已经决定，他"不打算把余生都耗费在武器设计上"，于是拒绝了斯诺的邀请。[9]

38

图 4-3　奥迪尔和克里克的结婚照，1949 年

接着，克里克打算从事科学记者的工作，并询问了《自然》杂志编辑部的一个职位。但克里克很快便撤回了申请，因为他意识到自己想要做科学研究，而不是编辑和报道他人的工作。业余时间，他为了跟上学术前沿，还阅读了一本关于有机分子中化学键性质的重磅作品，用克里克自己的话说，这本书的作者"有一个不寻常的名字——莱纳斯·鲍林（Linus Pauling）"。他当时还在阅读"阿德里安勋爵（Lord Adrian）研究大脑的小书"《神经作用机

制：神经元的电学研究》 （*The Mechanism of Nervous Action*：*Electrical Studies of the Neurone*）和西里尔·欣舍伍德爵士（Sir Cyril Hinshelwood）的《细菌细胞的化学动力学》（*The Chemical Kinetics of the Bacterial Cell*）。[10]

39 　　正如记者马特·雷德利（Matt Ridley）指出的，克里克"决心不仅要进入科学领域，而且要干出一番事业，最重要的是，要解开一些谜题"。[11]克里克认为，他最想解开的谜题要么是人脑的运转方式，它造梦的方式，要么是遗传的分子机制。但他如何才能实现如此崇高的理想呢？[12]

　　幸运的是，克里克在海军部的主要领导是一位来自澳大利亚的数学物理学家哈里·斯图尔特·威尔逊·梅西（Harrie Stewart

图 4-4　埃尔温·薛定谔，诺贝尔物理学奖获得者（1933 年），他在 1944 年出版的《生命是什么？》一书激发了克里克、威尔金斯和沃森研究基因和 DNA 的热情

Wilson Massey），他于 1945 年调任大学学院的物理系主任一职。在他们的一次谈话中，梅西借给克里克一本薛定谔的《生命是什么？》。后来，梅西又把这本书借给了伦敦国王学院医学研究理事会生物物理组组长约翰·兰德尔（John Randall）的副手威尔金斯。[13]在梅西的建议下，克里克前去拜访了威尔金斯，二人很快成为至交。他们年龄相仿（也在同年去世，即 2004 年），都结过一次婚，都放弃了长子的抚养权，同时还都对基因的结构和功能着迷。他们经常共进晚餐，有一次，克里克询问是否可去兰德尔的实验室工作，但兰德尔断然拒绝了他的申请。克里克在申请伦敦伯克贝克学院（Birkbeck College）伯纳尔实验室（Bernal's Lab）的职位时，实验室的 X 射线晶体学家 J. D. 伯纳尔也做出了类似的答复，该实验室后来还在 1949 年拒绝了弗兰克林进组的申请，但最终于 1953 年又接受了她。[14]

接下来，克里克在医学研究理事会的支持下，参加了完成博士学位的奖学金竞争。他的申请一开始就显得大胆而出色。"「最让他关注的」特定领域是生物与非生物之间的划界，例如蛋白质、病毒、细菌和染色体的结构"。克里克接着解释他的"最终目标"是用"组成这些生命体的原子的空间分布"来描述它们。他的申请书中的点睛之笔则是一个最有先见之明的结论："这个领域可被称为生物学的化学物理学。"[15]

为了获得奖学金，克里克与剑桥大学肌肉生理学家、1922 年诺贝尔生理学或医学奖得主 A. V. 希尔进行了面谈。希尔写了一封热情洋溢的推荐信，并安排克里克与大权在握的医学研究理事会秘书爱德华·梅兰比爵士（Sir Edward Mellanby）会面。[16]梅兰比发现了维生素 D 及其在预防佝偻病中的作用，他同样被这个年轻人的活力及其广博的知识所震撼。经过不到一个小时的讨论，他建议克里克说："你应该去剑桥，那里才是你的用武之地。"[17]面试结束后，梅兰比在克里克的医学委员会申请表上潦草地写道："我非常喜欢这个人。"[18]

来到剑桥的头两年（1947~1949 年），克里克在斯特兰格威斯实验室（Strangeways Laboratory）工作。该实验室由剑桥研究型医院的托马斯·斯特兰格威斯（Thomas Strangeways）博士于 1905 年创立，主要研究类风湿性关节炎。克里克到来时，该实验室正专注于组织培养、器官培养和细胞生物学研究，其负责人是一位名叫昂娜·布里奇特·费尔（Honor Bridget Fell）的杰出动物学家，她也是英国当时少数几位担任领导职务的女科学家之一。[19]克里克回忆说，他在该实验室期间试图"推导出细胞质（细胞内部）的一些物理特性。我对这个问题并不十分感兴趣，但我意识到，从表面看，这项工作十分适合我，因为我唯一深入研究的学科是磁学和流体力学"。这项研究在实质上促使克里克在《实验细胞研究》杂志上发表了其最早的科研论文，其中一篇是实验性质的，另一篇是理论性的。[20]

在斯特兰格威斯实验室工作的第二年，费尔请克里克为一批访问剑桥的客座研究员做一场题为"分子生物学重要问题"的简短演讲。克里克回忆道，听众们"拿着钢笔和铅笔，满怀期待地等着我，但在我继续往下讲时，他们就放下了手中的笔。显然，他们认为这不是严肃的内容，只是无用的猜测。仅有片刻时间，他们动笔做了笔记——在我告诉他们一些事实（用 X 射线照射会大大降低 DNA 溶液的黏度）的时候"。克里克在 72 岁高龄复述这段往事时，也想尽力回想起他近 40 年前讲的究竟是什么，但他的"记忆被晚年的想法所覆盖"，觉得自己"很难相信记忆的真实性"。这次演讲没有留下记录，后来克里克只能推测自己谈到了基因在繁衍中的重要作用，需要"发现它们的分子结构，它们是如何由DNA（至少部分）构成的，以及基因最大的作用便是指导蛋白质的合成——可能是以 RNA 为中介"。[21]

剑桥大学的文凭代表着克里克成为科学伟人的最后和最大的希望，他决定好好珍惜接下来的各种机会。在意识到自己在斯特兰格威斯实验室没办法真正实现自己的理想后，克里克说服梅兰比爵士为自己调换工作岗位。几通电话后，他被重新分配到了卡文迪许实验室的生物物理组，在马克斯·佩鲁茨（Max Perutz）及其助手约翰·肯德鲁（John Kendrew）手下工作。[22]克里克的主要任务是帮助二人辨别血红蛋白和肌红蛋白的分子结构；反过来，佩鲁茨则会帮助克里克获得哲学博士学位。[23]

克里克第一次造访卡文迪许实验室的经历并不是那么完美。结束了前往伦敦的长途旅程后，克里克从剑桥的小火车站站台跳下，自己打车前往实验室。怀揣着认真的学生即将开启职业生涯的激动心情，克里克在前往世界上同类机构中最好的卡文迪许实验室的途中都能感受到自己跳动的脉搏。他把提包放进车里，坐到位置上，对出租车司机说："带我去卡文迪许实验室。"司机回头透过中间的玻璃问道："哪里?"克里克很纳闷，最后他意识到"并非所有人都像我一样对基础科学甚感兴趣"。他从破旧的提包里翻出一张纸，上面写着卡文迪许实验室的地址，他告诉司机这个地址位于自由学校巷，"去就是了，管他在哪"。司机认得那里离集市广场不远，便发动车子往目的地的方向驶去。[24]

42

⚘

从 19 世纪末到二战后，世界上有两个研究物理学的地方：剑桥大学的卡文迪许实验室和其他地方。[25]许多人可能会理直气壮地认为，现代物理学研究始于剑桥。1687年，三一学院的艾萨克·牛顿写下了著名的《原理》，这是一部描述引力、万有引力定律和许多现在被称为经典物理学原理的科学巨著。近200年后的1874年，卡文迪许实验室得以建立，它得名于英国18世纪发现了"可燃空气"（氢气）的天才卡文迪许，他还成功测量了物体间的引力，得出了引力常数的精确值。

实验室的第一位物理学教授是苏格兰人詹姆斯·克拉克·麦克斯韦（James Clerk Maxwell，1831~1879年），他留着令人印象深刻的黑白相间的络腮山羊胡和一分为二的浓密唇须，这让他看上去跟狄更斯有几分神似。作为剑桥大学的一名本科生，麦克斯韦曾立志余生一心研究物理世界，哪怕这意味着要颠覆塑造其世界观的《圣经》也在所不惜。[26] 纵观其学术生涯，麦克斯韦用一套至今仍被称为麦克斯韦方程组的数学表达式描述了电荷和电流产生电场和磁场的方式。麦克斯韦还让物理学家们重新认识了亚里士多德式的"思想实验"（thought experiment），爱因斯坦、玻尔、海森堡和薛定谔等人把这种方法擢升为目前被称为理论物理学（theoretical physics）的科学艺术形式。[27]

剑桥大学的学生称卡文迪许实验室为"全部物理世界的中心"。卡文迪许实验室由石灰石、砖和石板砌成，三层楼的结构遍布哥特式拱门和狭窄的楼梯间。建筑的第一层有一间"陡峭的台阶可容纳180名学生"的阶梯教室，还有教授办公室、实验室和工作室；往上一层包括一间狭窄的仪器室和一间学生实验室；顶层（阁楼）是一间电学实验室。[28]

麦克斯韦于48岁去世，实验室在1879年由雷利勋爵（Lord Rayleigh）约翰·威廉·斯特拉特（John William Strutt）接手。1904年，雷利因测得几种最重要气体的密度，以及发现氩气而获得诺贝尔物理学奖。他把奖金全部用于改善卡文迪许实验室的糟糕条件上了。正是雷利开创了卡文迪许实验室允许女性上课的新风尚，这个公平的决定对 30 年后的弗兰克林来说意义深远。

1884 年，J. J. 汤姆森（J. J. Thomson）被选中成为下一任卡文迪许物理学教授。与其说他是物理学家，不如说他看上去更像个银行家。汤姆森发现了电子，测量了电子的质量和电荷。但他做实验时有些笨拙，以至于助手们总是要想办法防止他弄坏为测量电子而研制的精密仪器。这个了不起的发现为世人了解分子和原子层面的化学键奠定了基础。汤姆森的工作为电源、人工照明、收音机、电视、电话、计算机和互联网等一众现代仪器和设施奠定了基础。

1919 年，一位名叫欧内斯特·卢瑟福（Ernest Rutherford）的魁梧物理学家从新西兰回到剑桥，接替了汤姆森的工作。卢瑟福成功地分裂了原子，发现了质子，阐明了放射性的概念，并对放射性半衰期做了定义，从而当之无愧地成为核物理学之父——此情此景，就好比他一路上哼着（如果说不是特别热情洋溢地唱着）阿瑟·沙利文爵士（Sir Arthur Sullivan）的 "前进吧，基督教战士"（*Onward Christian Soldiers*）一般。[29]元素周期表中编号 104 的元素𬬻（rutherfordium）就是以他的名字命名的。汤姆森和卢瑟福分别于 1906 年和 1908 年获得诺贝尔物理学奖。同一时期，冈维尔和凯厄斯学院院长（Gonville and Caius College）、卡文迪许实验室物理学家詹姆斯·查德威克（James Chadwick）发现了中子。他于 1932 年获得诺贝尔物理学奖。

44

❦

但要说起 DNA 研究，卡文迪许实验室这方面最重要的教授乃是威廉·劳伦斯·布拉格爵士（Sir William Lawrence Bragg），他从

1938~1953 年一直担任这一职务。尽管布拉格教授从未教过物理学，也从未领导过如此大的一个系部，但他仍然在 39 岁之际被召入剑桥大学工作。[30]他跟父亲威廉·亨利·布拉格（William Henry Bragg）共同提出了 X 射线晶体学，并因此获得了 1915 年诺贝尔物理学奖，这也是该奖项历史上唯一一次同时授予一对父子。[31]他们提出的定理被称为布拉格方程，解释了晶体如何以特定角度反射 X 射线光束。而在剑桥大学，布拉格的任务则是让卡文迪许实验室现代化，卢瑟福在其任期内未能做到这一点。布拉格发挥自己的优势，将实验室的研究范围从核物理转向了 X 射线晶体学领域。他逐渐成为一名出色的管理者，以机智和领导才能著称。尽管经历了经济大萧条和两次世界大战，布拉格还是把卡文迪许重建成了世界一流的研究机构。[32]

　　布拉格的首要任务是解决卡文迪许实验室狭窄、设施陈旧的问题。到 20 世纪 30 年代末，卡文迪许物理实验室面临着物理学家太多，实验室过少的问题。1936 年，布拉格成功争取到汽车制造商赫伯特·奥斯汀爵士（Sir Herbert Austin，后来的奥斯汀勋爵）捐资 25 万英镑，建造了一座以他的名字命名的侧楼。奥斯汀侧楼是一座风格上难以归类的四层实用性建筑，由浅灰色砖块砌成。除了美观，这栋楼还为实验室增加了 90 个房间——其中 31 个用于研究，另有 13 个用于办公——以及一个玻璃吹制室、一个仪器或机械车间、一个图书馆、一个茶室和一个特种技术间——"在这里可以进行需要最高超技能的精细操作"。[33]1951~1953 年，沃森和克里克就是在这栋大楼里开展 DNA 研究工作的。

✲

　　克里克直言不讳、乐观开朗，他那不可思议的大脑和飞速的嘴

图 4-5 卡文迪许物理实验室

巴之间缺乏制动装置。他身上既有王尔德的诙谐幽默，又有萧伯纳（George Bernard Shaw）笔下亨利·希金斯教授的权威式傲慢，甚至还有几分爱因斯坦般天才的影子。[34]弗兰克林的传记作者安妮·赛尔（Anne Sayre）认为克里克是自负的"超人"。[35]他很容易感到无聊，而且容易从一个项目转到下一个项目，却没有在完成博士学位方面取得任何进展，因此他注定会令布拉格教授感到不满。克里克在多数谈话中都会无休止地在各种观点和理论间建立乔伊斯式的自由联系。他对分子层级的生物物理学的理解令人称奇。他经常能精确地挑出（并解决）其他研究人员项目中的问题，乃至许多人

46

都害怕跟他讨论自己的工作，以免他攫取了自己的知识产权。弗朗西斯最认可的是提出伟大构想的理论家，而非实验家，他认为实验家是苦力——他们的存在只是为了证明像他这样的天才的伟大构想。然而，仅有少数同事能够认真倾听，进而暗自琢磨和发掘克里克滔滔不绝的科学独白中的精华思想。正如小说家安格斯·威尔逊（Angus Wilson）在 1963 年指出的，"像克里克博士这样的人最终说服自己，进而成为本世纪最伟大的革命性科学理论的代言人后，所有虚假的想法和疯狂的建议，所有耗尽心力的倾听和紧张的分歧，最终都奇迹般变得无限值得"。[36]

　　1951 年 7 月，克里克为他在卡文迪许的物理学同事们举办了一次系里的研讨会。约翰·肯德鲁建议克里克把演讲题目定为"疯狂的追求"（What Mad Pursuit），这是约翰·济慈的诗歌"希腊古瓮颂"（Ode on a Grecian Urn）第一节中的一个短句。在讲座中，克里克介绍了解读 X 射线晶体学图像的每一种方法，从帕特森分析和傅立叶变换到佩鲁茨的蛋白质工作法和布拉格的光学法（又称"蝇眼"）等。克里克手里的粉笔在黑板上不停书写着数学公式，粉尘随风飘扬，他证明了每一个数学公式都是徒劳的，并大胆地得出结论说："这些论文中的多数假设都没有事实根据。"他认为，唯一的例外是一种被称为"原子同构替换"（isomorphous replacement of atoms）的办法，即在不改变分子结构的情况下，用能够强烈散射 X 射线的外来原子替换相关分子的原子。[37]克里克在其回忆录——书名也叫《疯狂的追求》——中描述了布拉格在演讲结束后的愤怒情形。这就是刚到卡文迪许的克里克，他告诉这个领域的创立者、他的员工及学生，"他们正在做的事情不大可能带来任何有用的结果。事实上，我清楚地了解这个课题的理论，而且还经常不合时宜地滔滔不绝，但这并没有什么帮助"。[38]

在随后的一次系里内部研讨会上，克里克的举动越发愚蠢起来，他暗示布拉格盗用了他的想法。这几乎成了让教授爆发的最后一根稻草，他转过涨红的脸和臃肿的身躯，对指责他的人愤怒地吼道："别在这捣乱，克里克！在你来之前，我们实验室相处十分融洽。顺便问一句，你什么时候才能推进你的博士论文？"[39]此事之后，只要克里克一进实验室，这位伟人就会紧闭办公室的大门，免得听他"日常的啰唆"。60多年后，沃森回忆说："克里克的嗓门……实在太大了，让人无法忍受……「他笑得」……真的很大声。"[40]

48

第五章　第三个人[1]

DNA 就是迈达斯的点金术。每个染指的人都会发疯。

——莫里斯·威尔金斯[2]

莫里斯·休·弗雷德里克·威尔金斯（Maurice Hugh Frederick Wilkins）博士是英帝国高级勋位获得者（CBE）和皇家学会会员（FRS），他高瘦的身上潜藏着各种神经官能症。他自我感知的生活的恐怖几乎让别人跟他的每次交流都变得尴尬，甚至有些沮丧。威尔金斯是哈雷街众多精神分析师的忠实拥趸，他有阵子经常寻求弗洛伊德派的帮助，但最终认可了荣格学派对恐惧、憎恶等复杂情绪的分析——这个反省的过程似乎永无止境。[3]与人交流时，威尔金斯很少会与对方发生目光接触。他喜欢扭曲身体，让自己背对对方。[4]他说话轻声细语、语速缓慢，话语内容显得散漫，与主题没什么关系，这经常会考验听众的耐心。他要花很长时间才能说出一个明确的观点。[5]

安妮·赛尔（Anne Sayre）形容威尔金斯是"一个在人际交往方面存在严重问题的人；人际交往让他痛苦，也让他无能为力"。他被内心的怨恨和愤怒折磨着，在想到弗兰克林的时候尤其如此。[6]克里克曾对威尔金斯的精神健康做过一个简短的评价："你不了解莫里斯。他在那段时间里非常、非常情绪化。"[7]然而，他也很慷慨大方，尤其受到男同事、助手和学生的喜爱，甚至大家会因为他的情感障碍而倍加同情他。

1916 年 12 月 15 日，威尔金斯出生在新西兰蓬加罗阿（Pongoroa）山区一栋原木搭建的房子里。[8]他的父亲埃德加是一名儿科医生，曾在都柏林圣三一医学院学习。母亲伊夫琳·慧塔克（Eveline Whittacker）是都柏林警察局长的女儿。威尔金斯形容她是"一位长着金色长发、拥有健全常识的慈爱母亲"。[9]这对夫妇于1913 年离开爱尔兰，前往遥远的新西兰寻找更好的生活。由于未能如愿，埃德加于 1923 年举家迁往伦敦，并在伦敦国王学院攻读公共卫生博士学位。

1922 年，比莫里斯大两岁的姐姐伊瑟恩（Eithne）出现了血液、骨骼和关节感染，需要在大奥蒙德街儿童医院开展一系列痛苦的住院治疗和矫形手术。莫里斯回忆起伊瑟恩使用抗生素前期的状况时，仍心有余悸。在探访日，小男孩紧攥着父母的手"爬上这座宏伟医院的楼梯"。他们一起穿过几十间开放式病房，病床像士兵一样一字排开，每个病床上都躺着一个生病、孤独、哭泣的孩子。似乎走了很久，他们才来到伊瑟恩身边，"她不仅被大医院吞噬了，身体也变得几乎无法辨认"。护士们剃掉了她的每一绺"美丽的金发"，她的脸因感染而肿胀，小男孩几乎认不出自己的姐姐了。他无法忘记，"她是某种噩梦般计划的受害者，被一个巨大的绳索和滑轮组成的装置困在床上，双腿吊在空中"。这让他想起了伦敦塔中的中世纪酷刑室。[10]

想象一下，当伊瑟恩向他坦言自己想死的时候，六岁的莫里斯会是多么的惊恐。他们的父亲束手无策，无法用自己的医术治愈自己的孩子，他哀伤地徘徊在伦敦街头，心中充满了任何一个父亲可能要埋葬自己的孩子时出现的可怕焦虑。[11]这场劫难以不同但同样具有破坏性的方式影响着威尔金斯全家的心灵。就莫里斯而言，这可能是他难以信任女性、难以与女性沟通的根源。伊瑟恩终于回家后，他感到自己被背叛了，因为他曾经最亲密的玩伴拒绝参与他们曾经十分喜爱的儿时游戏了。莫里斯说，从那时起，"我们之间就很少交流了"。[12]

1929 年，他们全家搬到了伯明翰，埃德加在那里当了一名学校儿科医生，后来还写了一本这个领域的著名作品《学童医疗检查》(*Medical Inspections of Schoolchildren*)。[13] 1929~1935 年，小莫里斯就读于英国最好的走读学校之一——爱德华国王学校，其间他对天文学和地质学产生了浓厚兴趣。1935 年，他被剑桥大学著名的圣约翰学院录取，并获得了卡朋特服饰公司的奖学金。

在剑桥，威尔金斯追求"与人类生活问题直接相关的科学"。时任卡文迪许物理实验室主任的卢瑟福的副手马克·L. E. 奥利芬特 (Mark L. E. Oliphant) 则是引导他探索这个领域的第一位导师。奥利芬特是威尔金斯在圣约翰大学的导师，他教导威尔金斯说，"物理学家应该自己制造仪器"，这一理念让威尔金斯想起了自己在父亲的工作室里修修补补时度过的美好时光。[14]

约翰·德斯蒙德·伯尔纳 (John Desmond Bernal) 则是威尔金斯的另一位导师，他在卡文迪许实验室工作到 1937 年，最终由于卢瑟福拒绝给他终身教职而加入了伦敦伯克贝克学院。伯尔纳是一位用 X 射线晶体学研究病毒和蛋白质结构的杰出科学家，他来自爱尔兰蒂珀雷里郡 (County Tipperary)，父亲是西班牙裔犹太人 (Sephardic Jew)。[15] 威尔金斯被伯尔纳的科学研究和共产主义精神深深吸引。20 世纪 30 年代，被尊称为"圣人"的伯尔纳联合许多志同道合的教师和学生，于 1932 年成立了以和平为宗旨的剑桥科学家反战组织。

与那个时代的许多学生一样，威尔金斯阅读了卡尔·马克思的著作，并对"他的历史唯物主义评价甚高，「尽管马克思未能」找到一条通往人道的非独裁共产主义社会的道路"。[16]威尔金斯加入了剑桥科学家反战组织，也加入了其他几个关注纳粹主义抬头、西班牙内战和"印度独立等尖锐问题"的组织。

在圣约翰大学，这位年轻人热衷于参观现代艺术博物馆、美术馆和参加自然科学俱乐部的聚会。他经常去当地的电影院看电影，他在影院里接触到了不同的马克思主义理论家，他们在格鲁乔（Groucho）、奇科（Chico）、哈波（Harpo）以及泽伯·马克斯（Zeppo Marx）的疯狂喜剧动作电影中妙语连珠。莫里斯尤其喜欢欧洲的艺术电影，出于自己的政治偏好，他还非常喜欢 1925 年苏联出品的谢尔盖·爱森斯坦（Sergei Eisenstein）的无声史诗片《战舰波将金号》（Battleship Potemkin）。[17]莫里斯还短暂学习过击剑运动，但因为"出剑不够快"而放弃了。[18]

尽管威尔金斯对知识有着浓厚的兴趣，但不安全感和自卑感一直困扰着他，在面对大学里更富有、更自信的学生时尤其如此。1990 年，威尔金斯承认，他在剑桥时"对自己的评价下降了一个档次……只是因为其他一些人看起来太聪明了"。[19]

而威尔金斯在与异性交往方面显得尤其迟钝。1937 年，他爱上了一位名叫玛格丽特·拉姆齐（Margaret Ramsey）的同学，此人也是剑桥科学家反战组织成员。很遗憾，威尔金斯很害羞，不知如何向她表白。一天傍晚，二人坐在威尔金斯在圣约翰大学的宿舍椅子的两端，他直接对玛格丽特脱口而出道："我爱你。"玛格丽特对这突如其来的举动感到莫名其妙，愣了片刻后便起身告辞了。我们这位年轻人在大学期间唯一一次与女性的肢体接触，似乎是在伦敦一家百货公司与一位"女店员"的不期而遇。50 年后，他仍能在记忆中唤起对那位年轻女子"似水般的温柔、暖意和香水味"

混杂的情欲体验。虽然威尔金斯爱情经验的不足在他那个时代的年轻人中并不罕见，但这两段经历却体现出他在与女性的诸多浪漫的柏拉图式的交往中体会到的茫然与无助。[20]

威尔金斯在剑桥大学最后一年的 1938 年秋陷入了严重的抑郁，此后便一直与精神健康问题做斗争。抑郁症影响了他的学业。1939 年的期末考试中，威尔金斯获得的是物理学二等二（lower-second-class）荣誉，对他而言，这个等级比海斯特·白兰（Hester Prynne）身上任何一件衣服都要鲜艳（也更有杀伤力）。二等二荣誉直接意味着威尔金斯无法继续在剑桥大学继续攻读学位。对威尔金斯来说，这种失望绝对意味着毁灭性打击，任何一个在特定目标上不幸失败的学生都能体会到这一点。的确，他感觉自己的"世界末日到了"。[21]

但从事后的角度看，威尔金斯未能获得第一名是一件非常好的事情，因为这迫使他离开了剑桥舒适的学术茧房。[22]当时，他已经对热释光领域（电子在晶体中一边移动一边发光的机制研究）产生了浓厚的学术兴趣。被剑桥大学和牛津大学的研究生项目拒绝后，威尔金斯把目光转向了伯明翰大学，1937 年，他在剑桥大学的前导师奥利芬特被派往伯明翰主持物理系的工作，负责建造"英国最大的原子粉碎机（回旋加速器）"。[23]

帮助奥利芬特完成这项工作的是约翰·特顿·兰德尔（John Turton Randall），他是一位志在建立科学帝国的物理学家，身上体现了卓越的企业家精神。兰德尔是当地一家苗圃园丁之子，长着一脸络腮胡子、秃顶，相貌平平。为了弥补出身的卑微和样貌的不足，他穿着定制的精织斜纹软呢西装，打着时髦的丝绸领结，翻领上插着一朵新剪的康乃馨，看上去像哈罗德百货公司的巡视员一样。1926~1937 年，兰德尔在通用电气公司位于温布利的研究实验室工作，其间他带领一批物理学家、化学家和工程师研发出了一系列利润丰厚的照明灯具。1937 年，奥利芬特聘请兰德尔以英国皇家学会成员身份加入自己的团队。

当威尔金斯向奥利芬特提出自己打算在伯明翰从事博士项目研究的想法时，后者欣然接受，并派他到兰德尔的工作室工作。[24] 兰德尔在科学研究中表现出的"宗教热情"给威尔金斯留下了深刻的印象。对兰德尔来说，科学比宗教更好，因为"科学更可能让人获得认可和名声"。[25] 兰德尔"对一流科学家了然于胸，而且十分善于判断科学发展的形势"，他给予员工根据数据的提示开展科学探索的自由，与许多同行不同的是，他还同时雇用男女员工在实验室工作。[26] 然而，为兰德尔做事并不都是舒心和充满干劲的。他可能是一个小气的老板，要求员工能尽快出成果、绝对忠诚和权责分明。兰德尔常常带着拿破仑般的气势走进实验室，用威尔金斯的话说，他的出现让所有人都"捏了一把汗"。[27]

1938~1940 年，威尔金斯在兰德尔的冷光实验室工作，并于 1940 年拿到博士学位，其研究领域包括固态物理、磷光现象和电子阱。[28] 他还开发了有助于研究的工具，其间还与一些资深物理学家建立了重要联系，这有助于他学术生涯的发展，而所有这一切都让他得以"超越"剑桥大学的二等荣誉。[29]

威尔金斯无法超越的是自己与女性完全不和谐的关系。闪电战（1940~1941 年德国对英国的轰炸）期间，他遇到了一位年轻的小提琴家，威尔金斯在回忆录里只是将其唤作布丽塔（Brita）。他们骑自行车在乡间徜徉，共进晚餐，享受着彼此的陪伴，至少威尔金斯作如是观。由于威尔金斯无法表达自己的情感，更不知道该如何更进一步，因此他们的关系一直"非常乏味"。跟此前与玛格丽特的交往类似，威尔金斯"在布丽塔房间的最里面"坐下，以"发表哲学声明"的方式表达了自己的爱慕之情。这种奇怪的方式跟当时剑桥的情形一样"管用"。多年后，威尔金斯承认："我想，她会对我这种不浪漫的做法感到气馁，因为她也没有做任何事情帮助我摆脱困境。我在恐惧和绝望中直愣愣地退缩了。"[30]陷入失恋的痛苦深渊后，威尔金斯"决定放弃「他的」爱情，让自己沉浸在更崇高的事物中"。他从"斯宾诺莎如何放弃他的爱，开始打磨望远镜镜片"的做法中获得灵感，转身投入量子力学的怀抱。深入这门学科让他超越了情感上的痛苦，威尔金斯最终获得了"生活的控制权"，他还得出结论说，与布丽塔的分开"对「他的」事业起到了至关重要的作用"。[31]

威尔金斯的工作给兰德尔留下深刻印象，他为威尔金斯在伯明翰大学安排了一个博士后职位，于 1940 年 1 月正式生效。其间，兰德尔与奥利芬特就各自眼中最伟大的发明——巨腔磁控管（giant cavity magnetron）的优先权展开了激烈竞争。该装置运行良好时能发射微波雷达探测空中的物体，如破坏英国建筑和士气的德国飞机等。但在研发之初，这台机器并不可靠，总是"从一个频率跳到另一个"。兰德尔的工作就是降低这种不稳定性，他很快就成功造出了一些被认为是"二战中最重要的发明"。[32]然而，为了确保自己在磁控管研发中的功劳，奥利芬特阻止了兰德尔的资金申请。作为反击，只要奥利芬特的团队来访，兰德尔实验室的物理学家们就会紧锁实验室的房门，到晚上更是会紧锁办公桌。这种内耗式竞争让威尔金斯深感不安，尤其当时英国眼看就要输掉与纳粹德国的生存战争了。[33]

令兰德尔懊恼不已的是，威尔金斯于 1944 年离开了自己的实验室，接着受邀加入了奥利芬特新成立的战时物理小组——伯明翰炸弹实验室。该小组的两名高级成员——鲁道夫·佩尔斯（Rudolph Peierls）和奥托·弗里施（Otto Frisch）——均为来自纳粹德国的犹太移民，他们发现制造原子弹所需的铀比一开始设想的少，于是奥利芬特的物理小组被派往美国协助曼哈顿计划——那个时代规模最大的科研项目。威尔金斯则被派往加利福尼亚大学伯克利分校工作，该校的传奇物理学家、1939 年诺奖得主欧内斯特·劳伦斯（Ernest Lawrence）设计了一个回旋粒子加速器。威尔金斯的任务是确定蒸发出金属铀的方法，这个问题一直困扰着威尔金斯，最后是劳伦斯自己想出了解决办法。虽然威尔金斯的安全许可（security clearance）等级比劳伦斯或奥利芬特低，但他知道自己正在参与制造大规模杀伤性武器。与许多应征入伍的和平主义科学家一样，他为这项工作赋予了合理的意义，因为纳粹-日本轴心国阵营的征服世界的威胁已迫在眉睫。但这并不意味着他必须为此感到高兴。

　　战争结束后，威尔金斯迫不及待地离开了炸弹制造业。[34] 他不仅憎恶核武器巨大的杀伤力，还反对战时所需的保密要求渗入他所珍视的科研日常，从而产生负面影响。他仍天真地认为，只有在"开放与合作的氛围中"，才能产生最好的科学研究。[35] 威尔金斯的反核情绪也被相关人员注意到了。美国联邦调查局和英国秘密情报机构军情五处都怀疑，参与曼哈顿计划的九名新西兰或澳大利亚科学家中有一人泄露了绝密信息。实际上，威尔金斯从 1945 年起便一直受到军情五处的监视，至少持续到 1953 年。尽管"一名线人"形容威尔金斯为"一条古怪异常的鱼"、"科学怪客"、"无法处理司空见惯的人情世故"，甚至说他可能是"一个社会主义者，而不是共产主义者"，但间谍们最终并没有找到任何罪证。[36]

55

威尔金斯还在加利福尼亚时，曾与一名叫作露丝·阿博特（Ruth Abbott）的加州大学艺术生短暂相爱。就像他的诸多恋情一样，这段感情很快就搁浅在了比太平洋海岸更崎岖的险滩。阿博特怀孕了，威尔金斯适时地求婚。他后来承认，他误以为阿博特对婚姻的看法与自己一样，即认为男性是婚姻关系中的主导者，尤其在事业和人生重大决策方面。实际上，阿博特并不同意威尔金斯的保守观点，这一发现让他大吃一惊，也为他们短暂的婚姻造成了无尽的纷扰。[37]他们在伯克利山上的一栋大房子里生活、争吵、彼此发火。几个月后，阿博特告诉威尔金斯，她为他约见了一名律师，律师正告威尔金斯，阿博特想离婚。可以想象，威尔金斯感到非常震惊，此后他几乎与妻儿再无任何来往，正如他后来回忆的那样，"我独自回到了英国"。[38]

威尔金斯仅收到一份学术工作邀请：圣安德鲁斯大学自然哲学系的助理讲师职位。这份工作由兰德尔提供，当时他已经原谅了自己这位颠沛流离的学生，并搬到了苏格兰，远离了伯明翰的学术政治。1945 年 8 月 2 日，就在内华达山脉徒步行程的最后一天，威尔金斯写信给兰德尔说自己接受了这个职位，并坦言自己的妻子不会一起来。他在信中彬彬有礼地称阿博特为"一个非常好的姑娘"，并告诉兰德尔自己离婚的事情，以及离婚如何花掉了他急需的 200 美元。遗憾的是，除非阿博特再婚，否则离婚协议在英国要三年后才能生效，他的律师建议他回到英国后也要在很长时间里按法律规定保密。实际上，威尔金斯甚至在很久之后才把这件事告诉父母。[39]

1945~1946 学年，威尔金斯在实验室里散漫地打发着自己的时间，对自己屈辱的处境充满怨念，渴望与年幼的儿子取得联系。就在此时，曾与克里克一起在海军研究实验室研究扫雷舰的英国物理学家哈里·梅西给了他一本薛定谔的《生命是什么?》（就像他曾对克里克做的事情一样）。梅西感觉威尔金斯正处于职业生涯的十字路口，不知下一步该研究些什么，于是建议说："你可能会有兴趣读读这本书。"他隐含的意思是，威尔金斯应该琢磨下分子或量子生物学。[40] 作为剑桥大学的学生，威尔金斯向来非常崇拜薛定谔在量子物理学方面的研究以及他对波动力学复杂思想的解释，"这些解释十分具象化，跟爱因斯坦设想 '如果一个男孩坐在光波上，他会如何看待宇宙' 的想法如出一辙"。[41] 威尔金斯的思绪在薛定谔书中的篇章、段落和章节之间游走之际，第一次产生了从物理学转向生物学的念头。薛定谔把基因结构描述为非周期性晶体，这在威尔金斯心中引起了深深的共鸣，因为他的研究兴趣恰好集中在固态物理和晶体结构领域。[42]

　　同年，兰德尔被伦敦国王学院聘为享誉四方的惠斯通物理学讲座教授（Wheatstone Chair of Physics）。履新后不久的 1946 年，兰德尔赢得了医学研究理事会的点金术——一笔多年期巨额拨款，用于在物理系内组建一个精英生物物理研究小组，这支精英队伍将由生物学家和物理学家共同组成，专门研究生物系统的结构，或者像兰德尔说服评审者用到的说辞一样，"把物理学的逻辑引入生物学的图形学"。[43] 这个领域甚至有了一个新的名字，即如今科学词典中的常见词条："分子生物学"。[44] 兰德尔把他的整个团队从圣安德鲁斯带到了伦敦，并任命威尔金斯为生物物理组的助理主任。医学研究中心不知道的是，兰德尔还赢得了财大气粗的洛克菲勒基金会的巨额资助，用于购买分子生物学研究设备。学院管理人员开始对这种明显的两处受薪（double-dipping）现象提出质询时，兰德尔轻描淡写地回答说，洛克菲勒基金会的资助旨在为国王学院物理系提供经费，而医学研究理事会的奖金则是为生物物理研究小组提供资助。[45]

57

图 5-1　工作中的莫里斯·威尔金斯，20 世纪 50 年代

可以想象，兰德尔的资助招致了国王学院内外获得赞助较少的同事们的羡慕和嫉妒。兰德尔刻意回避争议，专注于组建他领导下的庞大研究小组。研究小组的项目繁多，旨在用物理方法研究细胞、细胞膜和细胞核、染色体、精子、肌肉组织、核酸和 DNA 结构。[46]根据英国的科研礼仪标准，这些研究方向神圣不可侵犯；换言之，从 1947 年开始，国王学院的研究小组便"拥有"了 DNA 研究权，就像卡文迪许研究小组很快就会获得发现血红蛋白和肌红蛋白结构的权利（和医学研究理事会的资助）一样。医学研究理事会各研究单位内部存在竞争，但它们彼此之间不存在竞争。

国王学院成立于 1829 年，是英国伦敦建立的圣公会式无宗派大学学院（其成立本身即是对剑桥和牛津大学等英格兰教会学院的回应）。国王学院是一所现代大学，致力于为学生提供能够适应快速发展世界的工作所需的教育经验。一直到 1952 年，国王学院校园内最显眼的特征便是一个巨大的弹坑——长度超过 18 米，宽 8 米——位于其校园的四方院中心，拜德国空军的闪电战所赐。[47]学院俯瞰泰晤士河和滑铁卢桥，南面是庄严的萨默塞特宫（Somerset House），北面是繁华的斯特兰德街，长期以来，学院饱受枪林弹雨和物资不足的摧残。生物物理组的办公地点位于华丽的主楼地下室。每天，国王学院的生物物理学家们都要从喧闹的斯特兰德大街沿狭窄的楼梯下到地下实验室。

威尔金斯非常乐意离开满是峡谷、湖泊和让人孤独的苏格兰。由于无法找到合适的公寓，他搬到了位于汉普斯特德（Hampstead）的已婚姐姐伊瑟恩家中的一间空房间，那里是伦敦"艺术家、知识分子和纳粹难民"聚居地。闲暇之余，他经常出入西区（West End）的艺术画廊。他在其中一家画廊认识了一位出生于维也纳的艺术家安娜，并开始与之交往。晚年的威尔金斯笑称，安娜至少大他十岁，而且他们的关系几乎是开放式的。在他承认同时与安娜的一位密友交往后，这段恋情戛然而止。后来另一位女人的离开也为他造成了情感上的折磨，于是威尔金斯尝试在弗洛伊德的心理治疗中寻求慰藉。在"弗洛伊德官方组织"指派给他的一位女治疗师的指导下，威尔金斯开展了为期一年的系统反省，但这丝毫未能平复他焦躁不安的情绪。最后，他向女治疗师的主管抱怨"那个女的永远不会从我这得到任何东西"之后，治疗师选择了放弃治疗。

此后，威尔金斯再也没有听说弗洛伊德学派的任何消息，同时也陷入了更深的抑郁情绪之中。尽管有过自杀的念头，但还是忍住了，因为他不想让母亲伤心，他的母亲当时正处于失去丈夫的悲伤之中。[48]

幸运的是，威尔金斯的精气神还不错，他每天都忙于自己的研究，同时也是兰德尔的"得力助手"。他一头扎进了 DNA 的海洋。他从研究奥斯瓦尔德·艾弗里（Oswald Avery）的工作开始，逐渐确信携带基因最重要信息的是 DNA，而不是蛋白质，这一点跟沃森和克里克很像。最后，威尔金斯终于在生物学和物理学的结合中找到了心之所属。这个腼腆之人似乎终于走上了知识的康庄大道，他的学术之路从此畅通无阻。生物物理学以及活分子的结构和功能等问题令他着迷。[49]

但威尔金斯的学术研究并不是完全自由的，他长期以来都在服从教授的安排。在实验室的等级制度中，往往是某个人管理全部的工作。每天早晨，威尔金斯都要忍受兰德尔对管理医学研究理事会项目的抱怨。他竭力表现得若无其事，但也很快就厌倦了兰德尔草率的管理方式，更别说这位资深教授在他的所有论文上——往往是第一作者的位置——署名的行为。威尔金斯越发经常地就研究问题和资源与他的上司"爆发矛盾冲突"。冲突的根源在于兰德尔希望掌控实验室的 DNA 研究，尽管他的行政工作让他无法进行任何有意义的研究。兰德尔的时间不停被各种事情占据，这让他非常恼火，因此，他也开始开罪威尔金斯，并将实验室命名为"兰德尔马戏团"（Randall's Circus）。更直白地说，威尔金斯用一句简单的话就打发了他与兰德尔的关系："我钦佩他、尊敬他，但我真不能说我觉得他讨人喜欢。"[50]

威尔金斯曾在一年多的时间里一直用超声波诱导 DNA 发生突

**图 5-2　约翰·T. 兰德尔和莫里斯·威尔金斯，
国王学院医学研究理事会生物物理组负责人**

变，并用紫外线和红外线让它在显微镜下成像。取得些许进展后，他便向剑桥大学的约翰·肯德鲁以及国王学院、普利茅斯海洋站的一些生物学家咨询下一步的工作。1950 年初的某个时候，威尔金斯开始了一系列笨拙的尝试，他用 X 射线衍射技术对从小牛胸腺细胞核中提取的 DNA 样本开展研究，这些样本是从屠宰场购买的一批胰脏中获得的。伯尔尼大学的瑞士有机化学家鲁道夫·西格纳（Rudolf Signer）慷慨地把这些样本捐赠给威尔金斯，它们被保存在果酱瓶中的异丙醇和盐的混合物的正中间。威尔金斯形容西格纳的 15 克黏稠黄金看起来"就像鼻涕一样"。一天又一天，他越来

61　　越熟练地"纺织"出了 10～30 微米（10^{-6}米）的长纤维或链条，非常适合晶体学分析。众人梦寐以求的西格纳样本对人类发现 DNA 分子结构起到了非常重要的贡献，尽管如今已被人遗忘。[51]

　　尽管威尔金斯获得了如此珍贵的研究材料，兰德尔却因为他花了太多时间才得出结果而对他大加奚落和羞辱。兰德尔无法接受的是，X 射线晶体学所需的熟练操作的训练时间几乎快赶上成为小提琴演奏家的时间了。到 1950 年春，兰德尔彻底失去耐心，他开始寻找其他专业的晶体学家来接管实验室 X 射线的衍射研究。他最终选择了一位 30 岁的物理化学家罗莎琳德·弗兰克林。她刚刚在巴黎完成了为期四年的博士后研究，完善了煤炭的晶体学分析，准

62　备回到伦敦的家中，进而用 X 射线相机开展生物结构研究。

第六章　柔弱如海葵之叶

罗莎琳德想要的是她认定的证据，任何近似都不行……众人从不同角度对罗莎琳德性格的粗略描述听上去几乎就是自相矛盾的——她集诚实与机敏、逻辑与温情、深刻的抽象智慧与鲜活的敏锐人性于一身；但这一切都是事实，不仅不矛盾，而且相互融洽。我愿意不畏艰难，把这一切连同暗处的细节，都如实付诸笔端。

——安妮·赛尔，致穆里尔·弗兰克林（罗莎琳德·弗兰克林的母亲）的信，1970 年 2 月 5 日[1]

我担心你不会同意我对罗莎琳德患有阿斯伯格症的判断，但我并不是第一个提出这种可能联系的人。

——詹姆斯·D. 沃森，致詹妮弗·格林（Jenifer Glynn）（罗莎琳德·弗兰克林的妹妹）的信，2008 年 6 月 11 日[2]

罗莎琳德·埃尔西·弗兰克林打小就自视与众不同：她不同于自己娇生惯养的兄弟姐妹们；不同于英裔德国犹太金融家和慈善家的孩子；不同于学校里其他被 20 世纪初的家教管束所困扰的女孩；更完全不同于那些长相和口音都很奇怪的东欧犹太难民——他们定居在伦敦东区（East End），相当于纽约下东区。[3]沃森经常猜测，罗莎琳德与众不同的性格源于她的"上层"社会地位。[4]这个看法不无道理，但弗兰克林一家所处的上流社会主要由犹太人组成。

　　罗莎琳德的母亲穆里尔出身于一个显赫的盎格鲁犹太人家族——瓦利家族（the Waleys），其中不乏杰出的律师、金融家、诗人和政治家。1935 年，瓦利家族的亲戚大卫·索洛蒙斯（David Solomons）当选为伦敦第一位犹太治安官，不过他并未获准就职，因为强制宣誓仪式要求效忠基督教信仰。后来，索洛蒙斯更是顺利成为下院第一位犹太议员（1851 年）和伦敦第一位犹太市长（1855 年）。

　　尽管弗兰克林家族长期以来涉足银行业，但他们家族的历史远不是英镑、先令和便士所书写的。罗莎琳德的祖父阿瑟编纂的家族史声称，他们是大卫王的直系后裔。[5] 撇开皇室叙述不谈，弗兰克林家族的族谱中的确有几位杰出的拉比，其中包括布拉格的拉比犹大·洛乌·本·巴泽莱尔（Rabbi Judah Loew ben Bazelel，1512～1609 年），这位塔木德和卡巴拉学者在民间传说中创造了泥人"魔像"（Golem，也译为"傀儡"），并将其作为保护布拉格犹太区不受反犹主义者侵害的一种手段。魔像的传说是意第绪语文学的主要内容，很可能也是玛丽·雪莱（Mary Shelley）1818 年的小说《弗兰肯斯坦》的灵感来源。[6]

　　1763 年，弗兰克尔（Fraenkel，不久便英语化为弗兰克林）一家从德国布雷斯劳移民至伦敦，当时全英国仅有不到 8000 名犹太人。阿瑟·弗兰克林喜欢吹嘘自己的四位祖父母中有三人出生于英国，以此来显示其家族居此地久矣。虽然不像 1478 年逃离西班牙宗教裁判所的西班牙裔犹太人那样有地位，也不像罗斯柴尔德家族那样富有，但弗兰克林家族属于英国犹太精英阶层——"一个以小圈子的血缘和金钱排他性流动为特征的紧密族群联盟，这个小圈子也会不时开放，接纳某个贝丁顿（Beddington）、蒙塔古（Montagu）、弗兰克林、沙宣（Sassoon）或其他有地位、财富的人，然后再次紧闭大门"。[7]

　　现代以色列的历史中也刻下了众多弗兰克林家族成员的名字。罗莎琳德的姑姑海伦·卡罗琳·"玛米"·弗兰克林·本特维奇（Helen Caroline "Mamie" Franklin Bentwich，1892～1972 年）是一位女权主义活动家，曾在 20 世纪 20 年代推动了幼儿园、艺术中心和其他社会项目的发展。她的丈夫诺曼曾在 1920～1931 年担任英属巴勒斯坦托管地的总检察长；她的父亲赫伯特则是一名版权律师，西奥多·赫茨尔（Theodore Herzl）的首批英国追随者之一，也是早期犹太复国主义运动的重要人物。最著名的则是罗莎琳德的曾叔父赫伯特·路易斯·塞缪尔（Louis Samuel，1870～1963 年）。1915 年，塞缪尔子爵为英国内阁撰写了一份"秘密"备忘录，由此促成了 1917 年的《贝尔福宣言》（Balfour Declaration），确立了在巴勒斯坦建立"犹太人民族家园"的概念。1920 年，就在罗莎琳德出生的三周前，塞缪尔被任命为首任巴勒斯坦高级专员。[8]

　　小时候，罗莎琳德就显得与她的兄弟姐妹（一个名叫大卫的哥哥；两个弟弟，科林和罗兰；以及一个妹妹詹妮弗）不同，她说话声音小，善于观察周围的人，判断力敏锐。她过于敏感了，尤其在感到被轻视或受到委屈时，年少的罗莎琳德的反应就是退缩和反思。她的母亲穆里尔是传统犹太妻子的典范，在第二个孩子*去世十多年后，她写道："罗莎琳德不开心时，她会退缩到自己的世界——就像叶子被碰到的海葵一样。她把自己的伤口隐藏起来，烦

_____

*　指弗兰克林。——译注

恼让她变得孤僻和不安。后来上学了，我总能从她回家后的默不作声的中看出她在学校出了什么问题"。[9]

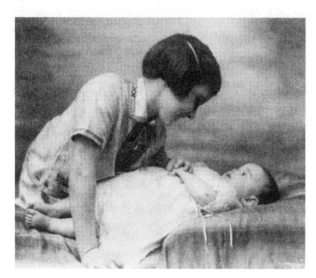

图 6-1　9 岁的罗莎琳德和妹妹詹妮弗

这种敏感往往会掩盖她内在的天赋。1926 年，罗莎琳德的姨妈玛米向丈夫描述了她与哥哥一家有次去康沃尔海岸的情形。她对当时六岁的罗莎琳德做了生动的描述："「她」异常聪明——把所有时间都花在算数上，乐在其中，而且总是能算对。"[10]穆里尔对小罗莎琳德的回忆也同样贴切："她的性格可圈可点，非常坚强、非常聪明——不仅智力过人，而且意志坚强。"[11]也许我们应该给 11 岁的罗莎琳德再加一句评价，就在母亲向她介绍冲洗照片的科学知识后不久，"这让我觉得心里暖暖的"。[12]

穆里尔坚持认为，"罗莎琳德一生都很清楚自己的方向"，"她的观点坚定而明确"。[13]十几岁时，罗莎琳德就已经练就了一副伶牙俐齿。她毫不畏惧表达自己对他人的厌恶或批评，在科学问题上尤其如此。对于罗莎琳德所爱的人而言，她是个理想的伴侣，风趣、调皮、思想敏锐。但对于那些在某些方面令她失望或被她视为差点意思的人，就是另一幅情形了。穆里尔非常清楚自己的女儿是如何直言不讳地打击人的，而对那些不怎么接受批评的人来说，这简直就是一种羞辱："罗莎琳德的憎恶就像她的友谊，都很持久。"[14]

　　跟许多有天赋的年轻人一样，弗兰克林错误地认为，自己强烈的求知欲和敏捷的逻辑思维是普遍和常见的。终其一生，她都很难容忍别人的平庸，这往往会毁掉自己专业发展的前途。安妮·赛尔说："她无法忍受荒谬。"她用"激烈而顽固的愤慨"来回应如此这样的人和事。[15]根据穆里尔的说法，罗莎琳德心中那些不是很灵光的人都会让她心烦意乱，因为她"生来无论做什么事情效率都很高，她永远无法理解为何别人无法像她那样有条不紊地工作，以及能力无法跟她相当。她对用心良苦的笨手笨脚没什么耐心，也没法跟愚笨的人相处融洽"。

　　　　　　　　　　　　⚛

　　罗莎琳德在伦敦诺丁山社区长大，当时这里是富裕的英裔犹太人社区中心。弗兰克林一家很富有，但从不张扬。穆里尔一丝不苟地记账，丈夫每周一都会给她一笔固定的零用钱。埃利斯·弗兰克林（Ellis Franklin）不愿过添置房产和司机等容易实现的奢侈生活，而是选择乘坐地铁前往他在城里的办公室——家族的私人商业银行。周末，他会在父母位于白金汉郡查特里奇（Chartridge）村的隐秘庄园里度过，庄园的房子由设计白金汉宫外墙的同一位建筑师做了现代化改造，以避开外人的窥视。[16]

　　弗兰克林一家的生活被家庭纽带、礼节和对英国一切事物的热爱所占据。埃利斯和穆里尔向孩子们灌输了教育，以及把时间奉献给那些不幸之人的重要性。埃利斯最喜欢的慈善组织是位于伦敦圣潘克拉斯区克朗代尔路的工人学院。该学院成立于 1854 年，旨在为工人和受过大学教育的同行建立纽带，其开设的课程包括经济学、地质学、音乐和板球。埃利斯曾任该校副校长，长期讲授电学课程。[17]

　　同样重要的是，弗兰克林家族有着根深蒂固的犹太信仰。一家人会定期参加位于贝斯沃特的新西区（New West End）犹太教堂的礼拜——埃利斯资助过这个教堂，后来又根据"犹太教是一个宗教而非种族……英国犹太人和其他英国人一样都是英国人的整体观念"等同化原则重组了该教堂。[18]然而，在当时那个犹太人被认为是一个独特且不总是受到尊重的族群的时代，无论埃利斯家族如何融入英国生活，他们仍显得是异类，与他们最想成为的人格格不入。刻板观念根深蒂固，多数英国人都是看了莎士比亚笔下的夏洛克向他的基督徒顾客收取高额费用，或者狄更斯笔下的费金如何费尽心机把离家出走的男孩变成扒手等情节才"了解"犹太人的。正如乔治·奥威尔（George Orwell）在 1945 年指出的，当时生活在大不列颠的犹太人仅有 40 万，约占总人口的 0.8%，而且他们"几乎全都集中在六七个大城镇里"。更糟的是，奥威尔总结道，"英国的反犹主义比我们敢于承认的还严重，战争又让这种情况变本加厉……从根本上说，这种情绪十分非理性，并不会因道理而改变"。[19]而当罗莎琳德长大成人后，她也不得不面对自己"与其他英国人相比不够英国"的问题。她不仅是英国物理科学界为数不多的女性之一，还是一个闯入由基督教白人男性掌控的象牙塔的犹太人。她身上背负着性别和强烈个性带来的包袱，再加上英国学术界十分微妙而又无处不在的反犹主义，如果没有才华加持，这一切就已预先决定了她成功的可能性。

20 世纪 30 年代初，9 岁的罗莎琳德被送往苏塞克斯海岸贝克斯希尔的林多尔女子学校（Lindores School for Young Ladies），此地可以俯瞰波涛汹涌的英吉利海峡。虽然心思都在学习上，也在手工课上展现了超强的手眼协调能力，但罗莎琳德经常想家，她会写信给父母，表达自己对他们和妹妹詹妮弗的思念之情。很明显，林多尔并非她理想的求学之地，因此在 1932 年 1 月，罗莎琳德的父母把她送进了伦敦西肯辛顿的圣保罗女子学校（St. Paul's School for Girls），入学时就读初中四年级。圣保罗女校具备双重优势，一是与他们位于诺丁山的家仅相隔一段公交车程，二是尽管该校以圣人命名，但并不效忠于教会，因此学校里有很多受过教育的犹太男子的女儿。[20]罗莎琳德很高兴能被转到离家较近的学校，尽管她并不同意父母说自己很"娇气"，不适合上寄宿学校，这种反对意见逐渐演变成了对自己小小年纪就被送出家门的怨念。[21]

圣保罗学校的理科课程强调保持整洁的外表、一丝不苟的学习态度和复习答案等女性气质。学校不鼓励卖弄才华或大胆创新。作为领时代之风气的女校，圣保罗配备了全新的实验室，由三位"高素质女教师"讲授生物、物理和化学。在圣保罗女校读完前四年（相当于美国的初中阶段）后，弗兰克林进入六年级，并宣布她打算读高中，重点学习化学、物理和数学。她直接跳过了生物学和植物学课程，因为这些课程往往是打算进入医学院学习的学生选修的。据弗兰克林在圣保罗最亲密的朋友之一安妮·克劳福德·派珀（Anne Crawford Piper）说，弗兰克林开展了大量的科学研究，以期超过同龄人。[22]

17 岁时，弗兰克林参加了剑桥大学的数学和物理学入学考试。跟其他许多学生一样，她也经历了考试和面试焦虑，但她坚持了下来。1938 年 10 月，剑桥大学的两所女子学院——吉尔顿学院

（Girton）和纽纳姆学院（Newnham）都向她发出了录取通知书。单论建筑标准，这两所学院都很漂亮，但却远不及众多男子学院那般宏伟。她最终选择的纽纳姆学院是一座红砖砌成的安妮女王风格的建筑群，白色的窗框和烟囱显得很惹眼，一座绿意盎然的花园坐落其间。

图 6-2　剑桥大学纽纳姆学院

剑桥大学虽然是一所"历史悠久的大学"，但直到 1869 年才开始招收女学生，1871 年之前也不招收犹太人。此后的几十年里，年轻女性只能通过这两所女子学院进入剑桥大学学习，但男生则有 22 个可供选择的学院；相应地，女生招收指标仅有 500 个名额，男生则有 5000 个。[23]在二战前的英国，年轻女性想要获得一流的教育资源，所遭受的不平等待遇不胜枚举。很多成绩单上潦草的轻蔑评语很好地解释了这种遗憾："不错，只不过是个女的。"[24]

与 1921 年才开始授予女性学位的牛津大学不同，剑桥大学的女学生直到 1947 年才被接纳为"大学成员"。相应地，此前她们不过被视为吉尔顿学院或纽纳姆学院的学生。女生没有资格获得坎塔布里奇亚（Cantabrigia，剑桥大学的拉丁语写法）学士学位；她们的毕业证书上写有"荣誉学位"（"degrees titular"或故作姿态的"degrees tit"），这种缩写常常引发男生的嗤笑。除了性别歧视的玩笑话以外，剑桥大学的女生们每天都要被迫接受自己的次要地位——在教室的隔离区（前排）就座。[25]如果一名女学生上课迟到，便只能在男生区就座，男生们就会用脚踢她的木椅背，还会朝她扔纸团。

1928年10月，小说家弗吉尼亚·伍尔夫在纽纳姆学院的艺术协会和吉尔顿学院的奥塔（ODTAA，意为"一件又一件该死的事情"）协会发表演讲。伍尔夫从不浪费她精心推敲的句子，同年，她把这些演讲集结成书出版，书名为《一间只属于自己的房间》（A Room of One's Own）。她在书中描写了女学生不小心踩到男子学院绿油油的草坪时引发的焦虑——这是严重违反校规的行为。只有学院的教员才能无视明令普通人远离草坪的告示牌，但仅有男性才有资格成为这些学院的教员。[26]令人欣慰的是，纽纳姆学院的女生可以在一年的大部分时间里自由徜徉在该学院17英亩的草地和花园中。

作为一名读者，弗兰克林并不是伍尔夫的崇拜者。她在没读完伍尔夫的小说《到灯塔去》（To the Lighthouse）就放弃了，在给父母的信中写道："我喜欢衔接完好的长句子，但她的句子的开头部分往往毫无意义，直到结尾处才知道说了什么，我认为这是不合理的。"[27]撇开批评不谈，弗兰克林的大学时代恰逢伍尔夫1938年讨论女权问题的《三枚金币》（Three Guineas）的出版。伍尔夫在书中冷静地列举了英国男女在教育、财产和资本所有权、贵重物品、赞助以及进入专业领域等方面的不平等。最重要的是，伍尔夫用一

70

句晶莹剔透的完美语句概括了这种相互隔绝和不平等的困境，这句话于弗兰克林而言一定掷地有声："虽然我们看到的是同一个世界，但我们的眼光有所不同。"[28]

弗兰克林是个孝顺的女儿，每周都会给家里去两封信。从这些信中可以看出，她是个好奇心强、善于换位思考、勤奋好学、雄心勃勃、认真负责的年轻女性，她对自己和他人都有强烈的幽默感。她对科学知识抱有无尽的渴求精神，即便这意味着要选修额外的课程、参加额外的讲座或者在实验室一待就是八个小时甚至更长时间也在所不惜。总之，阅读这些信件对读者也是一种享受。它们让人代入式地体验了一个既热爱自由的大学生活，又渴望与伦敦的家人保持联系的年轻人的成长历程。

从早期的信件内容看，尽管弗兰克林经过深思熟虑甚至一番焦虑之后才选择了纽纳姆学院，但她却能拿自己的这个选择开玩笑。在剑桥遭受纳粹轰炸的次日，她写信给父母说："我来纽纳姆是对的……上周，吉尔顿陷入一片火海。他们一再提醒听众，「本地皇家空军基地」让剑桥大学成了军事目标。"[29]而在另一封信中，她为自己字迹潦草（一辈子的毛病）而道歉，并把焦点转移到了女性话题上。[30]弗兰克林在一封信中请求母亲："请把你的见闻说与我听"，还请母亲邮寄自己的"晚礼服（郁金香款）、晚鞋和晚礼服衬裙。鞋子在衣柜最下面的抽屉里（金色或银色）"，以便她能够参加"下周的纪念活动，某种老姑娘参加的晚宴，在校的学生都被邀请参加……因为没有足够的老姑娘能来"。[31]在某次严重的轰炸后，她就把紧急状态融入日常："请把我的防毒面具给我！我还需要上周洗的睡衣和手帕，还有我胡桃木家具右侧抽屉里的绑带。这是滑冰的必备品。"[32]后来，她安慰父亲说："真的很难相信，有人会如此背信弃义"，她的父亲当时正在与他心爱的工人学院的一些制造分裂的董事会成员周旋。[33]

图 6-3　罗莎琳德在挪威登山，1939 年前后

1940 年，弗兰克林在给父母的信中提到了她与阿德里安·威尔（Adrienne Weill）的会面：此人是一位"杰出的"法国犹太物理学家，在战争期间失去了丈夫，从巴黎逃往英国。威尔和她的女儿最初都住在纽纳姆，后来经营了一家法国难民收容所。对弗兰克林来说，威尔意味着与女科学家对标杆玛丽·居里（Marie Curie）

的直接联系，因为她曾于 1928～1928 年在镭研究所（Institut du Radium）师从伟大的居里。[34] 在剑桥大学，威尔受布拉格的领导，在卡文迪许实验室从事物理学和冶金学研究。在听完威尔关于居里研究工作的演讲后，弗兰克林滔滔不绝地对父母说道："她应该是我见到的第一位现在在英国的法国人……她是个让人喜欢的人，有着讲不完的精彩故事，与她谈论任何科学或政治话题都十分有趣……她的演讲让我热血沸腾。"[35] 就像许多被学术界召唤，但又来自不完全理解这种追求的家庭的年轻人一样，弗兰克林与威尔的联系将成为她人生的分水岭。[36]

　　弗兰克林一家吃饭时经常讨论政治和宗教话题。像众多年轻人一样，罗莎琳德会用这些话题调侃父母，尤其是调侃对她既宠溺又苛刻的父亲。她的观点倾向于自由主义，甚至有点偏社会主义，这与父亲较为保守的信仰形成了鲜明对比。战争期间，埃利斯严厉地斥责了女儿，并建议她放弃科学研究，到政府机构做一份文职工作，晚上则为休假的士兵卷绷带、泡茶，这样可能于战争更有益。根据弗兰克林一些朋友的说法，这是她从未忘记的羞辱。同样，当罗莎琳德想跟一位值得信赖的家人认真讨论她的工作时，通常也是跟父亲埃利斯讨论。[37]

　　埃利斯的世界里有股票、债券、抵押贷款，也有底线。至于对犹太教的看法，《圣经》教给他上帝的无限荣光，犹太人是上帝的选民——在埃利斯看来，这些教导都是不刊之论。而他的女儿却拒绝接受这种说法，还说要拿出证据、事实和理由才行。六岁时，弗兰克林就向母亲索要上帝存在的证据。无论这位逐渐失去耐心但又深信不疑的母亲给出什么样的答案，女儿总是立马用早熟而有洞察力的追问把这些答案各个击破，最后还不忘反问一句："你怎么知道上帝是男的不是女的？"[38]

1940 年夏天，剑桥遭受了严重的轰炸，甚至有传闻说学校会在秋季关闭。在一封写于这段慌乱时期的长达四页的信中，20 岁的弗兰克林回应了父亲指责她把科学当成了宗教的说法。尽管她在最终权威——上帝与"科学真理"——的问题上与父亲相左，但她在字里行间却尽力站在了父亲的立场，语气也很温和，而在看到女儿才思敏捷地与自己讨论问题，没有哪个父亲不会感到骄傲吧：

> 您经常说（而且在信中也曾暗示），我已经形成了一种完全片面的观点，用科学的眼光看待一切，思考一切。我认为这个说法很成问题。显然，我的思维和推理方法受到了科学训练的影响——如果不是这样，我的科学训练就是一种浪费和失败。但您却把科学（或至少是你口中的科学）看作人类某种令人丧气的发明，一种脱离实际生活的东西，必须小心翼翼加以保护，并将之与日常生活区别开来。但科学与日常生活不能也不应该分开。对我而言，科学不过是生活的部分解释。就科学本身而言，它以事实、经验和实验为基础。您谈论的是那些您和其他许多人认为最简单、最容易相信的理论，但在我看来，这些理论除了能让人更愉快地看待生活（以及夸大我们自身的重要性）以外，没有任何基础可言。
>
> 我同意，信仰是人生成功（不管什么形式的成功）的必要条件，但我不接受您对信仰的看法，即对死后生活的信仰。在我看来，信仰所需的不过是相信我们尽自己最大努力，就更可能实现目标，而且这些目标（改善人类现在和未来的命运）值得去实现。任何愿意相信全部宗教教理的人，显然都必须有这样的信念，但我仍坚持认为，如果没有另一个世界的信仰，人对这个世界的信仰也完全不受影响……此外，您的信仰寄托

74

在您自己和个体成员的未来之上，而我的信仰则寄托于我们后代的未来和命运上。在我看来，您的信仰更为自私。

我刚刚想到，您可能会提出造物主的问题。谁之造物主？我无法从生物学的角度做出论证，因为那并非我的专业领域……我认为没有理由相信原生质或原始物质的创造者（如果有的话）会对我们这个宇宙之一隅的微不足道的物种感兴趣，更别说对我们这些更加微不足道的个体感兴趣了。同样，我认为没有理由相信，相信自己的渺小会削弱我们的信念——正如我之前做的定义那般……好了，接下来我要唠家常了……[39]

赛尔猜测，弗兰克林与父亲的争执，以及父亲对她缺乏积极肯定的态度，都对她的心理造成了伤害。[40]20 世纪 70 年代初——这对父女都离开人世很久之后，赛尔和穆里尔还通过越洋邮件来回争论这一说法的真实性。可以肯定的是，穆里尔要守护亡夫的遗产。尽管如此，她还是宣称丈夫全心全意地支持罗莎琳德的职业选择，她认为心理伤害的说法"不公平"。穆里尔坚称父女之间从未有过严重的裂痕。[41]在随后的一封信中，她反对赛尔把埃利斯描述成一个"狭隘、保守的维多利亚时代的父亲"形象，还反驳说罗莎琳德"有时的确会感受到自认为的委屈，但这些委屈被突出和放大了，给人一种残酷而扭曲的印象"。[42]

赛尔自称曾在 20 世纪 50 年代中期某个时候与弗兰克林讨论过这些问题，她坚持认为父女之间的冲突的确造成了心灵的伤害。1974 年 10 月 30 日，她向穆里尔解释道："罗莎琳德认为自己是个要跟偏见做斗争、要克服反对意见的人，她对许多人都强烈表达过这个看法，这不得不被视为她性格中的一个因素。"赛尔愿意承认穆里尔的看法，即"她的意图或抱负并未遭到父亲的真正反对"。但对赛尔来说，这个事实并没那么重要，因为"罗莎琳德认为实际情况刚好相反，而且这种信念——无论实际上多么不可能——的确以各种方式对她产生了影响"。[43]

几十年后，沃森、威尔金斯和克里克分别根据自己了解到的情况把这对父女描绘成了充满矛盾、相互争吵的关系，而且还进一步将其视为弗兰克林在与男人打交道时遭遇到的所谓的麻烦的根源。在许多公开场合，这些作者都曾在没有任何证据的情况下声称，弗兰克林没有承担起传统的富家女、年轻妻子、母亲和慈善赞助人的角色，这让她的父亲大失所望。这种说法是对女儿与父亲之间微妙关系的严重误解——尤其在女儿长大成人，逐渐远离了生命中头等重要的男人，独自发展时。[44]无论从哪个角度看，罗莎琳德都是个尽职尽责的好女儿，既与父母和兄弟姐妹亲密无间，又具有独立的思想、精神和抱负。与多数家庭矛盾一样，二人关系的真相可能介于两种说法之间。如果罗莎琳德只打算过结婚生子的生活，埃利斯和穆里尔可能会更加自在。他们可能需要一些时间来接受女儿超前的职业选择，在他们看来，女儿选择的一定是个神秘且高度专业化的科学领域——跟儿子们相比就更是如此，他们紧随父亲的脚步进入了家族银行业——但埃利斯夫妇最终还是接受了。由于埃利斯长期对电力和物理学感兴趣，她和罗莎琳德就科学问题展开了长期对话。她深爱着女儿，女儿也同样深爱着他。跟许多父女一样，他们的关系也有很多面向，而这一时期的性别角色、社会和科学领域几乎同时发生了世代交替般的剧烈变化，这反过来又让他们的关系变得更加复杂。

所有在剑桥期间认识弗兰克林的人都注意到，她的激烈性格可能不利于她的成功。对那些钦佩她的人来说，这不过体现了她对真理和知识永不满足的追求。然而，其他人则认为她令人生畏、冷酷，甚至苛刻而挑剔。大学期间与她相熟的格特鲁德（"佩奇"）·克拉克·戴奇［Gertrude（"Peggy"）Clark Dyche］回忆说，弗兰克林可能是个"难以相处的人——急躁、专横、得理不饶人"。她的观点毫无矫饰和客套可言，但"这都是因为她的标准过高，并期望他人都能达到她的理想要求"。[45]阿德里安·威尔对此深表赞同："她总是十分坦率地表达自己的好恶。"[46]

弗兰克林学生时代的笔记本记录了如今的大学生中难以见到的深入研究。她了解牛顿、笛卡尔和多普勒的思想；从头到尾读完了鲍林的《化学键的性质》（*The Nature of the Chemical Bond*）。她甚至花时间思考了胸腺核酸钠——小牛胸腺中提取的 DNA 的盐形式——的性质。在解读这种即将代表她命运的分子时，弗兰克林在笔记本上画了一个螺旋结构的草图，并在旁边写道："遗传的几何基础？"她还学习了 X 射线晶体学的基础知识，并绘制了不同晶型及其晶胞的示意图，其中一种晶型后来被证明对弄清 DNA 结构至关重要："单斜全面心晶"（monoclinic all face-centered）。[47]

在课堂上，教授们评价弗兰克林"头脑一流"，对学习全心投入。然而，她的完美主义又常常让她在考试中抓不住重点。她倾向于详细回答前几题，常常搞得时间不够用，于是不得不潦草应付后面的问题。[48]而在重要考试前夜，她也会焦虑不安、辗转反侧、失眠不已。她尝试过狂饮加入了阿司匹林的可口可乐来缓解，那个时代的许多大学生称之为"喝兴奋剂"。[49]

就在弗兰克林参加学位考试（Tripos）的前一天，她患上了严重的感冒。弗兰克林出色地完成了前三分之二的考试，却在最后一门考试中因为受冻而影响了发挥。正如我们在威尔金斯和克里克的求学历程中看到的，一等学位是进入剑桥大学或牛津大学追求学术生涯的必要条件。虽然她在学位考试的物理化学部分取得了特别好的成绩，但失误还是把她拉到了 1941 年春的二等学位学生名单之列。幸运的是，她的"二等上"排名以及导师弗雷德里克·丹顿爵士（Sir Frederick Dainton）一封重量级推荐信为她争取到了物理化学研究生的研究奖学金。她被分配到罗纳德·G. W. 诺里什（Ronald G. W. Norrish）门下工作，诺里什后来因为研究化学反应动力学而获得了 1967 年诺贝尔化学奖。按计划，弗兰克林要完成足够的实验研究，才能获得物理化学博士学位。

诺里什实验室位于剑桥大学伦斯菲尔德路多化学大楼内。这个地方几乎不受任何学生待见，年轻女性自然更加不喜欢。这位教授"不苟言笑、脾气暴躁、酗酒成性——这可不是弗兰克林喜欢的品质"。[50] 加入诺里什实验室时，弗兰克林还只是年仅 21 岁的四年级学生，她冒着纷飞的战火寻求导师的指导。对性格反复无常、不太容易相处的诺里什来说，她也是个难对付的女人，很容易被解雇和被不公正对待。弗兰克林经常表现出"对她感兴趣的事物全神贯注，但对她不感兴趣的事情则漠不关心的特点——这种特征不限于专业知识方面，而且还带有些情感色彩"。[51] 根据丹顿的说法，弗兰克林讲逻辑、专注和一丝不苟的性格与诺里什的"天分"并不相称，后者"经常出错，但有时却正确得无以复加甚至有点莫名其妙。在性情、个性、知识价值观，以及在认知和情感的相对侧重和文化背景方面，二人都显得貌合神离，罗莎琳德的离开是正确的"。[52]

诺里什命令罗莎琳德解决的科学问题——描述甲酸和乙醛的聚合反应——是他和另一位学生已经研究出来，并在 1936 年发表过

78　的化学过程。[53]这项任务在化学上相当于吃力不讨好的工作，罗莎琳德对此心知肚明。更糟糕的是，诺里什还把患有幽闭恐惧症的罗莎琳德安排到一间狭小阴暗的办公室里。

　　1941 年 12 月，弗兰克林在给家人的信中描述了让她备受折磨的师生关系："我才开始意识到他的坏名声是多么的其来有自。现在，我已经彻底站在了他的对立面，我们的关系几乎走到了尽头。他是那种喜欢听好话的人，只要你同意他说的每一句话，对他所有的错误言论都表示赞同，他就会喜欢你，但我总是拒绝这样做。"[54]几个月后的 1942 年初，弗兰克林谈到了自己发现诺里什的工作中的一个错误后发生的事情。当她得意扬扬地提请诺里什注意时，后者几乎就要气炸了。弗兰克林用自己的方式告诉父母，她是如何在欺凌面前毫不退缩的："我站出来反对他时，他就变得十分反感，我们吵了一架——实际上是吵了好几架。现在，我不得不让步，但我认为能暂时稳住他是件好事，我太鄙视他了，甚至以后都不会再听他的任何话了。在他面前，我简直感觉无比优越。"[55]

　　与自己的论文指导老师争吵从来都不是个好主意，因为这个人掌握着你赖以生存的津贴、你在研究生项目中的位置、你的学位授予和你未来的职业机会。尽管如此，弗兰克林还是对诺里什的酗酒、辱骂行为和错误思想忍无可忍，并为此闹得不可开交。有些人甚至认为她与诺里什的不合预示了她与男人的交往方式。然而，更准确的说法是，弗兰克林不善于跟无理取闹的男人（或女人）——至少在她心中如此的人——打交道。在弗兰克林的一生之中，她都能跟许多男女同事融洽地共事，这些人容忍了她的不同，并透过表面现象欣赏她的内在品质。她无法忍受的是那些傻瓜。

　　在这段紧张时期，弗兰克林最大的安慰莫过于住进了阿德里

安·威尔位于米尔路的宿舍，那里与纽纳姆学院隔着卡姆河相望。　79
由此，她也有机会练习法语，与留学生交流，以及跟启人心智的威
尔共度时光，这对她在诺里什实验室工作时遭遇的心灵创伤算得上
是一种抚慰。

1942 年 6 月，英国劳工部下令"保留"所有女研究生的资格，
让她们从事与战争相关的工作。虽然弗兰克林更愿意留在剑桥，但
那里没有真正适合她的机会。1942 年 6 月 1 日，她给父亲写了一
封据理力争的信件说，在面对男性特权或她认为不正当的权威时，
她会十分坚定地捍卫自己的立场：

> 有一点您很不公正——我不知道您怎么会认为我"抱怨"
> 为了战时工作而放弃博士学位。一年前，在我第一次申请在这
> 里从事研究工作时，有人就问我是否打算从事与战争有关的工
> 作，我说我想。我被引导着相信，我在这里遇到的第一个问题
> 就是与战争相关的工作。我很快就发现自己上当受骗了，从那
> 时起，我就反复向诺里什提出从事战争工作的请求——这是我
> 们在许多问题上存在分歧的原因之一——我曾多次违背长辈和
> 上级的劝告，明确表示宁愿晚些时候攻读博士学位，也要先参
> 与战时工作。[56]

幸运的是，战争让她得以逃离诺里什的实验室，转而让她从事
那些既能完成博士学位，又能为战争做贡献的研究。当年 8 月，她
在位于伦敦郊区泰晤士河畔金斯顿地区的政府资助机构——英国煤
炭利用研究协会实验室找了份物理化学分析师的工作。实验室由唐

纳德·H. 班汉姆（Donald H. Bangham）管理，他是一位和蔼可亲、乐于助人的化学家，实验室里挤满了朝气蓬勃的年轻男女科学家，他们在这里自由探索煤炭和木炭的新用途，以便提高战时的能源利用率。弗兰克林当时的职位是助理研究员，其间她研究了来自肯特、威尔士和爱尔兰的烟煤和无烟煤。晚上，她和表妹艾琳（Irene，与她同住在普特尼）还自愿担任防空警报员。

弗兰克林承担后一个职责体现了她坚强的个性和勇气。她讨厌防空洞，因为她有幽闭恐惧症。赛尔目睹了弗兰克林在封闭环境中的不适感，她回忆说，弗兰克林的恐惧"并不强烈，但真实存在。她会习惯性掩饰自己的恐惧。她对好几个城市的公交系统了然于胸，只是为了远离地铁，战争后期，她成了一名防空警报员，部分原因也是为了远离防空洞"。[57]在此期间，为了克服自己对封闭环境的恐惧，她捡起了自己最喜欢的娱乐活动——在北威尔士山区进行艰苦的徒步旅行（后来，她还攀登了包括阿尔卑斯山在内的欧洲各地——挪威、意大利、南斯拉夫和法国的山脉，后来还攀登了加利福尼亚的山脉）。她跟沃森和威尔金斯一样都喜欢爬山；遗憾的是，这三位科学家从来没机会一起爬山。

1945 年战争结束时，弗兰克林已经完成了足够多的原创性研究，也顺理成章获得了剑桥大学的物理化学博士学位。1946 年，她与英国煤炭利用研究协会的负责人唐纳德共同撰写并发表了一篇名为"煤和碳化煤的热膨胀"的论文，这也是她发表的第一篇论文。这篇论文发表在顶级化学期刊《法拉第学会汇刊》（*Transactions of the Faraday Society*）上，文章描述了不同类型的煤炭的多孔（微孔）特性，以及这种特性对提升能量产出的积极作用。[58]就连埃利斯也不得不承认，女儿的才能在研究国家的主要能源方面得到了最大限度的发挥。

1946 年秋，弗兰克林在英国皇家学会举行的碳会议上发表了精彩的演讲。尽管性格孤僻，但弗兰克林是一位出色而自信的讲者。威尔邀请了两位法国同事马塞尔·马蒂厄（Marcel Mathieu）和雅克·梅林（Jacques Mering）参加演讲，二人是位于巴黎的国家化学服务中心实验室（Laboratoire Central des Services Chimiques de L'Etat）的晶体学家。弗兰克林给他们留下了深刻的印象。几周后，梅林为弗兰克林提供了一份物理化学分析师的工作，其职责是用 X 射线衍射技术分析煤、木炭和石墨的微观结构和孔隙率。

81

1947 年初，弗兰克林前往巴黎的实验室（或者当地人口中的"labo"）报到。实验室位于第四区的亨利四世街 12 号，内部有一个大型拱形铅窗，窗外就是塞纳河。接下来的四年里，她与一批来自法国和其他国家的男女科学骨干一起工作。她一如既往地辛勤工作，为有机会凭借自己高超的操作技能、敏锐的头脑和对实验研究的热情成为世界上最优秀的 X 射线晶体学家而欣喜不已。[59]

但这并非易事。首先，她必须找到适合分析的分子。适合的分子的晶体结构必须在一定程度上是均匀的，而且体积要相对较大；否则，X 射线图样上就会出现多种误差。一旦确定了合适的晶体，晶体学家就会用 X 射线照射它。X 射线照射到组成晶体的原子的电子上后，就会发生散射——散射图会记录在晶体正后方的一张相纸上。通过细致测量这些散射 X 射线的范围、角度和强度，然后用复杂的数学公式做出描述，晶体学家就能绘制出晶体电子密度的三维图像。这个结果反过来又能确定组成晶体的原子位置，从而解决分子的结构问题。

更加复杂的情况在于，单张 X 射线图像永远无法回答所有问题。晶体学家必须在 180 度（或更多）的光谱范围内，小心地把样本旋转上百个细微角度，并为每个角度的样本拍摄一张 X 射线图像——每一张图片都有不同的污点或衍射图样，这让整个过程既耗时又费神，而且非常麻烦。当时，成百上千张 X 射线衍射图样中的每一张都需要用手、眼睛和计算尺进行测量和分析。如果每一步都做得不够完美，就可能产生人为痕迹或测量误差，从而得出错误的答案或结论。[60]图像模糊会让人对分子的原子排列的估计变得

82　更加不可靠。幸运的是，弗兰克林对这些方法非常精通，她的研究成果也非常出众。[61]她的同事、意大利犹太裔晶体学家维托里奥·卢扎蒂（Vittorio Luzzati）对她的"金手指"测得的成果惊叹不已。[62]弗兰克林的导师梅林也是犹太人，他称弗兰克林为自己最得意的学生之一，说她有着旺盛的求知欲，非常善于设计和开展复杂实验。[63]

　　在巴黎，弗兰克林的社交生活充满了欧陆风情。她能说一口流利的法语，喜欢去蔬菜水果店和肉店购物，沿途还会去品尝奶油糕点，喜欢选购美丽的围巾或毛衣，也很享受霓虹闪烁的大街小巷。她接受了克莉斯汀·迪奥（Christian Dior）的"新造型"，穿上了剪裁完美的连衣裙，其特点是收腰、窄肩、裙摆长而丰满。[64]弗兰克林还积极融入当地的文化和政治生活，经常与朋友和潜在的追求者一起参加电影、戏剧、讲座、音乐会和艺术展。但她的活泼、时尚和青春靓丽并没有让出现在她生命中的男人们迷失。有人猜测，弗兰克林对英俊、风流的梅林产生过好感，尽管他与妻子关系疏远，但由于梅林已婚，所以她很快就退却了，因为她觉得无法憧憬浪漫的未来。[65]

　　在巴黎生活的四年里，弗兰克林有三年住在加朗西埃街一栋房子顶层的一个小房间里，每月房租为 3 英镑。房东是一位寡妇，她

的租房规定很严格：晚上九点半之后不得喧哗，弗兰克林只能在女仆为寡妇备好晚餐后才能使用厨房。尽管有这些限制，但她还是学会了如何烹饪完美的蛋奶酥，并经常为朋友做晚餐。她每周可以使用一次浴缸，其他时间只能使用一个装满温水的锡盆。好在这里的房租是其他同等地段房子租金的三分之一，地理位置也很优越：第六区是左岸和索邦大学的所在地，位于卢森堡宫花园和日耳曼德佩区热闹的咖啡馆之间。[66]

在实验室里，男女科学家们平等地开展实验，共享餐点和咖啡，就科学理论展开辩论，仿佛实验结果就是他们的生命。卢扎蒂［他曾在 1953 年跟克里克在布鲁克林理工学院（Brooklyn Polytechnical Institute）共用一间办公室］回忆道，弗兰克林内心深处有个他永远也解不开的"心结"。卢扎蒂解释说，弗兰克林结交了很多朋友，也树了一些敌人，主要还是因为"她非常强势，很有压迫感，对自己和他人要求都很高，并不总是让人喜欢"。虽然他经常不得不劝弗兰克林不去计较口头的得失，但他仍坚持认为"她是个完全诚实的人，不可能违背自己的原则。与她共事的每个人都对她充满了爱戴和尊敬"。[67]

弗兰克林的巴黎式冒险精神与她后来在伦敦国王学院见到的英国式行为截然相反。据曾在巴黎和国王学院与她共事的物理学家杰弗里·布朗（Geoffrey Brown）说，实验室"就像个巡回演出的歌剧团……大家不时地尖叫、跺脚、争吵、相互扔小器械，甚至流泪以及倒进对方怀里——所有这些可能发生在任何讨论过程中"。然而，激烈辩论结束时，"暴风雨过后，没有留下任何芥蒂"。[68]

弗兰克林不止一次把这种激烈的辩论方式引入国王学院的实验室，但这样做严重损害了她的声誉。一天下午，她问布朗能否借用他的特斯拉线圈，这是一种用于检测真空系统泄漏的装置。尽管布朗因为自己实验室的需要多次婉转地让她归还，但她还是没有归还。结果，他回忆说："我去取回了线圈，然后拴在了墙上。她走了进来，把线圈拉了下来，然后径直走了出去。"当时，他还是一名低年级学生，而弗兰克林则是一名博士后研究员。在实验室，等级显然意味着特权。布朗回忆说，这件事在没有芥蒂的情况下得以解决；布朗、布朗的妻子和弗兰克林很快成为朋友。然而，弗兰克林在国王学院引起的其他怨念却没那么容易消除。[69]

从 1949 年初到 1950 年的大部分时间里，弗兰克林一直在筹划返回英国。她喜欢在实验室工作，但眼下是时候回到英格兰继续此前的生活了。1950 年 3 月，她在给父母的信中说，搬家计划实施起来"比当初离开伦敦来到这里要难得多，因为这一去就难再返"。[70] 1949 年，她申请到伦敦伯克贝克学院工作，师从世界著名晶体学家伯纳尔。但伯纳尔同时拒绝了弗兰克林和另一位申请者——来自海军研究办公室的物理学家弗朗西斯·克里克。

1950 年 3 月，弗兰克林曾与一位名叫查尔斯·库尔森（Charles Coulson）的理论化学家喝茶聊天。此人当时在国王学院工作。库尔森后来把她介绍给了约翰·兰德尔，兰德尔立刻被这位年轻女性的资历折服。当时，兰德尔急需补充几个空缺的人手。他缺乏训练有素的"高级人才"，而且还担心要履行许多向医学研究理事会基金承诺的义务，以保证他的项目能够按计划开展；这也是他对威尔金斯操作 X 射线设备挑剔的一个因素。兰德尔在为自己的马戏团招募新演员时最有魅力，这对弗兰克林也同样适用。不幸的是，他对弗兰克林的预期错得离谱，他认为弗兰克林是一个文静矜持的女人，非常适合国王学院的生物物理组。

弗兰克林的博士后申请书是在跟她未来的老板反复讨论后撰

图 6-4　罗莎琳德在爬山途中的埃维特小屋小憩，1950 年前后

写的。最初的研究计划是"对蛋白质溶液以及伴随蛋白质变性的结构变化进行 X 射线衍射研究"。[71]1950 年 6 月，她参加了特纳和纽沃尔资助项目（Turner and Newall Fellowship）组织的面试，该奖学金资助周期为 3 年，年薪 750 英镑，她于 7 月 7 日正式获得该项资助。虽然资助一般在秋季开始发放，但弗兰克林要求自 1951 年 1 月 1 日起在国王学院工作，"以便完成她在巴黎时尚未完成的研究"。[72]

1950 年 12 月 4 日，兰德尔给弗兰克林写信谈到了未来几个全新的研究方向。这封信引发了科学史上最大的人力资源错配。兰德

尔的信件值得详细引述，因为它预示着弗兰克林和威尔金斯之间会
发生多么深刻的龃龉：

> 真正的困难在于，X 射线设备工作状态不稳定，自从你上
> 次来过后，我们的研究方向已经发生了很大的变化。
>
> 经过深思熟虑并与相关高层人士讨论后，目前看来，对你
> 来说更重要的任务是通过高角度和低角度衍射来研究我们感兴
> 趣的某些生物纤维的结构，而不是推进此前以溶液为主要研究
> 的项目。
>
> 正如我早先推断的，斯托克斯博士（Dr. Stokes）真的希
> 望今后基本只关注理论问题，而且这些问题不一定局限于 X
> 射线光学范围。这意味着，目前仅有你和高斯林适合开展 X
> 射线的实验工作，外加一位从锡拉库扎大学毕业的「路易
> 斯」·海勒夫人 [Mrs.（Louise）Heller] 作为临时助手。高
> 斯林与威尔金斯的合作研究已经发现，从伯尼尔的西格纳教授
> 提供的材料中提取的脱氧核糖核酸纤维能产生非常好的纤维
> 图。这种纤维具备强烈的负双折射性（negatively birefringent），
> 但在拉伸时会转变为正双折射性，而且在潮湿的环境中是可逆
> 的。毫无疑问，你知道核酸是细胞中极其重要的成分，在我们
> 看来，如果能对其开展详细研究会是件非常有价值的事情。
> 如果你同意改变计划，似乎就没有必要立即设计一台专门拍
> 摄溶液的照相机。不过，对于这种纤维的大间隙来说，这种相
> 机会很有用。我希望你能理解，我并非提议我们放弃溶液的研
> 究，但我们的确认为，纤维方面的研究能更快产生效益，而且
> 没准是根本性的益处。[73]

86

直到去世前最后一天，威尔金斯都声称，直到兰德尔去世多年后才看到他于 1950 年 12 月 4 日写给弗兰克林的这封信。他执着于这个虚构的故事，试图掩盖他对这位同事犯下的过错，而这位同事遭受的苦难在此后的岁月里也成倍增加。在每一位采访过他的历史学家和记者的记录中，都充满了威尔金斯在阅读了他们的书籍和手稿后写给他们的更正信。

就此事而言，我们所知的经过如下：威尔金斯于 12 月 5 日（也即兰德尔在打字机上写完信、签完字、写完日期的次日）离开实验室去度假。接下来的近一周时间里，他和一位名叫埃德尔·兰格的艺术家一起在威尔士（Welsh）山区徒步旅行，他们在"冬日暖阳"里浪漫地漫步，晚上一起阅读简·奥斯汀的长篇小说，威尔金斯以这种方式向兰格求爱。[74] 就在临行前，威尔金斯声称自己得到了 DNA "清晰的晶体 X 射线图案"。在其"短暂假期"中，他决定"必须完全放弃用显微镜开展的研究，转而全身心投入到 DNA 的 X 射线结构分析"工作中，尽管他在寒假归来好一阵后才把这个决定告知兰德尔。[75]

一回到国王学院，威尔金斯便表现得跟他自认为落伍的观点一样，认为无论在婚姻里还是在工作场所，女性都应该处于从属地位。尽管弗兰克林拥有博士学位和多年的独立研究经验，但威尔金斯还是认为她是被雇用来担任自己的研究助手的。沃森后来在作品中传播了这个误解，他写道："她声称，自己被分配从事 DNA 研究是为了解决自己研究的问题，也不会把自己当成莫里斯的助手……真正的问题是罗茜（Rosy）。一个女权主义者最好的归宿是别的实验室，莫里斯基本上无可避免会说出这样的话。"[76]

2000 年，在跟弗兰克林的传记作者布伦达·马多克斯（Brenda Maddox）交谈时，威尔金斯承认，他对兰德尔"致罗莎琳德的信"一无所知的不在场证明是站不住脚的，因为他是实验室的助理主任，本应了解所有的招聘事宜。[77]而在其他一些场合，威尔金斯甚至把雇用弗兰克林的功劳归于自己，似乎这样做能够为他换来些许感激。弗兰克林来到国王学院一个月后的 1951 年 2 月 6 日，威尔金斯写信给剑桥大学莫尔特诺研究所（Molteno Institute）的罗伊·马卡姆（Roy Markham）说："我们现在有弗兰克林小姐负责 X 射线的工作，希望能取得真正的进展，因为自去年夏天以来我们在这方面几乎没有任何突破。"[78]2000 年，威尔金斯告诉马多克斯，他"相信自己在将罗莎琳德分配加入到 DNA 研究工作中发挥了重要作用。从兰德尔那里听说她要来研究溶液中的蛋白质后，他认为这是一种浪费，因为他们在核酸方面取得了如此突出的成果。考虑到弗兰克林在 X 射线方面的专长，他建议说，'为什么不把招她来参与 DNA 的研究工作呢？'令她惊讶的是，兰德尔欣然同意了"。但这样的说法也无法证明他坚称不知道弗兰克林被实验室雇用的具体经过的说法。[79]

尽管如此，威尔金斯在 2003 年的回忆录中还是把责任完全推给了兰德尔。他坚称自己的上司告诉弗兰克林的话完全错误，因为兰德尔说威尔金斯和斯托克斯关于 DNA 的 X 射线研究工作已经结束，但事实上兰德尔压根没有就此过问过他们。威尔金斯指责兰德尔打算亲自接管研究工作，并让弗兰克林直接向他汇报。威尔金斯称他的前老板"冷酷无情"，并且难以置信地坚持说："如果兰德尔没有插一脚，罗莎琳德甚至可以跟斯托克斯和我愉快地并肩工作，她掌握的专业 X 射线方法可以与我们的技术和理论研究卓有成效地结合起来。"[80]但威尔金斯也曾谦虚（但为时已晚）地写道，他对弗兰克林的研究能力表示钦佩，哪怕"我们系主任的私信内容与我和斯托克斯丝毫没打算放弃 DNA 研究的事实明显相悖。这对她来说肯定是个很大的负担，她的毅力一直让我印象深刻"。[81]

　　也许，国王学院的聘用安排最好还是由实际的负责人讲述比较好。1970 年，兰德尔爵士接受了赛尔的采访。赛尔形容他是"一个喜欢说'哦，亲爱的'的轻佻之人"。一方面，他声称自己对弗兰克林和威尔金斯之间的误解负有全部责任。但另一方面，他又旋即为自己开脱，因为管理如此大型的实验室已经让他"手忙脚乱"了。根据赛尔的记录，兰德尔"对罗莎琳德没有任何好印象，尽管他说罗莎琳德长得非常漂亮，这让我非常吃惊。兰德尔的感情非常复杂（他坦率地承认了这一点），因为他确信，如果罗莎琳德和威尔金斯一起工作，他们一定会比剑桥大学更早发现 DNA 结构……他说这场失败是个'悲剧'，而且更多地把责任归咎于罗莎琳德而非威尔金斯，但'威尔金斯在某些方面可能有点难搞'"。兰德尔主动补充道，"罗莎琳德从来都不是沃森口中的威尔金斯的'助手'……她是个独立的研究者，绝不受制于威尔金斯"。[81]遗憾的是，兰德尔这些类似于支持的主张在事情发生 20 年后才公之于众。但在 1951 年 12 月 4 日的那一刻，兰德尔彻底失败了。

第七章　举世无双莱纳斯

他的聪明才智和极富感染力的笑容相互配合简直无与伦比。然而，几位教授在观看这场表演时却百感交集。看到莱纳斯在演示台上跳上跳下，像魔术师一样挥舞手臂，准备从鞋子里掏出一只兔子，他们感到很不适应。如果他能表现得谦虚一点，那观众接受起来就容易多了！即便他说的是胡话，被迷住的学生们也不会知道，因为他的自信永不磨灭。他的许多同事都在静待哪天他搞砸了重要的事情而一败涂地。

——詹姆斯·D. 沃森[1]

就在物理学家利用量子理论重塑生物学的同时，莱纳斯·鲍林（Linus Pauling）也在化学领域做着同样的事情。[2]1936 年，35 岁的鲍林被任命为加州理工学院化学系主任兼化学和化学工程系主任。在洛克菲勒基金会数百万美元的资助下，鲍林拥有了把化学、生物学和物理学融合为"分子生物学"这门新科学所需的一切资源，"分子生物学——「刚刚」开始揭示活细胞终极组成部分的众多秘密的进程"。[3]这是一项明智的职务和资源投资。粗略回顾一下鲍林在这一时期的研究，我们就会惊讶地发现：从开发研究无机和有机分子结构的新方法，到合著关于量子理论在化学中的应用的重要教科书等，不一而足。[4]在完成这些任务的同时，鲍林还将他那双炯炯有神、湛蓝如铁的慧眼投向了一个全新的科学领域：确定蛋白质的结构，即所有生命的组成部分。他认为，成功完成这项喜马拉雅式的艰巨任务将有助于科学家和医生更好地了解生命体的日常行为；其中还包含着打开遗传学这个迄今一直紧锁的盒子的钥匙。[5]这种说法多少有点轻描淡写了。

莱纳斯·卡尔·鲍林于 1901 年 2 月 28 日生于俄勒冈州的康登市。[6]他的父亲赫尔曼·鲍林（Herman Pauling）是一位药剂师，长期以来饱受商业意识不足之苦和胃痛的折磨。小时候，莱纳斯就喜欢看父亲自己调配治疗消化不良的药物。1909 年，赫尔曼在康登的药店惨遭烧毁，于是举家搬到了波特兰。次年，他死于溃疡穿孔和腹膜炎，年仅 34 岁，此时的莱纳斯才 9 岁。他的母亲露西·伊莎贝尔·达林·鲍林（Lucy Isabelle Darling Pauling）除了操持家务、养育莱纳斯及其两个年幼的妹妹宝琳（Pauline）和弗朗西斯（Frances）外，几乎没什么谋生的技能。一家人的经济状态越来越糟糕，后来，鲍林夫人开始在波特兰经营一家专门针对周游四方的旅客的小旅店勉强维持生计。手头依旧拮据的鲍林夫人还经常生病，莱纳斯不得不打零工补贴家用。利用上学和做家务的空档，他还在县城公共图书馆度过了大把时光，阅读了各种类型和主题的书籍。他经常能让老师们大吃一惊，因为他不仅能背诵阅读的内容，还能把这些内容运用到学校课堂上。

鲍林 14 岁那年，他最好的朋友收到了一套化学玩具，两个小男孩玩个不停。他"简直被化学现象迷住了，被那些常常具有截然不同性质的物质之间发生的反应迷住了；「他」希望能更多地了解世界上的化学现象"。[7]不久后，鲍林利用当保安的祖父从其工作的废弃冶炼厂中淘来的化学药品、玻璃器皿和试剂创建了自己的地下实验室。与克里克童年的趣事类似，鲍林大部分化学成果都仅限于制造臭气弹和爆竹。他不满足于地下实验室带来的乐趣，于是开始从图书馆借阅化学课本，学习不同物质与其他物质混合后的变化，还对一般意义上的物质组成产生了兴趣。

16 岁那年，鲍林把目光投向了位于科瓦利斯的俄勒冈农学院，打算在这里攻读化学工程学位，他希望这个实用的目标能满足自己的好奇心，并为他带来稳定的工作。俄勒冈农学院特别吸引人，因为它为州内学生免学费。但鲍林前往西南方向 72 英里外的科瓦利斯会造成一个重要的问题：母亲急需他在课余时间进机械厂工作赚取工资，因此母亲要求他继续工作，放弃学术抱负。但鲍林坚持自己的想法；他从高中辍学，并很快被农学院录取。

莱纳斯于 1917 年秋季入学，但在 1919 年短暂辍学，他要回家帮忙——担任俄勒冈州的道路铺设检查员。幸运的是，18 岁的莱纳斯不仅化学好，而且善于演讲，回校后，学院为他提供了一个定量分析助理讲师的全职职位。现在，他可以安心在科瓦利斯生活和学习了，还能把部分收入寄给生活在波特兰的母亲。

大四那年，鲍林遇到了他一生的挚爱——艾娃·海伦·米勒（Ava Helen Miller），一个聪明、漂亮、妩媚、留着一头黑色长发的大一新生。他后来回忆自己迷恋海伦的原因时说道，"她比我见过的任何女孩都要聪明"。艾娃·海伦来自俄勒冈州的比弗克里克（Beaver Creek），是一位德国移民教师十二个孩子中的第十个，这位教师偏自由的民主党观点更接近社会主义，而她的母亲则积极投身选举权运动。海伦兴趣广泛，从女权、种族平等、社会改革到化学无所不包。二人是在海伦选修鲍林的"家政化学课"过程中认识的。起初，鲍林还犹豫着要不要跟她约会，因为校规不鼓励老师与学生谈恋爱。在鲍林说服自己——他们更准确地说是两个学生之间的关系，而不是青年男教授和女学生的关系后，爱情也顺理成章战胜了世俗规则。鲍林约海伦一起散步、一起分享泡泡糖、一起参加学校舞会，其间不断追求海伦。1922 年春末，鲍林在给海伦评定期末成绩之前向她求婚。在她接受求婚后，鲍林将其期末成绩降了一分，以免被指责偏袒未婚妻。[8]二人于 1923 年春结婚，从此开始了长达六十年的家庭、思想、科学和政治活动之旅。虽然鲍林后来因反对核扩散的工作获得 1962 年诺贝尔和平奖，但最早将其带入和平运动的却是他的妻子。

93

图 7-1　莱纳斯·鲍林和艾娃·海伦·米勒，1922 年

从俄勒冈农学院毕业后，鲍林进入位于帕萨迪纳的加州理工学院攻读博士学位，这是一所刚刚重组而成的科学与工程学院，拥有丰富的捐赠资金，取得过大量开创性的研究成果，也出过许多诺奖得主。接下来的四十年里，加州理工学院一直都是他的学术家园。[9]作为一名博士生，鲍林的研究方向是 X 射线晶体学、量子理论和原子结构。1925 年，他在罗斯科·狄金森（Roscoe Dickinson）指导下完成了题为"用 X 射线确定晶体结构"的论文。次年的 1926 年，系主任阿瑟·诺伊斯（Arthur Noyes）暗中帮助鲍林获得了约翰·西蒙·古根海姆纪念基金会奖学金（John Simon Guggenheim Memorial Foundation Fellowship），这个针对各类杰出学者的资助计划设立于 1925 年。[10]

鲍林利用这笔资助跟妻子一起前往慕尼黑，在阿诺德·索末菲（Arnold Sommerfeld）的理论物理研究所担任访问学者。索末菲是量子物理学的先驱，他培养的几名博士后来都获得了诺贝尔物理学奖或化学奖，其中包括维尔纳·海森堡（Werner Heisenberg）、保罗·狄拉克（Paul Dirac）和沃尔夫冈·泡利（Wolfgang Pauli）。[11]在这个研究所期间，鲍林结识了一些欧洲最杰出的物理学家和化学家，他们反过来又把自己的研究成果介绍给鲍林。虽然理论物理从来都不是他的专长，但鲍林坚信量子理论是理解分子、原子以及把它们连接在一起的化学键的"结构和行为"的关键。[12]古根海姆基金会为鲍林夫妇提供了额外的资金，让他们能够前往哥本哈根，二人参观了尼尔斯·玻尔那著名的物理研究所，还短暂体验了量子理论的哥本哈根精神（Der KopenhagenerGeist der Quantentheorie），这是现代原子物理学发展过程中出现的智性合作精神。[13]

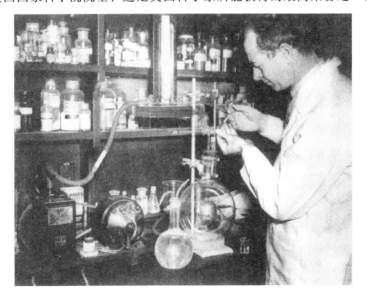

1927 年秋，鲍林回到加州理工学院担任理论化学助理教授一职。当时，他的事业可以说如日中天，到 1930 年，29 岁的鲍林已升为正教授。1931 年，一位德国物理学家应聘到加州理工学院任职，他旁听了一次鲍林的讲座。演讲的主题是波动力学对理解化学键的意义。当一名报纸记者问他对讲座的看法时，这位物理学家有所保留地说道："这对我来说太复杂了。"他承诺在"再次尝试与年轻的鲍林博士交谈"之前，会"补习下这个话题"。这位来访者就是阿尔伯特·爱因斯坦。[14]同年，诺伊斯就夸这位年轻的科学家为"一颗冉冉升起的新星，可能的诺奖得主"。[15]到 1933 年，32 岁的鲍林已经朝诺奖殊荣的道路上走了很远了；那年秋天，他当选为美国国家科学院院士，这是美国科学家所能获得的最高荣誉之一。

95

图 7-2　莱纳斯·鲍林在加州理工学院实验室，20 世纪 30 年代

1937 年，鲍林邀请英国 X 射线晶体学家、分子生物学先驱威廉·阿斯特伯里（William Astbury）到加州理工学院举办系列讲座。作为利兹大学纺织科学教授，阿斯特伯里主要研究天然纤维（如羊毛、棉花和动物毛发）的分子结构。他带来一个大文件夹，内装有角蛋白纤维——构成头发、指甲、爪子、角、羽毛和脊椎动物外层皮肤的主要蛋白质——的详细 X 射线衍射照片。[16] 没有人比阿斯特伯里更清楚，解读这些线条、圆点和斑点组成的照片是一项多么艰巨的任务。然而，即便对这些复杂的数据做了解读，其他研究人员也很容易就能对结果做出大规模修改或否定。

阿斯特伯里提出了几种可能的蛋白质结构，他"认为这些结构与他发现的数据相符"。然而，仔细审阅图像后，鲍林并不同意这位晶体学家的结论。鲍林抱怨说，不仅研究者目前对氨基酸（蛋白质的组成部分）结构认识不足，而且"没人积极、系统地研究这个问题"。鲍林对这方面的科学文献了如指掌，他得出结论说，现有的氨基酸的 X 射线研究"都是错误的"。他回忆说，"我知道阿斯特伯里说的不对，因为我们对简单分子的研究已经让人对键长、键角和氢键的形成有了足够的了解，这足以证明他说的不对。但我不知道什么是对的"。[17]

7 年前的 1930 年，鲍林开始着手开发一种新的方法来解决无机硅酸盐矿物的分子结构问题。[18] 这个方法将量子化学和理论物理学与鲍林的深刻直觉结合了起来。具体而言，鲍林开始详尽地了解分子各组成部分的大小和形状等信息。接着，他对分子中的原子得以相互结合的化学键做出了一系列有根据的假设，如果推断正确，这些假设会勾勒出构成分子三维形状的特定角度、曲折和弯折形状。以这些信息为基础，他用精密制造的球、棍子和形式各异的构型来构建模型，试图重建这些原子和分子的日常版本，就像大学生在准备有机化学考试临时抱佛脚时用到的不那么精致的五彩棍和菱形球一样。完成后，鲍林会把他的模型与 X 射线数据做出比较，以证实他对化学键、原子和分子形状的预测的正确程度。他称这种方法为"随机确定"①，这个概念来自希腊语"στόχος（stókhos）"。意思是"瞄准目标"或"猜测"。[19]

早在完成 1939 年的经典著作《化学键的性质》的前夕，鲍林就计划把他的研究方向转到有机分子或分子领域。他认为，蛋白质的性质是由氢键决定的，氢键本质上是带正电荷的氢原子与带负电荷的原子或基团之间的静电吸引力。鲍林解释说，由于这些氢键决定了蛋白质的形状，因此它们很可能决定了"具有重要生物学意义的物质现象的特性"，以及从抗体-抗原反应和肌肉收缩到电脉冲和信息从大脑传导至神经细胞等进程。他认为，通往洞悉蛋白质分子结构的道路需要"许多年时间才能走完……我相信这一过程最终会取得成功"。[20]鲍林既没有谦虚，更没有畏缩。他花了 11 年时间才确定了蛋白质的一般结构。

在这项任务完成之前，鲍林就已经开始思考基因是如何复制以及代代相传的。[21]1940 年，鲍林与他在加州理工学院的同事马克斯·德尔布吕克共同撰写了一篇短文，此人是薛定谔的《生命是什么?》一书的主角——顺便一提，鲍林认为这本书写的是"废

---

① "stochastic"，即具有可以进行统计分析但可能无法精确预测的随机概率分布或模式，注意与"random"的含义差异。——译注

话"。[22]他们的论文发表在《科学》杂志上，是对德国理论物理学家
帕索·约尔当（Pascual Jordan）的反驳，后者坚持认为遗传以相
同分子间传递的信息为媒介。鲍林和德尔布吕克运用他们对共价键
形成的了解，预测"这些相互作用让两个并列、结构互补的分子
系统具有稳定性，而不是让两个结构必然相同的分子系统具有稳定
性"。[23]他们提出的模型类似于钥匙和锁芯的关系；一个分子的
"钥匙"上有一个脊，"锁"或互补分子上就有一个对应的槽。整
个 20 世纪 40 年代，[24]鲍林都在坚持这个诱人但未经证实的理论，
沃森和克里克也不例外，互补理论是他们解开 DNA 结构的关键原
理之一。

图 7-3　莱纳斯和艾娃·海伦·鲍林及其子女
（从左到右：琳达、克里林、彼得和小莱纳斯），
外加一家人的各种宠物兔，1941 年前后

在此期间，鲍林最喜欢的合作者是一位名叫罗伯特·科里的腼腆的 X 射线晶体学家。此人小时候患过脊髓灰质炎，左臂半身不遂，走路一瘸一拐，需要用拐杖，余生都患有当时所谓的"虚弱体质"疾病。1924 年获得康奈尔大学化学博士学位后，科里一直担任分析化学的讲师，直到 1928 年获得洛克菲勒医学研究所的奖学金才换了岗位。1930 年，他被邀请留在研究所担任生物物理学研究人员。奥斯瓦尔德·艾弗里就是在这里完成了他关于肺炎球菌"转化原理"的里程碑式研究的。不幸的是，科里的实验室于 1937 年解散，因为当时正处在大萧条时期，洛克菲勒家族也不得不缩减开支。

科里随后来到华盛顿特区的国家健康研究所（当时的名称）做了一年的研究员，后来他找到鲍林，希望能前往加州理工学院任职。他非常渴望能得到一个学术职位，甚至主动提出要自带设备、自付薪水。鲍林同意任命科里为他的实验室研究员，但没有津贴。但没几周的时间，他就认识到了科里的过人之处。尽管二人私交不深，但鲍林仍为科里在加州理工学院的职业生涯提供悉心指导，并多次提名他为诺奖候选人，但最终均未成功。在鲍林的指导下，科里的学术生涯如鱼得水，并于 1949 年升为正教授。科里的朋友，加州理工学院另一位晶体学家理查德·马什（Richard Marsh）对他的评价是，"他是一个注重隐私的人，似乎不喜欢参加任何社交活动，更喜欢和（妻子）多罗西（Dorothy）待在家里听吉尔伯特和沙利文的音乐，或者干脆打理草坪"。科里"与鲍林截然相反，鲍林喜欢出风头，既享受别人的崇拜，也爱跟人辩论……鲍林的演讲魅力四射，寓教于乐，听众可能会闻到一丝万金油的味道；但随后就会出现科里精心撰写并提供佐证的权威论文，细心和注重细节是鲍勃·科里的天性"。[25]

图 7-4　罗伯特·科里和莱纳斯·鲍林，1951 年

这对奇特的组合几乎不费吹飞之力便揭开了氨基酸的结构。科里首先确定了最简单的氨基酸甘氨酸的结构。在成功描述了该结构的每个原子分布后，鲍林又分配科里研究一个被称为二酮哌嗪的二甘氨酸二肽的结构，就这样，二人不断推进分子复杂性的研究，最终得出了更复杂的氨基酸结构所需的数据。他们的目标是用较简单分子的键长和键角做出推理，并在发现模型中哪些有效、哪些无效之后做出排除，最终逐个原子地描述蛋白质是如何建构的。

1948~1949 学年，鲍林任牛津大学贝利奥尔学院乔治·伊斯曼（George Eastman）客座教授。伊斯曼客座教授是"世界上最受尊敬的客座教授职位之一"，由伊斯曼柯达公司的创始人捐资设立。[26]此时，英国的 X 射线晶体学家们对阿斯特伯里及其利兹团队拍摄的一组异常清晰的角蛋白衍射照片兴趣盎然。据阿斯特伯里估计，角蛋白的分子结构每 510 皮米（picometers，1 皮米等于一万亿分之一米）就会"之"字形变化一次，就像一条长长的纽结带。但其他人认为，X 射线数据描述的结构类似于床下的弹簧或漩涡——或者说像个螺旋。剑桥大学一位名叫克里克的博士生是坚定的螺旋阵营成员。他批评阿斯特伯里是一个"马虎的模型制作者"，他"对蛋白的长度和角度观察不够细致"。克里克还坚持认为，这个时代的蛋白质学家都知道，任何具备"完全相同的重复链节、链节折叠方式完全相同，每个链节与近邻链节的折叠关系也完全相同的链条都会形成螺旋"。[27]鲍林对之字形和螺旋形模型感到困惑的是，没人能解释构成蛋白质的氨基酸是如何与 510 皮米的重复链节及其坚硬的化学键彼此吻合的。

　　在牛津大学寒冷潮湿的冬季学期，鲍林首次破解了蛋白质的坚硬外壳。后来，他把这一非同寻常的发现归因于自己的一次普通感冒——他后来在没有太多证据的情况下声称，摄入大量维生素 C 就能治愈这种令人讨厌的疾病。[28]这次感冒发展成了痛苦的鼻窦炎，他不得不待在学校为讲座教授安排的"不舒服的"居所里。"第一天"，鲍林回忆道，"我通过阅读侦探小说缓解自己的痛苦，第二天也是如此，但时间长了我也厌烦，于是心想‘为什么我不思考下蛋白质的结构呢？’”[29]他从床上一跃而起，拿起纸和笔，开始勾画各种可能的结构。鲍林第一次意识到，需要为特定蛋白质的生物活性成分提供分子骨架或支架。很快，他开始把纸折叠成四面体、伸缩管，经过多次反复折叠，最终折成了一个像样但肯定有些不完美的螺旋模型。数十年后，鲍林回忆说，“当时我都忘记自己正在

101　生病了，实在太开心了”。[30]他当时仍无法弄清的是，如何建立链条的一个弯折链节与近邻链节之间的距离模型，从而能与阿斯特伯里从其 X 射线图像中确定的 510 皮米的距离相符。这项繁重的工作又需要三年的研究——耗费如此之久的时间不仅仅是因为鲍林的实验室的研究方法的局限，更在于管理整个系所、培养研究员和学生、设计新实验、撰写出版物、教学和讲课等工作分散了精力所致。

　　在此期间，鲍林在科研道路上取得的最重要的额外收获是他证明了镰状细胞性贫血的分子病因。鲍林和他的同事利用一种叫作电泳的新技术证明，组成血红蛋白的长蛋白链中的单个氨基酸的电荷发生微小变化，就会导致该病患者及其医生所熟知的临床症状。血红蛋白 beta 链的基因位于第 11 号染色体上，以常染色体隐性遗传方式遗传，该基因的一个核苷酸发生突变就会导致圆形红细胞镰化、拉伸和僵化。这些顽固且受损的人体旅行者会堵塞在最小的血管中，阻碍血液流动和氧气的输送——这种令人痛苦的症状被称为镰状细胞贫血症的血管闭塞危象。[31]鲍林的发现不仅是蛋白质化学领域的一大进步，而且是科学家们从分子角度对一长串疾病做出解释的序曲。但在 20 年后的 1968 年，鲍林提出了一个骇人听闻的优生学方案，旨在阻止镰状细胞携带者和患者繁衍后代：“应该在每个携带镰状细胞基因的年轻人的额头上纹一个符号来做出标识，「以防止」携带严重缺陷基因的人彼此相爱。”[32]

鲍林并不是那个时代唯一希望把蛋白质问题一举攻克的重量级科学家。在剑桥大学的卡文迪许实验室，布拉格爵士及其助手佩鲁茨、肯德鲁均在复杂蛋白质结构的研究方向耕耘多年，但并未取得什么成果。与鲍林从组成蛋白的最小原子结构出发预测整个蛋白结构，进而将预测的结构与 X 射线图做出比较不同，卡文迪许研究小组首先分析整个蛋白质的 X 射线图像，因此他们是从相反的角度着手的。这项研究工作异常乏味，乃至佩鲁茨抱怨说，"无数个中断睡眠的夜晚，以及用肉眼观测成千上万个小黑点的工作强度带来的巨大压力，都没让我找到血红蛋白的结构，我浪费了生命中最美好的一些年华来解决一个看似无解的问题"。[33]撇开沮丧不谈，到1950 年，布拉格、肯德鲁和佩鲁茨相信他们已经收集到了足以超越鲍林的数据，并在当年《伦敦皇家学会会刊》（*Proceedings of the Royal Society of London*）10 月号上发表了一篇名为《结晶蛋白质中的多肽链构型》　（Polypeptide Chain Configurations in Crystalline Proteins）的论文。[34]鲍林一拿到这期刊物，就欣喜地断言布拉格等人根本没有解决这个难题。相反，他们只是回顾了所有新近提出的多肽结构。就在这篇列举分子结构的文章末尾，布拉格等人支持了阿斯特伯里的错误理论，即角蛋白纤维呈折叠或纽结的带状。

鲍林还有更好的办法。鲍林与科里以及 1948~1949 学年从霍华德大学休假的非裔美国物理学家赫尔曼·布兰森（Herman Branson）合作，提出了一种蛋白质链的螺旋结构，这种结构符合人们对组成蛋白质链的氨基酸之间键长和键角的认识。根据自己的实验结果，鲍林假设连接氨基酸的肽键具备扁平、稳定和刚性的特征。从量子力学的角度看，这意味着构成蛋白的原子位于同一个平面内，它们形成了部分双键，且原子不会饶键旋转。随后，鲍林、科里和布兰森提出了一个结构，它能让假设的螺旋结构的转折点之间容纳尽可能多的氢键。这些推论让鲍林确定了"蛋白质的两个主要结构特征：

103 α-螺旋和β-片状结构，如今我们知道这两种结构构成了数万种蛋白质的骨架"。[35]鲍林在 1951 年 4 月和 5 月的《美国国家科学院院刊》（*Proceedings of the National Academy of Sciences*）上发表了共计 8 篇的系列论文，他的结论经常被称为"结构生物学最伟大的成就之一"。[36]接下来的十年里，一系列 X 射线晶体学研究都证明了他的理论是正确的。

而在大洋彼岸，与一年前加州理工学院那边对布拉格的蛋白质论文的反应如出一辙，卡文迪许工作人员正焦急地阅读着鲍林在《美国国家科学院院刊》上发表的文章。看到鲍林以如此公开的方式证明自己错了，布拉格也是傻眼了。12 年后的 1963 年，布拉格发表了题为"蛋白质结构未能解开的原因"的演讲，他在演讲中承认了自己 1950 年的文章中的错误，并坦言，"我一直认为这篇论文是我名下计划最不严密、最失败的论文"。[37]布拉格的失误已经众人皆知，卡文迪许的每一面墙、每个楼梯间也随之弥漫着压抑的气息。布拉格的所有手下都害怕再次被莱纳斯·鲍林"抢得先机"，

104 因为他似乎总是比科学界其他人领先一步。

第八章　问答小子

芝加哥

猛如猎犬，四处嗅探，像野人一般狡猾，与蛮荒为敌，

光着头，

挥着锹，

毁灭，

计划，

建设、破坏、重建……

笑年轻人的暴躁、魁伟、喧闹的笑、赤着上身，汗流浃背，他骄傲，为自己是杀猪匠、工具制造者、小麦堆放者、铁路工人和国家的货物装卸工而自豪。

——卡尔·桑德堡[1]

就像索尔·贝娄的自传人物吉奥·马奇（Augie March）一样，詹姆斯·杜威·沃森也是"一个生于芝加哥的美国人"，他决心"用自己的方式创造纪录：先敲门，先录取；有时候会敲对门，有时候则相反"。[2]1928 年 4 月 6 日，在芝加哥南区哥特式复兴风格的圣卢克医院，沃森迎来了值得纪念的幸运时刻。从来到世上的那一刻起，他就被称为吉姆。为了包装他对"DNA 的痴迷"，沃森喜欢跟别人讲述他祖先的故事，他们是殖民地中富有开创精神的勇敢拓荒者，一路向美国大草原进发。他的一位亲戚威廉·韦尔登·沃森

（William Weldon Watson）于 1794 年生于新泽西州，后来成为阿巴拉契亚山脉以西第一座浸礼会教堂（位于田纳西州纳什维尔）的牧师。他的儿子威廉·韦尔登·沃森二世（William Weldon Watson II）则北上来到伊利诺伊州的斯普林菲尔德，沃森二世在这里为一位名叫亚伯拉罕·林肯（Abraham Lincoln）的阴郁、魁梧的律师设计了一栋房子。沃森夫妇和林肯夫妇两家正好隔着一条马路相望。"诚实的亚伯"受命前往华盛顿就任美国总统后，威廉·沃森二世、他的妻子和儿子本（Ben）与林肯夫妇一起乘坐候任总统的就职列车前往华盛顿。本的儿子威廉·沃森三世（William Watson III）后来成了芝加哥地区一家旅店的老板。威廉三世的五个儿子中的托马斯·托尔森·沃森（Thomas Tolson Watson）就是吉姆的祖父，他"在新发现的梅萨比山脉（Mesabi Range）寻找财富，该山脉是位于苏必利尔湖西部明尼苏达州德卢斯附近的大铁矿区"。[3]

吉姆的父亲老詹姆斯·杜威·沃森（James Dewey Watson, Sr.）出身于伊利诺伊州富裕的拉格朗日公立学校，曾在欧伯林学院（Oberlin College）就读一年，后因猩红热中断学业。一战期间，他加入伊利诺伊州国民警卫队第 33 师前往法国服役一年时间，其间身体也差不多恢复了。回到芝加哥后，老吉姆便放弃了成为一名教师的希望，最终在拉萨尔进修大学（LaSalle Extension University）找了一份收账员的工作，这是一所提供远程商业课程的函授学校。[4]"老吉姆内心中从未想过赚大钱"，他热爱观鸟，而且成了一名出色的鸟类专家，1920 年，他与人合作撰写了一本备受赞誉的芝加哥地区鸟类指南。[5]老吉姆的合著者是一位名叫小内森·利奥波德（Nathan Leopold）的少年，此人后来很快就跟好友理查德·勒布（Richard Loeb）一道臭名远扬了。1924 年，两个年轻人对弗里德里希·尼采（Friedrich Nietzsche）的"超人"

（Übermensch）概念产生了病态的迷恋，这种观念认为在智力上有天赋的人应该凌驾于统治下层大众的法律之上。[6]他们后来声称，这种反常的哲学促使他们绑架并残忍杀害了一个名叫鲍比·弗兰克斯（Bobby Franks）的14岁男孩。（克拉伦斯·达罗代表利奥波德和勒布参加了这场被媒体称为"世纪大审判"的庭审）。[7]值得庆幸的是，儿子仅仅继承了老吉姆对观鸟的热爱，而没有继承他选择观鸟伙伴的偏好，也没有继承他烟瘾成性的习惯，小吉姆尊称父亲为"求真、理性和正派"的人。[8]因此，小吉姆·沃森最初的职业目标是成为鸟类学家，立志于在野外发现新物种，并在某个州立大学任教。

106

他的母亲玛格丽特·珍·米切尔·沃森（Margaret Jean Mitchell Watson）曾在芝加哥大学就读两年，之后成了一名秘书，先是在拉萨尔大学，后又在芝加哥大学住房办公室工作。青少年时期的严重风湿让她患上了充血性心脏病，此后的余生里，玛格丽特动不动就会气喘吁吁，周末也常常卧床休息。她和老吉姆于1920年结婚，育有两个孩子：小吉姆和伊丽莎白。

1933年，沃森的外祖母伊丽莎白·格里森·米切尔（"Nana"，"奶奶"）搬来与他们一家同住。米切尔夫人是来自蒂珀雷里郡（County Tipperary）的爱尔兰移民的后代，1907年新年夜，她的丈夫劳克林·米切尔（Lauchlin Mitchell，格拉斯哥出生的裁缝）在离开帕尔默宫酒店（Palmer House Hotel）时被一匹失控的马撞死，米切尔夫人因此成为寡妇。[9]父亲去世时，年仅14岁的玛格丽特·珍便负担起了照顾悲痛中的母亲的责任，全然不顾自己长期患病的事实。奶奶到来后，就照顾玛格丽特·珍的孩子来说，母女俩互换了角色。每天下午，温暖慈爱的奶奶都会在家门口迎接放学回家的吉姆和妹妹伊丽莎白（人称贝蒂），并在他们的父母下班前做晚饭。[10]

　　跟许多邻居不同，沃森夫妇并不特别信教。玛格丽特·珍·沃森从小就是天主教徒，仅在圣诞节前夕和复活节时去做弥撒。老吉姆则从不去教堂。因此，沃森自豪地宣称自己是"天主教的逃亡者"。[11]就基督教信仰来说，沃森夫妇可能是不可知论者，但他们肯定对两个孩子灌输了狂热的知识信仰。1996 年，沃森回忆道，"我家没什么钱，但有很多书"。[12]七年后的 2003 年，他还坚持说，"我最幸运的事情是父亲不信上帝，所以他对灵魂没有任何顾虑。我认为我们是进化的产物，而进化本身就是个巨大的谜"。[13]

107

✵

　　撇开书籍、鸟类和思想不谈，沃森一家最关心的问题是按时付账单，尤其在大萧条多年来一直让全国上下勒紧裤腰带之后更是如此。20 世纪 30 年代初，老吉姆的年薪减半至 3000 美元，为保住工作，他默默接受了减薪的待遇。于是，玛格丽特·珍在大学的兼职工作对维持家庭生计就变得格外重要。[14]沃森一家不仅是罗斯福新政的坚定支持者，也是新政的受益者。

　　沃森一家住在卢埃拉大道（Luella Avenue）7922 号，这是一栋"抵押率很高"的砖砌平房，面积为 1604 平方英尺，就在芝加哥南区第 79 街下面。沃森的父母曾因为拥有这个家而倍感自豪，房子二楼设有四间卧室，后有围栏。他们家过去（以及现在）距离芝加哥大学四英里多一点，距离杰克逊公园和密歇根湖南岸不到 15 个街区。吉姆和贝蒂就读的霍勒斯·曼文法学校（Horace Mann Grammar School）也近在咫尺。[15]后来，沃森"高兴地说，「他的房子」离印第安纳州加里的钢铁厂……比离芝加哥大学还近"——这样说并不准确，因为"加里工厂"远在南面约 20 英里处。尽管如此，美国历史上第一家市值十亿美元的公司——美国钢铁公司波浪形的钢厂仍然是他日常生活的组成部分。他只需向窗外望去，就能看到工业废气形成的灰色长烟。

图 8-1　詹姆斯·D. 沃森，10 岁，1938 年

沃森是个瘦弱、腼腆、长相清奇、不爱运动的男孩，他双眼凸出，面部表情独特。白天，他喜欢观鸟而非打棒球。晚上，他会背诵从《世界年鉴》（*World Almanac*）的玛瑙字体（agate-font）页面上摘录的事实和数字，以此让自己安静入眠。[16]他在学校不受待见，经常鄙视那些"笨"男生，而那些男生也经常欺负他。

　　他的书生气至少给他带来一个社会优势。1940 年，勤奋的芝加哥人路易斯·考恩（Louis Cowan）设计并制作了一档名为《问答小子》（The Quiz Kids）的广播节目，这档成功的广播节目在

"阿卡塞尔兹（Alka-Seltzer）制造商"的赞助下先后在全国广播公司播放了 13 年之久。[17]每周，位于庞大商品市场大厦深处的演播室里，一群 6~12 岁的早熟、聪颖的孩子被提问各种问题，只为赢得100 美元的储蓄债券。沃森回忆说，"我那个时候参加这个节目的唯一原因不过是，节目制作人就是我们的隔壁邻居。我很聪明，所以知道很多事实"。1941 年，13 岁的吉姆仅坚持了三周，就在一个跟《圣经》有关的问题上输给了 7 岁的露西·杜斯金（Ruthie Duskin），后者后来成了节目的常客。90 岁的沃森仍然对自己短暂的广播节目生涯耿耿于怀，"嗯，是的，她是个犹太小姑娘。她很漂亮、外向，非常适合问答节目，当然，她对《旧约全书》也了如指掌"。[18]然而，沃森能够把童年的失落和不受欢迎转化为一种力量。20 世纪 80 年代，沃森告诉一位同事，他从那时起就一直在"报复"那些欺负他的人。[19]

图 8-2　1942 年，参加《问答小子》的沃森，左起第二个

上完文法学校后，沃森和姐姐进入芝加哥大学实验学校学习，这是一所著名的进步学校（走读式），由哲学家、心理学家和教育改革家约翰·杜威（John Dewey）创办。沃森家族的孩子们都在15岁时就被大学录取，他们较早入学还要多亏沃森父亲在欧柏林时的大学好友罗伯特·梅纳德·哈钦斯（Robert Maynard Hutchins）的积极支持。哈钦斯本人也是个天才少年，1929年，年仅30岁的哈钦斯便开始执掌芝加哥大学，成为美国最年轻的大学校长。[20]两年后的1931年，他提出了一个全国闻名的四年制通识学位培养计划，该计划以当时还很新颖的"西方文明正典"（Great Books of Western Civilization）课程为基础。1942年，哈钦斯宣布了一项更具创新性的计划，让吉姆和贝蒂这种有天赋的高中二年级学生得以提前进入大学学习，从而"摆脱高中单调的死记硬背式学习"。[21]由于自己的年轻和不成熟，沃森的家庭支持对他在芝加哥大学取得成功起到了至关重要的作用。[22]

芝加哥大学的仿哥特式校园位于芝加哥海德公园附近，是在美国浸礼会教育协会和老约翰·洛克菲勒的慷慨支持下建立的。这所相对年轻的学校始建于1890年，拥有20世纪最杰出的师资队伍以及求知若渴、乐于奉献的学生群体。1943~1947年，沃森在芝加哥大学学习鸟类学，追寻着父亲对鸟类的热爱。他的一位老师保罗·韦斯（Paul Weiss）是胚胎学和无脊椎动物学的资深教授，他回忆说，沃森在本科阶段"对课堂上发生的任何事情都漠不关心（或者至少看起来如此）；他从不做任何笔记——但在课程末的考试成绩却总是位于班级前列"。[23]2000年，沃森对他在芝加哥大学取得的收获做出了自己的解读。他发现，他的期末考试很少是对授课材料

110

的记诵，而是集中在延伸材料的正确性上："在罗伯特·哈钦斯的大学里，取得好成绩靠的是思想，而不是事实。"[24]

虽然沃森的成绩单上全是"B"，但他在芝加哥大学学到的三大知识前提对他以后的求学生涯起到了重要作用：直接查阅原始材料，而不是鹦鹉学舌地照搬他人的解释；建立一套理论，说明一组特定事实是如何组合在一起的；不要死记硬背，而要学会思考，把不重要的东西从头脑中清理出去。1993 年，就在双螺旋结构发现 40 周年之际，沃森更加直截了当地谈到了自己的大学时光："你从来不会被规则所束缚，废话终究是废话。"[25]他并不觉得自己比同班同学"生来更加聪明"；相反，他只是更愿意挑战跟科学精神不符的传统智慧和理论。对他来说，真正重要的是追求知识，而不是家庭背景或财富。即便在少年时代，他就决心不为追求财富、"琐碎"学问或"闲暇学问"而浪费哪怕片刻生命。[26]

每天晚上临睡前，沃森都会阅读当时流行的长短篇小说。对他的想象力产生巨大影响的是辛克莱·刘易斯（Sinclair Lewis）1925 年获得普利策奖的小说《阿罗史密斯》（*Arrowsmith*），这是美国第一部描述医学家生活、职业和想法的小说。[27]吉姆同样对好莱坞电影工业炮制的华丽幻想着迷，比如《卡萨布兰卡》（*Casablanca*）、《公民凯恩》（*Citizen Kane*）等电影杰作，以及查理·卓别林（Charlie Chaplin）和马克斯兄弟（Marx Brothers）等的喜剧精品。

1945 年，17 岁的沃森发现（并很快读完）了薛定谔的《生命是什么?》。"我在生物图书馆发现了这本薄薄的的书，读完之后，我的心情就完全不一样了"，沃森后来回忆道。"基因是生命的本质，这显然是一个比鸟类如何迁徙更重要的话题，我此前尚未充分了解过这个科学题目"。[28]对沃森来说，正如对威尔金斯和克里克一样，薛定谔的书更多是提出而非回答"每一套完整的染色体如何包含「遗传」密码"之类的问题。[29]

　　大四秋季学期，沃森选修了一门生理遗传学课程，授课人是群体遗传学（研究种群内部和种群之间的遗传变异和差异）的创始人之一苏厄尔·赖特（Sewall Wright）。沃森在赖特教授身上第一次看到了自己打算成为的榜样，他经常向父母夸耀赖特的"聪明才智"。[30] 赖特向他介绍了奥斯瓦尔德·艾弗里于 1944 年开展的 DNA 实验研究。他还提出了一系列让沃森终其一生都在努力回答的问题："基因是什么？……基因是如何复制的？……基因是如何发挥作用的？"[31] 开始上了几周赖特的课后，沃森就放弃了鸟类学，开始学习遗传学。虽然他在 19 岁时（1947 年春）就获得了理学学士学位，但他知道，要想揭开基因的神秘面纱，他还有许多工作要做。沃森首先需要进入一所研究生院，掌握科学方法，并最终获得学术界的联合许可证——博士学位。

　　沃森的博士项目申请被加州理工学院拒绝。后来，哈佛大学录取了他，但哈佛未能真正吸引这位年轻人，部分原因在于哈佛大学生物系仍以 19 世纪分类学而非实验为基础。更实际的原因在于，哈佛大学没有为他提供可用于支付学费、食宿费用的奖学金，让他无法支付搬到麻州剑桥的生活成本。他从附近的布卢明顿的印第安纳大学获得了更为优渥的录取条件，该校为他提供了包括食宿在内的全额奖学金，供他攻读生物学研究生课程。印第安纳大学可不是一所普通的州立大学，这里是基因研究的沃土。赫尔曼·穆勒（Hermann J. Muller）领导了相关研究，他把果蝇暴露在不同剂量的辐射之下，并评估了果蝇基因组的突变情况，这项研究为他赢得了 1946 年诺贝尔生理学或医学奖。

　　事实证明，另外两位教师也是吸引沃森前往印第安纳报到的重要因素。第一位是毕业于约翰·霍普金斯大学的博士特雷西·索内

图 8-3　吉姆·沃森，毕业照，芝加哥大学，1947 年

伯恩（Tracy Sonneborn），他在选修第一门生物学课程之前曾一直立志成为一名拉比。索内伯恩研究的是单细胞生物草履虫的遗传学。第二位是一名犹太医生萨尔瓦多·卢里亚（Salvador Luria），此人为逃离墨索里尼的法西斯和反犹主义盛行的意大利，先是逃到了法国，接着又逃到了美国。[32]他后来成为沃森一辈子的良师益友。与刘易斯虚构的马丁·阿罗史密斯一样，卢里亚研究的是噬菌体——攻击细菌的病毒。从本质上讲，它们是"裸基因，是生物体的精简版"。[33]噬菌体的存在是为了感染其他活细胞并在其中复制。由于噬菌体的复制速度很快，卢里亚可在几个小时的实验中就能追踪其遗传过程，而不用几天、几周或者更长时间。[34]

研究生时期的沃森经常身穿轻便的长袍，喜欢嘲笑印第安纳校园（Hoosier campus）里的"男大学生"和"返校节皇后"的滑稽行为。在男学生还穿着大衣打领带上课的年代，沃森就已经习惯了不系领带的衬衫、破旧的短裤和没有鞋带的网球鞋。他尽量不理会拥挤的人潮，对同龄人表现出一种高高在上的态度。他对生物系许多成员的评价同样不友善。在竞争奖学金被拒后，他笨拙地向父母掩饰自己的失望："他们这笔钱可为系里培养一个有着一流求知欲的人。不幸的是，这样的人在本校少之又少。"[35] 1947 年秋，同样进入印第安纳大学的意大利移民医生雷纳托·杜尔贝科（Renato Dulbecco）就是为数不多的一流人才之一。[36] 沃森总喜欢向年长之人寻求建议并与之建立友谊，他和杜尔贝科在大学网球场上结下了深厚的友谊，他们经常在实验室间隙去网球场打上一两轮网球。

由于资历尚浅，沃森被分配到动物学大楼顶层的一间小办公室，"原来的电梯还是靠拉绳升降的"。在沃森所在办公室的下面几层，一位孤独的教授当时刚好转变了研究方向，从瘿蜂（gall wasps）及其进化的研究转向了人类性欲这个仍然禁忌的话题。此人唤作阿尔弗雷德·金赛（Alfred Kinsey）。他的工作让年轻的沃森感到厌烦，因为金赛的研究结果"统计学色彩太浓，与其说是色情，不如说令人作呕"。[37]

在离开家前往印第安纳的第一年里，沃森继续观察鸟类，并沿着约而当街独自漫步——那里是"最令人向往的女生联谊会所在地，我能在那里看到比科学楼里漂亮得多的女孩"。他还喜欢在周六下午参加大学的足球比赛，跟其他两万名球迷一起坐在旧的纪念体育场里呐喊助威。[38]

113

跟罗莎琳德一样，沃森每周都会给父母写信，讲述自己的学业和参与的各种活动。这些信件都被精心保存在冷泉港实验室的档案中，为我们了解沃森这一时期的生活提供了一手材料。在第一封家书中，沃森写道，他遇到了卢里亚，并获准选修后者的病毒学课程，尽管沃森还没有选修过细菌学入门的先修课程："在我告诉他我的学习经历，以及我想成为一名遗传学家后，他便让我加入课程了。他是个意大利犹太人，拉蒙特·科尔（LaMont Cole）告诉我，他对待学生像对待'狗'一样。然而，他无疑是学校里最优秀的人之一。他很年轻，大约 30~35 岁年纪，在病毒属方面（一个很有前途的研究领域）做了深入研究。我应该从他身上多学点东西。"[39]在另一封信中，他把赫尔曼描述为"现代生物学的伟人之一"。[40]但一周后，他又抱怨穆勒的课程（以及必要的实验课）"让所有人都感到无比困惑"。他的讲座就"更难了，但也因此更有趣"，然而，穆勒未能说服沃森跟随他"从事果蝇研究。能研究微生物对我来说非常有吸引力"。[41]

沃森被索内伯恩和卢里亚深深吸引。他曾写道，索内伯恩的微生物遗传学很受欢迎，"研究生们「关于他的」闲谈反映了大家对他毫无保留的赞美，甚至是崇拜……。与此相反，许多学生都害怕卢里亚，因为他非常瞧不上犯错的人"。沃森的评价也反映了他自己的傲慢，他说，"我没有看到传言中卢里亚对蠢人不友好的举止"。在印第安纳大学的第一个学期结束前，沃森选择了卢里亚的噬菌体遗传学，而非索内伯恩的草履虫研究。[42]起初，他经历了所有学生经常都会遭遇的不安全感：他担心自己不够聪明，无法被老师的"核心圈子"接纳。但这位年轻人却以某种方式平息了自己的情绪，最终迎难而上，"我对噬菌体了解得越多"，沃森在 2007年回忆道，"我就越被它们如何繁殖的奥秘所迷惑，甚至在秋季学

114

115

图 8-4 萨尔瓦多·卢里亚和马克斯·德尔布吕克在冷泉港，1952 年夏

期还未过半时，我就不打算在穆勒那完成学业了"。[43]

沃森认为，通过果蝇研究基因已经过时了，噬菌体才是未来，这充分体现了他超前的意识和事业洞察。他一次又一次地表现出了预测科学发展道路和下一件重大科学事件的超凡能力。在芝加哥大学读本科时，沃森选择了遗传学，而不是鸟类学和经典的描述生物学。此时，他作为印第安纳大学的一年级研究生，专注于微生物遗传学实验而不是果蝇研究。然而，与诺奖得主穆勒相比，他选择与名不见经传的卢里亚合作是冒了很大风险的，因为穆勒的名气本身就能够帮他在随后的几年里获得一个学术职位。这是他在职业发展方面遇到的风险之一，这些风险会给沃森带来回报，但当时的沃森还想不到这些。

在沃森开展的第一个研究项目中，卢里亚要求沃森"看看被 X

射线灭活的噬菌体是否仍能基因重组，并产生缺乏亲代噬菌体中受损基因决定因子的可繁殖的重组后代"。[44]卢里亚用紫外线灭活噬菌体，然后让其感染大肠杆菌宿主细胞的方式证明了这个想法。接下来的三年里，沃森会把噬菌体菌落暴露在各种放射性诱变剂中，让它们经受考验。

沃森很快就发现，卢里亚对待任何人都"像对待狗一样"。"卢"是一位慷慨、乐于助人、做事有条理的教师，与学术圈中的许多差劲的学者不同，他会帮助学生成长。接下来的几年里，卢里亚为沃森打开了众多机会之门。1948 年，他促成了沃森与加州理工学院的马克斯·德尔布吕克的首次会面，后者被证明是沃森的知音和终生挚友。卢里亚和德尔布吕克是"噬菌体研究小组"的负责人。他们组虽然人数不多，却彻底改变了遗传学，他们的研究成果多次获得诺贝尔奖。[45]德尔布吕克很有人格魅力，性格很温和，吸引了众多年轻科学家加入他的研究团队；其他的先驱分子生物学家则把他捧上了神话的殿堂，说他是甘地和苏格拉底的结合体。[46]尽管他们的年龄和位置不同（德尔布吕克是一位 42 岁的著名科学家，而沃森当时还是年仅 20 岁的一年级研究生），但从他们在卢里亚的公寓里握手的那一刻起，他们就用对方的名称呼彼此。正如沃森回忆他们第一次见面时所说的，"几乎从德尔布吕克脱口而出的第一句话开始，我就知道自己不会失望。他没有拐弯抹角，言谈的意图也很清楚"。[47]

1948 年，卢里亚安排沃森在冷泉港实验室继续从事噬菌体研究，沃森喜欢在长岛湾游泳，还能使用附近的纽约市纪念医院（现在的斯隆·凯特琳纪念医院）的强力 X 光机。在给父母的信中，沃森讲述了他在国庆节周末前往纽约的经历，比如到布鲁克林弗拉特布什区的埃贝茨球场棒球公园的情形：

图 8-5 马克斯·德尔布吕克和噬菌体研究小组成员，1949 年；
从左到右依次为：让·魏格尔、奥勒·马洛、埃利·沃尔曼、
冈特·施坦特、马克斯·德尔布吕克和 G. 索利

昨晚我们几个人去看了道奇队的夜场比赛……那场比赛可真精彩，球队的表现也达到了我的预期。从我短暂的停留来看，布鲁克林似乎是个非常拥挤和贫穷的城市，多数居民不是犹太人就是意大利人。粗浅地说，这里很不宜居。[48]

到 1949 年，沃森已经穷尽了用 X 射线让噬菌体变异的所有可能，他开始撰写论文。德尔布吕克和卢里亚认为，沃森需要学习一些生物化学知识，以拓宽自己的科研范围。1949 年秋，在芝加哥举行的噬菌体小组会议休息期间，二人与哥本哈根大学的赫尔曼·卡尔卡尔（Herman·Kalckar）坐下来商量了让沃森到卡尔卡尔的实验室担任博士后研究员的事宜。[49]在卢里亚的指导下，沃森撰写

了自己第一份基金申请书，旨在获得在哥本哈根的工资和生活费用。与多数在申请项目过程中煎熬的学生一样，沃森在写给父母的信中充满了对大概率被拒的可能性的焦虑。[50]

1950 年 3 月 12 日，他应邀参加了由著名的美国国家科学院国家研究委员会（National Research Council of the National Academy of Sciences）管理的为期两年的默克奖学金（Merck Fellowship）面试。在纽约市充满艺术气息的纽约客酒店（Hotel New Yorker）的主宴会厅里，几位白发苍苍、自视甚高的科学家组成的委员会坐在一张长桌旁。候选人都是争强好胜、渴望成功的男性，他们紧张地坐在大厅里；每隔一小时，就有一位委员打开宴会厅的大门，邀请下一位候选人进入，就其研究项目的优劣势接受答辩。两周后，委员会给沃森寄来了一封挂号信，通知他已经获得了默克奖学金。[51]在写给为他感到自豪的父母的信中，他腼腆地承认："由此看来，我所有的担心都是多余的。"有了经济资助和眼下新的起点，他得以把精力放在更多琐碎的事情上，比如申请护照、购买合适的衣服和安排旅行等。[52]

1950 年 9 月 11 日清晨，沃森乘坐"斯德哥尔摩号"（MS Stockholm，瑞典-美国航线上最小的船只，也因此在航程中多有磨难）抵达丹麦，一路上他因为航程颠簸而晕船（六年后的 1956 年，斯德哥尔摩号与命途多舛的意大利邮轮安德里亚·多利亚号相撞）。整个航程中，沃森一直在服用德拉马明（Dramamine）来抵御船体不断颠簸造成的呕吐和不适。[53]在抵达丹麦的第一天，他就给父母写信说哥本哈根"太棒了"（Wonderful），比弗兰克·卢瑟"同名"的热门歌曲《美丽的哥本哈根》（Wonderful Copenhagen）

还早了一年。他在信的结尾谈到了自己的观感："出乎意料的是，丹麦姑娘是我见过最有魅力的了。一般来说，她们的脸蛋都不难看——这跟美国的多数女孩形成了鲜明对比。"[54]

两天后的 9 月 13 日，从舟车劳顿中缓过劲来的沃森前往卡尔卡尔负责的细胞生理学研究所报到上班。卡尔卡尔是在纳粹入侵丹麦之前离开欧洲的犹太人，战时多数时间他曾辗转供职于美国加州理工学院、华盛顿大学和纽约公共卫生研究所。战后，卡尔卡尔回到丹麦，重新加入科研重镇哥本哈根大学。哥本哈根大学的王是尼尔斯·玻尔（Niels Bohr），他因为"原子结构和原子辐射的研究"获得了 1922 年诺贝尔物理学奖。[55]卡尔卡尔与玻尔的关系尤为密切，因为卡尔卡尔的弟弟弗里茨（Fritz，1938 年猝死，年仅 27 岁）曾在玻尔门下学习。[56]

卡尔卡尔研究所的前研究员、1980 年诺贝尔化学奖得主保罗·伯格（Paul Berg）形容他是"一个梦想家，经常为自相矛盾的观察结果寻求新颖的解释"。在科学上，他"是最早提出高能键概念的人之一，高能键是氧化代谢过程中捕获和储存自由能的形式"。对那些不是很了解这些关键生物化学原理的人来说，回想一下以 ATP（三磷酸腺苷）的分子形式传递的细胞动力源可能会有所帮助。[57]卡尔卡尔才华横溢，"充满活力，爱开玩笑"。他常用阿卡韦特酒或樱桃海灵利口酒来庆祝自己或组上的研究人员做出的每一个大小发现。他的英语和母语丹麦语语法都有点蹩脚，总是从"似懂非懂"的语句开始，几乎总会走向难以理解的地步。[58]卡尔卡尔的许多同事都认为他应该获得诺贝尔奖，但他终究没有获奖，因为他的"个性和对广泛的研究兴趣让他无法专注于一两个问题"。[59]

1938 年，德尔布吕克在加州理工学院学习期间给卡尔卡尔介绍了噬菌体遗传学方面的研究。[60]12 年后，卡尔卡尔萌生了成立自己的噬菌体研究小组的计划，并招募沃森和德尔布吕克的另一位门生（protégé）冈瑟·斯滕特（Gunther Stent）到其研究所工作。然而，就在这两位年轻科学家抵达哥本哈根时，卡尔卡尔却改变了主意，转而要求沃森专注于"核苷酸的新陈代谢"研究。[61]沃森既不具备也不想掌握如此精细的生物化学研究的精细操作技巧，随即认为这个项目不过死路一条。正如克里克后来为一本名为《松动的螺丝》（*The Loose Screw*）的书酝酿开场白时所写的那样，他希望这本书能纠正沃森在《双螺旋》中的夸张形容，沃森在其中说道："吉姆的手总是很笨拙。只需看看他剥橘子的样子就知道了。"[62]

9 月 19 日，就在他们获得研究资金一周后，卡尔卡尔派遣斯滕特和沃森前往国立血清研究所，他们在这里开始与此前在加州理工学院德尔布吕克噬菌体实验室学习的另一位学生奥勒·马洛（Ole Maaløe）合作。[63]沃森和马洛开展了一系列研究，他们在噬菌体的 DNA 中加入放射性示踪剂，以世代连续跟踪病毒，从而测量前代传递给后代的放射性 DNA 数值。[64]

沃森一开始并不喜欢哥本哈根大学，曾给家里写信诉说自己在那里的无聊和不快。在其中一封信中，他描述了自己花 350 克朗（约 50 美元）购买了一辆二手自行车，骑着它在两个研究所之间骑行 1.5 英里的独特乐趣。[65]然而，这不过是他为数不多的入乡随俗之一。他唯一的社交活动便是与那些英语说得不错的人交往。2018 年，他在回忆当初在哥本哈根的岁月时说，"我从未想过要学习丹麦语。我对斯堪的纳维亚文化不感兴趣。当时我只对 DNA 感兴趣"。[66]

1951 年 1 月 14 日，沃森在给父母的信中谈到了"阴雨连绵"

的"悲惨"气候。他渴望天气好转，这样就可以恢复每天骑自行车和散步的习惯了，"除了工作和阅读，几乎无事可做。最近几天，我一直在阅读「约翰」斯坦贝克的一些短篇小说——《小红马》（*The Red Pony*）和《长谷地》（*The Long Valley*）等，非常享受"。[67] 其间，他还在电影中找到了一些额外的安慰。一天晚上，他和马洛一起观看了 1950 年的经典黑色电影《日落大道》。格洛丽亚·斯旺森（Gloria Swanson）饰演的怪异默片明星诺玛·德斯蒙德（Norma Desmond）和比利·怀尔德（Billy Wilder）干脆利落的导演手法都给他留下了深刻印象。他特别喜欢这部电影，因为在观影时，"我很容易就能代入进去，就感觉自己回到了加利福尼亚"。[68]

121

图 8-6 吉姆·沃森和贝蒂·沃森在哥本哈根，1951 年

幸运的是，沃森与马洛的合作产出了"足够的数据，足以让他们在著名期刊发表文章了，而且按照一般的标准，「他」知道自

己可以在今年剩下的时间里不用工作，也不会被判定为没有成果"。[69] 他深信生物化学不适合自己，于是耗费了很多时间向其他研究员抱怨卡尔卡尔的研究计划有些隔靴搔痒，并对实验室的其他人说："在「了解」DNA 的结构之前，我们（永远）不会明白基因是如何复制的。"[70]

不过，沃森在家书中谈到了卡尔卡尔对他不遗余力的指导。1950 年 11 月初，卡尔卡尔带着沃森参加了丹麦皇家学会（丹麦版的国家科学院）举行的一次著名科学聚会。皇家学会坐落在属于嘉士伯啤酒基金会的一栋"雄伟"大楼里，会员由"一群非常高贵的人组成，他们多数都在 55 岁以上……「一」进入大楼，就给人一种每周聚会的男士俱乐部印象"。学会主席是玻尔，"参加会议的特邀访客非常少——仅有当晚的演讲者可以且仅能带一位客人。卡尔卡尔当晚要发表演讲，并带我一起前往。我一辈子都没有感觉如此年轻过。尽管有这种年纪代差，我还是度过了一个愉快的夜晚"。[71]

在聚会上，沃森了解到丹麦科学界主要由富有的嘉士伯啤酒基金会资助。他以年轻人的口吻兴奋地说道："该基金会的负责人由皇家学会选举产生，因此事实上哥本哈根最大的产业受科学家的掌控。"[72] 皇家学会并不是嘉士伯啤酒基金会慷慨资助的唯一受益者。玻尔及其家人就住在嘉士伯豪宅里，一座意大利高级文艺复兴风格的宫殿，位于啤酒厂厂区，沃森形容它是一座"微型宫殿"和博物馆的结合体，里面摆满了各种精美的艺术品、家具和植物。这座宫殿由酿酒厂的主人雅各布森（J. C. Jacobsen）建造，1887 年雅各布森去世后，他把这座宫殿留给了父母，正如沃森所描述的，"丹麦最杰出的人都住在这里，玻尔将一直住在这里直到去世。他已经在那里生活了 20 年"。[73]

　　皇家学会会议结束后不久，沃森"被告知玻尔要来"参加他下周在哥本哈根大学举办的一次讲座。可以想象，沃森和父母在得知这个消息时会是多么自豪。沃森父母当时并不知情，但那天下午的确标志着一个重要的历史时刻：提出原子结构的科学家来聆听提出 DNA 结构理论的科学家的讲座。讲座结束后，沃森在写给家人的信中谦虚道，"我非常认真地准备要讲的内容。我想我讲的还不错，玻尔似乎很感兴趣，还参与了热烈的讨论"。在信中，他用同样多的篇幅大谈特谈他在那个星期看的一部电影：《鬼魂西行》（*The Ghost Goes West*），一部 1935 年的英国喜剧片，勒内·克莱尔（René Clair）执导，罗伯特·多纳特（Robert Donat）主演。他认为这是一部"极出色的电影，「它」创造了一种令人愉悦的精神"。[74]

图 8-7　"自行车之城"哥本哈根

　　12 月的头两周里，沃森又开始向父母发牢骚了。这次，他抱怨的是哥本哈根的圣诞节过于商业化，各种商店的巨大橱窗里摆放

123 的都是装饰着彩条的圣诞树。[75] 12 月 21 日，沃森的情绪突然 180 度大转弯，他压抑着自己的兴奋劲给家里写信说，"卡尔卡尔要去意大利（那不勒斯）的动物学站，时间是 4 月、5 月和 6 月。我可能会跟他一同前往。应该还蛮有趣的。我们会买一辆车开到那里"。[76]

这封简短的信不仅洋溢着兴奋之情，而且还预示了沃森一生中
124 最重要的知识之旅。

卷三　命运来敲门，1951 年

上帝给了我一双清澈的眼睛，让我不再匆忙。上帝赐予我平静而持续的愤怒，让我反对一切虚伪和装腔作势的工作，也跟一切懈怠和半途而废作对。上帝赐予我躁动不安的情绪，在观察到的结果与计算出的结果相符之前，或者在我带着虔诚的喜悦发现并修正错误之前，我可以不眠不休，也不会接受任何赞美。上帝赐予我不再相信他的力量。

——辛克莱·刘易斯，《阿罗史密斯》[1]

第九章　朝闻道，夕死可矣

（ *Vide Napule e po' muore* ）[1]

两位才华横溢、极为优秀的年轻生物学家——詹姆斯·沃森博士（布卢明顿和加州理工学院）和芭芭拉·赖特博士（Dr. Barbara Wright，加利福尼亚太平洋丛林霍普金斯海洋站）希望加入我们。他们已经获得了美国国家研究委员会的资助。您认为合适吗？

——赫尔曼·卡尔卡尔致那不勒斯动物站站长

莱因哈特·多恩（Reinhard Dohrn），1951 年 1 月 13 日[2]

我能够拒绝吗！——？当然不能！原因有很多，我只是想指出，挫败你们的团队精神是很不合适的。此外，美国人世世代代都在慷慨支持那不勒斯动物站的工作，我认为我们必须报答他们，把我们的工作设施大方地提供给美国生物学家们使用，哪怕眼前这里甚至都没有可供美国人使用的工作台。

——莱因哈特·多恩致赫尔曼·卡尔卡尔，

1951 年 1 月 21 日[3]

这两封信都被封存在那不勒斯一个落满灰的档案馆的无酸盒子里，跟其他数百封信一起构成了这部歌剧序曲的纸质记录，因为吉

姆·沃森就是在那不勒斯第一次听到莫里斯·威尔金斯讨论用 X
射线晶体学确定 DNA 结构的。那个令人陶醉的春天过去 30 年后，
沃森给那不勒斯动物站站长写了一封信，算是点亮了这盏科学
神灯：

> 跟许多人一样，我去了那不勒斯和那里的动物站，因为我
> 知道它传承着宝贵的传统，我希望能学到点东西。开心的是，
> 一切如我所愿。在那，我遇到了威尔金斯，第一次意识到
> DNA 可能是可溶的。于是，我的生活发生了改变，这要归功
> 于我们年轻人常去动物站聚会的习惯。[4]

不过，这出歌剧的开场显得有些俗气，此时的沃森还只是个配角。
主角是 42 岁的卡尔卡尔和 24 岁的海洋生物学家赖特。

赖特苗条、漂亮、健美，1927 年生于帕萨迪纳。她的父母
（父亲是科幻小说家，母亲是教师）在她十岁生日前离异，赖特在
加利福尼亚太平洋丛林（Pacific Grove）长大。跟沃森一样，她喜
欢网球、探索大自然和爬山。在她厚重的黑框眼镜后面，是一双深
邃的深褐色眼睛，跟她头发的颜色显得很衬。赖特在当地的斯坦福
大学读的本科，并打算进入医学院继续深造。1947 年，她以优异
的成绩获得生物学学士学位，之后就改变了职业方向，留在帕洛阿
尔托（Palo Alto）攻读硕士学位（1948 年）和生物化学与微生物
学博士学位（1950 年）。[5]

沃森和赖特相识于一年前的 1949 年夏天，当时他们都在加州
理工学院德尔布吕克实验室工作。二人当时争相在德尔布吕克面前

表现自己，彼此非常讨厌。一个周末，沃森、斯滕特和分子生物学家魏德尔决定去圣卡塔丽娜岛（Santa Catalina Island）露营。令沃森懊恼不已的是，斯滕特邀请赖特一同前往。沿着陡峭的卡塔丽娜崖徒步时，斯滕特和魏德尔迷路了。赖特和沃森设法回到了岛上唯一的城镇阿瓦隆（Avalon）。二人惊慌失措，但身体无恙，他们向当地警长办公室报告了朋友失踪的消息，接着就乘警察的吉普车"在岛上荒无人烟的地方寻找失踪的斯滕特和魏德尔"。[6]1949 年 8 月 15 日，沃森在给父母的信中讲述了这次冒险经历："幸运的是，他们从悬崖边撤了回来，在没有我们帮助的情况下回到了阿瓦隆。警长是个讨人喜欢的人，我在岛上经历了一段惊心动魄的旅程。"[7]

　　寻找途中，沃森一直试图用他的学术成就以及路上所见的白冠麻雀和克拉克胡桃夹子（Clark's nutcrackers，又称克拉克乌鸦或啄木鸟乌鸦）打动比她大两岁的赖特。赖特并不买账。沃森向父母报告说，自己在这次惊险的旅途中弄丢了老花镜。字里行间，沃森似乎多少有点自尊心受损，这可能是他在谈话中一提到赖特的名字就喋喋不休的原因。[8]

　　赖特于 1950 年 12 月 1 日开始在卡尔卡尔实验室工作，比沃森晚了十周。她面容清秀、美艳动人，很快就把这位丹麦生物化学家迷得神魂颠倒。每当她走进实验室，卡尔卡尔就会从一个被忽视、沮丧的丈夫变成派对的主角，这让年轻气盛的沃森非常不爽。12 月中旬，国家研究委员会资助项目主任 C. J. 拉普（C. J. Lapp）致信沃森，问他是否见过新来的"芭芭拉·赖特小姐……我们办公室所有的证据都表明，赖特博士既是一位卓有成就的科学家，同

时也很迷人"。[9]大家只能猜测沃森对拉普来信的反应，但他却无法
在给德尔布吕克的信中抑制自己的嫉妒："实际上，赫尔曼似乎对
芭芭拉的工作比对自己的更感兴趣——他认为芭芭拉工作非常出
色，她本人也非常优秀。"沃森相信卡尔卡尔最终会看穿她漂亮的
外表，"因为奥勒和我还没有看出她在太平洋丛林时期发表的论文
中包含任何有意义的内容"。这位年轻人发现卡尔卡尔和赖特性格
截然相反。"虽然他最初给人粗枝大叶的印象"，他在给德尔布吕
克的信中写道，"但实际上他也可以非常严谨。相反，芭芭拉给人
的印象是非常有条理，但接触多了就会觉得相当不严谨"。[10]

卡尔卡尔的妻子——一位名叫维伯克·"维普斯"·迈耶
（Vibeke "Vips" Meyer）的冷漠而谨慎的音乐家——在其隐秘的私
情发生数周后才产生怀疑。她丈夫那双游移不定的眼睛本不值得大
惊小怪。这对夫妻已经多年没有同床共枕了，卡尔卡尔之所以维持
这段婚姻，是因为迈耶的家族和丹麦社会千丝万缕的文化和政治圈
子关系密切。到圣诞节时，卡尔卡尔再也无法隐瞒这段恋情了。在
告诉手下"婚姻已经结束，他希望能够离婚"后，他曾经"令人
费解"的谈话方式也变得清晰明了。[11]

1 月的第二个星期，卡尔卡尔和赖特"逃到挪威待了十天"。
回来后，卡尔卡尔搬进了赖特的公寓。3 月 22 日，沃森终于向德
尔布吕克讲述了哥本哈根的戏剧性事件："我觉得我可以打破我们
必须保持的沉默了……赫尔曼让我大吃一惊，他告诉我说他爱上了
芭芭拉，不知道维普斯、芭芭拉和他自己接下来该如何面对。"他
接着解释道，在坦白之前的几个星期里，赫尔曼"由于失眠和食
欲不振，整个人看上去状态非常差"，尽管卡尔卡尔自我诊断患有
活动性肺结核，但沃森"并不这么认为。在这种非常糟糕的状态
下，他几乎把自己的感受告诉了所有朋友。我们不知道芭芭拉做何

感想。她似乎非常不开心，但不愿与任何人交流".[12]

沃森对卡尔卡尔的行为深感失望，他认为"难以描述这段时期内赫尔曼实验室里弥漫的病态情绪。他整个人不在状态让实验室里的其他人也斗志全无，近两个月的时间里，几乎没人完成任何工作"。沃森和斯坦特在国立血清研究所度过了他们的惬意时光，以此躲过了这种压抑的氛围。但他们已经来不及躲避不断蔓延的丑闻了。沃森告诉德尔布吕克，卡尔卡尔的风流韵事已经成为整个哥本哈根科学界的谈资：

> 现在还难以预测这个故事将如何收场。有时，它就像是一部非常糟糕的好莱坞悲剧。这种悲观可能也毫无缘由，因为赫尔曼正慢慢恢复往日的魅力和审慎感。两周后，他就要跟B. W.（赖特）一起去那不勒斯（动物学站）待上3个月，我们希望他归来时已经恢复状态。[13]

然而，赖特还没收拾好南下的行李，就得知自己怀孕了。维普斯·卡尔卡尔现在别无选择，只能同意离婚。

讽刺的是，卡尔卡尔在12月第一次邀请沃森在次年5月到那不勒斯与他和赖特二人会合时，沃森并不知道他是被邀请来"打掩护"（beard）的。当时，这件风流事还没有公开。这位中年生化学家隐瞒了一个事实，即他已经预订了一栋可俯瞰那不勒斯湾的浪漫双人别墅，而沃森却要在动物学站附近一家老式寄宿屋中自食其力。卡尔卡尔以邀请他的两位最新博士后研究员帮他开展研究的名义，宣称他在那不勒斯的考察完全合规。撇开几近坐实的流言不谈，大家不禁会心一笑，DNA双螺旋结构逐渐被揭开的过程就是从卡尔卡尔和赖特的结合开始的。[14]

那不勒斯动物站由德国博物学家、查尔斯·达尔文和恩斯特·海克尔的信徒安东·多恩（Anton Dohrn）于 1872 年创建。他那一代动物学家致力于论证达尔文进化论为科学事实。[15] 跟其他许多海洋生物学家一样，他也被那不勒斯湾丰富的水生生物和温暖气候吸引。多恩凭借日耳曼人特有的魅力，说服市议会批准他在曾是皇家公园的市民公园（Villa Comunale）中心的黄金地段建造了他提议的动物站。

131

图 9-1　那不勒斯动物站

多恩设计的动物站一楼有个设备一流的水族馆，旨在吸引公众并创造稳定的收入来维持场馆的运营。上面几层是一系列采用"桌子系统"（table system）方式运行的实验室，多恩则是这一系统的创始人。具体来说，实验室的工作台或桌子可出租给研究机构、大学和科学组织。工作台的年度租金可让每个出资机构每年派出一名驻站科学家；这笔费用也可按月、季度或半年分摊。每天傍晚，常驻科学家们可填写他们希望研究的各种海洋生物的订单，次日清晨，动物站的船队和渔民会出海捕捞，把相关生物带回实验室。[16]哥本哈根大学细胞生理学研究所就是租用工作台的众多机构之一。[17]

多恩的儿子莱因哈特于 1909 年接手动物站，并承担了清理两次世界大战造成的破坏的额外工作。从 1947 年开始，得益于联合国教科文组织提供的 3 万美元资助，动物站每年都会为欧洲最优秀的生物学家举办遗传学和胚胎学专题研讨会。[18]

132

尽管那不勒斯以阳光明媚著称，但"刚到那不勒斯的前六个星期，「沃森」一直感觉很冷"。他对海洋生物学完全没兴趣，几乎无法忍受动物站通风不良的环境，更不用说他那暖气不足、"位于一栋 19 世纪六层楼房顶上的破旧房间"了。[19]漫步在狭窄曲折的鹅卵石街道上，沃森对二战后那不勒斯的肮脏感到厌恶。1951 年 4 月 17 日，他给父母写信谈道：

> 那不勒斯跟米兰完全不同。那不勒斯坐落在美丽的海边，维苏威火山是当地主要景致，但它确是一座极其丑陋的城市——这既有其本身的原因，也有战争造成的破坏。整个城市可用贫民窟来形成，大家穷得可怜，生活在贫民窟里，相比之下，芝加哥的黑人区的环境几乎可用舒适形容。这座城市很大（超过 100 万人），而且非常脏乱。[20]

两周后的 4 月 30 日，沃森在给妹妹的信中说，他正在适应那不勒斯的生活，并勉强承认"这里的人虽然看起来跟美国人一样脏，但他们有自己的文明，绝不是毫无道德感可言"。周末，吉姆去了卡普里、索伦托和庞贝，为的是能在妹妹 5 月到来时自信而熟练地陪她游览景点了。就在赖特和卡尔卡尔表面上研究海胆卵中的嘌呤代谢之际，按动物站的记录，沃森却忙于"书目工作"。[21]他如此告诉妹妹，"我大部分时间都在阅读和写作。我已经从博士论文研究中岔开太久，现在我可以把它写出来，而不至于感到百无聊赖"。[22]他可以自由出入动物站图书馆，那里藏书丰富，收集了 4 万多册图书和当时用英语、意大利语和德语出版的所有主要生物学期刊。馆藏的许多期刊可以追溯到创刊号，包括所有"遗传学早期的期刊文章"。[23]在书架高处，由雕刻家阿道夫·冯·希尔德布兰德（Adolf von Hildebrand）设计的一系列门楣和壁柱中，有四幅后印象派画家汉斯·冯·马雷斯（Hans von Marées）创作的色彩斑斓的壁画，用画家本人的话说，这些壁画描绘了"海上和海岸生活的魅力"。[24]

图 9-2　那不勒斯动物站图书馆

此刻的沃森正对自己未来的前景忧心忡忡。他做了太多"发现生命奥秘"的白日梦，却无法产生"一丝一毫值得认真对待的想法"。[25]不过，他还是抽时间重写了他和马洛在 1950~1951 年冬天完成的文章手稿，沃森一次次把修改后的手稿送往帕萨迪纳给德尔布吕克编辑，后者最终帮助他发表在了《美国国家科学院院刊》（*Proceedings of the National Academy of Sciences*）上。在这项研究中，沃森和马洛用放射性标记物标记了亲代噬菌体病毒颗粒（virus particles）中的磷，这种磷存在于病毒的 DNA 中，可在子代中提取出来。两人希望他们已经找到了复制著名的艾弗里实验的新方法。但由于他们的放射性磷提取比例仅为 30%，德尔布吕克最终决定把手稿中的"遗传物质"一词改为"病毒碎屑"（virus particle）——这表明，1951 年，病毒遗传学领域的世界权威还没"准备好把病毒基因明确为病毒 DNA"。[26]

134

　　然而，沃森心中最紧迫的问题既不是他的导师你侬我侬的恋情，也不是科学论文的写作。1951 年 3 月 6 日，他收到了地方征兵委员会第 75 号令，命令他三周内到芝加哥报到，并接受入伍体检。为了找理由搪塞征兵令，他还请卡尔卡尔、卢里亚和德尔布吕克为他的延缓应征美国陆军申请书背书（并最终获得批准）——对当时深陷朝鲜冲突的美国而言，这绝非一个无关紧要的问题。他还需要重新申请为期一年的默克奖学金，以便继续他在海外的研究。奔波于各项事务之间的沃森只能勉强在烦恼的海洋中苟延残喘。[27]

　　1951 年 5 月 22 日至 25 日，联合国教科文组织举办了题为"原生质的亚显微结构"的研讨会，这也是沃森在动物站逗留期间的重头戏。学术会议是出了名的无聊，甚至让人感到死气沉沉，因为演讲者会喋喋不休，一字一句地念着准备好的手稿和身后投影屏幕上幻灯片的内容。与此同时，听众们则假装在听，脑袋像交响乐团的弦乐部的弓弦一般一上一下。仅在极少数情况下，启人心智的讲者才会以寓教于乐的方式开场。多数科学家都喜欢发表文章，不仅因为他们喜欢自己的名字出现在报刊上，更重要的是，这是确保他们的发现获得优先权的唯一途径。在"要么发表，要么淘汰"的现代社会，很少有凭借讲座就能一举成名的科学家。

135 那不勒斯研讨会的主讲人是启发鲍林破解蛋白质结构的人：利兹大学的威廉·阿斯特伯里。[28]阿斯特伯里重点研究的蛋白质——羊毛、棉花、角蛋白和动物毛发——由"长链状分子"组成，很容易拉伸、适合 X 射线晶体学研究。虽然 DNA 并非纺织业使用的天然纤维，但它也具备足够的长度的延展性，适合阿斯特伯里用 X 射线衍射技术开展研究。然而，十多年来，阿斯特伯里一直在研究 DNA 的结构，但一直没取得什么成果。[29]

1938 年，阿斯特伯里及其博士生弗洛伦斯·贝尔（Florence Bell）发表了第一张 DNA "纤维"的 X 射线衍射照片。虽然有些模糊，但他们描述 DNA 的核苷酸结构看起来就像"一堆硬币"。[30]阿斯特伯里在 1947 年更新的"核酸的 X 射线研究"论文中正确地估算出核苷酸之间的距离大约为 3.4 纳米，大约每 27 埃[①]就有一个大结构重复出现。阿斯特伯里也略微改变了他的描述性比喻，"推断核苷酸像一大堆盘子一样紧紧地叠在一起，*而不是绕分子长轴螺旋状排列*"。[31]

尽管沃森渴望参加这次会议，但他对这位来自利兹的乐呵呵、憨厚、秃顶、眼睛突出的教授感到失望。他发现阿斯特伯里像只恐龙，比起讨论科学，他更喜欢喝苏格兰威士忌，用小提琴拉莫扎特

---

① Ångstroms，十亿分之一米。——译注

的曲子和讲黄色笑话。[32]作为一个"蛋白质专家"，阿斯特伯里不愿意将蛋白质从生命的秘密等式中排除出去。在题为"近期在蛋白质世界中的冒险之旅"的演讲中，阿斯特伯里提出了"核蛋白理论"，关键想法为蛋白质在病毒复制过程中占主导地位，但"合理的结论在于，核酸对这一过程（事实上对所有生物复制过程）都必不可少"，从而让自己的结论变得全面。[33]沃森承认自己在阿斯特伯里讲座的多数时间里都在打瞌睡。[34]67年后的2018年，他仍然对阿斯特伯里的话不屑一顾，斥之为"没什么启发"。[35]

沃森最想见的受邀演讲者是约翰·兰德尔。这位国王学院的生物物理学家将讨论他的团队在医学研究理事会资助下开展的核酸结构研究。不巧的是，阿斯特伯里恰好以微弱劣势与这项资助失之交臂。[36]不过，正如沃森后来回忆的那样，"真正揭示的机会……并不多"，因为"世人关于蛋白质和核酸三维结构的诸多讨论都是空谈"。尽管这项研究已经推进了近20年，但"大部分（即便不是全部）所谓的事实都没什么根据。被看好的路线很可能是狂热的晶体学家们的狂野产物，他们乐于在一个自己的想法不容易被推翻的领域中施展才华"。更糟糕的是，包括卡尔卡尔在内，极少有生物学家能够理解X射线晶体学家提出的复杂专业术语，更不用说有谁会相信他们的论断了。对沃森来说，"学习复杂的数学方法以理解胡言乱语显得毫无意义。因此，我的老师从未考虑过我跟随X射线晶体学家从事博士后研究的可能性"。[37]

令沃森失望的是，兰德尔未能与会，他在最后一刻取消了行程。[38]于是，沃森向兰德尔的助理主任威尔金斯抛出了橄榄枝，让他免费到那不勒斯旅游，但条件是必须在那不勒斯举行一次讲座。[39]如果有人在当天上午打赌哪位演讲者所讲的内容会真正启人心智，那也肯定不是威尔金斯。实际情况也是如此。

136

前往那不勒斯之前，威尔金斯已经开发出一种制备西格纳小牛胸腺 DNA 的新方法，可供 X 射线晶体学研究。起初，他只是在玻璃显微镜载玻片上放了一点物质，看上去就像感冒病人鼻子里流出的分泌物。接着，他用另一片载玻片作为抹刀，把这种物质抹成一层薄膜状。正如他在 1962 年诺奖演讲中谈到的，每当他用玻璃棒在装有鼻涕样灵药的瓶子里浸一下，就能看到"一条细得看不见的 DNA 纤维被抽取出来，就像蜘蛛网的细丝一样。纤维的完美和均匀表明，其中的分子呈有序排列状"。[40]这个新方法——将这种物质纺成细丝，而不是简单地涂抹在载玻片上——预示了下一个重要的实验步骤。威尔金斯拉伸纤维后，他的研究生蒙德·高斯林（Raymond Gosling）"就像坐着的小蜘蛛一样，把它们绑在一根弯曲的金属丝上「起初是回形针，后来是更加优雅的钨丝」，然后把它们往中间推，并粘住两个端点，这样就有了一个多股纤维样本"。[41]威尔金斯和高斯林小心翼翼地把这个样本放置在化学系地下室的一台老式锐文（Raymax）X 射线照相机前，然后在相机腔体里注入氢气，以减少背景散射。虽然还需要进一步调整，但最终得到的照片呈现一系列清晰的水平条带，比阿斯特伯里在 1938 年拍摄的"一堆硬币"照片清晰多了。

在系里臭气熏天的暗房里洗出一张照片后，高斯林欣喜地回忆道，"我沿着楼道下到物理系，威尔金斯已经习惯了这里的生活，现在也依然生活在这里。我还清楚地记得一边把照片拿给威尔金斯看，一边大口喝着他的雪利酒……的激动心情"。[42]威尔金斯后来积累了更多的操作经验，这种剥丝抽茧式的制备方法也随之得到改进，X 射线衍射得出的样本结构也更容易辨别，这可能是他对发现 DNA 荆棘之路的最大贡献。

1951 年 5 月 22 日上午，当威尔金斯漫不经心地谈论着"活细胞中的紫外二色性和分子结构"之际，百无聊赖的沃森正坐在后排看报纸。最后，威尔金斯转而讨论核酸，他的发言"没有让"沃森"失望"。威尔金斯在屏幕上投影出他那幅引人注目的详细图片时，沃森抬起了头——手中的报纸跟他的下巴一起掉了下来。虽然"莫里斯干巴巴的英语表达"无法体现他对自己非凡洞察的热情，但他清楚地"向听众表示，这幅图显示的内容比此前的图片多很多，实际上，它可以被认为得自某种结晶物质。当 DNA 的结构得到揭示后，我们可能会更好地理解基因是如何起作用的"。[43]

沃森并不是唯一一个被威尔金斯的精彩数据吸引的听众。[44]多恩也立即做了笔记，他后来在寄给兰德尔的一封热情洋溢的信中谈道："感谢你派来的合作者威尔金斯；他的论文激发了我极大的兴趣，由于他说话比较慢，非英语国家的人也能听懂，这场讲座太成功了。"[45]阿斯特伯里也对威尔金斯大加赞赏，他向所有听众宣布，"这种研究方式比此前所有的都要好得多"。[46]

在当天讲座结束后的鸡尾酒会上，威尔金斯努力地与阿斯特伯里闲聊、对饮。沃森远远地看着，此刻，他正痴迷于这样一个想法：如果"基因能够结晶……它们一定具备规则的结构，可用一种直接的办法揭示其结构"。喝完第一杯辛扎诺气泡酒之前，沃森知道自己不能再在卡尔卡尔的奸情实验室里浪费时间了。哥本哈根的科学研究对他而言就像是在沙漠里漫无目的的游荡。通往"应许之地"的道路由 X 射线晶体学和说服威尔金斯让他加入国王学院生物物理组铺就。但还没等沃森接近这位温和的物理学家，"威尔金斯就不见了"。[47]

研讨会的最后一天（1951 年 5 月 26 日，星期六），动物站的工作人员为与会者组织了一次实地考察。他们的目的地是帕埃斯顿（Paestum）的古神庙，帕埃斯顿曾是希腊一座重要城市，位于第勒尼安海（Tyrrhenian Sea）沿岸，此前属于大希腊地区（Magna Graecia）——今天的坎帕尼亚（Campania）。这些雄伟的遗迹距离田园牧歌般的萨勒诺（Salerno）不远，萨勒诺是一个由牲畜和奶酪工程组成的农业奇观，每年可生产成吨的马苏里拉奶酪（mozzarella di bufala）。来到那不勒斯的游客几乎都会去参观庞贝古城。每年，纷至沓来的超过 250 万名游客都会对维苏威火山脚下曾经繁华的城市的遗迹惊叹不已——公元 79 年，维苏威火山喷发，整个庞贝古城及其居民被埋在了火山灰下，也相应造就了那个"糟糕一天"的生动描述。对那些向往大海景致的游客，则可以乘船游览卡普里岛和伊斯基亚岛。相比之下，少有游客会长途跋涉 95 公里前往帕埃斯顿的三座宏伟的多立克柱式神庙。[48]

图 9-3　帕埃斯顿：第二座赫拉神庙

一行人登上旅游巴士后，沃森就尝试跟威尔金斯攀谈。但还没等他"吹嘘莫里斯"，司机就突然命令大家在自己位置上坐好。威尔金斯趁机从这个古怪的美国人身边溜走，坐到了他自己最想巴结的人——阿斯特伯里教授身边。巴士在狭窄曲折的沿海公路上一路前行，来自不同国家的生物学家、生物化学家、物理学家和遗传学家在车上说笑、谈天说地。阿斯特伯里是一群人中声音最大的那个，他一边说着粗俗的笑话，一边喝着他那破旧的纯银酒壶里装的苏格兰威士忌。

139

沃森安静地坐在靠后的位置上，身边是一位年轻漂亮的女士，她穿着一件粉红色的连衣裙，衣着得体。女士戴着白手套的手紧紧攥着一个白色皮包，一头金色的长发散落在肩上，头上戴着一顶药盒帽。她就是沃森的妹妹贝蒂，他最爱护和重视的女人。贝蒂几天前刚抵达意大利，随后跟他一起游览欧洲，之后可能会进入牛津大学或剑桥大学学习。[49]一路上，沃森都在盘算着如何更合适地与威尔金斯套近乎，询问是否可以加入他的实验室。

到达目的地后不久，众人就在广阔的考古遗址附近散开，各自享受其中某人所谓的"奇妙游览"了。[50]沃森索性坐在了第二座赫拉神庙底部一座方形石墩上。也许是受到了神庙里古老神灵的启发，他灵光一闪，萌生了一个想法。威尔金斯似乎被贝蒂吸引住了，"很快他们就一起共进午餐了"。他们的组合让沃森欣喜若狂，因为多年来，他"一直闷闷不乐地看着伊丽莎白被一帮无聊的笨蛋追求"。他开心的缘由不仅是不希望看到伊丽莎白嫁给一个"不够聪明的人"。他想象威尔金斯爱上了自己的妹妹，然后顺理成章地从称职的妹夫的角度为他提供一个职位，让他得以参与国王学院DNA的X射线研究工作。[51]

140

在沃森的描述中，威尔金斯在短暂接触后就借故离开了，沃森后来误以为这是"出于礼貌，他可能认为我想跟伊丽莎白聊天"。不幸的是，一行人回到那不勒斯后，大家就没有再继续讨论DNA

方面的话题了。威尔金斯向沃森点头致意后就离开了。沃森为妹妹作嫁衣的举动以失败告终："无论是妹妹的美貌，还是我对 DNA 结构的浓厚兴趣都没能吸引他。我的未来似乎不在伦敦。就这样，我踏上了回到哥本哈根的旅途，而更多的生物化学研究则让我避之不及。"[52]

回忆录是记录历史事件的不可靠资料。因此，威尔金斯 2003 年对帕埃斯顿之行的回忆与沃森更加著名的说法并不完全一致。与沃森初次会面时，威尔金斯对沃森平铺直叙、带着中西部口音讲述的"基因和病毒……知之甚少。我对噬菌体很不了解，对他讲的东西也不太明白"。在威尔金斯的印象中，沃森是最有趣的与会者之一，但他否认曾对伊丽莎白有想法："他的妹妹和他在一起，但我不记得见过她——无论如何，我陶醉在了周围「帕埃斯顿」的美景中。"[53]然而，威尔金斯一回到伦敦就告诉高斯林说，不可能让这个美国人入伙。"威尔金斯害怕他"，高斯林后来回忆说，"他很可怕，尤其是火力全开的时候，老吉姆"。[54]在另一个版本中，威尔金斯称沃森为"邋遢的年轻美国人"，并指示高斯林说，如果沃森前来国王学院拜访，就告诉他说威尔金斯"已经出国了"。[55]

141　　尽管如此，沃森还是明确了自己新的研究方向：他必须跟生物物理学家和 X 射线晶体学家合作。他在那不勒斯的时候就已经意识到，把生物物理学和 X 射线晶体学的方法应用到 DNA 结构的研究中不仅是自己未来的学术方向，而且也是分子生物学这个学科的未来。由于无法顺利进入国王学院，摆在沃森面前就还剩两条科研之路：第一条是在卡尔卡尔指导下完成研究，然后掉头向西前往加州理工学院，进而希望莱纳斯·鲍林能教他如何成为一名出色的 X 射线晶体学家。但这个念头也只是在沃森脑子里一闪而过，因为"莱纳斯是个伟大的人，他不会浪费时间去教一个数学不好的生物学家"。[56]第二种选择的风险更大，因为这可能会违背他的资助合同条款——该条款要求他留在斯堪的纳维亚——即设法进入剑桥大学卡文迪许实验室的生物物理组。经过一番利弊权衡后，沃森选择了去剑桥。

142

第十章　从安娜堡到剑桥

我答应过你会在 8 月份给委员会写信，但我没有做到。因此，我难辞其咎。你这个该死的混蛋，你竟然为此给委员会写了一封愚蠢至极的信。

——萨尔瓦多·卢里亚致詹姆斯·D. 沃森，

1951 年 10 月 20 日[1]

1951 年 7 月，密歇根大学安娜堡分校举办了生物物理学国际研究生课程。二战之前的十年时间里，密歇根大学物理系每年夏天都会开设理论物理学暑期课程，由玻尔、恩里科·费米（Enrico Fermi）和 J. 罗伯特·奥本海默等著名学者讲授。大西洋两岸的物理学家都渴望受邀为这种暑期课程讲学。一系列重要的发现和出版物都可追溯到这种活动，这里的氛围中弥漫着"天才的独特芬芳"。[2]

1951 年的生物物理学课程由戈登·萨瑟兰（Gordon Sutherland，此人于 1949~1956 年在安娜堡担任教授职务）负责组织，他联络的海外沟通渠道为剑桥。[3]为此，他召集了八位一流的生物物理学家担任课程导师，其中就包括印第安纳州的萨尔瓦多·卢里亚、加州理工学院的德尔布吕克和卡文迪许实验室的约翰·肯德鲁。萨瑟兰旨在把"物理学家和生物学家聚在一起。让前者了解物理方法可用于研究哪些生物学问题，并让后者了解物理学中一些可用于生物学研究的新工具和新技术"。[4]

跟其他美国大学校园一样，位于安娜堡的密歇根大学在二战后也得到长足发展，新建的教学楼、实验室和教室就是最好的佐证。当时，联邦政府的研究基金、国防合同以及 1944 年《军人调整法案》（G. I. Bill）资助的新生学费源源不断涌入美国各大学，学术界可谓如鱼得水。正如辛克莱·刘易斯曾经谈到的，密歇根大学是一个"建筑物以英里计……"的地方，"就像一家学界的福特汽车公司，其产品都是精美的标准化产物，如果有哪怕一点异响，其零件也可以相互调换"。[5]

那年夏天的天气晴朗而炎热，足以让人忘记每个日历转角处隐藏的凛冽寒冬。当时还留在安娜堡的学生相对较少，他们穿过校园中央占地 40 英亩、呈对角线交错的人行道（一直被唤作"迪亚格"），走进红砖和石灰岩修建的建筑群，建筑前面偶有几根宏伟的柱子。课间休息时，他们会坐在青翠的草坪上，迪亚格人行道上的毛橡树和榆树投下的阴影为他们遮挡阳光，俨然一幅树木版密歇根军乐队的景象。那里的教授们要么在城里给年初挂科的本科生上课，要么为专业同行开设特别课程，比如生物物理学课程。从上午 9：15 到晚上 9：00，每隔 15 分钟，位于伯顿钟楼深处的威斯敏斯特宿舍的回声就会打破这个季节的宁静，该钟楼是一座高 212 英尺、覆盖了石灰岩的现代艺术风格岗哨建筑，在迪亚格树木的映衬下隐约可见。多数日子的下午，密歇根大学的卡里隆钟（carillon，世界第四大钟）的 53 个排钟都会发出悦耳的旋律。[6]

那年夏天，沃森和妹妹尚不清楚密歇根州东南部发生的事情，他们从那不勒斯经意大利北部、巴黎和瑞士，迂回返回哥本哈根。

（右侧页边标注：143 144）

图 10-1 密歇根大学，约 1951 年

二人每晚都以读书为乐。其间，沃森翻开了哈佛大学哲学家乔治·桑塔亚纳于 1936 年出版的畅销书《最后的清教徒》（*The Last Puritan*），这是一本"小说式的回忆录"，讲述了波士顿一个古老家族的后裔，作者的清教徒思想和温文尔雅的天性跟 20 世纪的美国文化完全背道而驰。沃森非常认同书中的主人公，他在写给父母的信中说，这本现已被遗忘的书"非常棒，尤其是前面描述主人公祖先和童年的部分"。[7]

为了工作，他顺道去了日内瓦，跟让·魏格尔待了几天，后者
是一位瑞士噬菌体生物学家，二人在德尔布吕克于 1949 年和 1950
年在冷泉港噬菌体小组的夏季课程中相识。此时，魏格尔在加州理
工学院度过冬季学期后刚刚回到瑞士，他告诉沃森，鲍林刚刚解决
了蛋白质的结构问题。如果他的判断正确，鲍林将成为第一位描述
"具有重要生物学意义的大分子"构型的科学家。沃森一边听着魏
格尔讲述鲍林的最新成果，一边想象着这个突破宣布的隆重场景，
仿佛自己就在现场一般："他的模型被帘子遮住了，直到演讲快结
束时，才自豪地揭开了最新成果的面纱。然后，眼中有光的莱纳斯
解释了他的模型——α-螺旋独特而美丽的具体特征。"[8]魏格尔在 X
射线晶体学方面没什么经验，他无法回答沃森提出的各种问题。他
告诉沃森，有几位同事"认为 α-螺旋看起来非常漂亮"，但他们
都在等《美国国家科学院院刊》刊发了鲍林的论文后才能确定。

在目前这个全球即时通信的时代，我们已经很难理解半个多世
纪前信息传播的缓慢程度了。在 20 世纪 50 年代初的原子时代，像
《美国国家科学院院刊》这样的科学杂志需要经过排版、校对、印
刷和装订等烦琐的工序，才能通过美国邮政的卡车、火车和飞机送
到美国各地的图书馆和读者手中。一沓沓期刊通过蒸汽船漂洋过
海，六周后才能送到欧洲订阅者手中。因此，沃森 1951 年 7 月回
到哥本哈根大学后，那里的图书管理员才刚刚把 4 月号的《美国
国家科学院院刊》摆上书架。沃森几乎是从她手中抢过了这本杂
志，然后如饥似渴地读了起来，接着又看了一遍；数周后，他又读
了一遍 5 月号的《美国国家科学院院刊》，里面"又刊载了七篇鲍
林的文章"。沃森后来回忆说，"其中大部分措辞都超出了我的理
解范围，所以我只能对他的论点有个大致的印象。我无法想象他的
论点是否有道理。唯一确定的是，鲍林的文章写作很有风格"。[9]即

便无法完全理解，但鲍林的最新发现还是让沃森很担忧。如果鲍林在自己有机会解开谜题之前，就把他的"修辞伎俩"用到 DNA 上，又该如何？[10]

7 月下旬，卡尔卡尔实验室的大部分成员都已经结束暑期休假归来，这让沃森也不那么孤独了。为了顺利离开哥本哈根前往剑桥，沃森向同事编了一系列借口，比如哥本哈根潮湿寒冷的天气对他的精神健康有影响，他自己不喜欢生物化学研究，以及在那不勒斯就已决心从事神奇的 X 射线晶体学研究之类的。7 月 12 日，沃森在写给父母的信中袒露了秋季打算搬到剑桥背后的另一层想法："我觉得哥本哈根的科学可能性已经耗尽。在我看来，剑桥可能是欧洲最好的大学，所以我可能会在 9 月底或 10 月初前往剑桥。"[11]两天后的 7 月 14 日，他给妹妹说了所有这些看上去很充足的理由背后的另一个原因：他对赫尔曼·卡尔卡尔深恶痛绝。多数美国年轻人对破坏爱情禁忌或违背道德的感情都会指指点点，沃森无疑就是这样的人。他无法忍受卡尔卡尔的奸情，更不用说跟一个玷污了他的教堂——实验室——的人并肩工作了。只要看到卡尔卡尔和明显有孕在身的赖特手牵着手，沃森就会感到"非常压抑"。[12]

1951 年 9 月，沃森从默克-国家研究委员会获得的资助即将用完。根据资助协议的规定，他可以再次申请用于次年的经费。协议上规定他需前往斯德哥尔摩的卡罗林斯卡研究所（Karolinska Institutet）工作，与细胞生物学家和遗传学家托比约恩·卡斯帕松（TorbjörnCaspersson）一起研究核酸和蛋白质的合成生物学。[13]但经过那不勒斯的顿悟之后，沃森认为前往瑞典分明是浪费时间。然而，如果他要在研究资助期间改变研究方向，就必须尽快写一份研究计划提交给研究委员会批准。[14]此时，命运女神再次垂青沃森——这对本书叙述的展开至关重要。

图 10-2　约翰·肯德鲁，1951 年前后

在遥远而不在沃森视野范围的密歇根大学生物物理学暑期班上，肯德鲁和卢里亚把沃森前往剑桥从事研究的计划变成了现实。在 7 月下旬一个潮湿的傍晚，两位科学家从教室出来交谈、小酌。四分之一个世纪后，肯德鲁回忆起这次会面是如何在沃森不在场的情况下改变了他的人生轨迹：“一杯啤酒下肚后，我对卢里亚说，‘我们正在打算招募优秀的学生前来工作，你有没有认识的？’他说道，‘嗯，有个叫沃森的家伙，他目前在哥本哈根待得不开心，因为他的导师要换老婆了’”。[15]

在沃森的时代，变更研究资助规定的工作地点，更别说改变研究计划的方向，即便不是被严格禁止，也是极不正常的。除了极少数情况，这种研究方向的申请都会被拒，因为多数资助委员会都会认为这种事项变更是不成熟的表现，也是对自身科学研究不够认真

147

的表现，同时也会被视为申请者的不良记录。沃森在 2018 年回忆道，在那个教师对学生进行严格的、自上而下管理的时代，"这种变更本就不可能"。[16]

在 8 月的家书中，沃森将自己打算前往剑桥工作的想法描述成了既定事实。8 月 21 日，他告诉父母，他行将结束在哥本哈根的实验研究："我已确定下一学年去剑桥，因为我知道那边的实验室已经为我留好了位置。我可能会在 10 月中旬左右彻底离开哥本哈根。"[17]仅仅一周后的 8 月 27 日，他在信中说，他希望在前往英国前参加 9 月初在哥本哈根举行的第二届国际脊髓灰质炎会议。[18]他还在同一封信中告诉父母，根据德尔布吕克的建议，他正在申请国家小儿麻痹症基金会的资助，以帮助他开展计划中的生物物理学研究，并请父母获取他在芝加哥大学和印第安纳大学的成绩单，一并寄往纽约的国家小儿麻痹症基金会办公室。[19]

在脊髓灰质炎大会的开幕式上，大会名誉主席尼尔斯·玻尔和富兰克林·罗斯福（Franklin D. Roosevelt）的前法律合伙人、国家基金保险公司总裁巴希尔·奥康纳（Basil O'Connor）的开场白后，德尔布吕克发表了关于病毒繁殖和变异的大会主旨演讲。会议期间，沃森与许多世界顶级的病毒学家做了交流，其中就包括洛克菲勒研究所的托马斯·里弗斯、巴黎巴斯德研究所的安德烈·勒沃夫（Andre Lwoff），后者因研究酶和病毒合成的基因控制而获得 1965 年诺贝尔生理学或医学奖；哈佛大学医学院的约翰·恩德斯（John Enders）及其学生弗雷德里克·罗宾斯（Frederick Robbins）和托马斯·韦勒（Thomas Weller），他们因开发出在各种组织中培养脊髓灰质炎病毒的方法而获得了 1954 年诺贝尔生理学或医学奖；以及密歇根大学的小托马斯·弗朗西斯（Thomas Francis, Jr.），他不久后会进行史上规模最大的疫苗接种试验，以测试索尔克疫苗的有效性，他会在随后的 1955 年宣布该疫苗"安全、效果好"。[20]沃森回忆道，"从代表们抵达的那一刻起，会场就有大量免费香槟供应，部分资助来自美方，旨在缓解国际合作的限制壁垒。一周的会议期间，每晚都会举行招待会、晚宴和午夜前往海滨酒吧的社交活动。这是我第一次体验上流社会生活，在我印象中，上流社会总是与腐败的欧洲贵族联系在一起"。[21]

会议期间的聚会为大家提供了熟络的机会，沃森也不例外。这次会议标志着奥康纳和乔纳斯·索尔克之间富有成效的工作关系的开端。在返回美国的轮船上，两人关系就已经非常好了，他们在船长的餐桌上讨论疫苗接种方法，在头等舱甲板上闲聊。[22]抵达纽约后不久，索尔克就获得了丰厚的国家免疫基金会的资助。

会议结束后，沃森"兴致勃勃地前往英国"与马克斯·佩鲁茨会面，并于 9 月 15 日写了一封长信宽慰父母道：

> 我之所以决定搬到剑桥，是因为这里有一些优秀的物理学家，他们正在研究确定异常复杂的分子结构的办法。将来，这项工作会对我们的病毒研究思路产生重大影响，因此我认为在欧洲学习他们的技术是非常值得的……我将在卡文迪许实验室工作，这是个相当著名的实验室，许多重要的物理学发现都是在这里完成的。我的工作内容一半跟生物学相关，一半跟物理学相关，但实际上主要是物理学，并涉及大量数学内容。因此，我实际上又要开始上学了。此刻，我的感觉跟四年前去布卢明顿时相似……感觉通过阅读和学习可以很快获得大量知识，这在某种程度上非常令人愉悦……因此，我很高兴再次回到学校。[23]

149

沃森直到 10 月初才向国家研究委员会的拉普通报了自己即将前往剑桥的打算。沃森坚持认为，仅靠生物化学方法不足以确定核酸在遗传学中的作用，他在写给拉普的信中谈道，"我感觉，如果下一学年能前往佩鲁茨博士的实验室从事研究工作，将为我未来成为生物学家奠定坚实的基础"。[24]但沃森故意略去了一个关键事实：他在写这封信时，正坐在佩鲁茨位于卡文迪许实验室的办公室相隔不远的办公室里。

另外，在打给卡尔卡尔的长途电话里，沃森得到了他的支持，卡尔卡尔在 1951 年 10 月 5 日——沃森抵达剑桥开始工作的当天——给国家研究理事会写了一封褒奖信，信中说他鼓励沃森前往剑桥，并认为沃森请求与佩鲁茨一起研究的想法"值得全力支持"。[25]11 天后的 10 月 16 日，沃森给妹妹写信谈到，国家研究理事会默克基金委员会的新任主席、芝加哥大学的老教授保罗·韦斯（Paul Weiss）对此持反对意见，后者对几年前沃森在其讲座上的心不在焉仍耿耿于怀，现在终于有了报复这个昔日学生的绝佳机会："他们不明白我为什么要离开哥本哈根，所以不同意我的想法。我会把这件事交给卢「卢里亚」处理。他希望我为佩鲁茨工作，我知道他会为我争取。我对此并不担心。"[26]

实际上，沃森要担心的事情还真不少。无论韦斯还是拉普都不看好这位厚脸皮家伙的三心二意，资助委员会完全有权拒绝他的请求。为了息事宁人，卢里亚于 10 月 20 日写了一封信（他在同一天写给沃森的另一封信中也提到了这封信）给资助委员会，声称为这次事项变更承担全部责任，还说是自己安排了这次调动，并为忘记通知华盛顿的官僚们而抱歉。卢里亚称沃森只是个"孩子"，他和德尔布吕克"对沃森给予了极大的期待，希望他能沿着新的和无人探索过的方向推进病毒和生物大分子的繁殖研究"。这封信很快就变成了一个关于沃森在剑桥的工作将如何推动他此前的病毒学研究的"善意谎言"。卢里亚撒了个彻头彻尾的谎，他说沃森将主要在莫尔特诺寄生虫研究所（Molteno Institute for Research in Parasitology）的罗伊·马卡姆（Roy Markham）博士手下工作，而非前往卡文迪许。[27]因此，这个计划"并非不切实际"，相反是"为了提高他在生物学方面的造诣而从事的大量探索"。[28]卢里亚不得不拉更多人圆谎，他联系了马卡姆，并说服他参与其中，马卡姆将这次行动描述为"美国人不懂得如何做事的典型案例。尽管如此，他还是答应参与这件荒唐事"。[29]根据沃森的回忆，"有了马卡姆不会告密的保证，我恭谦地给华盛顿去了一封长信，概述了我如何可能从佩鲁茨和马卡姆的合作中获益"。[30]

就目前而言，这个"障眼法"似乎已经达到了预期的目的。韦斯在 10 月 22 日写给沃森的信中说，他现在明白了沃森在卡文迪许学习分子生物学的计划"只是刚好赶上了莫尔特诺研究所将要开展的其他病毒核蛋白研究工作，这项研究与你迄今为止一直关注的路线关系更为密切"。就在这封信中，韦斯还询问了这项研究计划的更多细节，包括沃森打算离开哥本哈根的日期等。[31]但事实上，沃森此刻已经离开了丹麦，韦斯的信不得不辗转寄给远在英国的沃森。直到 11 月 13 日，沃森又收到了韦斯的一封措辞严厉且不留情面的信件；用沃森的话说，韦斯"并不买账"。[32]

但这趟浑水中也夹杂着些许好消息。10 月 29 日，就在沃森与小儿麻痹症研究的推动者令人兴奋的面对面交流仅 8 周后，国家小儿麻痹症基金会就通知沃森说，他获得了下一学年（1952～1953学年）的资助。[33]这样，到 1955 年，国家小儿麻痹症基金会便能名正言顺地宣称，它不仅资助了第一种成功的小儿麻痹症疫苗，而且还对确定 DNA 双螺旋结构的关键研究提供了资助。

好消息归好消息，国家研究理事会这边的僵局仍有待破局。在卢里亚的建议和佩鲁茨的祝福下，沃森于 11 月 13 日给韦斯写了一封长信，信中罕见地表现出了自己的谦逊。他为自己转到剑桥的事情道歉，但坚持认为自己的动机在科学上是正确和纯洁的。沃森告诉韦斯，他的动机完全是为了在莫尔特诺研究所和卡文迪许实验室工作，他在这些地方可以跟人合作确定病毒的结构而非单纯的代谢，这"可能会让我们更直接地找到病毒复制的机制"。[34]

一周后的 11 月 21 日，沃森收到了拉普的一封措辞更加严厉的信件，后者此时已经发现了沃森违规前往剑桥的行为。沃森不愿为此次事项变更承担责任，他在回信中说，拉普的来信"让我非常震惊"，按照事先的计划，他把责任归咎于卢里亚："我不是主动要来这里的，而是听从了卢里亚博士的建议，在剑桥的实验室为我提供了一个研究岗位后，我就立即申请了。不过，我觉得也许我应该更详细地把导致我这样做的深层次的理由告诉你。"他补充说，卡尔卡尔博士的"家务事"阻碍了他在哥本哈根的科研工作，因为"我没有得到我所期望的鼓励和建议"。[35]

虽然沃森曾获得过国家小儿麻痹症基金会的 3000 美元资助，但这笔资金是用来支持他在第二年前往加州理工与德尔布吕克的合作事宜，而非对他在剑桥相关研究的资助。国家小儿麻痹症基金会的资助提供了很好的托底支持，但正如沃森在 11 月 28 日告诉父母的那般，他仍想在卡文迪许继续开展研究："我会接受「基金会的资助」，但我可能会对研究计划有所保留，我可能希望将其推迟 6 个月到一年时间。我的个人计划肯定还没有安排好。"[36]同一天，他给妹妹写了一封措辞悲观的信件，信中谈到了默克基金委员会当年支持他在剑桥从事研究的可能性。[37]后一周的 12 月 9 日，吉姆向德尔布吕克告知了自己的悲惨处境："变更到剑桥的事情让我焦虑不已。默克基金会的委员「韦斯」简直疯了，所以我发表的任何论文都可能带有'国家研究委员会前研究员'的标识。"沃森接着说道，至少自己还没有被"正式解雇"，而且还有可能从卡文迪许获得相当于国家研究理事会三分之一资助额度的津贴。他最后自信地说，"不过，我绝不后悔匆忙搬到剑桥。赫尔曼的实验室实在太令人沮丧了"。[38]

1952 年 1 月 8 日，沃森从一位同事在苏格兰的豪华庄园度完寒假回来后，给父母写信告知了现状，因为他"认为你们可能比我更关心……我承认我没有尊重韦斯的权威，他是个令人讨厌的人。来剑桥肯定让我受益匪浅，所以我基本上不后悔过早地离开了哥本哈根。在哥本哈根，我感觉自己在学术上毫无所获"。[39]

在韦斯的办公室通知沃森，他希望在剑桥开展的任何工作都必须作为一项新的申请来处理后，沃森按时填写了一份新的资助申请，并在规定的日期（1 月 11 日）前寄出，同时又向那些手握权力的小喽啰表达了几句越洋歉意。一周后的 1 月 19 日，他向父母坦言，"申请资助过程中的周折严重影响了我在剑桥的状态"。他试图安慰父母，说自己还有 700 美元"可以生活"，不需要"善解人意的父母"给他任何资助。[40]

最后，沃森于 3 月 12 日因"在董事会不知情或未征得董事会同意的情况下前往剑桥从事分子结构分析工作"而受到正式批评。[41]默克国家研究委员会稍微做了让步，给予他在剑桥 8 个月的经济资助，而非此前在哥本哈根时的 12 个月资助。沃森的算盘打得飞快，新的资助加上自己在哥本哈根一年的积蓄，他已经有足够的钱来维持自己在英国的衣食住行，于是他礼貌地接受了国家研究委员会的新条件。但在卢里亚面前，沃森把韦斯描述成一个"该死的混蛋"。卢里亚教授则用更犀利的评价纠正了他这个往日的学生："至于韦斯，我倾向于同意你的看法，尽管我不如你那么英国化，我会说他是'该死的婊子养的'，而不是'该死的杂种'。"[42]

在沃森十分得意的《双螺旋》一书中，他把国家研究委员会的官僚们描述成无能的傻瓜，因为他们没有对他的 DNA 研究工作提供足够的支持，因此失去了沃森和克里克一年多后发表的著名论文的巨大荣誉。从事后诸葛亮的角度看，这种说法不无道理。沃森明白遗传学的未来在哪里，他想成为其中不可或缺的组成部分，而执意不去理会那些资助的顽固审核者执行的规则。在沃森看来，这些缺乏想象力的管理者以扼杀他的天才创造力为乐。他们还不明白，沃森就是沃森，哪怕沃森未必就真的能成事。沃森坚定不移的自信和孤注一掷的野心既是他最好的品质，也是他最大的缺点。沃森无视自己达成的协议条款，大胆地把自己放在科学活动发生的任何地方，与"极少数愿意同时攻克必要的物理学和生物学问题的人"一起，解决蛋白质和 DNA 的复杂分子结构问题。[43]以这种方式在学术界碰运气并最终获得胜利的 23 岁博士后实属罕见。当然，当时的国家研究委员会管理者并不知道事情会向哪个方向发展。他们认为，沃森的行为只不过是一个不成熟的年轻人对合同义务拙劣而莽撞的背离。他们认为有必要杀一儆百，于是对沃森做了相应的惩罚，这也证明了，高瞻远瞩的管理者在当时和如今一样都很罕见。

第十一章 在剑桥的美国人

自打我进入实验室的第一天起，我就知道自己在很长一段时间内都不会离开剑桥了。离开显得很愚蠢，因为我立即就发现了与弗朗西斯·克里克交谈的乐趣。

——詹姆斯·D. 沃森[1]

剑桥是沃森见过的最美的地方。他被剑桥大学砖头和石灰岩砌成的哥特式学院建筑、大礼堂、小礼拜堂、尖塔和绿色草坪深深吸引。无论是芝加哥大学还是印第安纳大学的花岗岩大厅，抑或加州理工学院的棕榈树和冷泉港的林间水岸，都没能让他对此刻的完美生活做好充分的准备，而现在他只需要来参加学术活动就能享受到这种完美。毕竟，正是在剑桥，沃森找到了他对所有生命的美丽解释。

成功逃离寒冷、灰暗的哥本哈根后，沃森无意与罗伊·马卡姆一起在莫尔特诺研究所研究病毒的生物化学问题。约翰·肯德鲁已经从安娜堡向马克斯·佩鲁茨捎去了卢里亚的门徒即将到来的信息，称沃森是个聪明的年轻人，可为他们的医学研究理事会生物物理组多贡献一分力量。佩鲁茨和肯德鲁试图绘制的生物结构是血红蛋白，它是红细胞中的蛋白质，能将氧气从肺部输送到人体最末端的器官和组织。这两位生物物理学家也在研究肌红蛋白——一种类似但更简单的铁氧结合分子，存在于多数脊椎动物和几乎所有哺乳动物的肌肉中。[2]

155   佩鲁茨身材矮小、秃头，戴着厚厚的眼镜，操一口奥地利口音的英语，所有这些特征让他看上去比 37 岁的实际年龄要大不少。佩鲁茨温文尔雅、和蔼可亲的举止掩盖了他严重的疑病症和几种奇怪的恐惧症，比如他害怕烛光餐厅、未成熟的香蕉和矿泉水会威胁到他的健康。佩鲁茨出生于一个富裕的犹太家庭，他们家因为把机械织布机和纺纱机引入维也纳纺织业而发家致富。他在 1932 年考入维也纳大学，当时他没有遵循父母的意愿学习法律，而是"在严格的无机分析课程中蹉跎了五个学期"，之后便对有机化学和生物化学产生了浓厚的兴趣。[3]

图 11-1　马斯克·佩鲁茨，1951 年前后

父母让他接受天主教洗礼的事实很难保护佩鲁茨免受希特勒丧心病狂的反犹政策的影响。幸运的是，他对剑桥大学弗雷德里克·高兰·霍普金斯爵士（Sir Frederick Gowland Hopkins）发现的维生素产生了浓厚的兴趣，霍普金斯也因此获得 1929 年诺贝尔生理学或医学奖。于是，佩鲁茨于 1936 年离开维也纳前往剑桥大学攻读博士学位。不过，他并未师从霍普金斯，而是在富有魅力的 J. D.

伯纳尔和有影响力的卡文迪许实验室教授布拉格爵士门下学习。选择论文题目时，佩鲁茨问伯纳尔，自己如何才能帮助确定细胞的成分；伯纳尔神乎其神地回答说，"生命的秘密在于蛋白质的结构，而 X 射线晶体学则是解决这一问题的唯一途径。"[4] 1938 年，希特勒入侵奥地利，佩鲁茨的父母逃亡瑞士。1939 年，布拉格帮助佩鲁茨获得了洛克菲勒基金会的资助，佩鲁茨的学术生涯由此展开，他也因此得以让父母迁往英国。难怪佩鲁茨在 1981 年深思熟虑地写道，"是剑桥造就了我，而不是维也纳"。[5]

156

据佩鲁茨后来的回忆，9 月的一个下午，"一位剪着平头、眼睛凸出的陌生年轻人突然闯进我的办公室，连招呼都没打就问道，'我能来这工作吗？'"[6] 沃森回忆说，当时他对在这个世界上最富传奇色彩的物理实验室从事研究感到十分忐忑。好心而耐心的佩鲁茨同意接纳他，并借给他一本物理教科书，向他保证他心中的研究"不需要高深的数学"。然后，佩鲁茨向沃森谦虚地解释了他最近证实了鲍林发现 α-螺旋的工作，并且在无意中补充说，他只花了 24 小时的工夫就完成了这项工作，这让沃森目瞪口呆。沃森后来回忆说，"我压根不了解马克斯。甚至对布拉格定律一无所知，而这个定律在所有晶体学思想中是最基本的"。在给他的新员工灌输了大量难以理解的公式和术语后，佩鲁茨带着沃森"穿过国王学院，沿着后院一直走到了三一学院的大院"，在接下来的一年半时间里，沃森会无数次踏上这条路。沃森在后来的生活中反复用下面这句话向听众们娓娓道来："我此生从未见过如此美丽的建筑，我对离开生物学的安定生活的任何犹豫都烟消云散了。"[7]

随后，佩鲁茨陪沃森去看了些"名义上令人沮丧的……潮湿的房子，其中也包括学生的宿舍"。对沃森来说，其中很多房子都让他想起了"狄更斯的小说"，但令他感到"非常幸运"的是，他在耶稣绿地（Jesus Green）的一栋两层楼的房子里找到了一个勉强合适的房间，从那里步行到卡文迪许实验室仅需十分钟。[8] 次日一早，他就被引荐给了布拉格，起初他认为布拉格不过是个"老顽固"（Colonel Blimp）或者学术活化石，"整天坐在雅典娜之类的伦敦俱乐部里……已经退休很久，压根不会关心基因"。[9]〔沃森指的是漫画家大卫·洛（David Low）创作的浮夸、臃肿、风格强硬的英国连环画人物，后来的 1943 年，一部广受欢迎的《百战将军》（*The Life and Death of Colonel Blimp*）就是以这个动画人物为原型创作的〕。查阅了布拉格的简历后，他才意识到此人"非常优秀……实际上人家是诺贝尔物理学奖得主"。[10]

157　　肯德鲁从美国回来后不久，沃森就跟佩鲁茨的这位得力助手与合作者见面了。肯德鲁是牛津大学气候学教授的儿子，剑桥大学三一学院一等荣誉毕业生，也是一名空军中校和二战英雄，曾在英国皇家空军军事机构协助开发雷达。战争结束后，肯德鲁重新回到剑桥学习，并于 1949 年在布拉格指导下获得博士学位。他的毕业论文跟绵羊胎儿血红蛋白和成年血红蛋白之间的差异有关；而最终的发现对人类新生儿医学和儿科医学的实践产生了深远影响。[11]

　　被卡文迪许实验室录取后，沃森需要做一次短暂的旅行，回到哥本哈根取回他为数不多的财产，并向卡尔卡尔讲述自己"能够成为一名晶体学家的过程中遇到的好运气"。[12] 告别了他的前主任几个小时后，沃森坐上了另一列往南开的火车。单调的风景让他倍感无聊，他在二等车厢里打起了瞌睡，做起了美梦。在 2018 年被问起这次旅行时，沃森也拿不准当时的具体情形，但是他说，"我压根无法想象接下来的 18 个月会是多么重要"。与此同时，他也明白时间在飞逝，在他的剑桥时光最终耗尽（coach would turn into a pumpkin），不得不返回美国之前，他手上的时间已经不多了，是否能做出重大发现就在此一举了。[13]

幸运的是，即便在慷慨地"支付了他妹妹最近购买的两套时髦的巴黎套装"，并假定国家研究委员会不再提供更多资金的情况下，沃森的银行存款也足以维持他在英国一年的生活。[14]最初的几个月里，沃森省吃俭用以维持生计。他在耶稣绿地旅店的房租涵盖了每天早上一顿丰盛的早餐。不过，女房东对房客作息的严厉规定还是让沃森很不爽。正如他在 10 月 16 日写给父母的信中谈到的，房东"脾气古怪，听不得半点噪音"。[15]尽管她明令禁止，但沃森还是经常违反晚上 9 点之后归寝就必须脱鞋的要求——因为"她丈夫会在这个时间点睡觉"。沃森经常忘记"在类似的时间段不要冲马桶的禁令，更糟糕的是，（他）经常在晚上 10 点后出门"，当时整个剑桥大小商店都打烊了，他的"动机令人生疑"。住了不到一周，沃森就意识到自己住不长了，不到一个月，房东太太就把他"赶了出去"。[16]

肯德鲁和妻子伊丽莎白——一对追求当时被社会大众礼貌地称为独立生活的不合时宜的夫妇——接纳了沃森。[17]他们在自己位于网球场路的排屋顶层给他安排了一个房间，正对面就是唐宁街科学综合楼，其中包括塞奇威克动物学实验室、地球科学博物馆和莫尔特诺研究所。肯德鲁家的房子"潮湿得令人难以置信，只有一个老旧的电暖器取暖"，但他们却执意"几乎不收房租"。沃森后来回忆说，那里看起来是感染肺结核的绝佳环境。但考虑到预算紧张，他还是接受了肯德鲁夫妇的好意搬进了网球场路，直到经济状况好转了才搬走。[18]

来到剑桥工作几天后，沃森认识的人数就"跟他在哥本哈根

158

整个逗留期间认识的一样多"。他跟父母开玩笑说，"会说当地语言对我很有帮助"。对一个在"比别人懂得少得多"的领域工作，他坦言自己没有安全感，并将自己的心态描述为"就像回到学生时代一样复杂"。幸运的是，因为没有考试，他感受到的压力全部来自内心，他先后多次去图书馆"读书读到厌烦为止"来缓解。而打壁球和网球也的确会给他带来些许放松。他还结识了一位研究鸟类迁徙和导航机制的核物理学家丹尼斯·海·威尔金森（Denys Haigh Wilkinson），刚到剑桥的头几个周末，沃森经常跟威尔金森一起探索乡村和当地的污水处理厂，寻找岸边的鸟类："鹬、肯特鸻、金鸻和数不清的凤头麦鸡。"[19]

有近三周的时间，沃森直接在肯德鲁手下工作。他的主要任务是在卡文迪许和当地屠宰场之间奔波，取来装满马心的沉重水桶，放在刨冰上，以便提取肌红蛋白。[20]哪怕在年轻的时候，沃森也明显不是个实验家。他过于笨拙和急躁，无法完成多数科学试验所要求的精细操作。外科医生谢尔文·努兰（Sherwin Nuland）曾指出，"对于生物材料来说，轻拿轻放显得至关重要。敏感组织在粗鲁操作中会显得很迟钝……活的生物结构几乎无法忍受粗暴对待，如果受到不如大自然母亲让它们感到习惯的体贴照顾，它们很快就会表示不满"。[21]沃森没有，也永远学不会处理"活的生物结构"所需的"温柔操作"。他经常会严重破坏马的心肌，甚至到肯德鲁无法让它们结晶并观察标本到分子结构的程度。事实证明，这种笨拙为沃森带来了另一个好运。如果他能精巧地握持马的心脏，肯德鲁可能分配他一直从事这项研究。相反，肯德鲁认为让他操作标本显得徒劳，并得出结论说，"长期的专注工作不是他的专长"，于是决定

给他自由，让他与卡文迪许一位名叫弗朗西斯·H. C. 克里克的
"闲杂科研人员"（pariah）一起消磨时光。[22]

怎样的合作才能取得丰硕成果，就像怎样的婚姻才能成功一样
神秘。沃森立刻"发现"了与克里克相处的乐趣。他回忆说，"在
马克斯的实验室里找到一个知道 DNA 比蛋白质重要的人真是幸
运"，但"除了周围没人认为 DNA 是一切的核心以外，与国王学
院实验室潜在的个人恩怨也会妨碍「克里克」在 DNA 研究上做出
推进"。[23]

1988 年，克里克回忆说，他从妻子奥迪尔那里首次听说沃森
到剑桥的消息。一天晚上，奥迪尔在门口迎接克里克时说，"马克
斯带一个年轻的美国人来过了，他想让你见见他，你知道吗，他没
有头发！"克里克写道，"沃森的平头发型"在当时的剑桥还显得
很新奇。随着时间的推移，吉姆的头发越留越长，逐渐入乡随俗，
虽然他从没留过 60 年代英国男人那种长发。[24]第二天，二人实际见
面便"一见如故，部分原因是我们的兴趣惊人地相似，我猜还
包括我们俩都生来具有某种傲慢、无情和对马虎思考的不耐烦的
情绪"。[25]

两位科学家摒弃了所有的"客套"，克里克将其定义为"所有
良好科学合作的毒药"；相反，二人选择了彻底的坦率，必要时还
会粗鲁地回应任何被他们认为是胡言乱语的想法或解决方案。[26]克
里克的局内人视角和年轻美国人沃森的局外人视角相得益彰。克里
克十分热情、聪明和傻气，而且对各种形式和程度的权威都持嘲讽
态度，因此他对沃森来说就成了无限的快乐源泉。沃森对德尔布吕
克说，克里克"无疑是我共事过最聪明的人，也是我见过的最接

160

近鲍林的人——实际上，他长得很像鲍林。他总是滔滔不绝，脑子转个不停，由于我大部分业余时间都在他家度过（他有一位非常迷人的法国妻子，厨艺精湛），我发现自己总是陶醉其中"。[27]

佩鲁茨和肯德鲁的大部分工作都是在奥斯汀侧楼一间狭小的办公室里进行的，前厅的角落里还为克里克准备了一张办公桌。1951年秋，沃森加入研究小组后不久，楼上的 103 号房间就空了出来。布拉格建议佩鲁茨把克里克"流放"到隔间里，正如生物化学家埃尔温·查尔加夫（Erwin Chargaff）后来推测的那样，"试图躲避（克里克的）刺耳的讲话声和笑声是徒劳的"。[28]克里克回忆此事的时候显得更加客气些："一天，马克斯和约翰搓着手宣布，他们要把这个房间让给吉姆和我，'这样你们就可以在不打扰我们其他人的情况下尽情交谈了'。"[29]这个房间紧邻通往大楼出口的楼梯间。跟奥斯汀侧楼其他许多房间一样，103 房间也是一个 20 英尺×18 英尺大小的格子间，层高 13 英尺。墙壁是粉刷过的砖墙，"上面装饰了几张宽木板，其中一张木板上钉着第一张打印出来的 DNA 图表。两扇朝东的金属框架大窗户，视野所及都是些杂乱无章的建筑"。[30]

161　　在新分配的小房间里，克里克为沃森开设了一系列 X 射线晶体学课程。他是个出色的老师。1951 年 11 月 4 日，沃森写信给父母谈道，这个课题"其实并不像看上去那么难，我在阅读和从事一些相当常规的生物化学研究之间来回切换"。他还说，克里克总是在他的头脑风暴出现偏差时起到制动作用，他的新朋友鼓励他在阅读习惯上"变得更加全面"。沃森以充满暖意的口吻结束了这封信，他说"许多激动人心的事正在我所在的实验室上演，我觉得这些事情应该会对生物学家的思维方式产生重要影响"。[31]

两人的关系几乎不存在主导者，沃森会鼓励克里克如何掌握活分子的生物学知识。正如安妮·赛尔指出的，沃森还善于"让克里克专注于手头的工作"。克里克就像一座科学火山，不断喷发出令人赞叹的想法和概念，但在他职业生涯的这个阶段，还没有形成"那种坚忍不拔的精神，从而冷静下来，对任何一个想法和概念做出深入研究并得出明确的结论……吉姆会唠叨弗朗西斯，这对后者很有帮助"。[32]但是，正如克里克多年后向作者艾萨克·阿西莫夫（Isaac Asimov）指出的，二人的合作比乍看上去契合得多："有种迷思跟吉姆的生物学家身份和我的晶体学家身份有关，这种说法经不起推敲。我们俩一起做研究，互换角色，相互批评，这让我们比其他试图解决相关问题的人更有优势"。[33]沃森回忆说，他们能在一起工作的最重要原因在于，"由于我在实验室里总是想谈论基因，弗朗西斯也就不再把他对 DNA 的想法藏着掖着了"。因此，他们几乎所有的讨论都集中在基因和 DNA 的结构上。[34]但此时二人也只是处于口头讨论阶段。自 1951 年秋到剑桥以来，沃森一直对伦敦国王学院和卡文迪许实验室之间的分工，以及 DNA 被众人视为莫里斯·威尔金斯的"个人领地"懊恼不已。[35]

图 11-2　1952 年，沃森和克里克沿国王学院和克莱尔学院背面散步

162　　　一天下午，克里克在三一学院的大庭院里散步时，突然想明白了需要做什么才能既解开谜题，又避免剽窃威尔金斯的实验室数据之嫌。他对沃森说，其实很简单：他们要"模仿鲍林，在鲍林自己的游戏中打败他"。他们会利用演绎法和深思熟虑的排除法，建立一个 DNA 随机模型。克里克教导沃森"鲍林的成就得自常识，而非复杂数学推理的结果"。他们需要理解量子化学和结构化学的"简单定律"，并以此为基础开展研究。沃森和克里克都认为，盯着 X 射线衍射图样看实际上很有意义，但"最重要的诀窍反而是哪些原子喜欢挨在一起的问题"。[36]

　　　多数物理学家依靠纸笔或黑板从事理论思考。但克里克和沃森的"主要工具是一套分子模型，乍看上去就像是学龄前儿童的玩具"。二人的任务是"玩"这些模型，"运气好的话，结构会是螺

163旋形的。任何其他类型的结构都会复杂得多。在排除答案是简单的可能性之前就担心复杂性，那可真是蠢到家了"。[37]摆在这种方法面前的只有一个棘手的问题：他们多少都需要一些 X 射线数据来证实他们关于"哪些原子喜欢挨在一起"的理论假设。但就在这个时候，二人都没机会接触到伦敦国王学院正在开展的激动人心的研究。

　　　11 月的第一周周末，克里克邀请威尔金斯到剑桥做客，他们一起用餐、闲聊、讨论科学问题。克里克的目的是想得到威尔金斯的一点建议，从而得以建立一个 DNA 模型。其间最吸引人的是周日奥迪尔精心烹制的烤牛肉，这道菜里的大蒜、百里香、盐和胡椒用量恰到好处，配上一盘用黄油、薄荷和韭菜煨熟的土豆，外加上等的约克布丁，因为是在英国，所以还上了一大碗煮烂了的豌豆

泥。还没等克里克切下第一片牛肉，威尔金斯就悲观地告诉他们，鲍林的"建模游戏"永远都无法解决 DNA 的结构难题。威尔金斯坚持认为，在建立可用的模型之前，还需要进行更多的 X 射线晶体学分析。[38]

不幸的是，收集这些数据完全依赖于"容易生气和充满敌意"的罗莎琳德·弗兰克林的合作。威尔金斯蔑称她为"罗茜"，但罗莎琳德对这个称呼嗤之以鼻，沃森和克里克则迫不及待地捡起了这个绰号。整个晚餐期间，威尔金斯一直在抱怨他和弗兰克林的关系一天比一天糟糕。他抱怨弗兰克林让他把"所有好的 DNA 结晶"——威尔金斯从伯恩处获得的来自西格纳的珍贵样本——都交给她，而他自己只能被迫使用较差的压根"无法结晶"的 DNA 样本。更糟糕的是，弗兰克林要求只有她才能使用国王学院的 X 光机研究DNA——这真是个"糟糕的交易"。兰德尔为平息事态匆忙接受了弗兰克林的要求，他也因此把弗兰克林挡在了自己的办公室外。[39]

威尔金斯描绘了一幅光明的前景：沃森和克里克也许能在几周后（也即 11 月 21 日）看一眼弗兰克林的 X 射线衍射照片，当时她正计划在国王学院举办一个跟自己的研究进展相关的研讨会。克里克很快意识到非常有必要参加这次研讨会，因为"吉姆和我从未参与过任何关于 DNA 的实验工作，尽管我们就这个问题做了大量讨论"。[40]据沃森回忆，"问题的关键在于罗茜新的 X 射线照片是否能为螺旋状的 DNA 结构提供任何证据"。[41]

克里克宣布，他已经承诺在弗兰肯的研讨会结束后的次日下午前往牛津，与晶体学家多萝西·克劳福德·霍奇金（Dorothy Crowfoot Hodgkin）开展一次重要会面，后者对维生素 B12、青霉素和胰岛素分子结构的研究为她赢得了 1964 年诺贝尔化学奖。[42]尽管这并不妨碍克里克参加弗兰克林的讲座，但他告诉威尔金斯，他更

164

愿意集中精力准备与霍奇金的会面，讨论后者关于螺旋结构理论的新论文。因此，在征得威尔金斯同意后，沃森将独自出席研讨会，然后陪同克里克前往牛津，以便在从伦敦出发的一小时火车旅途中向克里克介绍弗兰克林的工作。

　　弗兰克林的研讨会召开前的几天里，沃森翻阅了他的晶体学教科书和笔记本，加倍努力地理解她肯定会提到的复杂物理学。正如他后来在回忆中谈到的，我总是争强好胜，"不想到时候听不懂罗茜在讲什么"。[43]

第十二章　国王学院的纷争

罗莎琳德·弗兰克林遇到过什么可怕的事情？她获得了专属于她的最好的DNA样本。高斯林被引荐成为她的研究生，弗兰克林拥有专门提供给她的可微调焦距的埃伦伯格X射线管。她想在车间里做一台特殊的照相机时，一个非常优秀的人就帮她做了。除了在午餐室吃午餐的权利外，她什么都有！如果她的工作受到任何阻碍，那将是一件令人遗憾的事情。如果你反过来想的话就变成了——她拒绝和大家一起努力；她占用了最好的设施，然后又霸占了有待研究的问题。

——莫里斯·威尔金斯[1]

刚到国王学院的头两年，「罗莎琳德」深受琐碎的竞争和嫉妒的困扰。她头脑清晰、敏锐、思维敏捷，她的方法和结论往往不落俗套，具有独创性。跟多数思想先驱一样，她也遇到过反对意见，在无法说服同事们跟上自己的步伐时，就很容易变得不耐烦和沮丧。

——穆里尔·弗兰克林[2]

许多人都把弗兰克林和威尔金斯的矛盾关系归咎于弗兰克林。她过于咄咄逼人，倾向于垄断专门的研究领域，人也过于独立和固执，容易引起对立；弗兰克林过于女性化了，或者说不够女性化，过于挑剔，太难打交道，也不愿跟他人合作。她太注重获取确凿的数据来证实理论，而不是反其道而行之。她太上纲上线，居高临下。更令人感到不舒服的是，在一个犹太人仅有 40 万（仅占总人口 0.8%）的圣公会英国中，她显得太犹太化了。[3]"她太……"之类的论调不绝于耳，这往往取决于故事讲述者扭曲的视角。

自弗兰克林英年早逝后，一些关于她跟威尔金斯恋爱的误导性未经证实的传言便流传开来。约翰·肯德鲁曾在 1975 年对弗兰克林的外貌大加褒扬（"我觉得她很有魅力，而不是相反。她衣品还不错。吉姆在这一点上错得离谱"），她"坚硬的"思想很严谨（"如果她认为有人在胡说，就会指出来，甚至比弗朗西斯还直接"），而且肯德鲁从不觉得她难打交道（"当然，我当时并未跟她一起工作，所以这并不能证明什么；但是……我总觉得她很容易相处，是个非常讨人喜欢的人"）。与肯德鲁口风严谨、谨小慎微的风格格格不入的是他的"私人理论……我一直认为罗莎琳德在向莫里斯示好，而莫里斯没有回应……这就成了麻烦的根源"。肯德鲁承认这纯粹就是他的推测，事情可能"正好相反，或者压根就没这回事"，但他坚持认为，"他们之间的困难是比彼此合作更深层次的人性问题；情感上的事情可能发生了，也可能没有"。[4]

克里克也把这一问题解释为单相思，不过方向刚好反了过来。据他观察，威尔金斯"经常"提起弗兰克林，对她念念不忘。"我们都认为莫里斯爱上了她……罗莎琳德真的很讨厌他……要么是因为他很笨（这总是让她很恼火），要么就是他们之间发生了什么……「他们之间」交织着异常强烈的爱与恨"。[5]

167　　杰弗里·布朗（Geoffrey Brown）和雷蒙德·高斯林也发现难以忽视她作为女性的魅力。在布朗看来，弗兰克林"美若天仙"。[6]高斯林也被她的容貌迷住了："她的身材相当好，绝对比我们所说的圆润瘦很多……「她」总是很漂亮，尤其在很兴奋或者愤怒的时候。"高斯林也被她天性中的怪癖所吸引，并坚持认为，在她的"职业外衣"背后，弗兰克林"更是一个令人愉快、轻松的人……「但」她并不是个普通的女人……「她」有点古怪，不寻常。她的行为方式跟普通人不同……情绪很强烈，甚至到了古怪的地步。有时，我必须承认，我认为她非常有魅力，她也希望自己不那么古怪，心思能够从学术研究中收一收，做些像沃森和克里克那样的事情。她不喜欢闲聊，是个性格很坚定的女士"。[7]高斯林还关注她"非常充实的社交生活，我是说，我知道，在某个阶段，她在跟伦敦爱乐乐团的第一小提琴手约会。这可比我们这些坐在芬奇酒吧（当地一家酒吧）喝啤酒的家伙强多了"。[8]更重要的是，高斯林和克里克一样，"一直认为威尔金斯深深地被罗莎琳德吸引住了，有时甚至怀疑罗莎琳德也被威尔金斯吸引了，他们之间的相互敌视跟这种所谓的相互吸引有关"。[9]

　　弗兰克林去世后的几十年里，威尔金斯几乎没有想要澄清他对弗兰克林浪漫情愫的传言。1970 年，威尔金斯回忆道，他对弗兰克林的第一印象是聪明、热情，"当然，她长得相当漂亮，大家都知道"。[10]6 年后的 1976 年，威尔金斯在审核霍勒斯·弗里兰·贾德森（Horace Freeland Judson）的《创世第八天》（The Eighth Day of Creation）的著作手稿时，在上面做了大量标注，对贾德森把弗兰克林的鼻子形容为"肉感"（fleshy）的说法提出了异议。他用黑色钢笔大笔一挥，告诉贾德森："罗莎琳德·弗兰克林的鼻子不是肉肉的！她是个帅气（handsome）的姑娘。"[11]

　　但近年来，也有历史学家开始质疑这些从相互吸引的角度讲述的故事了。弗兰克林的传记作者布伦达·马多克斯（Brenda Maddox）认为，弗兰克林没有意识到威尔金斯的吸引力，或者对

168　威尔金斯的吸引力不感冒，她更喜欢跟已婚男人（比如她的巴黎同事雅克·梅林）或者比她年轻得多的男人（比如高斯林和布朗）建立更安全的非恋人关系。马多克斯认为，威尔金斯压根就没获得过机会，因为弗兰克林只尊重那些意志坚定、才华横溢的男人。[12] 更尖锐的是，罗莎琳德的妹妹詹妮弗·格林把弗兰克林和威尔金斯之间的绯闻斥为"我听过最愚蠢的解释"。[13]

1951 年 1 月 8 日，弗兰克林第一次到国王学院生物物理组报到时，她只见到了兰德尔、高斯林、亚历克·斯托克斯（Alec Stokes）——一位与威尔金斯共事的理论物理学家，以及路易斯·海勒——一位在实验室做志愿者的雪城大学医学物理领域的研究生。威尔金斯当时正在威尔士的山上徒步旅行。雷蒙德·高斯林从旁观者的角度解释说："如果莫里斯还在实验室，他肯定会参加那次见面。所有的事情也可能会朝着不同的方向发展。"因为会面的确发生了，弗兰克林当时自然很紧张，但她一定要向新老板提一些关于自己打算从事的研究的恰当问题。兰德尔大概是这样告诉她的："这时 X 射线照片，上面有很多斑点，再多拍几张，然后根据 X 射线衍射图样确定 DNA 的结构。这就是罗莎琳德以后要努力的方向。"[14]

弗兰克林的首要任务是购买拍摄质量最好的 X 射线照相仪器。在英国煤炭利用研究协会和在巴黎工作期间，她逐渐了解到应该跟哪些（以及不应该跟哪些）制造商洽谈，最优惠的价格是多少，如何调整手头设备的规格参数，以及还需要做出哪些调整才能满足自己独特的研究需求（因为 DNA 很难正确拍摄）等。

早在几个月前，威尔金斯就意识到，国王学院现有的设备

"不适合「他们」要做的特定工作"。他最初使用的 X 射线装备是
从海军部借来的，但海军部希望将其取回。威尔金斯非常渴望送走
这台陈旧的仪器，因为对他正在纺制的纤细 DNA 纤维来说，这台
仪器既笨重又庞大。他曾考虑购买一台"螺旋阳极 X 射线发射器，
以便产生非常强大的光束"，但在参观了伯克贝克学院的晶体学实
验室后不久，他对维尔纳·埃伦伯格（Werner Ehrenberg）和沃尔
特·斯皮尔（Walter Spear）设计的"新型微调焦距 X 射线管"产
生了兴趣，该装置可将 X 射线集中射到非常小的标本上。威尔金
斯发现，有了这种装置，他就能更好地控制环境湿度，并拍摄到宽
度仅为十分之一毫米的单个 DNA 纤维。埃伦伯格并没有向威尔金
斯出售已经制作好的管子，而是慷慨地捐赠了他的设备原型。

　　弗兰克林也很喜欢埃伦伯格的"管子"，也着手设计了一个微
小的倾斜相机和一个防止空气进入摄影区的真空泵。随后，高斯林
和弗兰克林又想出了一个安装黄铜准直器的办法，这样就能把一束
精确的 X 射线引入照相机，而标本则刚好放置在照相机中心。"唯
一不同寻常的是"，高斯林写道，"我在黄铜准直器上小心地装了
个套子以减少氢气的流失"，因为氢气通过照相机会让其内部的湿
度保持一致，这样 DNA 标本就不会变干。没有任何记录表明弗兰
克林是如何看待这种橡胶的功能的，这个想法要追溯到她到来之前
几个月，当时高斯林和威尔金斯正在研究他们的设备。一天下午，
威尔金斯正尝试解决湿度流失的问题时，突然从口袋里掏出一包杜
蕾斯安全套——这是一个广受欢迎的英国品牌，其商标名诞生于
1929 年，是耐用、可靠和卓越的代名词——并建议高斯林说，"试
试这个"。[15] 避孕套最大限度地减少了空气在照相区域内的不均匀扩
散问题，从而可避免胶片上长时间出现雾气，这样做是"从这种
弱散射标本中获得合理衍射图样"的必要条件。[16]

威尔金斯后来声称，他跟弗兰克林的关系在二人合作早期一直很好。度假归来后，他的第一件事就是跟弗兰克林会面，"以便尽快让她进入工作状态"。在其回忆录中，威尔金斯声称不记得曾说过罗莎琳德是他的助手，据其他人说，这种说法让罗莎琳德非常生气，也让国王学院的其他人很是惊讶。相反，威尔金斯描述了一种更为独立的关系。他把罗莎琳德安排在大楼的地下室，"与我们新的主实验室隔了些距离，"这样她和高斯林"就可以在那里安静地进行费力的计算，整个过程会用到一套卡片系统，在那个没有计算机的年代，要把 X 射线衍射照片上的图案变成分子的三维结构，就必须用到它们"。[17]

一次，威尔金斯去罗莎琳德的"小房间"拜访，看到她的办公桌摆放很整齐，来访者首先映入眼帘的是她纤细的背影。当她转过身来，威尔金斯惊讶地发现，"她沉静帅气、长了双沉稳、机警的黑眼睛"。当谈话无可避免地转向二人的研究兴趣时，威尔金斯认为她很清楚"她自己谈论的内容"。罗莎琳德站起来时，威尔金斯惊讶地发现，跟她"权威"而自信的举止相比，她的身材比想象的矮。[18]威尔金斯还回忆说，罗莎琳德把一面"小镜子挂在墙上，正对着坐在办公桌前的自己"，这让他感到困惑。这面镜子太小，无法让她看到身后办公室门口的人，当时我就在想，她是否对自己的外貌感到焦虑。不久后，他发现罗莎琳德紧张而粗暴的态度令人不安，比如罗莎琳德头也不抬地挥手示意他进入自己的办公室，并在完成任务时才示意他坐下——威尔金斯误以为这一举动有些失礼。撇开这些尴尬的会面不谈，威尔金斯后来还是认为自己最初"相信她会成为一个好同事"。[19]

来到国王学院的头几周，弗兰克林主要致力于完成她在巴黎实验室研究中得出的几篇论文。周六的时候，几位未婚的同事通常都会在实验室工作半天，然后在斯特兰宫酒店（Strand Palace Hotel）吃午饭，这个酒店就在国王学院往特拉法加广场（Trafalgar Square）方向的街边。餐桌上经常有几位物理学家，据威尔金斯说，有几次"仅有我跟罗莎琳德两人"。在他看来，他们讨论了"科学以外的各种话题"，包括政治、核战争的威胁——威尔金斯非常关注这个话题，因为他曾在二战期间服役——以及中立主义，一种认为英国可在冷战中采取非对抗方立场的政治哲学，这种观念对弗兰克林有很大吸引力，但威尔金斯却认为"这明显很愚蠢"。威尔金斯回忆说，尽管她"偶尔会表现出一点尖酸刻薄"，比如威尔金斯说自己非常喜欢一盘水果和奶油，但罗莎琳德"冷冷地回答说，'但那不是真正的奶油'"，但他还是觉得跟罗莎琳德交谈很愉快。[20]随着两人交往的深入，威尔金斯可能希望跟弗兰克林建立更深厚的友谊，但他声称并不想跟弗兰克林谈恋爱，因为他更喜欢"害羞的年轻女性"。[21]不过，威尔金斯对这些亲密的餐间讨论的描述也有一些值得商榷的地方。国王学院的另一位物理学家西尔维亚·杰克逊（Sylvia Jackson）后来回忆说，国王学院的物理学家们——威尔金斯、让·汉森（Jean Hanson）、斯托克斯、安吉拉·布朗（Angela Brown）、威利·西兹（Willy Seeds）以及她自己——每周六都会去附近的斯特兰德宫，或者偶尔"开车去埃平（Epping）的一家酒吧"。罗莎琳德"基本上不参加这类活动。过于专注……她非常敬业，工作非常努力；她总是步履匆匆；她非常友好，只要跟她说上半句话就知道了。但我觉得她令人生畏"（重点符号为原文所加）。[22]

⚇

弗兰克林的朋友兼传记作家安妮·赛尔曾提出过一个著名的观

171

点：弗兰克林在国王学院受到的主要轻视就是不被允许在高级休息室吃午饭或喝茶，因为那里只允许男性进入。她和兰德尔实验室的其他女性工作者都在走廊尽头一个较小的、男女分开的餐厅用餐，多数年轻的工作人员都在那里用正餐和茶歇。[23]雷蒙德·高斯林曾说，包括威尔金斯和兰德尔在内的资深男员工更喜欢男性专用餐厅，因为它有"更大，服务也更快"的优势。[24]弗兰克林对这种区分很敏感，因为她在性别和宗教观念上都是少数派，因此反对这种安排。这种区分意味着女性在这个男性占主导地位的领域又多了一个障碍——乃至于有人称之为"科学神职"。[25]多年来，威尔金斯无法或不愿理解弗兰克林的这种立场。当被指责为反女性主义（或反犹主义）时，他会矢口否认自己存在任何偏执，还会补充说，"如果实情相反，那才怪了"。[26]

昂娜·费尔是克里克在剑桥斯特兰奇维实验室（Strangeways Laboratory）的老上司，也是国王学院医学研究理事会生物物理学研究项目的高级生物顾问，她每周都会来伦敦的实验室拜访。她对弗兰克林和威尔金斯之间的不和不屑一顾："我**的确**对那个单位非常了解。我从未见过性别歧视的迹象。当然，弗兰克林本身也是个相当难处的人……他们**俩**都是难相处的人。但我不认为她因为自己的女性身份而受到歧视。我从来没有看到过任何歧视的迹象——我相信，如果有的话，我理应会看到……他们之间总是闹别扭，长期吵个不停……我想说，如果弗兰克林受到了任何不公的待遇，那也是因为她这个人的原因，而非因为她作为女人的原因。她跟威尔金斯在气质上完全不搭嘎。"[27]

实际上，国王学院女职员的工作环境跟赛尔和费尔的描述相比存在细微差异。杰克逊坚持认为，"这里对女性的开放程度甚至超过了英国任何其他的研究机构"。[28]1951 年初，弗兰克林开始在国王学院工作时，生物物理组里的 31 位科学家中仅有 9 位是女性，考虑到 20 世纪 50 年代英国女物理学家的数量之少，这个数字其实已经有些意外了。1970～1975 年，记者贾德森不厌其烦地对几乎所有相关女科学家做了采访或与之通信，他得出结论说，"弗兰克林在国王学院的女同事一致反对这样的观点——她在那遇到的麻烦是因为她的女性身份"。他承认，这些女性在"事件发生几十年后"才与他聊起当时的情形，她们能理解自己所面临的系统性障碍，而男性则不理解。"尽管如此"，贾德森写道，"她们拒绝接受弗兰克林作为科学界女性状况的代表，认为这样做既不符合历史，也显得有些时代误置"。[29]尽管女性可以在国王学院获得学位或在实验室工作的事实很有价值，但赛尔（以及其他许多人都）坚持认为，这个世界在很大程度上依旧是父权制的：罗莎琳德不是男人。她不习惯社会对女性的各种要求，这些规矩经常会冒犯到她。[30]

　　国王学院的厌女症还有一个更严重的表现，那就是弗兰克林忍受的大量辱骂和恶作剧，这些行为在今天会被谴责为骚扰。威利·西兹是整件事中最主要的煽动者，他是个尖酸刻薄、体重超标的都柏林人，当时正在开发用反射显微镜和紫外显微光谱研究核酸和核蛋白的新方法。[31]他给实验室成员起的绰号近乎恶毒，而且这些绰号有种不可思议的神奇力量，尤其在被起绰号的人抗议后，相应的绰号就会被牢牢记住。[32]正是西兹给弗兰克林起了个"罗茜"的绰号，但没人敢当着她的面喊。[33]多年后，弗兰克林与克里克在"老鹰"酒吧共进午餐时，遇到了美国海洋生物学家多萝西·拉克（Dorothy Raacke）。拉克礼貌地问弗兰克林希望别人如何称呼她。"'恐怕只能叫罗莎琳德了'，他用两个快速音节回答道，然后眼睛一闪，说到，'绝不能叫罗茜'"。[34]

　　弗兰克林对这种玩笑式的伎俩很敏感，最终的结果往往并不好

173

174

笑。晚年时，西兹为自己辩解说，他为实验室几乎所有工作人员都起了绰号，目的是"让上司们不那么端着"，他还会绕过称呼男性姓氏和在女性姓氏前冠以"夫人"或"小姐"的习惯。[35]威尔金斯也采用了"罗茜"（Rosie，他通常这样拼写）这一称呼，这是对西兹行为的默许，因为他的身份是该部门的助理主任。然而，1970年，威尔金斯声称自己从未将罗莎琳德称为"罗茜"或"罗西"："我自己都不喜欢昵称"。[36]

图 12-1　国王学院生物物理学实验室部门板球比赛，1951 年前后。
从左到右依次为：（戴高帽者）约翰·兰德尔和他的妻子多丽丝、
背对镜头的雷·高斯林、身份不明的女性、
莫里斯·威尔金斯和（戴高帽的）威利·西兹

西兹跟弗兰克林之间的怨恨远不止蔑称这么简单。两人为弗兰克林出于研究需要设计的倾斜摄影机大打出手；弗兰克林拒绝了西兹提出的制造这个设备的最佳方案，两人因此结怨。西兹以弗兰克林浪费实验室车间的稀缺资源为由，决定对她施展点小伎俩。一天晚上，西兹发现罗莎琳德每晚都会用一块厚厚的黑色油布盖住她的精巧仪器，于是悄悄溜进她的工作间，然后在里面挂上了"罗茜会客厅"（Rosy's Parlour）的牌子，其目的是暗示"罗莎琳德在国王学院引起了吉普赛人、外星人和神秘主义等刻薄联想"。可以预料和理解的是，弗兰克林爆发了，称恶作剧的人都是"小学生"。同样可以预见的是，包括威尔金斯在内的"小学生"们对她的反应也都是嗤之以鼻。[37]

　　弗兰克林和威尔金斯的朋友们都说，这俩都很害羞，遇到不顺心的事就容易忧郁；只是她们害羞、忧郁的表现方式会让对方感到困惑。威尔金斯会用退缩和沉默来应对别人强势的个性，拒绝跟他眼中粗鲁、无礼和带有压迫感的人交流。弗兰克林则会对轻视自己的人退避三舍，但更多时候则是以粗暴的方式反击，这让威尔金斯这样温顺的人感到害怕。与避免跟人目光接触的威尔金斯不同，弗兰克林会直接注视与之交谈的人的眼睛，她的目光就像 X 光机瞄准 DNA 标本一样准确。[38]安妮·赛尔在描述"许多科学家喜欢的激烈争论形式"时说："罗莎琳德喜欢这种方式，并认为它很有用。威尔金斯则非常不喜欢"。[39]雷蒙德·高斯林也认为："罗莎琳德很有激情。罗莎琳德很有个性，而在国王学院的环境里，没人会被认为应该有性格……而莫里斯总是非常小心，不表现出任何情绪，因此二人的性格截然不同。"[40]

　　有人认为，弗兰克林对威尔金斯的激烈言辞攻击源自她在巴黎生活时养成的习惯，那里的实验室的争论看上去有点大歌剧的意

175

思；也有人认为，这可能是二人不同的种族背景造成的——弗兰克林家族晚间谈话时的各抒己见跟威尔金斯家族的严肃压抑形成了鲜明对照。2018 年，弗兰克林的妹妹格林提出了姐姐跟威尔金斯关系不和的另一个原因："罗莎琳德在向不了解某个话题的人做解释的时候非常有耐心。但当她必须向一个他认为理应对某个领域非常了解的人解释时，就会变得很不高兴。"[41]赛尔更是直言不讳：弗兰克林的尊重"从来都难以获得，不管从哪个角度看均是如此，但要适得其反倒也不难"。[42]

国王学院的生物物理学家布鲁斯·弗雷泽（Bruce Fraser）的夫人玛丽·弗雷泽（Mary Fraser）在一封信中描述了弗兰克林与威尔金斯之间的问题，值得详细引述如下：

> 现在，罗莎琳德·弗兰克林来了，我想我们都以为她会在堆满了烧杯、天平、离心机和培养皿等实验室工作中随便找个轻松的活计干——但她没有。罗莎琳德似乎并不想做这些事——但没人会特别在意，毕竟这是她自己的决定，每个人都尊重他人与众不同的权利。如果有人对罗莎琳德不怀好意，他们会说她讨厌其他所有人（无论男女）。她的举止和言谈相当粗鲁，所有人都会自动闭嘴，从而噤若寒蝉，显然没人真正了解过她。她不屑于人闲聊，那是一种无聊和浪费时间的行为。而且，我们这些凡夫俗子却喜欢嚼舌根！！

为什么弗兰克林跟威尔金斯相处得如此糟糕呢？威尔金斯高大、文静、温和，是一位杰出的实验家，虽然固执己见，却从不争吵。威尔金斯拿着他准备好的 DNA 样本的 X 射线照片，他知道这些照片很棒。他看着 X 射线照片，知道所有的证据都在上面，他想知道 DNA 的结构，但由于缺乏数学知识，因此无法计算出相应的结构，他感到非常沮丧。

罗莎琳德是一位兢兢业业的科学家，她已经做出了诸多出色的工作，她看着照片，知道最终的答案难以获得（哎，那个时代没有计算机帮助分析）——但在这之前还需要几个月枯燥的数学计算和模型建构工作。也许她害怕威尔金斯的不耐烦会给自己带来压力，所以她力争按照自己的节奏和方式做事。此外，也许她觉得自己陷入 DNA 分子的漩涡噩梦中无法自拔，每次尝试跟威尔金斯讨论这个问题时都会自动地爆发。罗莎琳德过于执着，过于自尊——如果她向威尔金斯提出需要帮助解决这个问题，倒也无妨，但她不想要任何帮助。

威尔金斯进退两难，只好向其他科学家寻求帮助。这能怪他吗？像罗莎琳德（此处无关性别）、其他大艺术家、科学家、作家、登山家、运动员或者弗洛伦斯·南丁格尔等专心致志的人都有一种执着的追求，而其他人和事跟他们压倒一切的热情相比都只能等而下之。他们难以与人相处，却在人类历史上留下了浓墨重彩的一笔。罗莎琳德只是恰好没有载入科学史册而已，但她短暂的一生却激起了许多涟漪。[43]

177

另一位在实验室工作的物理学家马乔里·姆伊文（MarjorieM'Ewen）则更进一步指出："我担心罗莎琳德的性格有问题。我从未见过如此没有幽默感的人，若非如此，我想很多小「分歧」都可以很容易地解决。"尽管如此，姆伊文还是对《双螺旋》和《罗莎琳德·弗兰克林与 DNA》（*Rosalind Franklin and DNA*）两部著作诋毁和篡改跟罗莎琳德相关的记忆表示遗憾。最后，她诅咒"沃森夫妇和赛尔夫妇今生会遭天谴"。[44]

最后，威尔金斯开始询问高斯林如何才能改善他跟弗兰克林的糟糕关系。富有同情心的高斯林回忆说："她和莫里斯的脾气相差太远，所以二人的关系一直很疏远，从个人角度来说，情况变得越来越糟糕……罗莎琳德不喜欢跟威尔金斯讨论工作，但我认为，为了做出自己的成绩，威尔金斯会非常努力地跟罗莎琳德讨论问题。"[45]威尔金斯甚至听从了高斯林的幼稚建议，用一盒巧克力向弗兰克林示好，弗兰克林则斥之为"中产阶级"家伙的乏味之举，最终拒绝了这份好意。[46]

1951 年 5 月初，弗兰克林对威尔金斯的轻蔑达到顶点。为了模拟 DNA 在生物体内的状态，威尔金斯需要将西格纳送来的 DNA 纤维水合化，但他发现这难以办到。DNA 从细胞中取出后往往不容易吸收水分，仅仅把样本浸泡在水中几乎无法让它水合化。连着数月，威尔金斯都无法让纤维膨胀"超过 20% 或 30%"——他后来解释说，这个问题让他"走错了方向……我开始推崇 DNA 仅由一条螺旋链组成的观点（这足以涵盖所有的基因形式）"。[47]

一天早晨，弗兰克林气势汹汹地进入实验室。[48]威尔金斯当时正伏案工作，用玻璃棒小心翼翼地旋出一个长长的纤维标本，一旁的弗兰克林摇头表示不赞同。她检查了威尔金斯用来水合 DNA 纤维的加湿方法，然后提出了一个解决方案：把氢气吹入相机腔体，并确保气体"被盐溶液彻底加湿"。威尔金斯表示反对，他担心含盐的"喷雾可能会污染纤维"，从而导致 DNA 发生人为而非生物层面的自然变化。弗兰克林没有耐心，没做过多解释，径直巧妙地演示了如何避免这种污染。[49]在随后的研究中，她完善了一种控制 DNA 样本水合化的方法——将样本放在特定的干燥剂上，干燥剂会吸走样本的水分，然后通过增加湿度来逆转这一过程。这项技术的另一个好处是，同一样本可重复多次使用。[50]

威尔金斯非但没有感激弗兰克林的建议，反而因为身为女性的弗兰克林当着整个实验室的面指出自己的问题而大发雷霆。近 20 年里，他一直抱怨"罗莎琳德的建议没有任何的创新，没有任何创造性"。[51]更糟的是，在威尔金斯看来，"她在这件事上非常高高在上。她的态度总是很傲慢。但这个办法之所以管用也仅仅是个巧合，而正是这个偶然的意外代表了她的贡献"。[52]2003 年，威尔金斯终于承认，她的发现绝非偶然，弗兰克林在物理化学技术方面很有造诣，"她知道在不同湿度下使用哪种盐最好，尽管喷雾器在实验中造成了问题，但她敦促我用盐是正确的"。[53]不管从哪个版本看，威尔金斯都在那个早晨失去了弗兰克林的尊重——他自己也心知肚明。

1951 年 7 月，在马克斯·佩鲁茨在剑桥举办的"蛋白质研讨会"上（沃森到剑桥工作的三个月前），双方的敌对情绪进一步激化。威尔金斯很高兴能在卢瑟福发布过众多发现的大厅里发表演讲，他讲述了自己在那不勒斯动物学站的工作，并报告说他最新的 X 射线图案包含了一个很容易辨认的核心"X"或"交叉"部分。[54]无论是威尔金斯还是参加夏日研讨会的人都无法解释他的研究成果，但所有人都被他的研究成果吸引——除了弗兰克林，她变得越发恼怒了。讲座刚结束，她就迅速退场，等在大厅外，毫不含糊地告诉威尔金斯，X 射线工作是她的研究领域："回到你的显微镜里！"（威尔金斯和威利·西兹当时还在使用紫外显微镜，这是一种分析 DNA 样本的替代方法，不涉及 X 射线衍射）。[55]2003 年，威尔金斯回忆起这一耻辱时刻时，仿佛一切都发生在昨日。就在他"报告说取得了令人鼓舞的进展"时，他被一个在自己看来蛮横无理的命令"震撼住了，且无比困惑"。她为什么要我停下来？她有什么权利告诉我该怎么做？难道她看不出新的进展对我们各自的工作都有帮助吗？值得称赞的是，威尔金斯并未纠缠于这场口舌之争，他希望"危机可以一扫而光，一切恢复如常。但事实并非如此"。[56]然而，弗兰克林的态度倒是可以理解，因为兰德尔在接受她加入国王学院的信中明确了她领导 X 射线衍射核酸研究的任务。[57]但问题是，兰德尔并未向威尔金斯明确提到这件事。

这尴尬的一幕发生几小时后，杰弗里·布朗和安吉拉·布朗邀请威尔金斯一起在康河上划船，威尔金斯这次是真的差点气得背过气去。弗兰克林和其他几个人刚好在另一条船上。其间，坐在船上的威尔金斯看到另一艘船快速驶来，弗兰克林高举着手中的船篙，"以一种她认为气势汹汹的气势向自己这边驶来"。威尔金斯大喊："看，她想淹死我！"大家都被眼前荒唐的场面逗笑了——这里的大家当然不包括威尔金斯和那个手持船篙的人。[58]

图 12-2　众人在剑桥国王学院和克莱尔学院旁的康河上打水仗

回到伦敦后，威尔金斯向一位"最乐于助人"的荣格派心理治疗师倾诉了自己的苦衷，后者建议二人达成一个和平协议。此时，他们"在斯特兰宫酒店例行的周六午餐会俨然已失去了意义"，治疗师鼓励威尔金斯邀请弗兰克林共进和解晚餐。在寻找弗兰克林未果的情况下，他突然发现弗兰克林正躺在实验室地板上，身上的白大褂已污迹斑斑，"正忙着安装埃伦伯格微调焦距 X 射线管的电线"。给 X 射线装置注入了几升苯后——目的是去除泵在使用过程中收集的污泥和真空油脂——弗兰克林对威尔金斯给予了充分的关注。威尔金斯回忆道，她"似乎很愿意跟我聊聊"。但由于工作非常辛苦，环境温度很高，实验室里的气氛"如此亲密"，威尔金斯不禁对她的体味产生了反感，然后非常不理智地不想在弗兰克林臭气熏天的状态下与之"共进晚餐"。虽然他尊重弗兰克林在研究过程中的亲力亲为，但他无法鼓起勇气与之共进一顿亲切的晚餐，于是他干脆"借故离开了"。[59] 半个多世纪过去了，我们很难相信，如果威尔金斯有一支备用的"老香料"（Old Spice）香水，科学史上这场影响深远的争吵就会平息。

但这场尴尬的互动并未阻止威尔金斯继续尝试跟弗兰克林寻求缓和关系的步伐。剑桥研讨会过后不久，他写信给弗兰克林，提出了一些解决螺旋问题的不同方法，比如帕特森方程以及一些"有希望的"新进展。威尔金斯在信的结尾写道，"希望你假期愉快。M. W."[60] 遗憾的是，他的求和策略并未奏效，两人之间的争吵越发激烈。

威尔金斯在将近 20 年后的 1970 年接受赛尔采访时试图略过求和过程，只是说他们"性格不合"。但他显然无法就这样解开心结，于是口吻马上变得悲伤起来。"我不明白为什么不能进行文明的、礼貌的对话。我不认为这样的要求很过分，"威尔金斯平静地说道。弗兰克林"蛮不讲理，直接贬低别人的想法，这让我难以跟她展开礼貌的对话"。威尔金斯别无选择，只能"一走了之"，置自己的 DNA 研究不管不顾，直到她永远离开实验室为止。"你可能会说这像是张伯伦（首相内维尔·张伯伦）的做派，不惜一切代价换取和平，但我认为有些事我不必非要去面对。所有的无礼、蔑视——以及唐突。根本就没有商量的余地"。[61]

赛尔认为威尔金斯对弗兰克林"恨之入骨，「带着」一种郁结的厌恶……这是他抑制不住的天性。他内心的恨之强烈，就好像弗兰克林现在还活着、在他隔壁工作，让他处处受挫一样……很少有人的仇恨能如此强烈直到对方死后十多年都挥之不去"。[62]仇恨这个词很刺眼，也代表了一种复杂的情感，当它跟错乱的感情相互交织时尤其如此。显而易见，弗兰克林从未真正从威尔金斯饱受折磨的内心中抹去。此后余生中，他一直忍受着世人对他恶劣对待弗兰克林的指摘。尽管对待弗兰克林和其他一般女性的方式有瑕疵，但作为一个正派的人，这种来自外界的敌意还是让他感到痛苦和备受打击。他对她耿耿于怀。

☤

时间来到 1951 年 10 月，二人已经没什么交流了，兰德尔被迫在二人之间达成某种调停。弗兰克林将继续她的 DNA X 射线分析，而威尔金斯则独自用显微镜方法研究 DNA。兰德尔下达命令的方式让威尔金斯"觉得自己像个顽皮的孩子"。[63]他甚至为此做了一个弗洛伊德式的性梦："在这个噩梦里，我成了鱼贩案板上的一条鱼：'女士，您要来一块上好的鱼排吗？还是说想吃带骨头的？'罗莎琳德可吓人了。"[64]

182　　弗兰克林的母亲认为，即便在兰德尔让二人达成和解后，威尔金斯"也让她在国王学院过得很惨"。[65]1951 年 10 月 21 日，弗兰克林写给阿德里安娜·威尔的信为母亲的指控提供了佐证：

> 亲爱的阿德里安娜：
>
> 很抱歉我沉默了这么久。我度假回来后，实验室陷入了严重的危机，前后持续了数个星期，我耗尽了自己所有的精力，没心情提笔给任何人写信。现在情况稍微好了些，但我还是想尽快离开，并认真考虑回到巴黎，如果巴黎愿意接纳我的话……我希望自己能想出些办法，在明年 10 月之前回到那里（巴黎）工作，但恐怕这已不可能了。
>
> 爱你的罗莎琳德[66]

183

第十三章 弗兰克林的演讲

她故意不去突出自己的女性特质。虽然五官不算精细，但并不难看，如果她稍微打扮下，可能会非常迷人。但她没有这样做。她从不涂口红来衬托那一头乌黑的直发，而到了 31 岁的年纪，她的衣着却尽显英国年轻女学者（bluestocking）的品位。因此，我很容易把她想象成一位内心充满怨念的母亲的女儿，这位母亲过分强调职业生涯的价值——可让聪明的女儿不至于嫁给沉闷的男人。但实际并非如此。她兢兢业业、朴素的生活没办法从这个角度加以解释——她生于团结、舒适、有学识的银行业之家。很显然，罗茜必须离开，否则就会过得很难堪。前者显然更可取，考虑到她争强好胜的情绪，莫里斯很难保持主导地位，从而无拘无束地思考 DNA 的问题。

——詹姆斯·D. 沃森[1]

罗莎琳德……对生活充满热情。她活得如此热烈……无论做什么，她都全身心投入其中——她对自己的衣着非常讲究，而且总是涂着口红。你完全可以说，「沃森」书中的一句话奠定了这本书的基调；这样的句子还有很多。

——穆里尔·弗兰克林[2]

1951 年 11 月 21 日，星期三，弗兰克林像往常一样开启了新的一天。她早早就在自己位于多纳文阁（Donavan Court）四楼的一居室公寓里醒来——这是一栋红砖、砂岩镶边的八层建筑，建于1930 年，地址在德雷顿花园路 107 号。这条街道位于伦敦南肯辛顿区的老布朗普顿路和富勒姆路之间，过去和现在一直都是一条南北走向的宁静街道，沿街都是精致的三四层联排别墅和豪宅。

公寓里的陈设"中规中矩"，但不失品味和格调。不过，在弗兰克林那些住惯了小公寓、跟室友共用浴室的朋友看来，她的新家显得"很豪华"。[3]她在签租约时曾犹豫不决，担心租金对她的薪水来说太贵了。她最终相信，当她有了"自己此前向来蔑视的私人收入（得自祖父的遗产）"后，这种虚假的节约显得很愚蠢。[4]

弗兰克林的母亲完全赞同她的选择："她没有按照固定的、传统的模式来布置，而是别出心裁。"公寓里有一个宽敞的餐厅和客厅（"布置了一个可翻转的沙发"）、一间带花窗的卧室、一间完整的浴室和一个厨房。她甚至还自己做了窗帘。她的公寓"漂亮迷人，完全是她自己的风格，里面摆满了她在国外旅行时带回家的小玩意。这间屋子从来没有空置过，哪怕长期不在家的时候，这里也总会借给朋友使用"。她要求生活中的一切都恰到好处，这偶尔会导致她跟房东发生"争吵"。因为是罗莎琳德下场参战，所以她很少占下风。[5]

弗兰克林家的这位明星在厨房里最为耀眼。她的法式特色菜包括红酒炖兔肉或鸽肉、烤朝鲜蓟配香脆面包屑，以及用黄油而非英国水煨的新鲜土豆。所有这些菜肴都加入了大量橄榄油、新鲜香草、硬质陈年帕尔马干酪丝、罗勒和大蒜。说起辛辣的大蒜，她已经把它溶进了为父亲做的烤牛肉和约克郡布丁中，父亲自称讨厌大蒜，但从未在女儿美味的周日晚餐中发现它的踪迹。实际上恰恰相反，埃利斯·弗兰克林绝少拒绝再试一次。

185

对许多在工作之外跟弗兰克林结交的男性和女性朋友来说，她从来都不是那个粗鲁、严厉、情绪激动的弗兰克林博士。相反，这些朋友普遍认为她是优雅和风趣的典范。她小心翼翼地为客人安排座次，以确保他们能愉快地交流，而且还会在餐桌上摆放各自的小礼物，以示对每个朋友的重视。弗兰克林的家庭生活能够完美体现她对家庭和工作做出的合理区分：孝顺的女儿、迷人的女主人和冷静坚定的科学家。最重要的是，她的朋友和家人绝少能看到她如此出色地扮演的众多角色的全貌。[6]

11 月 21 日早晨，天气寒冷（华氏 49 度）、狂风大作、阴雨绵绵，这个异常潮湿的月份中仅有 8 天没有明显的降雨。[7]弗兰克林像往常一样准备了清淡的早餐、加了牛奶的红茶和一块消化饼干。然后，她穿上了保守的深色裙子，扣上雪白上衣的扣子。她的研究生雷蒙德·高斯林回忆说，她的穿着总是"得体"而不是"吸引人"——考虑到她每天的工作需要长时间从事 DNA 的 X 射线研究，经常需要躺在地板上，以及在发霉的地下实验室里调试复杂的设备，这种穿着思路不失为明智。即便如此，他还是认为弗兰克林的外表"迷人且有女人味"。[8]弗兰克林的母亲坚持认为，"她对自己的衣着非常讲究，很多衣服都是她自己做的。「她的裙边」会紧跟时尚潮流翻折和放下——她总是衣着得体、优雅，衣服的款式也与时俱进"。[9]

出门之前，弗兰克林会精心化妆以及涂抹口红。在沃森发表对弗兰克林的刻薄评价和不抹口红的描述很久之后，穆里尔·弗兰克林都还不忘提醒别人注意她女儿向这个世界展示自己的日常习惯。[10]她从走廊的铜架上拿起一把雨伞、穿上雨衣、锁上身后的门，乘坐电梯下楼，沿着宽阔的走廊走到街上。每迈出一步，都能听到她方形高跟鞋跟踩在人行道上发出的咔嗒咔嗒声。她的幽闭恐惧症让她无法每天乘地铁通勤 12 分钟上下班，而是乘 30 分钟的公交车抵达奥尔德维奇和德鲁里巷的拐角处。然后再步行几分钟，刻意避开斯特兰德街的热闹和法律学院的纷扰，最后抵达国王学院。

穿过斯特兰德大街上气势恢宏的铁门，弗兰克林走进了泰晤士河畔的学院楼群。她远远地避开了广场中央的炸弹坑，向左转弯，爬上了国王学院楼的台阶，这是一座由花岗岩、栏杆和拱形窗户组成的八层乔治亚风格建筑，气势雄伟。跟许多国王学院的学生和教职员工一样，弗兰克林很少（也可能看过）往大门上方看，那里有两个寓言人物站岗：一个拿着十字架，另一个拿着一本书。他们取自学院的盾形纹章，代表着学院的座右铭——"圣洁与智慧"（Sancte et Sapienter）。她的高跟鞋咔嗒作响，在主门厅光滑、潮湿的大理石地板上发出回响，门厅上巨大的楼梯和希腊剧作家索福克勒斯、希腊抒情诗人萨福的大理石雕像栩栩如生，但旁边并没有学院布告或标牌标识他们代表的寓意。[11]

弗兰克林走向一扇侧门，下了一层楼梯，然后穿过一扇厚重的防火门，走进了生物物理实验室。一到工作间，她就脱下雨衣，换上一件新浆洗过的白色实验服，因为这件为男性裁剪的白大褂显得又大又笨重，而她本来的雅致衣着也消失不见。在她从朋友们喜爱的那个可爱的罗莎琳德化身为咄咄逼人、经常挑衅的弗兰克林博士的过程中，这最后一件装备对她的身心变化都至关重要。[12]

11 月的这一天，约翰·兰德尔实验室的工作人员于下午 3 点在学院的演讲厅举办了一场核酸座谈会，先后有三人发言。威尔金斯首先介绍了他此前 5 月在那不勒斯讲过，7 月在剑桥再次呈现的演讲的最新版本，提出了 DNA 的"'横向'X 射线图像表明「一

图 13-1 伦敦国王学院的主大厅和楼梯间

种」……螺旋结构"的证据。他还讨论了核酸纤维的延伸性［他
称之为"变细"（necking）的拉伸过程］、DNA 的光学特性以及他
从章鱼精子细胞核中提取 DNA 的工作。在这次演讲中，他"没提
到什么新东西"，但多年后，他声称自己当时"可能提到了「埃尔
温」·查尔加夫的重要成果「关于每个物种的 DNA 中腺嘌呤和胸
腺嘧啶以及鸟嘌呤和胞嘧啶的数量相等」"。参加座谈会的其他人
都不记得他介绍过任何跟查尔加夫的研究相关的内容。[13]

　　接下来，亚历克·斯托克斯就他的新螺旋理论做了评论。他提
出一个数学公式（克里克一周左右之前在剑桥也做了同样的工作，
二人的工作彼此独立），解释了二维晶格或网络状结构中重复结构
的衍射，即螺旋的傅立叶变换。斯托克斯自豪地总结道，他的工作
代表了一种解释 DNA 衍射图样的新方法。[14]时隔 23 年后，他在接受

采访时回忆道："我发表了关于螺旋衍射理论的演讲——我记得我 188
在演讲前言中说，我听说克里克和柯克兰（Cochran）也研究出了
同样的方法——但我的演讲完全是基于我自己的工作。问题是，我
对「弗兰克林随后的演讲」内容记得很模糊——你知道，我自己
刚刚发表了一篇论文。"[15]

弗兰克林被安排在最后一个发言，这在下午举行的研讨会来说
显得很糟糕。因为会议已经进行了两个多小时，昏昏欲睡的听众们
的注意力已经转向了会后的啤酒。她瞥了一眼即将对她的研究做评
判的人，打起精神走上台去。弗兰克林把一沓笔记放在橡木讲台
上，清了清嗓子，操着女王范的英国口音，详细介绍了自己的高科
技研究。前排的硬木椅上坐着的正是威尔金斯，他的位置正对着弗
兰克林的视线前方。他身后一两排盘腿而坐的是吉姆·沃森，他手
里拿着几份用来在不感兴趣的讲座间隙打发时间的报纸。这是弗兰
克林和沃森头一次见面。

图 13-2　伦敦国王学院的演讲厅

1965 年诺贝尔生理学或医学奖得主弗朗索瓦·雅各布回忆了年轻的沃森在那个时期的各种会议上的表现。他之所以引人注目，不仅因为他那"高大、笨拙、棱角分明"的外表，还因为他表现出的无人能及更别说模仿的风格了。他常常"像公鸡寻找最好的母鸡一样昂首挺胸地走进演讲厅，寻找在场最重要的科学家"，然后就近落座。他的穿着打扮也显得刻意和与众不同，"衬衣下摆随风飞扬、膝盖高高抬起、袜子脱到脚踝处"。还有"他那迷惑的言谈举止，往外凸的眼睛、总是张开的嘴，以及不连贯的短句和'啊！啊！'结尾的说话方式"都让人印象深刻。雅各布估计，这些特征加在一起，把"笨拙和精明，生活中的幼稚和科学中的成熟令人惊讶地结合到了一起"。[16]

约有 15 位科学家参加了 11 月 21 日的讨论会。但关于罗莎琳德·弗兰克林的演讲内容，目前仅存三个书面版本：沃森 1968 年的回忆录，威尔金斯 2003 年的回忆录（附有他多年来偶尔接受采访的注释），以及弗兰克林 1951 年在演讲前准备的演讲笔记。沃森对弗兰克林演讲内容的描述最常被引述，但他在谈论跟弗兰克林相关的事情或行为时往往很不可靠，这着实让人遗憾。正如贾德森指出的，沃森的叙述"简短、闪烁其词，主要是他没做什么笔记，不懂弗兰克林在说什么，甚至没能正确地记住他能理解的一点皮毛。对沃森讲述的故事来说，他觉得有趣的恰好说明了他的糊涂"。[17]话虽如此，但我们还是从沃森的记录开始。

11 月 20 日星期二晚上，沃森参加了剑桥布拉格家里举行的雪利酒聚会。临睡前，微醺的沃森写信给父母谈道，"明天我会去伦敦国王学院听一场关于核酸的讲座……然后周五可能会去牛津大学参观，因为实验室的其他人也要去"。[18]

沃森参加这个讲座是个错误的选择。除了他与生俱来的怪异以外，还有更重要的原因。正如克里克多年后回忆的那样，沃森当时"只是晶体学领域的一个新人"。[19]尽管他告诉父母，自己很快就能掌握这个神秘的课题，但他仅学了几个星期，对其中复杂的数学、衍射图样的解释甚至是术语上的关键区别都知之甚少，比如晶体的单胞与不对称的单胞之间的区别——他对弗兰克林讲座中的这部分内容也感到困惑。再加上他"在生活中的幼稚"，沃森对弗兰克林的演讲和她的外表的回忆显得令人反感就不足为奇了：

> 她向大约 15 名听众发表了演讲，风格急促而紧张，跟我们所在的这个没有任何装饰的老式演讲厅很相称。她的言谈不带一丝热烈或激情。但我也不认为她完全没有趣味。有那么一瞬间，我在想，如果她摘下眼镜，发型再弄得新奇一些会是什么样子。不过，我最关心的还是她对晶体 X 射线衍射图样的描述。[20]

沃森接着描述了弗兰克林坚持认为"确定 DNA 结构的唯一办法就是单纯的晶体学方法"。他认为弗兰克林的方法不够用，因为除了作为"最后的手段"以外，其中并不包含构建模型。她甚至没有"提到鲍林成功得出 α-螺旋的事情"，更不用说想要"模仿他的行为举止了"。[21]她的论断并非完全错误；一步一个脚印地获取精确的 X 射线数据对发现 DNA 结构至关重要。但沃森无意把宝贵的时间浪费在这件事上；因此他嘲笑弗兰克林"接受了严格的剑桥教育，却愚蠢地误用了它"。[22]

沃森对弗兰克林的演讲的曲解——他旋即广而告之并在此后数

190

十年里不断重复的错误细节——在于"罗茜对螺旋理论的创立不屑一顾……因为在她看来，压根没有证据证明 DNA 是螺旋形的"。[23]演讲结束后，只有威尔金斯提出了几个"技术性"问题，当时基本上没什么讨论的情形让沃森感到失望。他说，其他听众都低头保持沉默，生怕再遭到弗兰克林尖刻的斥责。"在十一月浓雾弥漫的夜晚，一个女人让你不要对不了解的话题发表意见，这当然不是个好主意，肯定会勾起你对初中生活的不愉快回忆"。[24]

191

威尔金斯的叙述则更为复杂而模糊。在其晚年，他勉强承认弗兰克林的演讲"对 DNA 结构的各种可能细节做出了一流的阐述。她清楚地阐述了磷酸基团应该位于分子外部的原因，也深入理解了水在 DNA 结构 A 和结构 B 中的重要作用"。[25]但在此前的五十年里，威尔金斯一直在重复沃森关于弗兰克林反螺旋理论的无稽之谈。[26]1970 年，他坚持对赛尔说，"如果「弗兰克林」没有这种反螺旋理论态度，毫无疑问，「她应该能在」沃森和克里克之前提出 DNA 双螺旋结构……但她非常执着于自己的想法。我能怎么办？我甚至没法跟她讨论"。[27]

两年后的 1972 年，威尔金斯看到弗兰克林 11 月 21 日演讲报告的书面版本后——其中确实讨论了螺旋状 DNA 结构的可能性——便慌了神："在我的记忆中，弗兰克林没有提到螺旋假设，但我也不是那么确定。我认为，在演讲中介绍笔记中的推测不符合她的性格。"[28]1976 年，威尔金斯的语气变成了指责："那段时间的交流很不充分。我认为，除了 DNA 不可能是螺旋形的证据以外，弗兰克林并未让我们了解她在其他方面的进展，这一点让人遗憾。"[29]

这个让威尔金斯感到欣慰的迷思最终出现在他 2003 年的回忆录中："我当然不记得她讨论过螺旋结构；沃森的回忆也是如此。"他在毫无证据的情况下推测，弗兰克林的反螺旋理论立场是为了避免威尔金斯-斯托克斯-弗兰克林的合作。莫里斯认为，"为了确保自己的工作的独立性，她在讲稿中放弃螺旋理论也并不奇怪。我想，她是想按照既定的方式推进研究"。[30]

弗兰克林的演讲没有录像录音，也没有听众能准确回忆起她那天下午讲了什么。但从历史的角度看，我们似乎可以有把握地假设——就像每一位在重要会议上介绍自己研究成果的科学家一样——弗兰克林当时用到了她准备好的演讲笔记作为演讲素材。1976 年，她的同事斯托克斯也认为，尽管他对那天下午的记忆并不清晰，但"印象中的讲座内容跟他看到的笔记是一致的"。[31]像罗莎琳德这样执着于事实的科学家，会出于何种动机故意遗漏关键的、来之不易的实验结果——尤其当着她老板和她认为有敌意的人演讲的时候？那么，弗兰克林的演讲稿中到底写了什么，会给阅读它的人造成如此的混乱呢？

幸运的是，剑桥大学丘吉尔学院的档案保管员保存了罗莎琳德所有红皮世纪教科书和稿纸，它们记录了她在国王学院工作期间每天的科学实验、思考、分析和计算。其中包括一套双联的八页泛黄纸张，题为"1951 年 11 月研讨会"，跟另外六页草图和数学计算装订在一起。稿纸上潦草的字迹——连同弗兰克林 1951~1952 年的进度报告——共同记录了一个跟沃森和威尔金斯编造和反复讲述的反螺旋理论叙事完全不同的故事。

稿纸上的评论多用速记法写成。有些是简短的提示，意在提醒她紧张地低头跟听众眼神交流之前，瞥一眼稿纸上她早已牢记在心的结果。稿纸中散布着弗兰克林关于谨慎行事和获取更多数据的经

192

典告诫。她向听众强调，需要更好的照片、更好的 DNA 纤维，以及更灵巧地操作射线装置和 DNA 标本。"显示照片"的提示表明，她在身后的屏幕上显示了她得到的图像。[32]

193　　那天下午，沃森听到最响亮的告诫是，"罗茜认为她的谈话是一份初步报告"——这让他有理由认为弗兰克林的数据未经证实且不可靠。她的数据是"初步的"这一点显而易见。她进行 DNA 研究仅有约 9 个月时间，尚处于摸索实验方法的阶段。如果不这么说，那才是愚蠢、不谨慎和不科学——没人会指责弗兰克林犯了这三个低级错误。[33]

　　弗兰克林 1951 年 11 月的讲座过后的几十年里，沃森、威尔金斯和克里克都谎称弗兰克林强烈反对 DNA 分子为螺旋状的观念。作为这一事件见证者的雷蒙德·高斯林曾多次反驳这一说法："沃森说过，罗莎琳德就是反对螺旋假设，她竭力捍卫自己的观点，但我认为这有失公平。因为沃森的话压根不是事实。"[34]然而，特别是在沃森、威尔金斯和克里克获得诺奖之后的几年里，高斯林的反对意见在这些科学巨匠面前压根不值一提。

　　事实上，弗兰克林 1951 年 11 月的演讲笔记并不支持众人对她反螺旋立场的指责。弗兰克林不厌其烦地描述了她是如何更好地给 DNA 纤维加水，它们就越像 DNA 活体（生命）形式，特别是它们的伸展或展开形式特别像活体形式——威尔金斯错误地认为她忽略了这一点。弗兰克林写道，往 DNA 纤维中加入水后，"情况完全变了，变得简单多了"。[35]接下来，她深入而系统地研究了盐和水溶液的使用，并发现了三种"大致明确的状态"：（a）湿态；（b）结晶态；（c）干燥态。弗兰克林初步发现的是 DNA 的三种形态，可能是她还没有在实验中完美转向她所谓的两种截然不同的状态：（A）干燥的结晶形态，以及 80%～90% 湿度的准结晶态——（B）水合形态。

具体而言，弗兰克林发现干燥的结晶体更容易开展 X 射线研究，但最终结果却更难解读，因为射线在分子的原子上反弹时会产生伪影。湿润的水合形态一开始更难拍摄，但她后来发现，其衍射图样中更容易看到螺旋结构。1951~1952 年，弗兰克林心中并无定论，并在分析获得的相互矛盾的数据时经历了"反螺旋"和"支持螺旋"两个阶段。[36] 时隔四分之一个世纪后，伯克贝克学院的蛋白质晶体学家哈里·卡莱尔（C. Harry Carlisle，他也是弗兰克林讲座的听众）解释了弗兰克林谨慎态度的科学依据："从罗莎琳德对 DNA 的 A、B 两种形式做出的出色 X 射线研究中，我确信她丝毫没有反螺旋立场。"卡莱尔注意到，她之所以把重点放在形态 A 上，是因为这个形态的 X 射线衍射图样分辨率最高，而且她希望这样的数据更可能产生确凿的、可重复的结果，而非理论和猜想。这是她接受严格科学研究训练的结果。[37] 因此，对弗兰克林 1951 年 11 月演讲的更准确描述是，她还没有足够的数据来明确判断 DNA 是螺旋形的，而且其中一些证据（最终证明是伪造的）与此相反。她的数据是初步的，因为根据她掌握的技术，绘制出复杂如 DNA 的有机分子上的每一个原子和键的分布图且需要数月乃至数年的时间。她建议说，时间、耐心、不断改进的 X 射线技术，以及不被听众的期待干扰，才是前进的方向。

当天下午，弗兰克林确实提出了几个关键的实验观点，但这些观点完全被沃森抛诸脑后。例如，她有足够的数据推测水分子是如何倾向于包围位于 DNA 分子外部的磷酸基团的。[38] 她还描述了湿润的 DNA 衍射图样如何在竖向线段（meridian）上显示出一条 3.4 埃的弧线，以及两条"与基线成 40 度左右角度的斜线"。在这幅衍射图样的赤道上，她发现了一个意味着"超一维"（high order）的"强光点"。对于干燥形态的衍射图，弗兰克林报告说图中居中横线上的斑点逐渐减少，仅剩下 3.4 埃的基线和两个侧弧。而在"结晶"的图样中，她发现了一个"27 埃长的斑点"（跟阿斯特伯里在 1938 年发现的一样），"这太明显了，不可能只是不同核苷酸之间的差异造成的，一定意味着同等位置的核苷酸只能以 27 埃的间隙出现。这意味着 27 埃就是螺旋一圈的长度"。当时，"spiral"（螺旋）一词就是"helix"（螺旋）的同义词。在计算密度估值时，弗兰克林发现数据表明，每个分子中都有不止一条链，而且当 DNA 从结晶态过渡到湿态时，她观察到了"较大的长度变化"，这表明湿态的"螺旋结构与结晶态的螺旋结构并不相同……参见鲍林"。[39]最后这句话表明，她确实提到了螺旋，也提到了鲍林的蛋白质研究，这跟沃森的说法刚好相反。

弗兰克林的演讲笔记继续解释道，"近似六边形的堆砌表明，每个晶格仅有一条螺旋（可能包含不止一条链）。密度测定结果（24 个残基/17 埃）表明存在不止一条链"。[40]精心撰写的结论部分更加明确地摧毁了反螺旋迷思："大螺旋或多条链，磷酸盐位于外侧，螺旋间的磷酸盐-磷酸盐螺旋间键被水破坏。磷酸盐链接可用于蛋白质。"[41]在下一行中，她描述了自己寻找"螺旋结构证据"的过程，并表示之所以如此，是因为"极不可能"出现不扭曲的直链（这种结构在自然界中被证明是不平衡和不稳定的）。[42]

几周后，弗兰克林把她的研究成果打印成了一份关于 1951 年 1 月 1 日到 1952 年 1 月 1 日工作进展的中期报告，兰德尔和威尔金斯都审阅过这份报告。在这份总共 5 页、双倍行距的报告中，"helical"或"helix"等字眼出现了 5 次。从 11 月底弗兰克林发表演讲到 1951 年圣诞假期她开始撰写进展报告期间，我们完全有理由推断她很可能做出了新的发现。

195

　　研究结果表明，在 DNA 的螺旋结构（它们彼此必然是相互紧密连接的）中，每个螺旋单位可能含有 2 条、3 条或 4 条共轴核酸链，并且磷酸基团排列在靠外的位置。正是这些磷酸基团能够大量吸收水分，进而形成牢固的螺旋间键，从而让 DNA 具备三维结晶结构。这些间键在水分大量涌入的情况下会被破坏（首先导致具有平行轴的独立螺旋的"湿态"结构，最终导致 DNA 被水分溶解），而在缺乏水分的时候则会保持牢固，从而解释了极端干燥条件导致的黏合效果。干燥后的结构会因脱水后留下的孔洞而扭曲变形，但晶体结构的骨架则完好无损，于是 DNA 呈三维晶体结构。[43]

196

　　弗兰克林在 1951 年 11 月 21 日的演讲笔记和 1951～1952 年的中期进展报告中都提到了另一个重要发现，它最终被证明对揭开 DNA 的结构至关重要。在沃森和克里克发表他们的著名论文的一年多前，罗莎琳德确定 DNA 的结晶状态或 A 形态可归类为单斜面、以面为中心，或 C_2 类型的单胞。[44]在草率地得出没有它就无法确定双螺旋结构（尽管这完全正确）的结论之前，我们需要对这种晦涩的晶体学观察结果做一番解释。1975 年 2 月，《纽约客》记者霍勒斯·贾德森来到佩鲁茨位于剑桥南侧的医学研究理事会实验室——这座刚刚启用的实验室距离尘封已久的卡文迪许实验楼约 5 英里路程，他准备替读者就上述问题请教佩鲁茨。在作为历史学家的本书作者的眼中，佩鲁茨对晶体变幻莫测的解释是最好的。[45]

　　这位物理学家首先解释了晶体是如何以不同的方式显示其对称性的；更准确地说，它们是以不同的程度显示其对称性的，有些晶体比其他晶体更对称。对称性小的晶体被称为"三斜晶体，晶体的三条轴线或三个平面相互倾斜，四个角的角度都不是直角"。晶形变化光谱的另一端则是正交晶系（orthorhombic crystals）——"所有三个平面都呈直角相交"。佩鲁茨接着讨论了弗兰克林的重要发现。介于晶体谱系之间的就是单斜晶体，"三个角中有两个呈直角相交，但第三个角可以是任何角度"。单斜晶体的"最小对称性"是两倍，换言之，当你把"晶体旋转半圈，它们就会重复一次"。根据佩鲁茨的估计，弗兰克林在发现结晶态 DNA 具备"单斜对称性，而且对称轴不是平行于纤维，而是垂直于纤维，垂直于链"后，很快就止步不前了。不幸的是，这一发现具备"特殊的几何后果，而她当时并未意识到这个关键的结果"。[46]

多年来，佩鲁茨向无数学生做过上述解释，但此时他马上就感觉到了记者的困惑。于是，他从上衣口袋里掏出两支铅笔，头挨着头朝北并排放在一旁的桌子上，橡皮擦那一头朝南。他以鼓励的口吻说道，"如果我把这两支铅笔放在一起，让它们在桌面上旋转，一直要旋转 360 度整，它们才会回到原先的对称位置"。为了更清楚地说明自己的观点，佩鲁茨把两支铅笔分别转到了西、南、东、北四个方位。接着，他又改变了其中一支的方向，使它跟另外一支的铅笔头和橡皮擦分别处于相对的两端。"两根铅笔头尾相接，旋转半圈后，两根铅笔组成的链条又回到了对称关系。你看它们交换了方向"。佩鲁茨接着重新排列铅笔，让它们各自旋转二分之一圈。"如果 DNA 的 X 射线图是单斜的，而且对称轴与链条垂直"——此刻的佩鲁茨已无法抑制内心的兴奋——"那么，随即就会出现一条链向上延伸，另一条向下延伸的情况。这意味着实际上，DNA 由两条相互颠倒的双链「即两条一股的染色体」组成"。[47]

随后，佩鲁茨又解释了晶体的空间群和单位晶胞的含义，情况就变得更加复杂了。他用了一个"带有重复图案的花哨壁纸的比喻。于是，单位晶胞就指的是最小重复的图案——其大小、形状和内容都相同。只不过它在晶体中体现为三维"。 198

佩鲁茨用其中一支铅笔画了一个简单的三维原子盒，并在盒子的八个角上画了圈，表示每个角上都有一个原子。接着，他指出这个盒子是如何像"壁纸图案一样重复出现，并最终形成一个三维原子网格的。如果仅有四个角被占据，这个晶格就称为原始的 P，如果它具备单斜两面对称性，就被称为 P_2 空间群。但在其他物质中，每个方格的一个面的中心也可能存在另一个原子或分子"。马克斯用铅笔在第二个原子盒的两端中间各画了一个球，然后说道，"按照惯例，这个面称为 C 面，如果这个盒子也具备二重对称性，那么它的空间群就是 C_2，即面心单斜。单位晶胞的每个角和被占据的面也称晶格点"。这些抽象术语是数学家为了定义"晶体成分的有序排列"而提出的。自然界中存在着 230 个几何上不同（或者说不等价）的空间群，佩鲁茨解释道。"早在 X 射线晶体学诞生之前，19 世纪的经典晶体学家们就已经计算出了所有可在三维空间中重复出现的晶格排列方式"。[48]

在谈到罗莎琳德的工作时，佩鲁茨对"她没有认识到的关键后果"做了有理有据的批评。弗兰克林未能理解的——可能因为她是一个习惯于研究煤炭等无机化合物的物理学家而非一个长期研究生物分子的遗传学家——是她发现的 C_2 空间群在解释细胞复制机制和 DNA 双链螺旋功能方面的重要性。沃森也忽略了以面为中心，单斜空间群 C_2 晶体的意义。第二天，他也没有向克里克报告这个信息。沃森无法理解的原因并非来自生物学层面，而是因为他并非一个经验丰富的晶体学家，在听罗莎琳德讲座时，他甚至不理 199

解"单位晶胞"和"单位对称性"这两个术语之间的区别。因此，我们也就不难理解为何马克斯·佩鲁茨会回过头斥责弗兰克林未能辨别她的数据的意义，而对沃森在科学上的瑕疵却网开一面了。[49]

至于 11 月座谈会后紧接着发生的事情，唯一的记录出现在《双螺旋》一书中。据沃森的讲述，座谈会结束时，威尔金斯紧张地与弗兰克林做了一番交谈。这位身材魁梧的美国人则在一旁等待机会邀请威尔金斯沿着斯特兰德街散步，然后前往苏荷区弗里斯街的蔡氏餐厅（Choy's restaurant）共用晚餐。[50]1958 年，《福多的英国和爱尔兰指南》（Fodor's Guide to Britain and Ireland）称赞蔡氏餐厅的"中餐是英国最好的"，并且具有"地道的东方风味"。跟当时英国多数中餐馆不同的是，蔡氏获得了提供酒水的许可，拥有一个很好的酒窖，并且可营业到晚上 11 点（包括周日）——这在 20 世纪 50 年代尚不太开放的伦敦来说可不容易。[51]

在蔡氏餐厅的时候，沃森惊讶地发现，坐在桌子对面的人并不是去年夏天在那不勒斯遇到的那个冷漠、不善社交、呆板的物理学家。威尔金斯此刻迫不及待地聊起了他们的实验室、他的研究以及他跟罗莎琳德之间的矛盾。[52]在红茶和廉价红酒的烘托下，沃森和威尔金斯就着一盘盘炒杂碎、咖喱鸡、薯条和炒饭开始了老派男人之间的交流，他们密谋把罗莎琳德排除在 DNA 研究之外。威尔金斯特意贬低了弗兰克林，说她在国王学院的短暂工作期间并未做出什么像样的研究。可以肯定的是，她善于得出比威尔金斯所能获得的更加清晰、轮廓更分明的 X 射线照片，但在威尔金斯看来，她并未对自己拍摄的内容做任何解释。[53]这些抱怨不过是威尔金斯为把弗兰克林赶出国王学院实验室而发起的攻势中的微不足道的一步。只不过这一次，他把刀子递给了外人。

　　威尔金斯对弗兰克林计算出的"DNA 样本中的含水量"——弗兰克林在一小时前的演讲中宣布的结果提出了严重质疑。[54] 精确测量 DNA 的含水量对确定其结构来说至关重要，但当时还难以确定这一点。根据弗兰克林能够计算出的水和盐的密度近似值，科学家们还不清楚每个分子中到底包含两条还是三条核苷酸链。她计算出的数值介于两条或三条（甚至可能是四条）核苷酸链之间，但还不足以确定哪一个是正确的。她需要更好的数据做出更好的评估。不过，一旦确定了这个数值，就可以通过一个简单的方程或者凭借对 X 射线模式的观察来计算出核苷酸链的确切数量。威尔金斯喋喋不休的矛盾之处在于，弗兰克林至少已经走在了正确的道路上，而他自己却步履维艰，毫无进展。此外，身为 DNA 螺旋研究专家的威尔金斯也没有认识到弗兰克林发现的 DNA 单胞 C_2 空间对称性的重要意义。如果这个发现是正确的，那么螺旋链的数量极可能是偶数（2 条，也可能是 4 条），而非威尔金斯当时坚持的 3 条。[55]

　　在餐馆轻松的氛围下，威尔金斯坦言，他的物理学家同事们并不看好他转向生物学研究领域的前景。这些人在学术会议上都彬彬有礼，但缺乏安全感的威尔金斯确信，一旦自己不在场，他们就会贬低他，因为他退出了二战后物理学研究的热潮。威尔金斯更是得不到英国生物学家的支持，因为他们都是老派的植物学家和动物学家。沃森发现威尔金斯需要一些来自同事间的安慰，于是他双眼注视着威尔金斯，一边聆听，一边点头赞许。他告诉威尔金斯，他的同行中的前沿生物学家是如何驳斥那些收集家、分类家、列表家等老古董的，他们提出了解释生命开端的虚构理论——但并非建立在可靠的科学数据之上，甚至他们都不承认基因是由 DNA 构成的。[56]

200

用餐结束之际，沃森以为自己已经成功鼓舞了眼前这位新同事的士气，但威尔金斯此时又开始抨击弗兰克林，气氛顿时变得尴尬起来。就在沃森付账之际，他看见垂头丧气的威尔金斯溜出了蔡氏餐厅，消失在了伦敦雾蒙蒙的黑夜中。[57]

201

第十四章　牛津的梦幻尖塔

今夜从牛津出发，沿着你的小路前行！

……那座有着梦幻尖塔的可爱城市，

她不需要六月来增添美丽，

她时时刻刻都那么可爱，今夜更是如此！

——马修·阿诺德，《抒情诗》[1]

国王学院研讨会结束后的次日早晨，沃森在伦敦烟尘滚滚的帕丁顿火车站见到了克里克，此处距离罗莎琳德儿时在诺丁山的家不远。拜二战期间德军的数次空袭所赐，这个巨大的火车站仍在重建中。二人等待大西部铁路特快列车的站台上方的顶棚也刚刚更换，旧顶棚早在1944年就被德国空军两枚重达230公斤的飞行炸弹炸毁了。

与威尔金斯畅聊到深夜才休息的沃森仍显得昏昏沉沉，他急切地想要开始自己的第一次牛津之旅。如果他在进站前花点时间逛逛帕丁顿，也许会发现圣玛丽医院。1928年秋天，苏格兰微生物学家亚历山大·弗莱明（Alexander Fleming）在圣玛丽医院一座红砖塔楼上的一间小实验室里意外发现了青霉素——这是他从暑假前放在一边的培养皿中生长的一些霉菌中获得的。二战结束之际，青霉素已经获得了"20世纪神药"的称号，弗莱明也因此分享了1945年的诺贝尔生理学或医学奖。[2]沃森和克里克都没印象青霉素起源于

哪天，因为当天正好是美国的感恩节。二人也没有把抗生素的点点
滴滴直接跟当天下午他们遇到的那位名叫多萝西·霍奇金的女
士——世界上最杰出的 X 射线晶体学家之一联系起来。[3]

图 14-1　多萝西·霍奇金和莱纳斯·鲍林，1957 年

克里克当时正在跟霍奇金会面，讨论他提出的解释螺旋有机分
子 X 射线衍射的新理论。[4]沃森描述了他们上车前的激动心情："火
车车厢门口的弗朗西斯状态非常好。这个理论太优雅了，必须由他
亲自讲述——像多萝西这种聪明到能够立刻理解其力量的人实在太
少了。"[5]

多萝西独具优势，她能够把自己的聪明才智隐藏在甜美的性格
背后。因此，她极少让男性同行感到威胁，在后者有机会排挤她之
前，就已经爬上了学术界的高位。跟罗莎琳德一样，霍奇金也用复
杂的数学方程式来解释二维的 X 射线图样。但跟弗兰克林不同，
霍奇金并不反对在确定每个数据点之前建立推测性模型。但即便是

她研究的最简单分子——仅包含 27 个原子的青霉素，霍奇金也花 203
了数年时间才破解其结构。而胰岛素和维生素 B12 等包含数百个
原子的复杂分子则需要更长时间。

　　克里克的新理论起源于几周前的万圣节前夕当天的下午。马克
斯·佩鲁茨刚刚收到在格拉斯哥大学工作的捷克晶体学家弗拉基米
尔·万德（Vladimir Vand）的一封信，信中提出了螺旋分子如何衍
射 X 射线的解释。[6]佩鲁茨把信转给了克里克，后者立即发现了万德
推理中的缺陷。他拿着信飞奔到了三楼威廉·柯克兰的办公室，后
者是一位才华横溢的晶体学家，为了让英国同事听懂自己说了什
么，柯克兰不得不调整了自己浓重的苏格兰口音。虽然柯克兰并不
参与大型生物分子的破译工作，但他喜欢戳穿克里克一些天马行空
的想法，然后把这些想法广而告之。二人决定共同提出超过万德此
前得出的公式。整个上午，克里克都在用粉笔在一块斑驳的石黑板
上写公式、擦公式，等他到"老鹰"酒吧吃午饭时，头都快炸了。
克里克"感觉状态有点不好"，于是离开酒馆前往"绿门"（the
Green Door）休息，此处是克里克在圣约翰学院对面桥街上一栋有
着数百年历史的老房子的屋顶租的"廉价小公寓"。[7]枯坐在狭窄客
厅的煤气炉旁，克里克越发感觉无所事事，于是重新拿出便笺开始
计算方程式。很快，他就得出了答案。[8]

　　黄昏时分，克里克放下了手里的工作，因为他和奥迪尔计划前
往附近的三一街的马修父子酒馆参加品酒会。沃森认为，克里克的
士气因为这次酒会邀请而高涨，因为这意味着他被接纳进了剑桥大
学令人称羡的社交圈，一改他在卡文迪许实验室每天忍受的苛刻待
遇。[9]事实证明，美酒和欢乐的夜晚并没有克里克夫妇想象的那般美
味和有趣，二人早早就离开了。沃森猜测，酒会的无趣在于"少
了年轻的女性"，大部分客人都是"学院的教师（college dons），

他们仅满足于谈论繁重的行政问题，这些问题让他们苦不堪言"。[10]

204 克里克认为沃森对品酒会的描述压根就是"一派胡言"，说这是"吉姆的一贯做法，他经常会一厢情愿地描述这些事情"。[11]不过说到底，克里克还是承认自己品尝了马修先生提供的 1949 年份的霍克斯和莫塞利葡萄酒。[12]显然，他在品酒时肯定非常克制，甚至回家后还"出人意料地清醒"，于是又坐到了壁炉旁重新捣鼓起了他的分子计算题。[13]

次日早上，克里克带着一系列繁复的数学公式来到了卡文迪许，他告诉佩鲁茨和肯德鲁，这些公式可以用来预测蛋白质的螺旋结构。就在这个消息宣布后的几分钟内，柯克兰也带着他自己的一套更为优美的方程式走了进来。把鲍林的 α-螺旋结构与佩鲁茨的 X 射线蛋白质照片核对后，他们证实了新的螺旋理论和鲍林的模型。克里克和柯克兰迅速写出了他们的发现，并把论文寄给了《自然》杂志办公室——这也是了解螺旋分子生物学的重要一步。[14]关于克里克早年在剑桥的经历，许多人更多会关注他的狂言和对实验室工作的敷衍。然而，哪怕他在实验室期间除了发表螺旋理论之外没有其他任何成果，也会在科学界有一定声誉。但在《双螺旋》一书中，沃森还是忍不住一厢情愿把自己的性别歧视和愚蠢注入了克里克成功的方程式中："这一次，女性的缺席与幸运同在。"[15]

那么，那天晚上克里克到底解出了什么谜题呢？佩鲁茨后来向《纽约时报》的作者贾德森解释道，当 X 射线穿过垂直于一张相纸的螺旋分子时，会产生"之"字形图案。X 射线在胶片上形成"引人注目的短而水平的痕迹，这些痕迹从图案中心沿着对角线向外延伸，形成特有的 X 形或马耳他十字形。其中一个'之'字构

成了十字形的一侧，另一个则是另一侧。十字形的具体角度由两个
'之'字形的角度（也即螺旋线的斜度）决定"。[16]因此，克里克和
柯克兰（以及万德）证明了一些尚未在数学上得到证实的东西：
"如果你沿着层线——沿着十字架的两臂一点点往外延伸，经过一
定的距离后，痕迹会重新交叉在一起。十字形痕迹会在图案顶部和
底部重复，变成两个钻石。"佩鲁茨解释说，虽然要显示这种图案
需要正确的设置 X 射线设备并要求设备具有足够的分辨力，但
"衍射图案与分子内原子之间的实际空间之间"存在相互关系。
"重复平面之间的大间距会产生靠近目标的光斑，但只要向外移动
时，你就会看到间距越来越小的平面"。[17]

　　克里克并非唯一怀揣螺旋梦想的人。1951 年夏天，在读到鲍
林的 α-螺旋蛋白质模型后不久，斯托克斯和威尔金斯也在从事
"从结构中计算 X 射线衍射"的研究。2003 年，威尔金斯回忆说，
他跟斯托克斯讨论了同样的结构-图案关联，次日，斯托克斯"就
做出了螺旋衍射的贝塞尔函数计算"。在从韦尔温花园城的家到伦
敦的一小时火车旅途中，斯托克斯拿出稿纸完成了这些计算。路过
著名海滨度假胜地贝塞尔的旅游海报时，他决定把自己的解释命名
为"海上贝塞尔的波浪"。[18]这就是斯托克斯在 11 月 21 日的学术研
讨会上演讲的作品。

　　大约同一时期，弗兰克林正在全身心研究 DNA 的前三种形式，
她最终发现了两种，一种是干的或结晶的形态 A，另外一种则是湿
的形态 B。斯托克斯"清楚地记得罗莎琳德拍摄的形态 B 的图
案"，还把他的"计算强度图"应用到这张图上，他十分兴奋地注
意到二者简直若合符节。斯托克斯和威尔金斯难以抑制内心的激
动，冲进弗兰克林的房间要把这个"重要的好消息"告诉她。弗
兰克林还没等听完他们的解释，就生气地打断道："你们竟然敢解

205

读我发现的结果！"因为这次遭遇，二人便转而跟克里克讨论了他们的想法，但并未将讨论结果发表。斯托克斯只能满足于克里克在其发表于《自然》的论文中对自己做出的致谢。[19]

就在克里克和沃森前往牛津大学多萝西·霍奇金实验室朝圣的几个月前，罗莎琳德也做过类似的事情，她还随身带去了自己拍摄的几张 DNA 射线照片。霍奇金告诉她，这些照片是"她见过最好的"。很遗憾，两位女士之间很快就产生了误会。根据在霍奇金实验室工作的晶体学家杰克·邓尼茨（Jack Dunitz）的说法，这可能源于弗兰克林无机物理学家的出身，"缺乏多萝西对令人着迷的结构背后的化学原理的全面掌握"。[20]仔细观察了弗兰克林的照片后，霍奇金发现照片的质量很好，仅需研究衍射图案就能计算出分子的空间群。弗兰克林表示同意，并告诉霍奇金，她已经"把可能性缩小到了三种"。接着，霍奇金或许有点过于激动地喊道，"但是，罗莎琳德！"她接着解释说，罗莎琳德提出的三种结构有两种在物理上是不可能的。这个问题跟"手性"（handedness）有关，即DNA 分子中的糖的手性取向。罗莎琳德在分析她的 X 射线图时"没有考虑到"的是，DNA 中所有糖的取向都是右旋的，它们建构的螺旋也理应如此。邓尼茨回忆说，"弗兰克林提出的三种可能结构中的两种既需要左旋结构，也需要右旋结构"，于是跟她自己得出的数据不符。[21]霍奇金一眼就看出了这个错误，尽管她当时研究的还不是 DNA。但弗兰克林却没能看出。

这两位科学家本可以成为一对绝佳的师徒档。二人都毕业于剑桥大学纽纳姆学院，都在男性占主导的领域工作，经历过诸多相似的苦难，而且对 X 射线晶体学都抱有热情。遗憾的是，他们并未建立起融洽的工作关系。根据邓尼茨的说法，弗兰克林很容易因为自己生物化学知识的贫乏而感到尴尬，因此并未听取霍奇金的建议。在没有确凿证据的情况下，邓尼茨认为弗兰克林的自尊心被霍奇金的一句感叹"但是罗莎琳德！"深深地伤到了。2018 年，沃森对此补充了自己的辛辣评论："她可能真的需要跟一位懂螺旋理论的优秀晶体学家成为朋友……「但多萝西·霍奇金」片刻间就发现罗莎琳什么都不懂。"当被问到为何没能参加某次本应出席的会面时，沃森还补充说道，"我确信罗莎琳德害怕这次会面，因为多萝西的名声，而且她也想给罗莎琳德留下点深刻印象……她（罗莎琳德）很快就暴露了自己……不够聪明，甚至无法跟多萝西共处一室"。[22]我们只能猜测，这次会面究竟是出于真实的还是想象中的批评、相互竞争，抑或是因为某种可以理解的原因，比如弗兰克林坚持要自己完成所有的 DNA 研究工作等。但实情是，弗兰克林失去了一位可能会在接下来几个月里帮助她的潜在合作者和同事。

207

卡文迪许实验室的二人组坐上开往牛津的二等车厢后，克里克便向沃森询问了他前一天在国王学院的收获。克里克此前已经知道威尔金斯和斯托克斯的螺旋理论研究，他对沃森从弗兰克林的演讲中获得的数据特别感兴趣。[23]但就在火车开出站不久，他就意识到沃森没能完全理解弗兰克林的演讲。火车每往前开过一段铁轨，克里克对沃森未能完成最基本任务（做好笔记）的事情也越发恼火。沃森试图用自己跟威尔金斯在蔡氏餐厅的谈话内容转移克里克的愤怒。这样做非但没有缓和克里克的情绪，还让他担心威尔金斯并未把他知道的全部告诉沃森。沃森则冷冷地反驳道，威尔金斯不可能干出这种鬼鬼祟祟的行为——尽管他俩①绝对都干得出来。[24]

沃森并未承认自己没认真听弗兰克林的讲座，而是认为克里克应该参加，因为这样他们就能更清楚地理解她的研究成果。沃森认为，这就是为了照顾威尔金斯过于敏感的不安全感付出的代价。就在几天前，克里克还私下告诉沃森，如果威尔金斯不那么敏感的话，他也会参加讲座。[25]但沃森无法理解的是，克里克坚持认为，他们同时去听弗兰克林的研究成果对二人都"极不公平"。按照英国的礼仪，"莫里斯理应第一时间出来解决这个问题"。沃森对威尔金斯造成的智识压力不如克里克大，因此克里克以跟霍奇金会面为借口缺席了研讨会。但在 1968 年的回忆录中，沃森找了些理由故意没提这些智识上的默契约定。比如，他说自己和克里克开始构建 DNA 模型的做法是合理的，因为在几周前的剑桥周日晚宴上，以及在弗兰克林的讲座后，威尔金斯"并不认为最终的答案会出自对分子模型的摆弄"。[26]

显然，克里克同意了，然后从手提包里拿出一份手稿并开始在空白处画起了草图。但克里克的计算是成问题的，因为沃森严重低估了弗兰克林讲座中呈现的 DNA 样本的含水量，但克里克当时还不知道这一点。沃森承认，他无法理解克里克当时内心的想法，转而开始阅读《泰晤士报》。很快，克里克大脑中闪现的思想火花的强大光芒就让他们忘记了周遭的一切，一心沉浸在二人希望破译的分子中。克里克解释说，仅有少数答案符合他（和比尔·柯克兰）的螺旋理论以及沃森对弗兰克林数据的错误记录。虽然数学计算让沃森摸不着头脑，但他还是能够理解克里克提出的思路要点。克里克认为，X 射线数据表明，核苷酸链可能构成双螺旋、三螺旋或四

---

① 结合后文克里克的表现可知，此处指的是克里克和威尔金斯。——译注

螺旋。不过，他们仍需要确定"DNA 链绕中心轴扭转的角度和半径"，然而，这需要他们从国王学院的竞争对手那里获得更多的 X 射线衍射数据。[27]

离开帕丁顿大约一小时后，沃森和克里克抵达了迷你的牛津小站。他们步行半英里来到市中心，此时距离他们原定在牛津大学自然历史博物馆的霍奇金实验室会面的时间尚有几个小时，但可想而知，克里克内心一定非常激动。就在那个阴雨绵绵的下午，当克里克宣布他们很快就能找到答案时，沃森一定非常高兴；他预计，再用一周左右的时间摆弄和建构分子模型，就能找到正确的答案。[28]　209

为了映衬后来在《双螺旋》一书中滑稽而又成功的冒险经历，沃森必须把罗莎琳德·弗兰克林刻画成一个彻头彻尾的反派角色。但他对罗莎琳德的贬低让人觉得后者不过是个糟糕的竞争对手，乃至于沃森需要忙不迭炮制另一个厉害的对手来衬托自己。这个角色就是莱纳斯·鲍林——尽管当时鲍林尚不知道自己已身处战场，更不消说跟沃森和克里克俩小儿对阵了。尽管沃森小肚鸡肠（Chicken Little）地在报刊上宣称，鲍林可能第一个解开了 DNA 之谜，但他实际上不过是这场闹剧中设置的稻草人，鲍林的儿子彼得后来把这场闹剧称为"臆想中的竞赛"。彼得·鲍林坚持认为，"唯一能想到的竞争者就是吉姆·沃森自己。莫里斯也从未在任何地方跟任何人比赛过"。彼得解释道，弗朗西斯·克里克只是喜欢"用脑子解决难题"。但另一方面，对他父亲来说，"核酸作为一种有趣的化学物质，跟氯化钠没有差别，二者都蕴含了有趣的结构问题……但作为一名遗传学家，基因是「沃森」生命中唯一值得费心的东西，而 DNA 结构则是唯一值得解决的真正问题"。[29]

　　把鲍林树立为竞争对手完美体现了沃森玩弄人际关系的惯用伎俩。吉姆明白，鲍林在前一年凭借 α-结构击败布拉格、肯德鲁和佩鲁茨时，已经引起了卡文迪许实验室成员的集体不满。剑桥实验室这帮人感受到的耻辱并不是孩子气般的小打小闹；相反，这是一次史诗级的国际丑闻，白纸黑字永远地印在了《伦敦皇家学会会刊》和《美国国家科学院院刊》这两本历史悠久的刊物上，所有人都看得到。[30]

　　沃森此时已经完全掌握了克里克的个性，知道如何拿捏他。在布拉格等人炮制出关于多肽构型的灾难性论文时，克里克可能还只

210　能算卡文迪许的新人，但他属于这个集体，足以感受到这些人的"根本性失误"造成的刺痛。虽然在论文发表之前，众人曾就布拉格-佩鲁茨-肯德鲁假说开展过沸沸扬扬的小组讨论，但这也是克里克为数不多的闭口不言、"毫无建设性意见"的场景之一。克里克不愧是克里克，他后来对这次少见的沉默时刻悔恨不已，想着当时如果能够提点意见让这几位老人不至于陷入困境该多好。沃森明白，科学家都很争强好胜，他们对失败的印象远比成功深刻。沃森告诉这位年长于他但资历尚浅的同事，现在大好机会就在眼前：他们可以向伟大的莱纳斯·鲍林展示自己，进而证明对方并不是唯一一个拥有足够智慧预测复杂生物分子结构的科学家。[31]

　　二人漫步在牛津街头，就 DNA 分子的可能构型展开了争论。他们大概会用粗俗的语词和充满行话的句子冲对方大喊大叫，路过的各色人等大抵都会忍不住瞧上两眼。哪怕理性旁观之人也不可能不注意到二人激烈交锋夹杂的兴奋劲。对他们来说，错误建立糖-磷酸盐骨架居中的模型就已经耗时良久。当时，他们还不知道如何把模型中暴露在外且与之不相适配的核苷酸碱基分开。他们选择忽略这个问题，以为一旦算出了模型的内部排列方式，

并进一步中和了模型骨架上带负电荷的磷酸基团的化学问题，结构上的难题也就会迎刃而解。不幸的是，这些猜想跟弗兰克林刚刚在前一天提出的数据相矛盾。正如弗兰克林正确指出，但沃森却误导克里克暂时不予考虑的问题："大螺旋或几条少数的链，磷酸盐在外侧，磷酸盐——螺旋间键中的磷酸盐被水破坏。磷酸盐链接可用于蛋白质"。[32]

克里克和沃森走错了方向，并未解决摆在他们面前的问题：DNA 的无机离子和带负电的磷酸基团的三维排列问题。其间，二人只是在高街附近一家廉价餐馆吃三明治时休息了片刻。他们没有坐下来喝咖啡，而是去逛了牛津的很多书店，最后走进了号称书商之母的布莱克维尔书店——位于牛津大学谢尔顿剧院正对面。在几栋相互连接的旧楼里，他们从杂乱无章的书堆中找到了店里唯一一本鲍林所著的《化学键的性质》。他们花了几镑买下了这本书，走出书店后站在名字悦耳的布罗德街中央一人拿着书的一端，像玩学术拔河游戏一样，一页页寻找"可能的无机离子"的正确测量值。这一次，鲍林没有解释清楚；沃森和克里克也没在书中找到任何有助于"真正解决问题"的东西。[33]

他们走进自然历史博物馆，沿着大厅来到多萝西的矿物学和晶体学实验室，此前的狂躁和热烈也冷静了许多。实验室入口的黄铜牌匾显示，在 1860 年英国科学促进会的一次会议上，赫胥黎（T. H. Huxley）曾在此为查尔斯·达尔文新发表的进化论辩护，另一方是牛津大学的主教——令人尊敬的塞缪尔·威尔伯福斯（the Right Reverend Samuel Wilberforce）。[34]巨大的哥特式窗户照亮了长长的房间，窗户的上半部分是黑的，旨在掩饰从天花板延伸下来的阁楼式暗室。实验室中央是一张大橡木桌，上面摆放着助手们为霍奇金冲洗好的 X 射线衍射照片。[35]

211

　　据沃森的说法，他们在实验室的谈话一开始集中在霍奇金对胰岛素的研究上。最后的几分钟内，克里克简短"介绍了"他的螺旋理论，然后更简洁地介绍了他们在"DNA 方面的进展"，但此时天也快黑了，"似乎没必要再打扰她了"。卡文迪许的哥俩继续前往莫德林学院（Magdalen College）——牛津最有钱的学院之一，二人在此跟克里克的朋友、免疫学家阿夫里恩·米奇森（AvrionMitchison），以及米奇森在麦德林学院的同事、化学家莱斯利·奥格尔（Leslie Orgel）一起享用茶点。米奇森是一位富有的工党议员（卡拉戴尔的米奇森勋爵）跟一位迷人的畅销小说家（娜奥米·米奇森）的儿子。他还是杰出的遗传学家和进化生物学家 J. B. S. 霍尔丹（J. B. S. Haldane）的侄子，以及更杰出的生理学家约翰·S. 霍尔丹（John S. Haldane）的孙子。[36]克里克跟米奇森闲聊着他们共同的朋友，一旁喝茶的沃森则幻想着有朝一日过上莫德林学院教职员工的生活。[37]

　　在莫德林学院享用了这顿略带咖啡因的茶点后，克里克又跟他的好友乔治·克雷塞尔（George Kreisel）共进晚餐，后者是一位数理逻辑学家，也是路德维希·维特根斯坦（Ludwig Wittgenstein）的得意门生。他们在有着六百年历史的米特尔酒店餐厅（MitreHotelrestaurant）用餐。几瓶红葡萄酒下肚，一行人也不再抱怨食材烹饪过度、味道寡淡等问题了。克雷塞尔用他浓重的奥地利口音引导着席间谈话的主题，他吹嘘自己通过买卖战后欧洲货币"大赚了一笔"。这样的谈话让沃森感到厌烦，直到米奇森重新加入这个饭局后，他的情绪才有所缓和。沃森和米奇森借故离开，沿着中世纪的街道朝沃森的寓所走去。半路上，沃森说自己圣诞节没有安排，希望能被邀请到米奇森传说中位于苏格兰阿盖尔郡金泰尔半岛西南端的家中做客。沃森甚至旁敲侧击过是否可以邀请他的妹妹，因为她此时正被一位丹麦演员追求，而沃森对这位演员十分不满意。沃森回忆道，"当时我已经有点醉了，但还是详细讨论了攻克 DNA 难题之后可以做的事情"。[38]

几周后（1951 年 12 月 9 日），沃森写信给德尔布吕克谈到了自己在科学上的好友克里克，以及在牛津大学麦德林学院高级公共休息室（"在这儿，没人会在用早餐时说话"）用餐的乐趣。沃森还指出，"在主桌上吃完饭后喝波特酒简直是一种难以言喻的体验，身在其中会很有意思"，他还谈到了自己徒劳地寻找女伴的经历："你肯定知道，剑桥和牛津的女生非常少，因此，必须花很多心思寻找漂亮女生一起参加聚会。"这封信结束之际，沃森谈到了这次饭局的真正目的："关于我的科研工作，以后出了成果我再写信跟你聊。我们相信，DNA 的结构可能很快就会被破解。时间会证明一切。目前，我们相当乐观。我们的方法完全跟 X 射线证据不搭边。"[39]

第十五章　克里克先生和沃森博士： 构建梦想中的 DNA 模型

　　跟往常一样，对我来说，去看克里克的临场发挥是一件兴趣盎然的事情。我非常尊重罗莎琳德、威尔金斯和克里克，但克里克很能调动人的情绪，他是个表演艺术家，在会议上的表现非常出色，他非常了不起，在讨论中更是如此，他有个转得飞快的脑袋——跟他交流真是一大乐事。啊，那场会议有点尴尬，因为正如我所言，罗莎琳德不喜欢露面，除非每个问题都得到解答，这样就可以胸有成竹地审视这些问题。这个家伙*拿着一个模型上蹿下跳……所以，她没曾想这个模型居然是对的。

——雷蒙德·高斯林[1]

　　11月25日星期日下午，沃森和克里克回到剑桥。二人打算利用这一天缓一缓牛津酒局中的酒劲。周一早上，沃森迷迷瞪瞪地走出卧室，走下狭窄的楼梯，楼梯另一端就是伊丽莎白肯德鲁的厨房。日常的晨间问候之后，他描述了自己和克里克的"DNA独家新闻"。[2]戴着国民健康服务局配发的黑色醋酸纤维塑料眼镜的约翰·肯德鲁配合地看了他一眼。沃森立刻明白这种冷漠背后的原因：肯德鲁钦佩克里克，但也对克里克的天马行空和无数次科学上险些失利的情

---

　　* 指克里克。——译注

形了如指掌。肯德鲁回头看了看《泰晤士报》关于保守党新政府[3]的 215
报道，平静地抹了抹刚刚吃过的煎蛋留在脸上的黄色残渣——也许
这象征了他想象中克里克很快就会从他这收回的陈词滥调——然后
啜了最后一口温茶，借故回到彼得豪斯学院的中世纪房间去了。

　　伊丽莎白·肯德鲁长期以来习惯于为自己的科学家丈夫扮演啦
啦队长的角色，她高兴地拍了拍手，鼓励沃森详细谈谈他的"意
外之喜"。很快，沃森就对伊丽莎白感到厌烦了，因为她在简短的
科学解释面前只能频频点头示意。于是沃森借口要回实验室，以便
可以摆弄分子模型，并进一步细化其中的多种结构可能性。[4]

✿

　　罗莎琳德·弗兰克林的传记作者赛尔一针见血地指出，所谓的
发现 DNA 结构的竞赛不仅存在于人与人之间，而且也存在于"两
种不同结构测定方法"之间。[5]弗兰克林偏爱的 X 射线衍射研究需
要大量的艰苦工作和时间投入。但由鲍林提出，沃森和克里克模仿
的分子模型则需要大量冒险的归纳和推导。

　　简单分子——如青霉素——的 X 射线衍射效果更清晰，确定
其内部各个原子的位置也更容易。但对复杂的有机分子来说，可视
化则要困难得多，因为它们的衍射图样往往不那么清晰；具体而
言，原子会从焦点中消失，进而显得模糊。"从头发或 DNA 等纤
维结构来看"，多萝西解释说，"衍射效应变得更有局限了，我们
无法采用直接的结构分析方法做出分析"。[6]换言之，罗莎琳德在利
用 X 射线晶体学破译 DNA 纤维的复杂结构时，面临着喜马拉雅山
般的挑战，但这正是兰德尔聘请她来做的事情。

　　另外，制作分子模型比孩子摆弄的汽车和飞机模型要复杂得 216
多。不仅没有任何说明书，而且每个键角、键长、原子或分子分身

都必须按比例定制并正确放置，才能最终解开肉眼看不见的结构。但有一个令人恼火的问题：在"证明"一个合适的模型之前，必须获取大量的 X 射线数据。赛尔简明扼要地解释了这个难题："很明显，如果对某种物质一无所知，则压根无法建立模型；如果知道得太少，那么，可建立的任何模型都会是模糊、不确定的，其中充满了臆测，无法充分验证。"[7]

那么，该选择哪种方法呢？科学上显而易见但耗时的方法不需要做出选择，而是煞费苦心地以数百张或数千张 X 射线衍射图像的形式收集数据，然后应用数学公式分析，最后构建一个三维模型。弗兰克林对这种工作量大的工作安之若素，但沃森和克里克却不以为然。多萝西认为，弗兰克林的烦恼跟以下事实有很大关系："她必须首先在拟建立的模型框架内收集 DNA 的准确数据。很自然，她并没有一来就建立模型，而是在数据收集工作完成，并从数据中提取了所有能够限制她应该建立的模型类型的信息之后才着手构建模型的。"如果霍奇金当时在场为弗兰克林出谋划策，她很可能会在沃森和克里克破解 DNA 结构的一年多前告诉弗兰克林，"科学家们在碱基、糖和磷酸基团的几何形式方面已经积累了足够多的一般信息，构建模型本身可以合理地作为一个独立的研究课题"。[8]

由于无法获得弗兰克林的 X 射线数据，沃森和克里克在他们的技术路线上遇到了一系列问题。第一个障碍是卡文迪许实验室没有足够令人满意的、经过精密切割的金属"原子"模型。此前不久，所有顶尖的化学和物理实验室都已配备了一个设备齐全的车间。车间里的工人包括玻璃吹制工匠、金属工匠、工具和模具加工工匠以及其他能工巧匠，他们负责制造科学家们为开展实验而设计的仪器。大约一年半以前，肯德鲁曾尝试过一些多肽氨基酸链的模型构建工作，尽管他还准备了大量的碳、氮和氢元素模型，但"缺少专属于 DNA 原子组的准确描述。于是我们不仅没有磷原子，也没有嘌呤和嘧啶碱基模型"。由于没有让马克斯·佩鲁茨加急下单，于是按比例制作这些模型需要数周时间。[9]

时间的延误让沃森不得不从周一早上开始"在我们的一些碳原子模型上添加一些铜丝，从而把它们变成更大尺寸的磷原子"。[10]接着，他又尝试用一些其他的碎片来表示他认为可能会附着在分子上的无机离子，但效果并不理想，因为他并不清楚如何解释这些例子的键角。弗兰克林在演讲中强调了沃森的思想实验不久就会失败的结论："我们必须先知道正确的 DNA 结构，才能做出正确的模型。"[11]

冥思苦想的沃森满怀希望地等着克里克的到来，希望他能从帽子里变出戏法，为他们的问题提供答案。[12]克里克在"十点左右"到来后，也表示自己被难住了。克里克周末基本上没去想研究的问题，而是用周日休息的大部分时间阅读了《天堂的栖息地》（*A Perch in Paradise*）——一本关于剑桥大学教员性剥削和性癖好的小说，这本书的内容有些淫秽，现已淹没在历史的尘埃里。[13]于是克里克周末一心在琢磨，小说中的哪个人物影射的是自己的哪个朋友、熟人或同事。[14]

喝着咖啡，二人开始推敲几种可能的构型，摆弄着沃森临时找来的组件，思考着沃森从弗兰克林的演讲中依稀记得（不正确）的 X 射线衍射数据。沃森依然期待着，只要他"集中精力研究多核苷酸链折叠的最漂亮样式"，就能突然获得灵感找到答案。[15]

但他们还没找到合适的答案肚子就饿了，于是二人离开卡文迪许，前往"老鹰"酒吧吃常吃的午餐。克里克默不作声地思考着刚才的问题。逻辑上讲，他下一步自然需要给罗莎琳德打个电话，邀请她来喝茶，然后表示愿意结合各自的才能来解决 DNA 的结构问题。他们跟罗莎琳德接触甚少，对后者的印象也完全来自威尔金斯，只知道她是个凶悍而傲慢的女人。尽管罗莎琳德的资历无可挑剔，但这两个年轻人还是把她当作不属于物理学这个大男子主义领域的闯入者。克里克直言不讳地承认，"恐怕我们过去总是对她采取了——怎么说呢——爱答不理的态度"。[16]

　　弗朗西斯一边吃午餐，一边宣布他们回到实验室就开始认真制作模型。首先，他们必须确定这个结构是包含一条、两条、三条还是四条以某种螺旋构型的方式相互连接的核苷酸链。然后，他们推测三链结构由"盐桥（二价阳离子，如 Mg^{++}）连接两个或多个磷酸基团"而成。[17]克里克认为，钙离子有可能把糖-磷酸骨架连接在一起。事实证明，这纯粹是对阳离子的幻想；弗兰克林、威尔金斯或斯托克斯从未提出过形成键或桥的二价阳离子是否存在。沃森认为，他们这样做"可能有些白费力气"。但他也没有其他办法，而是指责国王学院的团队对模型缺乏想象力，也没有确定盐的存在（实际上，他们的确已经确定了是钠）。沃森和克里克一边大口嚼着醋栗派，一边考虑在糖-磷酸盐骨架上添加镁离子或钙离子，希望"能迅速生成一个正确而没有争议的优雅结构"。[18]

　　跟鲍林"漂亮"的 α-蛋白质模型不同，沃森和克里克的三链怪胎看起来一点也不可爱。模型分子的三条链呈麻花状，沿螺旋轴每 27 埃重复一次。夹住小金属片和金属丝带钳子歪歪扭扭地绑在一个从隔壁实验室顺来的环形支架上。其中几个原子的接触点过近，缺乏化学上的美感。尽管沃森和克里克已经认识到这个模型并不合适，但他们仍选择视而不见，不知道自己正在错误的轨道上加速前进。

　　回到克里克家吃完饭时，两人试图向奥迪尔讲述他们今天的工作。后者欣喜若狂，以为他们的发现非常重要，可能会给克里克家快要枯竭的银行账户带来一些收入，并让他们买辆新车或搬进更大的房子。后来，沃森对奥迪尔在修道院的成长经历，她所生活的"艺术-手工艺世界"，她对待金钱的方式以及对万有引力的肤浅理解（她坚持认为万有引力在地球上方三英里处终止）稍微做了些描述。沃森的结论是，她对科学的理解很粗浅，跟她讨论这些问题完全是浪费时间。[19]

　　次日早晨，沃森和克里克又摆弄了一会儿他们的模型，确信它"符合「沃森」从研讨会带回的数据"。从事后的角度看，我们很容易得出结论说，他们的模型是不完整和不正确的。但正如克里克解释的，科学家在开展前沿研究时"总是一头雾水"。[20]写下这句漂亮话之际，他脑子里浮现的可能就是这段插曲。

　　幸运的是，就像我们掌握了弗兰克林 1951 年 11 月 21 日关于 DNA 的大致想法一样，我们同样掌握了克里克和沃森在 1951 年 11 月最后一周所思所想的一手信息。克里克用一支笔尖很粗的钢笔写下了一份 18 页的手稿，作者是"克里克和沃森"——这个作者顺序很快会永远地调转。纸上生动形象的文字给人的印象是，在这场虚构的思想风暴中，皇家蓝墨水迫不及待地从克里克的笔尖喷涌而出。克里克写道，他们"受到伦敦国王学院科研人员在 1951 年 11 月 21 日研讨会上报告的成果的刺激"，"想尝试看看我们是否能找到 D. N. A. 结构得以建立的一般性原理。尽管某些结果为我们提供了一些启发，但我们还是尝试往这种方法中引入了最少的实验事实"。[21]

220

　　11 月 26 日，写完最后一页，并按照自己的意愿弯曲了模型的铜线后，克里克拿起电话让卡文迪许的接线员给伦敦的威尔金斯打了电话。他自信满满地告诉威尔金斯，他和沃森已经破解了 DNA 的结构。还没等惊讶中的威尔金斯开口，克里克就邀请他尽快来剑桥。当天晚些时候，约翰·肯德鲁来到沃森他们的办公室，客气地询问威尔金斯对这个消息的反应。尽管不知道肯德鲁是从何处得知这个消息的，但克里克听说后还是激动不已，据沃森讲，他曾说"威尔金斯几乎对我们正在做的研究漠不关心"。[22]仔细回味，这种说法实在令人难以置信。对威尔金斯来说，在实验室应付工作上跟自己不对付的弗兰克林已经够难了。而此刻，剑桥大学这位"插班生"可能抢先得出结果肯定会让他气得发抖。听到卡文迪许的最新消息后，威尔金斯的胆汁估计都快翻到喉咙里了，但后面他还会继续被气到。

　　沃森声称威尔金斯没兴趣建立 DNA 模型的说法既不准确，也显得有些一厢情愿。实际上，就在沃森和克里克建立三螺旋模型的同时，威尔金斯也在研究这种模型。弗兰克林演讲的次日，国王学院团队中最年轻的成员、澳大利亚物理学家布鲁斯·弗雷泽"带着神秘的微笑"突然出现在威尔金斯的办公室，示意威尔金斯到隔壁他的实验室去。弗雷泽跟他的上司，一位名叫威廉·普赖斯（William Price）的生物物理学家正在用红外光谱分析 DNA 的化学键。威尔金斯在回忆录中谈到这件事时刻意多加了一句暗中挖苦弗兰克林的话："普赖斯小组和我们小组之间的互动是实验室合作精神的又一个很好的例子。"[23]

　　弗雷泽像雕塑家为自己的新作品揭幕一样展示了一个 DNA 模型，模型上包含三条螺旋链，"间距、直径和角度都恰到好处……通过模型中间相互堆叠的扁平碱基之间的氢键连接在一起"。[24]弗雷泽根据弗兰克林前一天提供的数据和"我们实验室的总体思路"建立了自己的模型。他（和威尔金斯）还借鉴了诺丁汉大学的

J. M. 古兰德（J. M. Gulland）以及挪威物理学家斯文·福尔伯格（Sven Furberg）的研究成果，古兰德证明了 DNA 链是如何"通过碱基间的氢键连接在一起的"。[25]福尔伯格 1949 年在伦敦伯克贝克学院 J. D. 伯尔纳指导下完成的博士学位论文中，假设了一种被称为"之字链"的单链（但最终被证明不稳定的）DNA 模型。[26]虽然这个假设并不正确，但福尔伯格确立了一个重要事实，即嘌呤或嘧啶碱基的平面"几乎垂直于多数糖原子所在的平面"。[27]

但弗雷泽的分子模型结构也存在问题。最明显的就是模型上的三条链。它们间距相等，既不符合 X 射线衍射图，也不符合纽约生物化学家埃尔温·查尔加夫此前不久发现的嘌呤和嘧啶 1∶1 的精确比例。弗雷泽和威尔金斯盯着这个模型看了好几天，但两人都没想到如何"处理这三个螺旋。我们毫无进展"。[28]

一筹莫展的威尔金斯再次迁怒于弗兰克林，他将这一错误归咎于她所谓的反螺旋观点及其 DNA 由三链构成的观点。[29]但在弗兰克林的讲座笔记和临时报告中，她实际上提出了"每个螺旋单位包含 2 条、3 条或 4 条同轴核酸链"的假设。[30]最终，威尔金斯不得不接受弗兰克林坚持的观点——在它们获得更多数据支持以前，"试图建立更多的模型根本没用"。但威尔金斯还是忍不住坚持认为正是弗兰克林让他误入歧途："存在三条链的想法"，威尔金斯哀叹道，"让我们彻底停滞不前。我们的主要失误在于过于关注「弗兰克林的」实验数据"。[31]

接到克里克的电话几分钟后，威尔金斯就"冲进实验室"，告诉大家剑桥发来邀请的消息。召集实验室其他人员商议后，威尔金斯告诉克里克，他会搭乘第二天（11 月 27 日星期三）上午 10∶10

222 的火车前往剑桥。接着，他故弄玄虚地顿了顿（也许是为了戏剧效果，但更可能是因为他说话本就有些拖沓），说道，"罗茜和她的学生高斯林也会乘坐同一趟火车"，外加弗雷泽和威利·西兹。沃森不禁对他们表现出的集体热情嗤之以鼻，"显然，他们对结果还是很感兴趣的"。[32]

图 15-1　国王十字车站

次日一早，国王学院的五位科学家来到偌大的国王十字车站集合，开启了跟沃森六天前相反的逆向旅程。北上的路上，威尔金斯笨拙地跟弗兰克林聊了几句，但弗兰克林没太搭理，她盯着窗外的乡野，一眼望去全是成片的农场和牧场、滚成圆柱的干草捆和慵懒的奶牛。车厢里的寂静令五位年轻科学家显得更加忐忑了。"我们知道弗朗西斯和吉姆非常聪明"，威尔金斯在描述这一个多小时的旅程时说道，"但我想知道他们想出了什么办法"。[33]

抵达剑桥后，国王学院小组面临的当务之急是如何走完前往卡文迪许实验室的最后 3.4 英里路程。威尔金斯提议一起分担出租车费。向来不太合群的弗兰克林坚持要坐公共汽车。如果她跟其他四人一起坐在黑色出租车的后座，膝盖和肩膀相互挤在一起，那得有多难受。

一行人在自由学校巷重新集合。就像小鸭子跟着"鸭爸爸"一样，其他物理学家跟着威尔金斯走进了奥斯汀侧楼。威尔金斯一路上说着无厘头的玩笑话，希望能鼓舞士气，因为他知道，他的团队眼看着就要被几个外行实验员打败了。弗兰克林并未理会他调节气氛的努力，而是把注意力放在了高斯林身上，高斯林被两位前辈同事夹在中间越发感到不自在。[34]

据沃森说，威尔金斯"探头探脑"地走进 103 号房间以示自己已经到了，并认为"适当从科学话题中岔开才能更好地寒暄。但罗茜并不是来这里说胡话的，而是想尽快知道事情的进展状况"。[35]沃森接着详细叙述了这次会面的具体情形，首先是佩鲁茨和肯德鲁欢迎威尔金斯等人来到卡文迪许，接着便借故离开，以便让向来爱出风头的克里克好好表现一番。沃森和克里克计划首先由克里克向国王学院的科学家们讲授"螺旋理论的优势"以及"贝塞尔函数是如何得出简洁答案的"。接着，两人将概述跟他们的模型相关的假设和事实，讲完后就带大家前往"老鹰"酒吧共进午餐，之后返回实验室，"下午大家自由讨论如何开展收尾阶段的研究"。[36]虽然这天一开始克里克就介绍了他的螺旋理论，但很快就被威尔金斯打断道，"不用这般隆重，斯托克斯已经在前一天晚上回家的火车上解决了这个问题，次日早晨他还在一张小纸片上写下了这个理论"。[37]

至于接下来发生的事情，流传甚广的说法是弗兰克林检查了模型后，"眉开眼笑地"嘲笑沃森和克里克的努力实在令人遗憾，接着像狙击手一样精准挑出了二人研究中的问题。甚至有些说法夸张地形容她高兴得尖叫起来说道，"哦，看哪，你们把结构内外颠倒了！"[38]沃森和克里克记忆中她的批评便是如此。高斯林的回忆则显224 得更加细致入微：

> 一踏入实验室看到他们的模型后，我们的欣慰之情肯定也是溢于言表。罗莎琳德用她最擅长的教导风格说道，"你们错了，原因如下……"接着她一一列举原因并最终否定了他们的模型……这也证实了罗莎琳德的观点，即众人可以"建立无数个"原子模型，但不可能说哪一个更接近真相。如果莫里斯能退让一步，让我们（罗莎琳德和我）继续测量衍射强度，并开展缓慢而繁重的计算，那么最终"数据会说明一切"。[39]

沃森愤怒地反驳说，弗兰克林"压根不关心螺旋理论提出的先后顺序，弗朗西斯在一旁喋喋不休也让她越发恼火。讲道理显得多余，因为在她看来，没有丝毫证据表明 DNA 是螺旋形的。仅关注模型本身的做法只会让她更加不屑一顾。弗朗西斯的论点中没有任何内容可以证明所有这些大惊小怪是合理的"。根据沃森的记忆，大家在谈到那些令人讨厌的二价镁离子时，弗兰克林就会变得"咄咄逼人"，克里克和沃森幻想这些镁离子是把三条螺旋链粘在一起的胶水。但弗兰克林坚持认为，"Mg++离子"会"被水分子的紧密外壳包围"，进而无法充当"致密结构的枢纽"。[40]弗兰克林可能是在冷静、自信、有力地陈述自己的批评意见，这也是她一贯的作风，或许并不能完全对应于沃森口中"咄咄逼人"的表述。对于以数据为导向的弗兰克林来说，看着沃森和克里克漏洞百出的模型，就好比一个技艺高超的音乐家被迫忍受一首满是错误音符的交响乐一样。

且不论语气如何，弗兰克林甫一指出三条螺旋链模型不可能成立，103 号房间的空气就凝固了。正如沃森描述的，克里克的"心态就不再像一个给不幸的殖民地儿童（此前从未领略过一流智慧的那种）讲课的自信导师了"。尽管克里克和沃森提出了合作的请求，但国王学院小组并未应和。[41]历史学家罗伯特·奥尔比（Robert Olby）直截了当地描述了二人的提议："弗兰克林和高斯林不接受这种建议是可以理解的。他们眼睁睁目睹了两个小丑的恶作剧。他们为什么要与之联手从而纵容这种行为呢？"[42]沃森和克里克在这场争论中败下阵来；显而易见弗兰克林获胜了。[43]正如克里克直言不讳地说到的，"我们在自找没趣"。[44]

那天会面剩余的时间让所有参与者都如坐针毡，尤其是沃森，他最终接受了弗兰克林恼人的说法——"反对意见总是常见的"。讨论至此，"令人尴尬的事情终于出现，「沃森」对罗茜展示的 DNA 样品含水量的记忆不可能是正确的"。二人的模型估算的含水量仅为实际的十分之一，而这一切都是因为他没有仔细听讲造成的。沃森承认，"我们必须承认自己的论点不够有力。一旦考虑到更多的水分，可能的 DNA 模型数量就会急剧增加"。[45]

午饭后，两队科学家沿着三一学院后院散步，他们悠闲地穿过了大庭院，但无论克里克如何劝说，国王学院的生物物理学家们都不为所动。正如沃森指出的，"罗茜和高斯林的态度非常强硬：他们未来的研究方向不会受到此次 50 英里远行收获的胡言乱语的影响"。威尔金斯和西兹则比较通情达理，但这可能只是因为他们"故意想跟弗兰克林意见相左"。年轻的科学家们回到卡文迪许后，他们的谈话也更加不对付了。威尔金斯首先打破沉默，打趣道，"如果他们匆忙赶路，公交车也许能让他们赶上 3：40 开往利物浦

225

街车站的火车”。最后只留下一句敷衍的道别。[46]

许多人都试图确定沃森对罗莎琳德长达数十年怨恨情绪的明确起点。带着历史学家的特权，我们提供了当时在 103 号房间里弗兰克林发出感慨时的场景，沃森坚持认为弗兰克林的语气听上去就像是，"哦，看看吧，你搞反了！"50 多年过后，弗兰克林的蔑视——无论当时具体说了什么——仍然在沃森耳边回荡。2018 年，他坐在冷泉港的办公室，带着痛苦的语气回忆道，"她对我们，尤其是对我从来都不是很好……罗茜总是想让你知道，她的脑子比你的好使——哪怕事实并非如此。她还没谦虚到自知其无知的地步"。[47]

而布拉格在听到他那庄严的部门主管办公室楼下发生的事情后，脸色瞬间变得铁青。佩鲁茨试图让他冷静下来，但布拉格却一心想格杀勿论。DNA 研究严格隶属国王学院的管辖范围。这个叫沃森的家伙凭什么干涉医学研究理事会另一个部门的工作？克里克又是在干什么，正事不做，跑去参与外部机构同事的研究？布拉格咆哮着说，照这样下去，克里克将永远无法拿到博士学位，这是布拉格绝不能容忍的后果。正如沃森所言，"现在，本应享受科学界最负盛名的教席带来的荣誉之际，却不得不为一个不成功的天才的无理取闹善后"。[48]

可以想象，布拉格在剑桥的书房和兰德尔在伦敦地下室之间的电话线肯定被辱骂和道歉的话烧得滚烫。兰德尔已经从威尔金斯那里听说了这次会晤，他的愤怒是可以理解的。[49]虽然没有记录显示兰德尔和布拉格在那天下午聊了什么，但由于近期发现的"弗朗西斯·克里克遗失的信件"（"the lost correspondence of Francis

Crick"），我们相当于获得了一些间接证据。这些信件被塞进了装有 2002 年诺贝尔生理学或医学奖得主悉尼·布伦纳（Sydney Brenner）的论文的箱子里。由于历史记录保存的特殊性，这些信件直到 2010 年布伦纳把这些文件（以及另外九箱克里克的文件）捐赠给冷泉港实验室档案馆时才被发现。[50]

在一封日期为 1951 年 12 月 11 日的语气生硬的信件中，威尔金斯正式跟克里克签订了某种和平条约。信的开头是一句热情洋溢的"我亲爱的弗朗西斯"，接着对"周六匆匆离去，未能再见到你"表达了歉意。信中几乎没有使用其他让人感到亲切或温暖的措辞，因为这封信是抄送给兰德尔的（也可能是由他口述）：

> 恐怕这里投票的平均结果是反对你在剑桥继续开展 n. a.（核酸）研究工作的提议。有人提出论据说明你的想法直接来自学术研讨会上的发言，在我看来，这种说法跟你认为自己的方法十分新颖一样令人信服……我认为最重要的是达成谅解，让我们实验室的所有成员今后都能跟过去一样，自由地跟您以及您的实验室成员讨论工作，并交换意见。我们是隶属医学研究理事会的两个单位，也是有着诸多联系的两个物理系。我个人认为，与你讨论我自己的工作对我大有裨益，而且在你周六表明态度之后，我对跟你讨论工作感到有些不安了。不管这件事究竟是对是错，我认为最重要的还是保持实验室之间的良好关系。如果你和吉姆在离我们实验室很远的地方工作，我们的态度是你们应该继续。我认为最好的办法是遵循这里大多数结构科学家和你们整个单位的意见。如果贵单位认为我们的建议显得自私或者有悖于科学的进步，烦请告知。我建议你把这封信给马克斯看看，供他参考，在与兰德尔讨论此事后，我应他

的要求，也给了他一份。[51]

几小时后，威尔金斯又给克里克寄去了一封手写的信件，顺带提到了兰德尔的怒气。第二封信更好地揭示了二人长期友谊的本质，以及威尔金斯为改善尴尬局面而提出的建议，包括建议克里克把这封信给肯德鲁看：

> 这封信只是想表达我是多么恼火，我感觉这一切是多么糟糕，以及我自己是多么友好（虽然可能看上去并非如此）。我们的确夹在各种力量之间，这些力量可能会把我们所有人都碾成碎片。就你的利益而言，我非常建议你最好做出一点牺牲。当我说我不得不阻止兰德尔写信给布拉格抱怨你的做法时，你就知道风向究竟如何了。不用说，我的确把他劝住了，但就你跟布拉格关系而言，与其我行我素地积累你所有出色的创意带来的荣誉，还不如低调行事，树立一个从不制造"麻烦"的默默无闻的安心工作者的形象来得重要。你看，如果你对所有重要的事情都太感兴趣，确实会让我对我们的讨论产生困惑；我说的是真正的困惑，我现在基本上无法对多核苷酸链或别的什么做出合乎逻辑的思考。可怜的吉姆——请允许我为他留下一滴鳄鱼的眼泪和困惑的泪水，请代我向他致以最良好的祝愿和问候，以及向你们俩致以友好的问候，如果你们对我扮演的角色有任何不满，请告诉我！也向约翰问好！[52]

两天后的 12 月 13 日，克里克给威尔金斯回了一封极富魅力的亲笔信：

　　我只想简短地感谢你的来信，并尝试让你振作起来。我们认为，把整个事情弄清楚的最好办法是我们给你去一封信，温和地阐述我们的观点。这可能需要一天左右的时间，希望你能原谅我们的耽搁。请不要担心，因为我们都同意必须达成友好的安排。同时，请允许我们指出，你现在的处境十分幸运。短时间内，你和你的研究小组很可能已经决定性地解决了生物分子结构中的一个关键问题。于是，你们就打开了通向许多真正关键的生物学问题的大门。「所以」打起精神来，哪怕我们给你打气，也是尽朋友之谊。我们希望我们的挪用行为至少能让你们团结起来！[53]

　　现在，双方冰释前嫌，DNA 研究也安全地回到了威尔金斯手上，但他又一次“幸运地”弄丢了解决双螺旋结构问题的优先权。剑桥之行结束后的某天，威尔金斯正坐在办公室里“伤春悲秋”，突然弗兰克林走进来“讨论关于螺旋状 DNA 的一个新想法”。威尔金斯大吃一惊，因为自从“斯托克斯和我摆脱她的暴脾气后”，他们就再也没面对面交流过。确认自己不是在做梦后，威尔金斯给弗兰克林让了一把椅子，她便开始讲述自己对新发现的 B 形态 DNA 的想法。这个形态恰好是斯托克斯和威尔金斯已经断定为螺旋的图形。令威尔金斯感到惊讶的是，弗兰克林“有个十分明智的想法”。具体而言，她告诉威尔金斯，“层线的相对强度似乎表明，DNA 分子中存在两种浓度的物质，它们沿八分之三的重复距离相互隔开”。威尔金斯看了看图片，上面描绘的是一个“包含两团物质的螺旋分子，它们被八分之三的距离隔开”。很不幸，他和弗兰克林都没弄明白这幅图的含义。对他们而言，这又是一次绝佳但同样转瞬即逝的合作机会。接下来的半个世纪里，威尔金斯一直

229

努力解释说，"一种心理障碍让罗莎琳德和我无法看到，沿纤维相隔八分之三距离的两团物质就是双链 DNA 的螺旋链"。[54] 但这种说法可能是他故意为自己脸上贴金，进而暗示他们在 1951 年底时，不管是一起还是各自都比实际看上去更接近 DNA 之谜的真相。但此时此刻，威尔金斯还沉浸在对"更稳定"的三链结构的一厢情愿之中。哪怕答案明晃晃就在眼前，他也不知道该从何着手。[55] 克里克对威尔金斯后来声称已经接近解决 DNA 问题的说法大加嘲讽："他掌握的信息和我们一样多，现在他说他在查尔加夫的文章中找到了关键信息，但他不过在自说自话，他可能是在苦思冥想，但有没有做出发现，仅此而已。"[56]

230

从布拉格到佩鲁茨，再到约翰·肯德鲁，最后一直到沃森和克里克，剑桥大学暂停研究 DNA 的禁令逐层下达。克里克被要求专心完成他的博士学位论文，而沃森则被指示研究烟草花叶病毒（TMV）——一种单链 RNA 病毒，因其在受感染的烟草叶上产生绿色和黄色斑点而得名。[57] 在病毒学和生物学发展的早期，科学家们对这种病毒做了大量研究，不仅因为它给烟草业带来了伤害，还因为它含有"无情的特洛伊木马技术"，可以进入宿主细胞并接管其繁殖机制。[58]

在承受了弗兰克林对其分子模型的责难后，沃森不得不承认他的三螺旋模型"看上去很糟"。为了让沃森深刻汲取教训，布拉格指示沃森把他们制作模型的模具、夹具和其他部件寄给国王学院的威尔金斯。与此同时，威尔金斯和弗兰克林之间的争吵也在他们从剑桥回来后越发激烈。沃森开玩笑说，"弗兰克林可能会把铜线模型拧到他的脖子上，而不是听从莫里斯的指挥制作模

图 15-2　沃森和克里克。卡文迪许实验室工作人员合影，1952 年

型".[59]近六个月的时间里，这些夹具和模具都被遗忘在国王学院生物物理学帝国的一个偏僻角落的破旧纸箱里。1952 年 6 月，威尔金斯问沃森和克里克是否希望他归还这些模具。卡文迪许兄弟俩欣然接受，"回复中夹杂着需要更多的碳原子模型来制作展现多肽链如何拐弯的模型".[60]

　　时刻准备着的吉姆·沃森无意放弃自己的人生使命。幸运的是，"「约翰·肯德鲁」从未试图重新激发我对肌红蛋白的兴趣"。肯德鲁感觉布拉格"暂停研究 DNA 的禁令并未殃及对它的思考".[61]表面上，沃森在实验室的任务是研究烟草花叶病毒——他称之为"掩盖我对 DNA 弥久兴趣的完美幌子".[62]在剑桥"黑暗而寒

231

冷"的冬天里，他偷偷学习了更多的理论化学知识，他还查阅遗传学期刊，希望能找到"哪怕一条被遗忘的 DNA 线索"。[63]

当他在剑桥的第一个学期行将结束，圣诞节也即将到来之际，克里克送给他一份礼物：几周前他们在牛津布莱克维尔书店淘到的书——鲍林的《化学键的性质》。这是个特别的礼物，因为扉页上写有弗朗西斯的题词："弗朗西斯致吉姆——51 年圣诞节"。翻阅着鲍林的化学巨著，沃森希望还能找到一些解开 DNA 的蛛丝马迹。这位来自芝加哥的公开无神论者在阅读克里克送的礼物时笑着调侃道："基督教的残渣的确有点用。"[64]

1951 年的圣诞节也标志着沃森和克里克几乎就要大势已去了。布拉格对三链螺旋的惨败一直耿耿于怀，乃至他在假期便积极密谋把克里克扫地出门。1952 年 1 月 18 日，布拉格给几年前把克里克招进剑桥的肌肉生理学家 A. V. 希尔写了一封密信。信中的意思是要把克里克逐出卡文迪许：

> 有个年轻人在我这里工作，现在佩鲁茨团队，我相信他曾经是你的门徒，你曾建议他学习生物物理学。此人就是克里克。我很担心他，如果你对他很了解，我想跟你咨询下他的情况。他正在我这里攻读博士学位，虽然已经 35 岁了，但因为战争才拖延至此。我担心的是，让他安下心开展一项稳定的研究几乎是不可能的，而且我怀疑他是否为今年就要获取的博士学位做了充分的准备。然而，他一心只想做研究，而且非常想一直在这里混着。他有妻子和家庭，应该去找份工作。我认为他高估了自己的研究能力，而且不应该指望在没有任何其他成

绩的情况下找到工作。你对他的职业生涯感兴趣吗，是否愿意就此谈一谈你的想法？我需要一些帮助来决定我对他的态度。[65]

幸运的是，希尔说服了布拉格，让他冷静下来并停止了下一步的动作。然而，克里克跟布拉格之间的性格冲突，以及他在国王学院地盘上撒野的行为却直接威胁到了他的职业生涯。我们回顾历史便知，无论热情洋溢的克里克多么令人讨厌，他的科学见解往往被证明是无价之宝。他对生物学的理解——从理论一直到分子层面——的确令人叹为观止。然而，在这个特殊的时期，除了他自己和沃森，克里克还没向任何人展示过这些独特的天才。至少目前，他在剑桥还算安全——尽管他不知道自己差点就被解雇了。

233

卷四 止步不前，1952 年

顺便一说，老吉姆·沃森谈到的许多故事不过是纯粹的臆想——他和克里克的争吵以及其他事情……他并不总是记得那么准确。这根本不是一本成熟的人写的书；而实际上这是他 25 岁写给父母的信札的文字记录，此点须谨记在心。一个第一次来到欧洲的毛头小子「以及」他对此的激烈反应……「压根就是」小说家之言。

——威廉·劳伦斯·布拉格爵士[1]

第十六章　鲍林博士的困境[1]

1952 年 6 月 20 日

致有关人士：

我不是共产党员。

我从来都不是共产党员。

我从未跟共产党有任何瓜葛。

——莱纳斯·鲍林[2]

莱纳斯·鲍林跟许多成就卓著的人一样，也没少招人嫉恨。批评他的人认为他不过是个学术明星。欣赏他的人也担心他经常表现得像个自我标榜的科学万事通。这位化学家特别喜欢让自己的名字出现在科学杂志——他的写作速度惊人——和报刊上（因为报刊喜欢报道他的事迹），但这只会徒增别有用心之人的口实而已。就连他的衣着也常常引人关注。鲍林并不像标准的美国教授那样身着哈里斯斜纹软呢夹克，内衬一件白色牛津布衬衫，外搭灰色法兰绒百褶长裤、深色针织领带，然后脚踩一双厚重的灯芯绒皮鞋，而是穿着印有鲜艳图案的运动衬衫，配上彩色背带绷起的宽松卡其色裤子，脚踏一双露趾凉鞋，头上则是俏皮的贝雷帽。他那一头灰白色的飘逸长发跟世界上咖位最大的科学家阿尔伯特·爱因斯坦相差无几。莱纳斯是典型的学者，既热爱大学生活的礼节，也喜欢其中可以批判各种迂腐规则的自由氛围。正如他自己解释的那般，"我的

个性中有两种截然相反的特质：一种是泰然处之，一种是根据自己
237　的感受对环境做出评价"。[3]

　　20 世纪 50 年代初，莱纳斯在两条战线上同时出击。前一条是
开辟分子生物学和化学的新领域。后一条就是积极投身政治，这引
起了美国政府的高度重视。当时正值麦卡锡时代，受到关注的人稍
有闪失就会葬送自己的事业前程，甚至会丢了性命，而鲍林却还是
表现得那般张扬。每在政治舞台上多亮一次相，他受到的关注就会
多一分，好像生怕对手看不到一样。[4]

　　这一时期的许多自由派人士都认为哈里·杜鲁门（Harry
Truman）的政治右倾主义是一种背叛，而随着社会对共产党的"红
色恐慌"（Red Scare）的兴起、政府要求宣誓效忠以及美国卷入朝鲜
战争等事件相继发生，当权者也变得更右了。鲍林对社会风气的变
化尤其不满，他在电台、报纸和抗议游行中发表自己的观点，抨击
那些能够左右自己命运的权贵者。鲍林的政治立场实际上跟富兰克
林·罗斯福此前的新政民主党（New Deal Democrat）一致，但他独
立的思想、人格的魅力、名声以及对极左事业的支持引发公众的极
大关注。最坏的情况下，他可能会被联邦调查局局长埃德加·胡佛
（J. Edgar Hoover）称为共产党的"同路人"。实际上，他更像一个
"和平主义者"，一个反对一切形式战争的活动家。二战期间，鲍林
就拒绝申请美国政府的安全许可，也没有为原子弹的研发做出自己
的贡献。从 20 世纪 40 年代到其生命的最后阶段，鲍林一直是反核武
器和反战运动的领军人物，并因此获得了 1962 年诺贝尔和平奖。

　　随着参议员约瑟夫·麦卡锡（Joseph R. McCarthy）的影响席
卷全国，鲍林也因为此前加入的一些已知（或被认为是）与美国
共产党有关联的组织而成为重点关注对象，这些组织包括美国进步
公民组织，艺术、科学和专业独立公民委员会以及美国科学工作者

协会（由诺奖得主、核物理学家、法国共产党创始人让·弗雷德里克·约里奥·居里管理的一个国际组织的下属机构）等。鲍林还担任了道尔顿·特朗博（Dalton Trumbo）的假释顾问，更进一步加强了他的红色形象，后者曾为《罗马假日》（*Roman Holiday*）、《出埃及记》（*Exodus*）、《斯巴达克斯》（*Spartacus*）等好莱坞经典电影以及 1939 年获得国家图书奖的反战小说《无语问苍天》（*Johnny Got His Gun*）撰写剧本。特朗博是"好莱坞十杰"之一，这群著名的编剧、制片人和导演因从事共产主义活动而受到联邦政府的调查。1950 年，特朗博因拒绝向美国众议院非美活动委员会（HUAC）透露姓名而在联邦监狱服刑 11 个月。鲍林还是朱利叶斯·罗森伯格和埃塞尔·罗森伯格（Julius and Ethel Rosenberg）的积极辩护人，他们在 1950 年因作为苏联工作人员从事间谍活动而被捕。在罗森伯格夫妇于 1953 年被处决前，鲍林曾多次公开为他们奔走呼吁。[5]正如沃森所言，就在鲍林卷入这些争议活动之际，整个国家都陷入了一场"由美国妄想狂想出的尴尬冷战，而这些人本应回到自己中西部城镇的律所中去"。[6]

图 16-1　1953~1955 年，鲍林就其护照被拒一事作证

因为上述行为，鲍林遭到了美国众议院非美活动委员会、联邦调查局、美国国务院和加州理工学院等机构一系列可能危及其职业生涯的调查。但没有任何一项调查能够证明他是共产主义组织的成员，联邦调查局特工多年来对他的课堂和公开演讲的监视也没发现他有任何不忠于国家的不当言辞。尽管如此，20 世纪 50 年代初的社会风气如此，只要表现出一丝同情共产党的迹象，就足以让人自绝于社会。鲍林走在加州理工学院的校园里，同事们纷纷避之不敢与其交谈。对一个渴望得到同辈关注的人来说，如此冷漠的对待简直就是折磨。1950 年，参议员麦卡锡对鲍林提出不实指控后，泪流满面的艾娃·海伦·鲍林对鲍林以前的一名学生说："我不知道我丈夫还能撑多久。"[7]但鲍林终究撑住了，他的科学事业拯救了他。

239

1951 年秋，鲍林收到了前往英国皇家学会发表演讲的邀请，皇家学会相当于美国国家科学院，是世界上最负盛名的科学机构之一。演讲定于 1952 年 5 月 1 日举行，这可不是一次简单的演讲。鲍林应邀介绍他对蛋白质分子结构的研究，就像一位博学的律师应邀在最高法院为一个重要案件辩护一样。世界上许多最聪明的化学家、生物学家和物理学家——他们都对 α-蛋白质螺旋抱有疑问——都在听众席上，时刻准备着深入的评论和批评。准备演讲期间，鲍林打算加入一些关于核酸的内容。他很早就知道奥斯瓦尔德·艾弗里对肺炎球菌中观察到的转化物质的研究，但起初觉得这项研究不重要："我没接受他的结论。我对蛋白质很满意，你知道，我认为蛋白质可能就是遗传物质，而非核酸，当然，核酸也起到了一定的作用。"[8]

收到演讲邀请后，鲍林写信给莫里斯·威尔金斯，随后又给约翰·兰德尔去了一封信，要求查看威尔金斯的"核酸纤维图片"。这两个请求均被拒绝。[9]威尔金斯经常喋喋不休地跟人强调科学开放的重要性，但在分享自己未发表的成果时，却经常显得很双标。1997 年，威尔金斯回忆他拒绝鲍林请求的情景时，语气显得模棱两可："我说了，'不，非常感谢你的请求'之类的话，'我需要更多时间'，我们想自己多花点时间研究。如果你不介意的话，且再等一等。"我并不觉得说"如果你不介意的话，且再等一等"有什么丢人的。[10]

鲍林没有因为兰德尔和威尔金斯的拒绝而感到苦恼，他把 DNA 放在一边，一心准备皇家学会的演讲。接下来几个月里，他和罗伯特·科里（Robert Corey）"测试、改进并重新思考了他们的（蛋白质）结构"。[11]其间，有一件看似很不起眼的事情便是更新他的美国护照。在申请表中询问旅行原因的部分，鲍林列出了"科学目的——参加伦敦皇家学会安排在 1952 年 5 月 1 日举行的蛋白质结构讨论会，在大学就科学主题发表演讲，跟外国同行讨论科学问题，尤其是蛋白质结构，以及接受图卢兹大学授予的荣誉博士学位（Docteur de l'Université）"等答案。[12]在华盛顿一个秋高气爽的早晨，他的申请被递呈到了国务院护照司司长露丝·比拉斯基·希普利（Mrs. Ruth Bielaski Shipley，1928～1955 年在任）夫人的办公桌上。

希普利夫人每天都身着一套朴素的深色羊毛或亚麻套装，头戴一顶像塌陷的蛋奶酥一样的帽子。[13]在这顶灾难性的女帽下面，是一头紧紧扎成发髻的蓝灰色头发。她那双鲨鱼般的眼睛被老式鼻夹眼镜遮住了，眼镜一端用黑色丝带挂在了裙子上。她嘴角向下，仿佛永远眉头紧锁。严厉的外表下，希普利对每一份呈递到华盛顿的针对护照申请的审查都怀有强烈的自豪感，尽管她手下有两百多名工作人员来处理每天堆积如山的申请。

240

希普利夫人把《1950 年颠覆活动控制法》（Subversive Activities Control Act）视为上帝赐予的诫命，将其主要发起人帕特里克·麦卡伦参议员、国务卿科戴尔·赫尔、迪安·艾奇逊和约翰·福斯特·杜勒斯、联邦调查局局长 J. 埃德加·胡佛以及约瑟夫·麦卡锡参议员的法律顾问罗伊·科恩视为朋友和崇拜者。富兰克林·罗斯福总统谨慎地称赞她是"了不起的食人魔"。[14]《时代》杂志形容她是"政府中最无懈可击、最令人讨厌、最令人生畏、最令人敬佩的职业女性"。[15]《读者文摘》称希普利为"国务院的看门狗"，并告诉它的 4000 万读者："没有她的授权，任何美国人都出不了国。她决定申请人是否有权获得护照，以及申请人是否会危害国家安全，或因不恰当的行为对美国造成损害。"[16]

241　　现在回想起来，一个既非民选也未经国会批准的女人竟然拥有"同意或拒绝申请人"的全部和唯一权力，这着实令人震惊。[17]从技

图 16-2　美国国务院的露丝·希普利，约 1920 年

术上讲，希普利本应把更复杂的申请交给"一个顾问委员会，即对该申请做出仲裁的最高法"。[18]更多的时候，每当她嗅到哪怕一丁点同情共产主义的味道，就会"尽职尽责"地伸手拿过一个刻有"拒绝"（REJECT）的大橡皮图章，往鲜红的墨板上按一下，接着果断地敲在申请表上。[19]她经手的最著名拒签案例包括：剧作家阿瑟·米勒（Arthur Miller）和莉莲·赫尔曼（Lillian Hellman），歌手、演员、民权活动家、亲斯大林主义者保罗·罗伯逊（Paul Robeson），社会学家、学者、民权活动家杜波依斯（W. E. B. DuBois），曼哈顿计划物理学家马丁·卡门（Martin D. Kamen），以及吉姆-沃森的博士生导师、印第安纳大学的萨尔瓦多·卢里亚。[20]

1952 年 1 月 24 日，鲍林忧心希普利的办公室尚未给出任何回复，于是给她写信咨询护照更新的事情。三周后的 2 月 14 日，希普利夫人给鲍林寄来一封打印信——当然不是情人节贺卡：

> 亲爱的鲍林博士：
>
> 这封信是对你 1 月 24 日来信的回复，我们正式告知你，本部门已经慎重考虑过你的护照申请。但美国政府不会向你签发护照，因为本部门认为你拟议的旅行并不符合美国的最佳利益。你于 1951 年 10 月 17 日递交申请时附带的 9 美元护照费将于稍晚时退还。
>
> 此致
>
> R. B. 希普利
>
> 护照司司长[21]

希普利的决定并非心血来潮，她已经对鲍林的各种活动做了连续数月的跟踪了解。1951 年 10 月，她向国务院索取了一份关于鲍林的调查文件，还仔细阅读了鲍林在联邦调查局的相关档案。在这份档案中，一位匿名人士称这位化学家为"职业慈善家"，他的妻子把他推向了政治舞台。这个消息源继续把海伦·鲍林描述成一个"政治白痴"，"她每天都会第一时间奉承丈夫道，他的聪明才智排世界前三，他不应该否认那些不明真相的人和无知者的领导才能和能力"。[22] 对希普利来说，这份报告让人"有充分的理由相信鲍林博士是一名共产党员"。[23]

她挑错了人。鲍林博士认为，他的护照被拒提供了一个绝佳的机会来加深世人对政府反复无常的认识。2 月 29 日，鲍林给杜鲁门总统写了一封信，就在四年前，杜鲁门总统还因鲍林在二战期间"表现突出，功勋卓著"而授予他荣誉勋章。[24] 鲍林恳请总统"纠正这种行为，并安排签发护照。我是个忠诚且有良知的美国公民。我从未做过任何不爱国或犯罪的事情"。[25] 然而，贵为美国总统也不愿制衡希普利的绝对权力。杜鲁门竭力模仿本丢·彼拉多（Pontius Pilate）的口吻回答说，这是护照司的问题。希普利则驳回了鲍林的上诉，杜鲁门保持沉默。[26]

同事们提出抗议，美国国家科学院院长提出请求，最后，鲍林来到华盛顿希普利的办公室。坐在希普利那张枪灰色的大急流城钢制办公桌对面，教授解释了此行的重要性。他在宣誓后主动补充道，他不是也从未加入共产党。希普利夫人不为所动。4 月 28 日，就在最后一架能够把他及时送往伦敦发表演讲的飞机起飞数小时前，鲍林收到了一封来自国务院（Foggy Bottom）的电报，上书：243 没有护照。

❦

1952 年 5 月 1 日，科里摇摇晃晃地拄着拐杖，走到伦敦皇家学会庄严的半圆形演讲厅的讲席上。他站在国王查理二世肖像的正下方，宣读着鲍林的演讲稿——但他转呈的演讲显得干瘪、吞吞吐吐且毫无新意。加州理工学院的晶体学家爱德华·休斯（EdwardHughes）也代表鲍林发言，他对鲍林的回复感到愤怒。休斯说，"剩下的时间里，在座的英国人会指出我们错在哪里"。[27]

无论对错，欧洲都需要鲍林。国际科学界通过撰写社论、在全球各地报纸上发表谴责声明，以及组织抗议美国政府行为的活动等，让鲍林的影响变得更大了。[28]诺贝尔化学奖得主罗伯特·罗宾逊爵士（Sir Robert Robinson）给《泰晤士报》写信谴责美国政府"令人遗憾"的行为。美国国务院驻伦敦大使馆的一名官员通过外交包裹把剪报直接寄给了国务卿迪安·艾奇逊，并在附信中指出，"这起事件对美国的国家利益造成了明确而严重的损害"。[29]接连数日，鲍林的政治审查都占据着伦敦报纸的头版头条。而在英吉利海峡对岸，法国科学家对美国国务院更是大加挞伐。为了更明确地表达不满之情，科学界在 7 月于巴黎举行的第二届国际生物化学大会上任命鲍林为大会名誉主席。[30]

而在华盛顿这边，公众对政府限制莱纳斯·鲍林出国的愤怒程度跟大西洋对岸相差无几。许多著名科学家和公民给国会议员写信，甚至美国众议院和参议院的一些议员——包括参议院亨利·卡伯特·洛奇（Henry Cabot Lodge）和理查德·尼克松（Richard Nixon）——纷纷要求国务院解释拒发护照的原因。正如鲍林对加州理工学院学生报《科技》（Tech）的记者抱怨的那样，"坦白讲，整个事件从头到尾都是丑闻"。[31]

希普利夫人则拒绝改变立场。在第二天的一份备忘录中，她嘲笑道，"既然因为其专业立场，我必须在科学问题上听从科学家的意见，那么在拒绝签发护照这样的技术性问题上，他们也必须听从国务院的意见"。[32]据报道，国务卿艾奇逊惊讶地发现，护照申请被希普利驳回的美国公民并没有上诉途径。为了防止国务院成为众矢之的，艾奇逊下令，只要鲍林确认自己不是共产党员这个流传甚广的传闻，他就可以有限制地持有护照，从而在英国和法国从事学术活动。[33]整件事没有任何公开声明或道歉，艾奇逊的名字也没有出现在更正备忘录的任何地方以表明希普利夫人的决定被其上司否决了。7 月 11 日，鲍林来到洛杉矶联邦大厦，他在这里再次签署了一份宣誓书，以证明其不是也从未成为过共产党员。三天后的 7 月 14 日，他获得了"有限护照"。最终，鲍林于 16 日飞往纽约，18 日飞往伦敦，接着在 19 日飞往巴黎。[34]

尽管鲍林——以及国际科学合作事业——赢得了这轮胜利，但从大局来看，鲍林还是错过了一些做出重大发现的机会。实际上，希普利夫人任性地拒发护照严重降低了鲍林解开 DNA 结构的可能性。[35]如果鲍林早些获准前往伦敦，他无疑也会参观国王学院；如果他去了，罗莎琳德很可能会向他展示自己最新的 X 射线图像。到 1952 年 5 月，她已经提出了湿态 DNA 的清晰图像，并最终排除了令沃森、克里克、威尔金斯和鲍林心烦意乱的三链结构，她还展示了双螺旋的"十字形反射图"。正如威尔金斯后来向英国广播公司记者坦承的那般，如果鲍林在那个春天不请自来地来到国王学院实验室，"我肯定忍不住会跟他展示我们所取得的进展。因为「他」就是神一般的存在。能向他展示是我的荣幸"。[36]

第十七章　查尔加夫法则

「1944年」艾弗里及其合作者发表了一篇关于所谓格里菲斯现象（一种肺炎球菌类型转变为另一种……）机理的文章。这个发现几乎毫无征兆，似乎预示着遗传的化学性质，而且让人类得以揭开基因的核酸特征。但这篇文章只引起了少数人（而不是很多人）的注意，我应该算对其印象最深刻的人了。因为我看到了生物学语法的雏形。正如红衣主教纽曼在其著名的《同意的语法》（*The Grammar of Assent*）中谈到的"信仰的语法"一样，我用这个词来描述一门科学的基本概念和原理。艾弗里为这门新的语言写下了第一句话，或者说，他告诉了世人这门语言的大致脉络。我决心为这门新的语言续写华章。

——埃尔温·查尔加夫[1]

威尔金斯曾因为自己"半路出家的双螺旋研究者身份"而耿耿于怀，但在这项事业中真正被遗忘的却是奥地利移民埃尔温·查尔加夫。查尔加夫出生于1905年，是一个中产阶级犹太家庭的后代，在他还是个孩子的时候就从切尔诺维茨搬到了文化之都维也纳。[2]十来岁时，他就熟练地掌握了五种语言（希腊语、拉丁语、法语、德语和英语），在历史、数学、文学、音乐等方面也得到了很好的训练，　　"另外还懂一点物理学，对'自然哲学'「Naturphilosphie」则是烂熟于胸"。[3]

　　每个工作日的早晨，在前往第九区马克西米利安文理高中
（相当于奥匈帝国的美式精英高中）的路上，查尔加夫"都会经过
位于贝尔加斯（Berggasse）的那栋房子，大门口牌匾上的文字显
示这里是'弗洛伊德博士'的办公室。这对我来说毫无意义，"他
后来回忆道，"我没听说过这个人的名字，大家说他发现了灵魂的
全部奥秘，但其实还不如没发现的好"。[4]1923 年，18 岁的查尔加夫
考入维也纳大学，出于就业前景和未来收入的考虑，他选择了化学
而非人文学科。作为一个自我标榜的文学家，查尔加夫在其杂乱无
章的散文和带有中欧口音的谈话中夹带了许多生僻的书籍、音乐和
艺术作品，其中许多需要借助藏书丰富的图书馆才能破解。

　　五年后，取得博士学位的查尔加夫获得奖学金前往美国耶鲁大
学学习。作为生活在富裕的新英格兰新教城镇的犹太人，查尔加夫
对自己处于纽黑文"种姓意识"等级制度中感到不满。1929 年，
他在回家探亲期间跟维拉·布罗伊达（Vera Broida）结婚，后者一
家人也是维也纳的外来移民（来自立陶宛维尔纽斯）。1931 年，小
两口搬到了柏林，查尔加夫在那里获得了柏林大学卫生研究所
"化学助理"的职位。查尔加夫在实验室辛勤工作了三年，直到
"行军靴的声响"促使他离开希特勒的德国，前往巴黎巴斯德研究
所继续工作了两年，其间他师从阿尔伯特·卡尔梅特（Albert
Calmette），后者是伟大的路易·巴斯德的亲传弟子，也是结核病
疫苗的发明者。[5]查尔加夫很快意识到，哪怕国际大都会巴黎也无法
避免纳粹灾难的破坏，[6]于是在 1935 年，他们夫妇俩再次搬家，这
次的目的地是纽约，查尔加夫在纽约获得了哥伦比亚大学内科和外
科医学院生物化学系的职位。查尔加夫在哥伦比亚大学度过了余下
的学术生涯，他每天早晨乘坐 C 线地铁从位于中央公园西街和 96
街交叉口的十三层公寓前往位于华盛顿高地的哥伦比亚医学中心的

杂乱实验室。[7]尽管他在美国生活了几十年，但离开年轻时生活的故土，再加上大屠杀期间众多亲人的惨死，都让他感到"无根"，失去了"血脉和土地"（他反常地用到了希特勒臭名昭著的说法）。[8]

图 17-1　埃尔温·查尔加夫，约 1953 年

查尔加夫第一次读到奥斯瓦尔德·艾弗里在 1944 年发表的关于 DNA 转化因子的里程碑式论文时，他在人类凝血系统的化学原理领域已经深耕了近十年之久。艾弗里的工作深深地吸引了查尔加夫，甚至他"突然"改变了研究的"航向"。[9]除了艾弗里的工作，查尔加夫还"被伟大的奥地利物理学家埃尔温·薛定谔的一本小书深深打动，该书起了个谦虚的标题叫《生命是什么?》"——就是那本把沃森、威尔金斯和克里克都吸引到基因研究领域的著作。[10]查尔加夫后来一直都在研究细胞核，"细胞核也被称为——在那个时期——神秘的遗传单位基因的所在地"。[11]

查尔加夫的工作对揭开 DNA 的神秘面纱具有重要意义。
1944～1950 年，他的实验室开发了分配色谱法和紫外分光光度法
以确定 "DNA（核苷酸）碱基（嘌呤和嘧啶）含量和顺序的差
异"。[12] 他发表了大量研究成果，它们后来被概括为 "查尔加夫法
则"。具体而言，他证明了，虽然每个物种都携带各自特定比例
的核苷酸碱基，但嘌呤与嘧啶核苷酸碱基的摩尔（分子）比 "接
近" 1∶1；换言之，腺嘌呤的含量 "接近" 胸腺嘧啶，鸟嘌呤与
胞嘧啶的含量比也是如此。[13] 遗憾的是，生性谨慎的查尔加夫在
1950 年写道，"「1∶1 的比例」是否只是出于偶然，现在还不好
说"。[14] 事实证明，这个比例恰好就是 1∶1，即 A = T 和 G = C，且
并非出自偶然。但正如查尔加夫后来抱怨的那样，"我作为科学
家最大的缺憾——也是我没能成功的原因之一——可能就在于我
不愿意简化。与其他许多人相比，我是个'可怕的复杂
论者'"。[15]

我们现在知道，1∶1 的比例是沃森和克里克发现 DNA 结构和
功能的 "开门咒语"（open sesame）。那么，查尔加夫为何不能更
进一步研究他的发现对遗传学的影响呢？[16] 一种解释认为，他是在
19 世纪日耳曼科学前提—— "必然存在一个让所有的生命都能从
化学角度得到解释的层面" 上开展研究的。因此，他几乎完全依
赖于生物化学家的滴定、纯化和蒸馏方法。跟鲍林、沃森和克里克
不同，查尔加夫并不了解组成 DNA 的原子和分子的基本三维结构。
他不知道如何使用和解释 X 射线晶体学图像，还嘲笑分子生物学
"本质上不是独立的生物化学领域"。[17]

在布拉格下令卡文迪许暂停 DNA 研究的头 6 个月里，沃森"用一个刚刚组装好的大功率旋转阳极 X 射线管拍摄了数百张烟草花叶病毒标本的照片"。[18]由于无法按正常进度完成工作，他经常在晚上 10 点之后回到卡文迪许，此时自由学校巷那扇厚重的大门已经关上了。为了进去，沃森要么去打扰在隔壁公寓睡觉的门卫，要么从肌肉生理学家修·赫胥黎处借来唯一的一把多余的钥匙。幸运的是，跟沃森在耶稣绿地的前房东不同，肯德鲁家并未实行宵禁，他可以随心所欲地在实验室待到很晚。春末，他已经积累了足够的证据证明烟草花叶病毒中的螺旋模式，但他仍得出结论说，"烟草花叶病毒并不是通往 DNA 的必经之路"。[19]

那个春天的一个晚上，沃森读到了查尔加夫关于"DNA 化学中奇特的规律性"的论文，次日早晨就把相关论文告诉了克里克，但"这些论文并未引起重视，他继续在琢磨其他事情"。[20]直到数周后，当克里克与对生化遗传学感兴趣的理论化学家约翰·格里菲斯（John Griffith）在一起喝啤酒时才恍然大悟。[21]两人刚刚听了天文学家托马斯·戈尔德（Thomas Gold）关于"稳态模型"的讲座。"稳态模型"是宇宙大爆炸理论的替代品，现早已被抛弃。戈尔德将其描述为"完美的宇宙学原理"，他假设宇宙始终以相同的密度和速度膨胀，因此这种变化是无法被观测到的。其中更加诗意的假设是，宇宙没有起点也没有终点，从宏观尺度看，宇宙看起来总是一致的。[22]戈尔德有一种"让稀奇的想法看上去合理"的天赋，他的"完美宇宙学原理"启发克里克开始思考是否存在"完美的生物学原理"——"在细胞分裂导致染色体加倍的过程中，基因能够完全复制"的理论。[23]

克里克在脑海中回顾了各种分子排列组合，"感觉 DNA 复制涉及「核苷酸」碱基平坦表面之间的引力"。[24]基于这个直觉，他请格里菲斯进行必要的计算，以证明 DNA 的互补或直接复制的机制。几天后，俩人在"卡文迪许茶馆排队时不期而遇"，格里菲斯告诉克里克"一个不是很严谨的论证暗示，腺嘌呤和胸腺嘧啶应该是通过其平坦的表面粘在一起的。而对鸟嘌呤和胞嘧啶之间的吸引力也能提出类似的论据"。格里菲斯还没有"给出强有力的论据"，但他的方程基本上验证了查尔加夫从生物化学层面做的证明——这正是沃森"最近对克里克嘀咕"的"查尔加夫的奇怪结果"。[25]

1952 年 5 月下旬，查尔加夫来到剑桥，跟约翰·肯德鲁在彼得豪斯学院共进晚餐，[26]其间还喝了点小酒，这是查尔加夫战后首次重返欧洲。当时他刚刚晋升为哥伦比亚大学全职教授，并计划在欧洲大陆和以色列举办多场讲座，还会在 6 月于巴黎举行的第二届国际生物化学大会上宣读一篇关于 DNA 的重要论文。[27]道别之前，肯德鲁问查尔加夫是否愿意跟"卡文迪许实验室的两个人谈谈，他们正试图做点核酸方面的研究。他不清楚他们想做什么，听上去也不是很有希望"。[28]

查尔加夫对这次会面的回忆异常尖刻："这件本不值得纪念的事情经常在一些自传和他传中被渲染、加工或夸大其词——说什么'恺撒掉进了卢比孔河'，就连我这个对滑稽事件记忆力好，身为马克斯兄弟电影资深影迷的人也难以去除掉整件事情的传奇色彩。"[29]这位老人跟两位年轻人从一见面就互相不对付。克里克和沃森认为查尔加夫傲慢无礼，令人难以忍受，实际上也很可能如此。另一边，查尔加夫对克里克喋喋不休的唠叨也不以为然，更别说沃森突出的大眼和浓重鼻音组成的希腊大合唱了。他嘲笑沃森的中西部口音，后来还把这两位分子生物学家称为"侏儒"（pygmies）。[30]
沃森回忆道，在肯德鲁"刚提及弗朗西斯和我通过建立模型来解
决 DNA 结构问题的可能性后，他们的对话就迅速变了味。作为世
界级 DNA 研究专家之一，查尔加夫起初对两匹黑马加入竞赛的做
法不以为然"。[31]

　　1978 年，在这次对话过去 25 年后，查尔加夫承认，"我的判
断肯定显得贸然，也可能是错误的。当时的印象是：其中一人 35
岁上下，看上去跟赛马场劳苦的卖马人一样，就像霍加斯（见
《浪子的历程》）、克鲁克香客和杜米埃等人一样；说话过程中假
声不断，喋喋不休中偶有闪光点。另一个人当时才 23 岁，还很不
成熟，总是咧嘴笑，狡黠胜过腼腆；说的都是无关紧要的话"。查
尔加夫不满沃森和克里克过多地受到鲍林蛋白质 α-模型的影响，
而对鲍林"试图解释腺嘌呤和胸腺嘧啶、胞嘧啶和鸟嘌呤的互补
关系"认识不足。查尔加夫对二人"巨大的野心和进取心，以及
对化学这门最严密的科学几乎一无所知"感到"困惑"。饶是如
此，查尔加夫还是一直坚持认为，正是这次谈话引导沃森和克里克
建立了他们的"DNA 双链模型"。[32]不知是自尊心作祟，还是代沟
问题，抑或是他无法理解二人向他提出的关于螺旋的"间距"或
角度问题——这是克里克螺旋理论中的一项重要计算，但这位生物
化学家对这个问题一无所知——查尔加夫讽刺地责难他们为"两
个寻找螺旋的推销员"。[33]

　　克里克承认，这次会面确实在他心中留下了终生难忘的记忆。
他在轻蔑地向查尔加夫提了个问题后不久便意识到了这一点，他问
道，"那么，所有这些关于核酸的工作得出了什么结果呢；它并没
告诉我们任何想知道的东西。过于敏感的查尔加夫回答道，'当然
是 1∶1 的比例'"。克里克错误地问道，"你说的是什么？"查尔

251

加夫脱口而出，"好吧，都是已经发表的成果了"。克里克轻描淡写地回答说自己没看到查尔加夫的成果，因为他从来不看文献，还承认说，"他不记得四种碱基之间的化学差异了"，这进一步激起了查尔加夫的不屑。[34]但在查尔加夫解释了 1：1 的化学比例的含义后，克里克方才恍然大悟，"这是电效应。这就是我记得它的原因。我突然想，'为什么，我的上帝，如果你为碱基配了对，那就一定是 1：1 的比例'"。[35]

　　如果少了滑稽的结尾，这段插曲就会显得不完整。就在克里克见到查尔加夫的当天下午，他临时去了三一学院约翰·格里菲斯的办公室做了拜访；克里克已经忘记了格里菲斯的互补配对比和"量子力学论证"的细节，只是觉得自己需要再听一遍。开门后，他估摸着格里菲斯正与一位年轻女子你侬我侬；但克里克并没气馁，他在一个信封背面写下了格里菲斯的计算结果和公式，然后匆匆离开。对这次标志着格里菲斯退出 DNA 发现故事的突发事件，沃森后来酸溜溜地说道，"很明显，美女「popsies，英国俚语，指的是有魅力的年轻女性」的出现并不必然会推动科学的发展"。[36]

　　查尔加夫未能跟沃森和克里克建立起富有成效的工作关系，更重要的原因是他下错了注。1952 年春，查尔加夫没有告诉沃森、克里克和肯德鲁的是，他在过去一年里一直在为莫里斯·威尔金斯提供 DNA 标本。因为就在前一年夏天于新罕布什尔州举行的戈登核酸和蛋白质会议（Gordon Research Conference on nucleic acids）上，查尔加夫跟看上去更加亲和的威尔金斯结识，当时，他们在整个会场都是坚持认为 DNA 在遗传中起核心作用的少数派。

1951 年 10 月，兰德尔硬生生地把 DNA 研究"一分为二"。罗莎琳德·弗兰克林的那一半任务用到的是西格纳提供的优质 DNA 标本，这让威尔金斯懊恼不已。[37]因此，他利用在那不勒斯获得的章鱼精子头开展实验。不过，到 1951 年 12 月，查尔加夫开始从纽约实验室通过航空快件向威尔金斯寄送小牛胸腺和大肠杆菌培养物中提取的 DNA。作为回报，威尔金斯每月会给他寄送进度报告。[38]尽管如此，查尔加夫的样本跟西格纳的精品相比还是差很多。查尔加夫提供的样本往往在提取不久后就会降解，无法用于长时间的 X 射线分析，而且尽管采用了适当的水合法，但这些样本也无法很好地从形态 A（结晶态）转变为形态 B（水合态）。[39]

1952 年 1 月 6 日，就在布拉格命令沃森和克里克放弃 DNA 建模研究的几周前，威尔金斯给查尔加夫寄送了几张他拍摄的 X 射线图，他认为这些图像"比阿斯特伯里拍摄的最好的小牛胸腺 DNA 照片还要好"。在国王学院生物物理研究组的一张信笺纸上，威尔金斯画出了现在标志性的马耳他十字图案，以此表现"硬币般旋转的螺旋周长为 27 埃，间距为 3.4 埃的旋转分布"。这个发现发生在沃森和克里克发表双螺旋模型的一年多前。[40]在这封信的第二页，威尔金斯画了一个圆柱形结构，分子的磷酸和糖部分作为外骨架，呈螺旋形，标有"N"的核苷酸位于螺旋中心。因此，令人十分惊讶的是，查尔加夫艰苦探索出的化学原理跟威尔金斯 1952 年的 X 照片和示意草图两相结合，已经十分接近于沃森和克里克一年后发现的最终答案（但并不完全吻合）了。

威尔金斯兴奋不已，他让查尔加夫保守秘密：

请原谅我的热情，我认为我们已经找到了问题的答案，希望在未来 6 个月里补充其他细节，即证明同样的核蛋白螺旋胶束存在于胸腺细胞等活细胞中，而非仅仅存在于含水量低的非活性精子中。请暂时对外保密图片和相关信息，好吗？

又及：我建议你仅对自己和同事谈及这些信息的原因在于，我们这里的一些人对这些结果表现出了极大兴趣，且有点"跃跃欲试"（盲动行为之类）的倾向，他们想赶在我们之前得出最终答案，进而让我们颜面扫地。我认为，在接下来的酝酿（如果这个说法恰当的话）阶段，比如 3~6 个月的短期内，我们把想法藏在心里并不会妨碍科学的进步。我提到的多数观点都是 1~2 个月前提出的。我「原文如此」希望你们了解最新的成果和观点，因为其中很多都取决于你们的工作，而且你们提供了材料。[41]

如果查尔加夫和威尔金斯的研究小组能够成功地解释这些发现，那么我们在提到 DNA 双螺旋结构时很可能也会提到他们的名字。然而，尽管他们比沃森和克里克整整早一年掌握了大部分数据，但还是没能破解这个难题。查尔加夫和威尔金斯根本不具备沃森和克里克拥有的直觉天赋，而沃森和克里克正是凭借这种直觉天赋超越竞争对手，并最终取得了成功。事实证明，查尔加夫只一眼便否定的剑桥二人组是他漫长而辉煌的职业生涯中犯下的最大错误。虽然查尔加夫在回忆录中否认了恺撒大帝越过卢比孔河代表的"大势已去"（the die is cast）的比喻，但后来他自己也十分清楚，如果越过了沃森和克里克，他就越过了这条不归路。1962 年，沃森、克里克和威尔金斯获得诺奖后，这位生物化学家心中的积怨迅速增加。[42]他为斯德哥尔摩忽视自己的工作感到愤怒，"写信给全世界的科学家，控诉自己被排除在获奖名单之外"。[43]1978 年，当被问及为何自己没能提出双螺旋模型时，查尔加夫的回答跟沃森和克里克的故事一样理想化了。他说自己"太笨了"，无法解开这个谜题，但"如果罗莎琳德·弗兰克林能跟我合作，我们可能会在一两年内得出类似的结果"。[44]

255

第十八章 巴黎和鲁亚蒙修道院

生物化学会议后，我带着莫里斯去鲁亚蒙修道院参加了为期一周的噬菌体会议，旨在为他打气……后来，我一直在等莫里斯来找我，在他错过晚餐后，我就去了他的房间。我发现他平躺在床上，埋着头，仿佛觉得我打开的昏暗灯光显得刺眼。他不习惯巴黎的饮食，但告诉我说不用担心。次日早晨，我收到一张便条，上书他已经没事了，但要赶早班火车去巴黎，还为自己给我带来的麻烦道歉。

——詹姆斯·D. 沃森[1]

巴黎举办的第二届国际生物化学大会吸引了 2200 多名化学家、物理学家、生物学家和医生参会。索邦大学庄严的圆形剧场（Amphithéâtre）只能勉强容纳参会人员。[2]在小说家、散文家、律师和法国教育部长皮埃尔·奥利维耶·拉皮（Pierre-Olivier Lapie）的召集下，为期七天的大会举办了一系列生化专题讲座，最后在国家歌剧院（Théâtre National de l'Opéra）举办的黑色礼服芭蕾之夜活动更是把大会推向了高潮。对那些厌倦会场又喜欢四处转转的与会夫妻档来说，大会还安排了香堤伊蕾丝制作工坊和贡比涅森林一日游活动，森林里的停战空地（Glade of the Armistice）中签署了两份著名的停战协定，其中一份于 1918 年 11 月 11 日结束了一战，另一份于 1940 年 6 月 22 日正式确认了希特勒对法国的占领。[3]

　　会议间隙，查尔加夫和沃森在索邦大学的中央庭院里擦肩而　256
过。沃森伸手去打招呼，这位年长的科学家只是"露出一丝狞笑"
便径直走了。[4]而查尔加夫对此事的描述却截然不同："我感觉自己
完全没有'狞笑'。我在找厕所，但无论打开哪扇门，里面都是一
间阶梯教室和黎塞留红衣主教的巨幅肖像。"[5]47 岁的查尔加夫显得
无礼而漠然，或者说他只遵从自然的召唤，年轻的沃森对此感到手
足无措——至少暂时如此。

　　7 月 26 日举行的蛋白质结构和生物发生学研讨会成了本次大
会的一大亮点。尽管主讲人是耶鲁大学的酶化学家弗鲁顿（J. S.
Fruton），但主办方为鲍林临时安排的演讲还是让人满为患的会场
沸腾了起来。鲍林的演讲稿是根据他为 5 月本应在英国皇家学会做
的演讲笔记整理而成，其间爆发了数次学术论坛上鲜见的雷鸣般掌
声。众人对他的科学研究和勇敢反抗政府高压政策报以热烈的反
响，但会场后排的沃森没有被感染到。他认为鲍林的演讲"只是
生动复述了他此前已发表的观点"。沃森对鲍林"最近发表的论文
了如指掌。没有新的亮点，也没有任何提示表明他此刻正在思考什
么问题"。[6]

　　沃森的看法属于少数派。艾娃·海伦和鲍林回到他们在圣日耳
曼德佩特里亚农宫（Le Trianon in Saint-Germain-des-Prés）的酒店
房间后，发现房间里挤满了祝福者和急于向大会"名誉主席"表
达祝贺的同事。几小时后，他们像国王和王后一般坐在装饰华贵的
宴会厅主桌，参加了一场隆重的晚宴。菜单的封面是一对青春洋溢
的少女在脚手架上砌墙的画面，每块砖都被标记为不同的氨基酸。[7]
菜单内页印了一顿丰盛大餐的图案：蔬菜通心粉汤、龙虾蛋黄酱、　257

烤羊腿、蔬菜沙拉、各种奶酪和桃子脆面包，佐以陈年普依富塞、波玛尔、香槟酒、咖啡和各种利口酒。

沉浸在众星捧月般成功喜悦中的鲍林可能没注意到正在找位置的威尔金斯。由于前一天吃了太多丰盛的法国菜，这位物理学家还感觉有点消化不良。他特意坐在"一个不起眼的人旁边，他以为「这个人」不会跟「自己」寒暄。但「这个人」很快就开始激动地讲起了自己的新研究，这项研究表明，病毒感染细菌并开始繁殖时，进入细菌的只有 DNA"。[8]起初，威尔金斯以为这位科学家只是在讲述奥斯瓦尔德·艾弗里的肺炎球菌实验。次日，他才知道前一晚的同桌是冷泉港的遗传学家阿尔弗雷德·D. 赫希（Alfred D. Hershey），此人将于当天上午在鲁亚蒙修道院举办的国际噬菌体会议上发表主题演讲。

鲁亚蒙修道院位于巴黎正北方，火车车程 30 公里左右。国王路易九世（后来的圣路易）命令其建筑师在 1228～1235 年修建了这座修道院。修道院呈四边形排列，其中的建筑突兀地朝不同方向延伸着。修道院的内室充满了哥特式的拱门、一排排精致的柱子和令人惊叹的彩色玻璃窗，让人目不暇接。室外是一个郁郁葱葱的花园，园内有个十字形的水池，水面如镜。修道院最初属于西多会，建院以来为无数知识分子、艺术家和科学家举办了数不清的重要会议、表演和演讲。

巴黎生物化学大会结束后，由马克斯·德尔布吕克和卢里亚间接管理的噬菌体研究小组设法预定了修道院的会场，打算在此举办为期一周的夏季会议。[9]沃森很高兴能跟两年未见的同事再次相见，继巴黎偶遇之后，他还邀请威尔金斯一同前往参加噬菌体小组的会

ABBAYE DE ROYAUMONT

图 18-1　鲁亚蒙修道院。

议。威尔金斯欣然应允，他很高兴能结识一批新的科研同道，后者对 DNA 的理解取得了重要进展。[10]

　　参加鲁亚蒙会议的所有人都听说过赫希在噬菌体遗传学方面开展的实验，他们都想多了解些详情。高大、瘦弱、饱受失眠困扰的赫希多年来一直与一位名叫玛莎·蔡斯（Martha Chase）的助手一起工作。[11]赫希生性孤僻、沉默寡言。有一次，一位访客饶有兴致地想参观他实验室里的设备，赫希给出了一个符合他性格的直率回答："不，我们用脑子工作。"[12]

　　1952 年，赫希和蔡斯发表了一项后来被称为"窝林搅拌机实验"（Waring blender experiment）的开创性研究，这个名字得自二人用冷饮柜中搅拌奶昔和麦芽糖的机器分离了细菌的蛋白质和核酸。赫希的科研目标是一劳永逸地解决何种成分才是真正的遗传物质的争论：蛋白质、DNA 还是二者的某种组合。他们的办法是对

259　噬菌体进行放射性标记，用放射性硫取代蛋白质中的硫，用放射性磷取代 DNA 中的磷。接着，二人用放射性噬菌体样本感染细菌，观察病毒 DNA 或病毒蛋白是否会在细胞复制时进入下一代细胞内。把混合物放入搅拌机中，再从较重的细菌细胞中分离出较轻的噬菌体后，他们发现，DNA 感染了放射性磷的噬菌体细菌会产生 DNA 中带有放射性磷的细菌后代。而蛋白质感染了放射性硫的噬菌体细菌的后代则未检出放射性。结果显而易见：DNA 肯定在细胞复制中起着主导作用，而蛋白质在这方面则无所作为。[13]赫希因此获得了 1969 年诺贝尔生理学或医学奖。[14]1998 年，沃森在《纽约时报杂志》上为赫希撰写了一篇讣告，他在其中回忆道，"赫希-蔡斯实验的影响远远超出了当时所知的范围，它让我更加确信，生物学的下个目标就是找出 DNA 的三维结构"。[15]

图 18-2　阿尔弗雷德·D. 赫希，未注明日期

　　莱纳斯·鲍林也对此印象深刻。赫希的演讲结束后，鲍林立马起身承认了自己的错误。面对着全神贯注的观众，鲍林勇敢地指出，DNA 是"遗传的主导分子，也是引导蛋白质复制的分子"。[16]

真正说来，鲍林在赫希的演讲后才直接宣布正式入局 DNA 的赛道，　260
尽管他看上去只是在赛道上走路，而非向终点发起冲刺。虽然鲍林
此时还没看到弗兰克林或威尔金斯的 X 射线图像，但他的助手罗
伯特·科里两个月前代鲍林在伦敦为英国皇家学会做演讲期间的确
简要地看了相关图像。科里告诉鲍林，虽然图像看上去很不错，但
"没有迹象表明他们（弗兰克林或威尔金斯）中的任何一个对化学
的了解程度到了足以造成严重威胁的程度"。很可能是出于这些数
据不该分享给他人的道德原因，科里并未向鲍林提供弗兰克林展示
的精确图表。但他确实向自己的老板透露过，国王学院的研究小组
内讧不断、吵翻了天。他说，在这样一个动荡不安的环境中，不可
能产生任何积极的成果。至于说卡文迪许那边，没有迹象表明布拉
格、佩鲁茨或肯德鲁对 DNA 感兴趣。鲍林还没见过克里克，对几
年前才被加州理工博士项目拒之门外的沃森也毫无印象。相反，鲍
林自我安慰说时局对自己有利，国王学院的研究小组不会对他构成
威胁，而剑桥那边的人在此前的竞争中也没能占得先机。

就在赫希发表演讲的几个小时前，沃森还在巴斯德研究所跟安
德烈·勒沃夫（André Lwoff）聊天。一边啃着羊角面包，一边喝
着咖啡的勒沃夫提到鲍林及其妻子随时都可能出现在鲁亚蒙。沃森
匆匆跑到演讲大厅，为听讲座占了个好位置，他羡慕地看着鲍林在
美国大使馆科学参赞杰弗里·怀曼（Jeffries Wyman，带有婆罗门
血统的哈佛分子生物学家，后来进入美国大使馆工作）的陪同下
入场。

"就在那个瞬间"，沃森回忆道，"我就开始琢磨如何能让自己
在午餐时坐在他旁边"。[17]他在这件事上明显成功了。经过一上午的

261 演讲，众人在这座中世纪修道院的草坪上享用午餐。在这里，化学界的大佬跟沃森寒暄了几句，并就病毒和 X 射线衍射研究做了小范围交谈。沃森还特意透露了一个消息：马克斯·德尔布吕克将于次年邀请他到加州理工学院任博士后研究员。

在噬菌体会议召开的前几周，沃森和德尔布吕克保持着定期通信，这让沃森在见到鲍林时已然胸有成竹。5 月 20 日，沃森给德尔布吕克发去了一篇关于他的烟草花叶病毒研究的长篇论述，其中不乏剑桥发生的一些八卦，比如他对应征入伍的担忧，以及他和克里克"出于政治原因被暂停「DNA 建模」而没法帮好朋友解决问题等。不过，如果国王学院的研究小组坚持按兵不动，我们会再次采取行动碰碰运气"。[18]德尔布吕克在 6 月 4 日回信告诉沃森，鲍林"从国家小儿麻痹基金会获得 1 万美元用于 DNA 结构研究的经费，但项目由于缺乏人手而暂时搁置了"，以及"1953 年 3 月在加州理工会举行一次蛋白质会议，你的多数剑桥朋友都会被邀请；你也可以把这次会议当作重新开展 DNA 研究的契机。或者，也可以把1953 年夏天在冷泉港举办的病毒问题研讨会当作合适的机会"。[19]

沃森跟鲍林的谈话并不像他希望的那般顺利。他们简短地讨论了沃森次年前往加州理工开展病毒研究的可能性。沃森提到了国王学院得出的新的 X 射线图像。鲍林反驳道，"他的同事在氨基酸研究中得出的那种非常精确的 X 射线图像对我们最终理解核酸至关重要"。临到分别，沃森已经很不满了，因为"几乎没有一个字跟DNA 沾边"。[20]

"我和艾娃·海伦一起会走得更远，"他笑着说道。[21]沃森知道，鲍林夫妇的二儿子彼得将在当年秋天加入卡文迪许成为一名研修生（research student）。他还知道，如果彼得不姓鲍林，肯定会被拒之门外，就像自己申请其他大学时的情形一样。彼得·鲍林自认为是加州理工的"性瘾者"（sex maniac）和全优生，在大三感染单核细胞增多症后，他的学习曾一落千丈。[22]他和沃森第一次见面是在1949年夏天的一次聚会上，当时沃森在帕萨迪纳的德尔布吕克手下工作。34年后，彼得·鲍林承认他对那次聚会毫无印象，因为正值青春期的彼得"一心想着如何勾引「他的」兄弟姐妹的保姆"。[23]

262

彼得的母亲很担心这个儿子，不仅因为他沉溺派对，还因为他即将进入一个会经常被父亲拿来进行比较，以及会被父亲光芒盖过的领域。她告诉沃森，彼得是"一个特别优秀的男孩，所有人都会像她一样喜欢他"。说话间，沃森这边却被彼得漂亮的妹妹琳达迷住了，"他没接话，只是觉得彼得可能为我们实验室做出的贡献还不如琳达"。接着，沃森向艾娃·海伦嘀咕道，他非常乐意指导彼得，帮助他"适应剑桥研修生的严格要求"。[24]

☸

鲁亚蒙噬菌体会议一周后，沃森前往阿尔卑斯山徒步。8月11日，沃森坐在海拔1600米处的一块岩石上给弗朗西斯和奥迪尔·克里克写了封长信。他在信中谈到自己在发表烟草花叶病毒的演讲时，身着一套经过精心挑选的"不在乎我看上去如何"的外套：宽松的衬衫、松垮的夹克，过短的短裤，皱巴巴的深色袜子，还配有一双没有系鞋带、看上去破破烂烂的棕色牛津鞋。[25]这身打扮之所以成为他在夏季会议中的常备装束，是因为他的行李箱在从巴黎出发的火车上"被人从车厢顺走了"，当时他正呼呼大睡。

吉姆告诉克里克夫妇，鲁亚蒙的建筑风格让他想起了剑桥，这里的氛围比巴黎更有利于产生伟大的思想。他还讲述了自己在爱德华·德·罗斯柴尔德女男爵（Baroness Édouard de Rothschild）夫人的古维耶-尚蒂伊乡村庄园举办的正式花园派对上的趣事，当时他一边啃着熏三文鱼，喝着一众管家端上来的冰镇香槟，一边注视着挂在嵌有胡桃木的墙上的鲁本斯和哈尔斯的画作。据他讲，他穿着借来的外套，打着借来的领带，还在长发上抹了大量"芳香浓郁的润发油"以便看上去更加"拉丁"。[26]就在几周前，前往剑桥探望沃森的母亲还在信中跟丈夫说，他们的儿子"剪了一种'爱因斯坦'式的长发，又长又卷「原文如此」"。[27]显然，沃森很满意自己给女男爵及其客人留下的怪异印象："我跟贵族的首次会面传递的信息很明确。如果我表现得跟其他人一样，就不会被再次邀请了。"[28]

跟沃森扭曲的时尚感或者派对逸事相比，沃森继续给克里克夫妇讲述的"鲍林夫人的闲聊"则显得重要得多，"总的来说，彼得还是咋咋呼呼的，所以我们不会再有一个悠闲的青春……在我们中间「原文如此」"。为了让这个孩子保持正直，沃森"向他的母亲建议只给一笔数额较小的生活费，这样做可能会让他倾向于过上清教徒式的生活"，多亏了新的资助，他现在"正逐渐摆脱这种生活"。[29]

在此，历史再次眷顾了沃森和克里克。彼得·鲍林在他们重新开始研究 DNA 之前几个月才来到卡文迪许，这个巧合让他们在竞赛中抢得先机。短短数周时间，沃森和年轻的鲍林就迅速成了好朋友。彼得·鲍林对沃森的第一印象是"长相滑稽，比我年长一些，耳朵比较大，头发稀疏而飘逸"。[30]沃森则饱含深情地回忆道，彼得·鲍林是"我在剑桥最重要的朋友……我们年龄相仿，他非常有趣"。[31]在奥斯汀侧楼 103 号房间里，他跟彼得相邻而坐，后者即将成为沃森在莱纳斯·鲍林位于帕萨迪纳的实验室墙上安装的窃听器。

第十九章　慌乱的夏天

……当然，我在此要说的最后一句话是，你必须记住，我并不是真的在研究（DNA）问题，这就是为什么研究工作看上去总显得杂乱无章……我当时正在写一篇关于蛋白质的论文。总之，我想说的是，杂乱无章的原因是我个人没有研究这个问题，而且我不认为吉姆对这个问题有浓厚的兴趣，它又不是个研究项目。这就是杂乱无章的原因。

——弗朗西斯·克里克[1]

1952年夏，威尔金斯从实验室的烦恼中得到了解脱。7月，他踏上了前往巴西的长途旅行，他和其他几位来自英国的分子生物学家计划"参观实验室，就重要的分子研究进展举行会议，并借此活跃巴西科学界的氛围"。[2]他们是卡洛斯·恰加斯（Carlos Chagas）的客人，这位主人是著名的医生和细菌学家，他描述了后来被称为恰加斯病的疾病——一种因被感染了克氏锥虫（Trypanosoma cruzi）的昆虫叮咬而引起的寄生虫感染。[3]几个月前，威尔金斯在从因斯布鲁克前往苏黎世的火车上给克里克写信说，"弗兰克林经常吠叫，但从来没有咬到我。自从我重新安排了时间，得以专心工作后，她就不再惹我生气了。上次见到你时，我正为此事烦恼呢"。[4]撇开对弗兰克林的大胆断言不谈，威尔金斯实在渴望远离她，弗兰克林对他的影响已经深入骨髓。事实证明，他的暑期旅行的确是个完美的解决方案。

威尔金斯享受着身为杰出科学家的荣誉，在伊帕内玛海滩 265 （Ipanema Beach）上晒着太阳，在里约热内卢的大街上徜徉。接下来，他会向西前往利马，寻找"乌贼怪"，并从中提取精子头和 DNA。虽然一无所获，但他还是探索了秘鲁的艺术界，沿着安第斯山脉"之"字形旅行，还为马丘比丘和库斯科的古老传说激动不已。站在一座山峰上，威尔金斯沉思着"印加文明的美丽和……文明毁灭造成的超现实废墟"。[5]他认为印加丰富而暴虐的历史是对核战争的寓言。杜鲁门总统下令在广岛和长崎投下原子弹七年后，威尔金斯仍对自己在原子弹研制过程中扮演的角色深感不安，尽管他"对原子弹的失望……让他选择了分子生物学"。在想到这种大规模杀伤性武器时，他不禁问道，"一切会在何处终结？"威尔金斯沉浸在一种"永恒和超脱"的奇异恍惚之中，暂时忘却了国王学院的日常烦恼，退一步重新审视这个世界。他看到了"世界的过去、现在和未来"，还进一步问道，"这一切是如何相互交织的？"他用自己特有的方式总结道，"这些问题并没有明确的答案。我意识到，我们所能做的不过是继续向前，探索这个世界，同时把这些大问题清楚地记在脑海中"。[6]

对这个焦躁不安的人来说，某种程度的心理释放显得很有必要。就在两个月前威尔金斯离开英国时，因为跟弗兰克林争吵，"我们的 DNA 研究还笼罩在一片乌云之中"。当时，他也在消化与女友埃德尔·兰格分手带来的痛苦。值得称赞的是，独自站在遥远的安第斯山顶时，威尔金斯决心"再次回到实验台，努力寻找 DNA 的结构"。舍此，他还能去哪呢？几十年后，他在回忆自己生命中那个关键时刻时谈道，"如果有人告诉我，本世纪最重要的科学进展之一很快就会从阴霾中显现，我也不会感到惊讶，唯一意外的是这一切发生得太快了"。[7]

9月初，威尔金斯乘坐螺旋桨飞机辗转飞回了英国。他从"阳光明媚的巴西"回到苏荷区的阁楼公寓，却发现伦敦"又黑又冷"，他已"彻底筋疲力尽了"。打开行李箱，威尔金斯拿出各种"原本想跟埃德尔分享的秘鲁的美丽物件"。但她此刻已经离开了威尔金斯的生活，"再也不会回来了"。6个月前，他们在阿尔卑斯山分手。孤独、缺爱、睡眠不足的威尔金斯独自站在公寓里，他"爆发"了，砸烂了兰格送给他的所有礼物。但他也回忆说，"我并没有砸碎我从旅途中带回的新东西——我知道，生活还得继续"。[8]

266

而在国王学院待得十分不开心的罗莎琳德一整个夏天都在苦苦研究 X 射线图像。近 20 年后，她的同事杰弗里·布朗（Geoffrey Brown）在描述生物物理实验室的气氛后来变得多么压抑时，悲伤地摇了摇头。"威尔金斯对罗莎琳德不是特别好……尤其到最后……很可能是兰德尔，但也可能是威尔金斯的建议，最终的结果就是把罗莎琳德孤立起来"。[9]1952 年 3 月 1 日，她写信给大卫和安妮·赛尔，讲述了自己被安排单独工作的情形。尽管她发现自己的实验室设备和国王学院的其他设施都"特别好——实际上，考虑到当时这方面资金的短缺程度，她的工作条件可以说好得令人震惊了"，但罗莎琳德还是渴望尽快逃离这里。她尖锐地批评了同事，还说喜欢那里的年轻人，"他们大都很好，但没一个聪明人"。几位老资格只是"很好，讨人喜欢，但不做研究，从而能够置身不愉快的氛围之外。而其他的中间力量和老资格则令人讨厌，就是他们定下了总基调……另一个严重的问题是，他们当中没一个算得上顶尖科学家，哪怕脑子稍微聪明点的也没有——实际上，这里没有我特别想与之讨论任何科学或其他问题的人"。幸运的是，她可以把自己关在小小的实验室里，尽可能减少与其他人的接触，这样做虽然缓解了矛盾，但也让她的日子过得"非常无聊"。[10]

图 19-1　罗莎琳德在意大利托斯卡纳度假，1950 年春

就在这封信中，罗莎琳德描述了"与威尔金斯之间爆发的一场可怕危机，让我差点下决心回巴黎。从那时起，我们同意各行其是，工作也一直在推进——实际上进展相当顺利"。尽管如此，纷争还是让她难以忍受，于是她约见了伯克贝克学院的伯尔纳，询问那里是否可以提供职位。她准确地评估了这位潜在的救星，认为他虽然目空一切但也还和蔼可亲，才华横溢又鼓舞人心。伯尔纳甚至给了她"有朝一日在其生物学小组工作的些许希望——在那个阶段，我不会明确表示自己当年就想去"。她小心翼翼地要求收信的朋友保密，因为"至今还没人知道此事"。但罗莎琳德知道，离开国王学院前往一所当时主要为上班族开办的进修夜校会明显降低自己的声誉。"我怀疑「伯克贝克」比伦敦其他院校更有活力"，她

267

在给安妮和大卫·赛尔的信中写道。"它招的都是非全日制的夜校生，因此都是真正想要学以致用的人。他们的教职员工中似乎很大一部分都是外国人，这是个好现象。国王学院没有外国人，也没有犹太人"。[11]

几个月后的 1952 年 6 月 2 日，弗兰克林已经踏上了前往南斯拉夫的"美妙旅行"，当时她正"乘船从斯普利特前往里耶卡"。她在观景台上再次给安妮和大卫·赛尔写信，说伦敦还是老样子，但自己已制订了下一步的行动计划："我仍然对自己的未来很迷茫。我想清楚会告诉你们的。我见过伯尔纳了，如果兰德尔同意，伯尔纳会接收我，但我认为在离开的一个月之前跟兰德尔谈显得不妥，所以「这」是我回来后就能收获的开心事。"[12]

接下来的四周里，弗兰克林在国王学院的命运被正式决定了。考虑到当时的紧张氛围，究竟是兰德尔把她赶出了实验室，还是她自己的决定，至今仍无法说清。也可能二者兼而有之。6 月 19 日，弗兰克林再次跟伯尔纳取得联系，讨论将她的研究转入伯克贝克的可能性，并强调兰德尔不反对这样做。[13]兰德尔本人可能在弗兰克林找他之前就已经跟伯尔纳谈过了，于是，弗兰克林的工作交接过程变得更加顺畅了。可以肯定的是，兰德尔没有延长弗兰克林在国王学院工作期限的动机，更没有劝她留下。实验室的尖锐纷争终于得以轻松解决，兰德尔肯定也松了一口气。[14]跟所有学术活动一样，调换工作也要完成一些文书工作。1952 年 7 月 1 日，特纳和纽沃尔资助委员会通知兰德尔教授，弗兰克林小姐要求把第三年的资助转入伯克贝克学院伯纳尔教授的晶体学实验室，从而能够继续开展烟草花叶病毒的 X 射线衍射研究。[15]所以直到 1953 年 3 月，弗兰克林才真正转入伯克贝克学院。

被迫搬到伯克贝克学院后，弗兰克林此前在国王学院的研究也变得顺当多了。她的实验过程需要反复微调拍摄角度和距离（往往相差一毫米或更少），外加大量的辛劳以及暴露在 X 光下的危险，这些在如今的实验室已不可能出现了。到了春天，她跟高斯林已经能够熟练地拉伸黏性纤维，将其安装到仪器上，并最终获得更加精确的"A"型（干态）"B"型（湿态）DNA 的 X 光射线照片。

269　　初夏时节，弗兰克林继续推进计算 X 射线衍射图案这项乏味且波澜不惊的工作。她运用复杂且经常让人生畏的帕特森方程解释数据，因为正如她的巴黎同事维托里奥·卢扎蒂建议的，"这是晶体学家的分内事"。[16]帕特森方程由英国 X 射线晶体学家阿瑟·L. 帕特森（Arthur L. Patterson）于 1935 年提出，借助它可绘制出相关分子内的原子间距的矢量图——或称"帕特森圆柱"（cylindrical Patterson）。每个映射点都是根据 X 射线衍射强度计算出来的，晶体学家根据这些数据点构建分子的尺寸和结构。[17]

　　卢扎蒂和弗兰克林等专业晶体学家都致力于用这种方法解决分子的结构问题，尤其在缺乏确凿数据的情况下。探索规则、重复的分子结构时，帕特森计算提供的微妙线索有助于确定"分子特征，从而便于在三维空间中对其结构的其余部分做出全面解读"。帕特森方程被形容为"美丽"和"野蛮"的结合体，因为它需要大量的数学专业知识才能得出近似答案。正如霍勒斯·贾德森深刻指出的，其计算结果就像"地质学家绘制的等高线图，满是环形和蜿蜒曲折的线条，特别像达科他州荒地以平方英里计的陡升陡降。从这幅图倒推真实的结构变得更加崎岖坎坷，就像脑袋被埋在了筛子里一样"。[18]马克斯·佩鲁茨和约翰·肯德鲁有点气馁地形容帕特森方法"有点难以捉摸"。到 1949 年，他们就放弃了这种方法，转而尝试其他办法，因为"这种所谓的帕特森综合法的物理学意义是晶体学中最困难的概念之一"。[19]克里克也认为，这种方法在确定有机分子结构方面"不可靠"。[20]直到 2018 年，沃森才承认它从未理解过帕特森方法。[21]

如今，晶体学家可以编写代码或购买计算机软件来计算帕特森方程、傅立叶变换、贝塞尔方程以及其他许多更新、更复杂的数学建模方案。现在，人们只需在电脑上敲几下，几分钟或者更短的时间内就能得出结果。但在 1952 年，弗兰克林和高斯林使用的是一种名为"比弗斯·利普森条带"（Beevers - Lipson strips）的笨重计算装置，"它会将所有周期函数的值按恰当间隔组合在一起，然后按顺序排列在一个抛光的漂亮桃心木盒子里"。时隔近半个世纪后，高斯林说自己还说会做噩梦（尤其在严重宿醉的时候），梦里一盒条带掉在了地上，需要把它们按正确顺序放回去。但尽管计算工作"令人厌恶"且"重复"，但高斯林发现跟弗兰克林一起工作"非常有趣……因为没人这样做过。我一开始有点担心。但罗莎琳德非常专业，而且显然对正确完成任务充满信心"。[22]

7 月 2 日，弗兰克林在她那个红色的"世纪"实验室笔记本的新的一页上潦草地写道：

第一个帕特森圆柱笔记：没有迹象表明螺旋直径为 11 埃。中心香蕉形峰值符合直径为 13.5 埃的螺旋的计算得出的曲线。如果是一条螺旋，则仅有一条链。[两条链则是（她在此处画了两条互锁的椭圆）……如果是一条螺旋，则跟连续均匀的密度很不匹配]。[23]

几周后的 7 月 18 日，弗兰克林俏皮地为 DNA 螺旋画了一张黑色边框的"纪念卡"。这张卡片只是她自己画着玩的（同时也表现了对威尔金斯的蔑视），而不是为了广而告之。

> 我们非常遗憾地宣布，D. N. A. 螺旋（晶体）于 1952 年 7 月 18 日星期五寿终正寝。其死因是长期生病，注射了大量贝塞尔注射液也未能救过来。追悼会将于下周一或周二举行，希望 M. H. F. 威尔金斯博士能为他已故的螺旋致悼词。
>
> （签名）R. E. 弗兰克林，R. G. 高斯林。[24]

271

威尔金斯并没有被这张滑稽的假葬礼卡片逗乐，他起初以为这是高斯林的"善意玩笑"。得知卡片的真正作者（尽管高斯林和弗兰克林都在卡片上签了字）后，他马上变得不依不饶，不仅夸大了弗兰克林想要羞辱他的意愿，同时还放任自己手下对弗兰克林的恶作剧视而不见。经常被忽视的一个事实是，弗兰克林的笔记指的是 DNA 结晶体或 A 型——经过数月的帕特森分析，A 型 DNA 的 X 射线衍射图像仍存在许多人为误差，这让弗兰克林无法毫无争议地确定螺旋的内部或外部结构。正如高斯林经常说的，她从未认为 B 型呈螺旋结构。[25]玩笑归玩笑，弗兰克林写下卡片的那天，也几乎标志着她在国王学院工作期限的终结。

讽刺的是，正是由于罗莎琳德认真而固执地坚持使用艰苦且缓慢的衍射模式方法，才导致她长期以来被历史著作遗忘了。她借以攻克 DNA 螺旋结构难题的方法也不是完全走错了方向。她的错误在于严重低估了剑桥大学模型制作者的喷气式推进速度。在一次关于 DNA 结构发现 40 周年的研讨会上，高斯林哀叹道，他和弗兰克林甚至还没来得及完全解读他们精心准备的帕特森图谱，沃森和克里克便公布了他们的模型。高斯林悲伤地回忆道，"当然，一旦谜题揭晓，我们也忍不住从后来的角度看待之前的研究，于是我们再次研究了帕特森圆柱方程，我们可以清楚地看到双螺旋上代表重磷氧基团的峰值。一条链上升，一条链下降"。显然，大家都会问他们自己是否能够找到这个答案，高斯林诚实地回答说："我不知道，我们有可能找到，但当你被告知答案就在眼前的时候，再回过头去看就很容易了。"[26]

沃森在 1952 年夏天也很忙。游历了巴黎、鲁亚蒙和意大利阿尔卑斯山后，他又得到卢卡·卡瓦利-斯福尔扎（Luca Cavalli-Sforza，此前在剑桥大学工作，当时在帕尔马大学工作）的邀请，准备去参加第二届国际微生物遗传学会议。为期三天的会议于 9 月初在意大利西北部皮埃蒙特大区俯瞰马焦雷湖的优雅小镇帕兰扎举行。[27]令克里克大失所望的是，沃森按下了 DNA 研究的暂停键。相反，他开始"专注于性，那种不被提倡的性"。这个拙劣的玩笑掩盖了会议的重要性。此次会议无可争议的亮点是卡瓦利·斯福尔扎、伦敦哈默史密斯医院的威廉·海耶斯（William Hayes）和威斯康星大学的约书亚·莱德伯格（Joshua Lederberg）发表的论文，他们共同明确了"细菌存在两种不同的性别"。[28]

1946 年，21 岁的莱德伯格从哥伦比亚内科和外科医生学院的医学专业休学，然后在耶鲁大学爱德华·塔图姆（Edward Tatum）的指导下攻读微生物遗传学博士学位。这两位才华横溢之人致力于说明基因的重组过程，即细菌进入共享和交换遗传物质的"性阶段"。[29]1947 年，莱德伯格没有回到哥伦比亚大学完成医学学位的学习，而是冒险西进，成了威斯康星大学麦迪逊分校遗传学助理教授。11 年后，33 岁的莱德伯格跟塔图姆和乔治·比德尔（George Beadle）分享了 1958 年诺贝尔生理学或医学奖。

天才沃森对更加天才的莱德伯格的飞速崛起羡慕不已。1968年，沃森在获得诺奖 7 年后的 39 岁时还酸溜溜地评价莱德伯格说，"他开展了大量漂亮的实验，除了卡瓦利之外，几乎没人敢在同一领域开展研究。听说约书亚持续三五个小时不停输出的拉伯雷式演讲，我就清楚地意识到他是个可怕的天才。此外，他那种神圣品质在逐年递增，也许终会弥漫整个宇宙"。[30]在提到这位微生物学家的父亲和外祖父都是东正教拉比时，沃森补充道，"只有约书亚从他最近发表的论文所笼罩的拉比式复杂性中获得了乐趣"。[31]相反，沃森更喜欢威廉·海斯"无比简单"的解释，即"两性的发现可能很快就会让细菌的遗传分析变得简单明了……只有一部分雄性染色体物质会进入雌性细胞"。[32]

9 月中旬回到剑桥后，沃森立即奔向图书馆阅读了他能找到的莱德伯格在期刊上发表的所有文章。在与生俱来的好胜心的驱使下，沃森希望能找到莱德伯格实验中的漏洞或线索，从而能占得先机，"出其不意地在「莱德伯格」之前正确解释他自己的实验"。10 月 27 日，沃森在给妹妹的信中谈到了他正在做的实验："如果有结果，那结果会很漂亮，因为它解决了一个长达五年之久的悖论，从而能让细菌遗传学领域取得迅速突破……如果能击败约书亚·莱德伯格（威斯康星州），进而解决他毕生（他还很年轻，才28 岁）都想解决的问题，那可就太好了。"[33]

沃森"想要清理约书亚衣橱里的骸骨"的执念让弗朗西斯几近寒心。[34]经过一个漫长的夏天，克里克艰难地完成了论文所需的研究，现在他正准备回过头来研究 DNA。他担心沃森花在探索细菌性生活的时间越多，用在解决 DNA 问题上的时间就越少。此番分心意味着他们可能被莱纳斯·鲍林抢走先机。[35]现在轮到克里克让自己的搭档回归正轨，重新进入他们二人科学事业的狂野丛林之中。

克里克的担心不无道理。在巴黎和鲁亚蒙会议结束后，鲍林趁暑假拜访了正在研究蛋白质分子生物学的英国同事。鲍林并未把这次访问视为炫耀自己的 α-螺旋之旅，而是敏锐地跟那些对他的理论有异议的人交流，认真倾听他们的批评和质疑，并一一加以解决，从而让模型变得更加强大和完善。[36]

他的第一站是卡文迪许实验室。出乎意料的是，至少就卡文迪许实验室相关人员来说，鲍林最想见的既不是马克斯·佩鲁茨，也不是约翰·肯德鲁。他提出了一个几乎让布拉格惊掉下巴的具体要求：他想尽可能多地跟一位名叫克里克的研究员交流，以便讨论他的"预测螺旋体如何衍射 X 射线的数学公式"。[37]布拉格不想在公开场合流露自己对克里克的不满，只好勉为其难地做了必要的安排，只希望克里克别搞砸了，他内心想的是，这个碍手碍脚的研究生可能很快就会让鲍林觉得不舒服，转而跟其他人交流。克里克后来并不认可其他人所说的：鲍林的 α-螺旋模型启发了他的螺旋理论以及沃森和克里克的双螺旋猜想。"没有比这更不符合实际情况的了"，克里克以他特有的口气说道。"螺旋的说法当时已经很流行了，你除非特别愚钝或者顽固，才不会顺着螺旋线思考问题"。[38]

我们不难想象，一个普通的研究生——即便粗鲁、才华横溢、自信满满如克里克——在这位世界上最伟大的化学家面前会有怎样的表现。二人乘坐一辆黑色出租车飞驰在剑桥的街道上时，克里克看上去十分激动。鲍林很享受这种崇拜，并以自己一贯的风度坦然接受了这一切。跟沃森《双螺旋》一书中那句著名的开场白相反，时年 36 岁的克里克仅此一次"感到谦虚"，[39]与鲍林同行，教他如何不谦虚？

午餐期间，克里克避而不谈 DNA 的话题，但他的谨慎不仅是因为布拉格的禁令。克里克不想让鲍林踏足他和沃森热切渴望探索的道路。当他得知鲍林取消了访问国王学院生物物理实验室的计划后——因为鲍林正集中精力推进蛋白质的研究，下一个目标才是DNA——他长舒了一口气。鲍林告诉克里克，几个月前，威尔金斯和兰德尔曾拒绝跟他分享他们的数据；他不想让这种尴尬再次上演。[40]

克里克没有提到 DNA，但提出一个理论来解释鲍林的 α-螺旋中为数不多的漏洞之一：在多数生物或自然物质中都看不到 5.1 埃的污点。克里克小心翼翼地与这位年长的教授交流，但并没有拱手奉上他认为正确的解决方案。鲍林告诉克里克，他也有类似的想法，并邀请他到加州理工学院工作一年，以证实自己的想法。激动不已的克里克接着问鲍林是否考虑过 α-螺旋相互缠绕的可能性。鲍林只是淡淡地答道，"是的，我考虑过"，然后就没有然后了，这说明他比眼前这位年轻同行谨慎多了。

克里克一直尝试提出一个预测蛋白质缠绕方式的数学公式。他担心自己在他们乘坐出租车时突然脱口而出，然后被鲍林"盗用"，于是匆忙写了一份研究报告寄给《自然》杂志。10 月，《自然》杂志收到了这篇论文，而就在几天前，鲍林和罗伯特·科里才刚刚提交了他们的相关论文，该论文研究了 α-角蛋白如何绕自身缠绕，最终形成"盘绕线圈"（coiled coils）的机制。[41]由于克里克的贡献只是一封简短的"信件"而非完整的实验研究，因此他的信件"α-角蛋白是盘绕线圈吗？"发表的时间（1952 年 11 月 22 日）比鲍林和科里的论文早了六周。[42]这件事似乎与一年前克里克指控他在卡文迪许的上司布拉格剽窃他的论文造成的矛盾很相似，而且这次还可能造成国际争端。紧张的局势有一系列信件为证：彼得·鲍林写信给父亲解释此事；布拉格写信给《自然》杂志的编辑，"告诉他别再耽误事了"，赶紧发表鲍林的论文；克里克也给鲍林写了信。在佩鲁茨的撮合下，克里克明智地选择与鲍林和解。两位科学家同意声明，他们在同一时间独立得出了相同的结论。[43]

　　克里克从这次交锋中学到一些东西：鲍林在解决生物分子结构问题上的思路极为丰富；一旦他下定决心要解决某个问题，他就会成为一个可怕的竞争对手，也许最重要的是，鲍林的蛋白质研究就快收尾了，他已经做好准备开始下一项重要研究了——克里克带着强烈的紧迫感把这个教训告诉了沃森。正如鲍林晚年回忆的那般："我一直认为，我迟早会找到 DNA 的结构。一切不过是时间问题。"[44]

276

卷五 最后的冲刺：
1952年11月至1953年4月

年轻的沃森在其中发挥了巨大的作用。我认为如果没有沃森，克里克不可能完成这项研究。沃森热情如炽。

——威廉·劳伦斯·布拉格爵士[1]

没有弗朗西斯，也不会有现在的我……没有沃森，克里克可能会成功，但如果没有克里克，沃森肯定不会成功。

——詹姆斯·D. 沃森[2]

第二十章　莱纳斯之歌

一个男孩走到他们中间，响亮地
把竖琴弹奏，一面用柔和的嗓音唱着
优美的莱纳斯之歌，他的美妙歌声高低起伏，
所有人欢快地跟着雀跃、歌唱、喊叫，
和着那舞蹈节奏，踩踏整齐的脚步。

——荷马，《伊利亚特》[1]

　　正如克里克最担心的那样，鲍林正坐立不安。虽然他忙于向谄媚的本科生讲授化学，还要在加州理工学院管理自己的化学帝国，以及为更多的听众准备讲座和论文，但这些活动都不足以满足他无休止的好奇心。他想征服一个新的科学领域，斩获更多的成功和荣誉。具体而言，他想研究 DNA。

　　11 月 25 日星期二下午，鲍林从盖茨和克里林化学实验室（Gates and Crellin Chemistry Laboratory）办公室走下大厅，来到生物科学柯克霍夫实验室（Kerckhoff Laboratory of the Biological Sciences）的研讨室。他在此聆听了加州大学伯克利分校微生物学家罗布里·威廉斯（Robley Williams）的讲座。最近，威廉斯与 X 射线晶体学家拉尔夫·威科夫（Ralph Wyckoff）合作利用电子显微镜开发出一种新的"金属投影"（metal shadowing）技术。该方法可获得非常详细的细菌三维图像。威廉斯投射到房间白色屏幕上

的显微照片的清晰度和细节令鲍林着迷。鲍林印象最深的幻灯片莫
过于核糖核酸（RNA）盐的照片。

　　坐在昏暗研讨室的前排，鲍林将阿斯特伯里 1938 年拍摄的
DNA 射线照片跟威廉斯令人惊叹的图像做了比较。阿斯特伯里的
照片把核酸描绘成"扁平的丝带"（flat ribbons）。而威廉斯的照片
则把核糖核酸描绘成圆柱体或"细长的管子"（long, skinny
tubes）。鲍林很清楚，他看到的是 RNA 而非 DNA，但对他来说，
威廉斯 1952 年的显微照片已经回答了剑桥和伦敦那边热切关注的
问题：DNA 必须是螺旋形的。[2]

　　回家吃完晚饭，鲍林坐在书房思考 DNA 分子的可能结构。第
二天，他把自己关在办公室，"拿出了一支笔、一沓纸和一把计算
尺"。[3]突然间，他从桌子上堆得高高的一堆科学期刊中翻出了最新
一期的英国化学学会期刊，上面刊登了剑桥大学化学系丹尼尔·布
朗（Daniel M. Brown）和亚历山大·托德（Alexander Todd）关于
核苷酸化学研究的论文。他们证明了 DNA 一条链中的"核苷酸间
连接"是如何通过共价"磷酸二酯键把 5 号糖碳原子与相邻核苷
酸的 3 号糖碳原子连接起来的"。[4]用化学家的话来说，这一发现定
义了构成 DNA 螺旋状磷酸-糖骨架的原子之间的复杂键合或连接。

　　接下来，鲍林回顾了前一天的讨论笔记，并阅读了威廉斯在被
问及 RNA 分子直径时的回答。威廉斯对同一个问题回答了两次：
"大概是 15 埃"，但他也承认很难精确测量。鲍林利用威廉斯的密
度数据计算出了每单位 DNA 核苷酸链的数量，他在笔记本上写道，
"也许我们得出的是一个三链结构！"[5]1974 年，鲍林回忆他当时对
这个结果感到很意外，因为他的计算结果和 1940 年关于互补性的
论文都表明 DNA 是双链或双层结构。但鲍林错误地认为现有数据
中存在人为误差，因此走上了错误的方向。他后来承认，"我现在

很惊讶一开始我研究的是三链螺旋结构，而非双链螺旋结构"。[6]

正如沃森和克里克一年前所做的，鲍林自欺欺人地认为磷酸基团位于螺旋内侧。他猜测，位于外侧的核苷酸碱基在螺旋中紧密地排列在一起，这也能解释观察到的分子体积和密度。在计算键角时，他假设每条链"大概每延伸一圈就会绕过三个碱基。三条链紧密交织在一起，通过磷酸基团之间的氢键固定在一起"。[7]他最早绘制的三链螺旋结构的特点是中心极为密集，没有太多空间容纳所有原子。11 月 26 日星期三深夜，鲍林精疲力竭地上床休息。第二天，他跟家人一起欢度感恩节。

280

三天后的 11 月 29 日，星期六，鲍林重新回到了书桌前。摆在他面前的任务是把自己的模型与威廉·阿斯特伯里模糊的 X 射线图像、斯文·福尔伯格质量更差的图像以及托德的化学结论相互匹配。他试图"把三条磷酸盐链塞进阿斯特伯里照片的有限空间中，就好比尝试把继姐妹的脚塞进灰姑娘的玻璃鞋中一样。无论如何扭转磷酸盐，它们都无法塞进去"。此时，沮丧的鲍林在笔记本上写道，"为什么一列中的磷酸靠得这么近？"接着，他又对磷酸盐基团做了调整，这里拉长那里缩短等，但也没什么效果，只能暂时停止了这次思想实验。[8]

12 月 2 日，他让助手从图书馆检索最新的晶体学文献。翻阅了这些文献后——也许看太快了——鲍林写道，"我把磷酸盐尽可能紧密地堆放在一起，尽可能扭曲它们"。尽管如此，他的模型仍存在问题。他还是把太多的原子塞到了中心，但这样做并没有反映出大自然的惯用手法。但没关系，鲍林很欣赏自己的成果："一个几乎完美的八面体，晶体学中最基本的形状之一。"[9]

鲍林很清楚，他离成功还很远。那个 12 月的几乎每个早晨，这位中年化学家都会从办公室蹦下楼梯，跟一位名叫弗纳·肖梅克

281 （Verner Schomaker）的年轻同事讨论他前一天晚上的所有"核"（nucleic）想法。他热情洋溢地阐述着自己的观点，但并未给出些许实际的证据。尽管缺乏核苷酸键角或结构的精确数据，更别说糖-磷酸骨架的数据了，但他说服自己认为自己是正确的。而且他并不满足于只让帕萨迪纳的相识知道自己的想法。1952 年 12 月 4 日，他写信给曾经是他学生的哈佛大学化学教授 E. 布莱特·威尔逊（E. Bright Wilson）说，"我认为我们现在已经找到了核酸的完整分子结构"。[10]

12 月下旬，科里检查了模型，并给出了专业意见：模型中心的氧原子紧密地挤在一起，不可能符合已知的键角和键长。如果这个分子的盐形式（胸腺核酸钠）制成模型后，其中心位置可能变得更加拥挤。科里认为，模型中压根没有钠离子的容身之地。鲍林并不气馁，他回到自己的办公室，这天结束之际，他就拿出了一个磷酸盐四面体模型。他忽略了如何解释 DNA 在细胞复制过程中传递遗传信息这一生物学上的当务之急，眼里除了模型、模型，还是模型。毕竟，他引以为傲的随机确定法此前还没让他失望过。

鲍林实在有点过于自欺欺人了，12 月 19 日，他给剑桥大学的亚历山大·托德去了一封长信，信中满是各种暗示。鲍林在信中表示，他和科里"对学界至今都没有任何关于核苷酸的精确结构测定报告深感不安"，但不用担心：他的实验室正致力于完成这个任务。鲍林承认"卡文迪许的人正在从事这个领域的研究"，但他自信地表示，"这是一个很大的领域，不能指望他们完成全部研究。另一方面，我们也不打算重复他们的工作——更重要的是，万一他们已经测定了一种核苷酸，我们还可以测定另一种"。接着，他又暗示道，"也许我很快就会写信给布拉格或柯克伦，问问他们正在研究哪些核苷酸。如果他们不反对，我们想请你提供些材料，如果

你有特别值得研究的核苷酸或相关物质的结晶制剂……这种结构真 282
的很美。如果不绘制图像就难以描述，但现在图像付之阙如。我会
随时跟你报告进度"。[11]鲍林这番话不过是在下套。他很清楚，国王
学院实验室是英国 DNA 研究的重镇，但他对沃森和克里克非常担
心——这可能是他的儿子彼得转告的信息——所以他想引诱托德透
露更多信息。

DNA 并不是鲍林心中唯一的结。更让他头疼的是他跟美国政
府的龃龉，这要拜一个名叫路易斯·布登兹（Louis Budenz）的告
密者所赐。布登兹曾经是美国共产党中央委员会的一名活跃分子，
也是《工人日报》（*Daily Worker*）的执行主编，此人于 1945 年突 283
然向非美活动委员会宣布放弃自己的政治信仰，后来便干起了告密
的勾当，也因此赚了些不义之财。他为联邦调查局提供咨询以及指
认嫌疑人的时长超过 3000 小时，并撰写了一些介绍共产主义渗透
美国社会几乎各个层面的通俗读物和文章。[12]在右翼杂志《美国军
团》（*American Legion*）1951 年 11 月刊登的封面故事中，布登兹质
问道，"大学必须聘请红色教授吗？"他在这篇充满火药味的长篇
文章中重点提到的一位"红色"学者就是莱纳斯·鲍林。[13]

1952 年 12 月 23 日，布登兹在负责调查免税基金会和慈善基
金会政治问题的众议院委员会作证。当时，鲍林也是约翰·西蒙·
古根海姆（John Simon Guggenheim）基金会顾问委员会的成员，而
古根海姆基金会正是听证会上接受质询的组织之一。布登兹在宣誓
后送上了一份令人厌恶的圣诞祝福，称鲍林是"一名受到纪律处
分的共产党员"。同一天下午，布登兹又指认另外 23 名获得古根
海姆基金会和其他著名基金会资助的学者以及古根海姆基金会的 3

图 20-1 路易斯·布登兹（左）在华盛顿州坎维尔非美活动委员会实情调查部门作证，1948 年 1 月 27 日

名官员为共产党员。后来，所有 26 人都证明他们现在和过去都从来不是共产党员，但他们等了太久才迎来了迟到的平反。除了巨额法务费用，一些人因此失去了研究经费，有的人甚至还被解雇了。[14]

对此，鲍林斥责布登兹为"职业骗子。美国国会的下属委员会竟然纵容甚至帮助这样一个昧良心的无耻之徒给备受尊敬的人制造麻烦，实在是可耻。如果不以伪证罪起诉布登兹，我们就必然得出如下结论：我们的法院和国会委员会完全不在意也不愿披露真相"。[15]很不幸，正是鲍林怒斥的那个国会委员会豁免了布登兹的伪证起诉。这只"硕鼠"就这样悄然逃之夭夭。

鲍林终究还是对布登兹给自己造成的潜在威胁淡然处之，如此就能集中精力探索"任何研究者都知道但尚未提出的第一个精确描述的核酸结构"。[16]在圣诞节的节日氛围中，他邀请同事们到实验室欣赏他那"异常"紧凑的模型。这些五颜六色的小球和小棒代表了单个原子及其化学键，其显著特点之一就是核苷酸碱基被放在了模型外侧，"就像茎干上的叶子"一样往外突。鲍林宣称，这种排列方式为碱基按任何顺序排列都提供了足够的空间，"从而让分子具备最大的灵活性，其传递的信息也相应具备最大的特异性"。[17]

临到中午，他的实验室已经挤满了各色化学家、物理学家和生物学家，就像他的 DNA 模型一样。鲍林告诉这些慕名而来的人，这个模型只是初步尝试，"也许还能进一步完善"。[18]但就在他自认为这个三链螺旋结构模型已经让人满意到可向《美国国家科学院院刊》提交正式论文详细介绍自己和科里的成果之际，在场的人提出的质疑还是让他感到意外。一周后的 1952 年 12 月 31 日，鲍林还是投出了稿件。

手稿寄出几个小时后，鲍林给国王学院的兰德尔写了一封长信，这封信让兰德尔、威尔金斯和弗兰克林充满了紧迫感：

> 科里教授和我度过了一个特别开心的节日。近几个月来，我们一直在研究核酸的结构问题，并发现了一种我们认为可能正确的核酸结构——也就是说，我们认为核酸分子可能仅有一种稳定的结构。我们关于这个问题的第一篇论文已经提交发表。很遗憾，我们拍摄的胸腺核酸钠的 X 射线照片不是很好；我们从未见过你们实验室拍的照片，但我知道它们比阿斯特伯

里和贝尔的都要好得多，但我们拍的不如他们。我们希望得到更好的照片，但幸运的是，我们现有的照片已经好到足以推导出核酸结构的程度了。[19]

　　生怕话没说满，他还做了下一步的动作。1953 年 1 月 2 日，鲍林和科里向《自然》杂志寄送了一份长达 24 行的声明，声称自己首先发现了 DNA 的三链螺旋结构。这个声明刊登在 2 月 21 日的《自然》杂志上，其中还提到，鲍林和科里对 DNA 结构的完整描述将刊登在 1953 年 2 月的《美国国家科学院院刊》上。[20]鲍林这篇英国版预告的重点在于，由于《自然》在伦敦出版，剑桥大学和国王学院的读者在第二天收到杂志后一定会得知鲍林的进展。与他对蛋白质结构的随机确定探索不同——这项工作需要多年艰苦细致的计算——他仅用四周时间就完成了核酸结构的研究工作。[21]莱纳斯哼着小曲儿，但他还没听出自己有多跑调。

286

第二十一章　克莱尔学院难以下咽的饭菜

美国最大的恶魔——消化不良：没有彻底而规律的消化，就不会有健康的体魄，也不会有男子气概和活力。毫无疑问，美国人一大半的虚弱、衰弱和早亡都源自消化不良……不要依赖药物来调理肠胃，那不过是用魔鬼之王贝尔泽布「原文如此」来驱魔……广泛存在的消化不良，源于我们在别处提到的另一个原因——即过度精神活动的结果（我们不能总是回到这一点）。

——沃尔特·惠特曼[1]

吉姆·沃森爱走捷径，还喜欢绕过规则、撒点善意的谎言，以达到自己的目的。25 岁之前，他就表现出了许多试探法律边界的行为，比如在实验中跳过耗时、杂乱的步骤，向上级略微虚报自己的情况，偷偷挪用其他科学家的数据等。这种习惯甚至延续到了1952 年，当年他故伎重施，巧妙地为自己安排了住处。在约翰·肯德鲁和伊丽莎白·肯德鲁的小房子里蜗居里一年后，他盘算着搬出去独自生活，也好更容易参加剑桥的各种活动。

深秋时节，剑桥大学助理注册主任兼研究委员会秘书 L. M. 哈维（L. M. Harvey）正式批准沃森为"本校的在册研修生，在 J. C. 肯德鲁博士指导下工作"，身份有效期为 1952 年 10 月到 1953 年复活节。[2]这意味着沃森具备了住在校内房间的资格。跟达尔文、牛顿、卢瑟福以及其他许多杰出的"坎塔布里奇人"一样，沃森正式成为剑桥大学的居民。

一年多来，沃森一直在各个学院寻找可能的住处。起初，他似乎打算加入耶稣学院，因为跟"三一学院或国王学院等规模较大、声望较高、较为富裕的学院"相比，耶稣学院的研修生人数要少得多，而且被录取的机会也更大。³在得知耶稣学院挤满了咋咋呼呼的本科生后，沃森很快打消了这个念头。为数不多的被哄骗到耶稣学院学习的研修生中，没有谁分到了住处。正如沃森精明地总结的那样，"作为耶稣学院的学生，唯一可以预期的就是一份博士学位奖学金，但我永远也拿不到"。⁴

1951 年秋，马克斯·佩鲁茨得到了克莱尔学院（Clare College）高级导师、著名古典学家、二战功臣尼古拉斯·哈德蒙（Nicholas Hammond）的帮助。通过这层关系，佩鲁茨"把「沃森」塞进了克莱尔学院做研修生"。进入剑桥的第一年，克莱尔学院给予沃森在大厅用餐的特权。可问题是，除了用餐时间有限制，用餐的人还没什么社交活动，此外，餐厅的食物除了"褐色的汤、黏乎乎的肉和浓稠的布丁"以外，啥也没有。⁵

一年后，他被分配住进了"双人间"——新建的克莱尔纪念苑 R 楼梯间 5 号房。⁶1952 年 10 月 8 日，他告诉妹妹说，"我现在住在学校里，非常喜欢。我的房间宽敞舒适，但有些单调。不过，在奥迪尔的帮助下，我希望它能变得有趣点"。⁷后来在《双螺旋》中，沃森承认了自己在克莱尔学院期间的不诚实行为："努力再去拿一个博士学位完全没有意义，但只有通过这种方式，我才可能住进去。克莱尔学院是个意料之外的收获。它不仅位于卡姆「河」畔，拥有一个美丽的花园，而且就像我后来了解的那样，学院对美国人很友好。"⁸

289　　　沃森怎么会不喜欢新住处呢？他的新住处不仅经济实惠，而且

图 21-1　克莱尔纪念苑。沃森的房间在一楼中央门洞左侧

很有排面。尤其吸引人的是他上下班的通勤路线：仅需步行十分钟，先穿过女王路，沿研究员花园（Fellows' Garden）和国王后院（the King's backs）之间的小路跨过卡姆河上的克莱尔桥，接着沿克莱尔学院大师花园和学者花园之间的小径穿过旧庭院，再沿一条跟贡维尔和凯厄斯学院以及元老院毗邻的狭窄小路走下去。再经过三次大右拐——先是进入庄严的国王大道，然后是班尼街，最后是自由学校巷——他就进入了卡文迪许。

餐厅里供应的食物依旧难吃，跟许多不习惯战后英国饮食的美国人一样，沃森抱怨食物煮得太熟。即便是克莱尔学院的木质镶

图 21-2　通往克莱尔学院的卡姆河大桥

板、带格子的天花板、水晶吊灯也难掩陈年菜单上饭菜的难吃。10月 18 日，沃森在给贝蒂的信中写道，"克莱尔的食物太难吃，所以我经常跑去国际英语联合会吃饭。我在学院的宿舍也备了吃的，因为我发现晚上 12 点左右会很饿。意外的是，我发现我会沏茶"。[9]

在克莱尔学院的多数早上，沃森都会坐在三一街的"异想天开"（Whim）餐厅破旧的柜台前，这家店平日上午 8 点营业（周日则为 10 点），供应早餐的时间"比「他」能去食堂的时间晚得多"。[10]仅需三先令六便士，沃森就能吃上一整套英式早餐（煎蛋、猪血香肠、培根、烤豆、烤面包、橘子酱和茶）——真是丰盛又便宜。[11]他会一边吃早餐，一边阅读《泰晤士报》，视而不见"头顶扁平三一帽一族"（flat-capped Trinity types）喜欢的偏保守的《电讯报》和《新闻纪事报》，然后前往卡文迪许。[12]

在"老鹰"酒吧跟克里克共进午餐的花费更贵些，但这对他们的合作至关重要。如果他不打算去克莱尔餐厅吃难吃的晚餐，找晚餐馆就成了个问题。吃腻了国际英语联合会的饭菜后，他又去奥迪尔和克里克的公寓蹭饭，或者不得已也会去肯德鲁家蹭饭，但毕竟这些选项都不是长久之计。[13] 最后，他找到了城里最便宜的餐馆——印度咖喱餐店和希腊塞族小馆。[14]

打折的晚餐对沃森柔弱的肠胃造成了严重破坏。他的胃"一直挺到了 11 月初，后来几乎每天晚上都会剧烈疼痛"。居家疗法（比如小苏打泡牛奶等）没能缓解他的症状。最后，他向三一街一位剑桥大学毕业的医生求助。在"冰冷"的手术室签完字后，他被带进一间狭小的检查室，医生拍打、叩击和触诊他的腹部，同时问了一系列关于排便和胀气频率的尴尬问题。最后，医生递给他一张"饭后服用一大瓶白色液体的处方"。这种白色粉状的东西几乎不用医生签名就能买到：其实就是菲利普斯牌的氧化镁牛奶（Phillips' Milk of Magnesia），一种抗酸剂和泻药，主要成分是溶解在水中的氢氧化镁，外加一点糖和薄荷油调味（这款药如今依旧是治疗胃部不适、消化不良、胃烧和人类文明的一大祸害——便秘的常用补品）。[15]

氧化镁牛奶似乎起了点作用，如果考虑到沃森的饮食习惯，它也只能起到有限的作用。两周后，他的药刚吃完就又犯病了。跟许多思乡的学生一样，沃森严重估计了自己的症状——认为自己得了胃溃疡、胆结石以及其他更严重的疾病。回到诊所的沃森却没有得到医生的同情。这位医生连看都没看他一眼，就又潦草地开出了一张乳白色泻药的处方，还不忘告诉他不要再吃辛辣的坦都里烤鸡（tandoori chicken）、油腻的肉卷（greasy gyros）和芝士菠菜派了。

从诊所出来后，沃森骑自行车来到克里克新买的、位于葡萄牙广场的新家，广场旁有一条蜿蜒的鹅卵石小路，路边矗立着一排排狭窄的房子，房子的地板是凹凸不平的木地板，壁炉周围嵌有大理石。吉姆"希望跟奥迪尔的闲聊能让「自己」忘掉胃部的不适"。[16]他们首先聊起了彼得·鲍林，此时他正在追求马克斯·佩鲁茨的一位互惠生①——一位名叫妮娜的年轻丹麦女性。这些讨论并没有缓解沃森的不适，于是奥迪尔建议他把目光转向南面的几个街区，看一看斯克洛普斯露台酒店（ScroopeTerrace）上的"一栋高级寄宿公寓"，业主是一位名叫卡米尔·"波普"·普莱尔（Camille "Pop" Prior）的法国侨民。波普在城里很出名，她是一位前法语教授的遗孀，很有事业心，而且"热心于制作各种戏剧和音乐节目"。[17]为了维持收支，她为一群来到剑桥渴望提升就业技能的"外国女孩"提供寄宿，并教她们英语。沃森并不打算学法语，但为能结交"波普"并参加她著名的雪利酒派对而激动不已。奥迪尔答应"给波普打电话，看看是否能安排见面"。能见到更多"波普"的憧憬让沃森欣喜若狂，于是他骑上自行车回到了克莱尔学院。[18]

　　沃森的消化不良迫使他一连几天都待在克莱尔学院的宿舍，他在屋里生着煤火，用被子蒙住头，思考起了 DNA 的问题。12 月初，英国大部分地区都笼罩在严寒的冷空气中，整栋楼也因此变得异常寒冷，而夹杂着硫黄味的浓密烟雾更是让人窒息——这一切都拜英国几乎只用煤炭取暖所赐。[19]曾几何时，他"蜷缩在壁炉旁做白日梦，想象着几条 DNA 链如何才能以一种漂亮又符合科学原理的方式相互折叠"。堆放在床头的一摞杂志、重版书籍和各种教科书加深了他对分子的理解，这些文献里都包含了关于"DNA、RNA 和蛋白合成的相互关系"的理论。[20]

---

　　① au pair，住国外家庭，以劳动换取食宿并学习语言。——译注

此时距离弗朗西斯·克里克提出关于基因功能的著名"核心教义"且有五年时间，这个教义描述了 DNA 链上的信息如何在特定编辑和翻译酶的协助下被 RNA 复制，从而促进细胞中核糖体合成蛋白质的机制。[21]但就在 1952 年 12 月初，沃森就已经在纸上潦草地写下了克里克公式的雏形：$DNA \rightarrow RNA \rightarrow$ 蛋白质。[22]

沃森回忆说，当时他认为"几乎所有的证据都让我相信，DNA 是制造 RNA 链的模板。反过来，RNA 链也可能是蛋白质合成的模板……箭头并不表示化学变化，而是表示遗传信息从 DNA 分子中的核苷酸序列转移到蛋白质中的氨基酸序列"。沃森把写有这些文字的便条贴在办公桌正上方的墙上，似乎要借此提醒自己，"基因不朽的想法是正确的"。这种梦幻般的感悟成了他在夜里的助眠剂。而在醒来后，冰冷的卧室"又让他回到现实：口号并不能代替 DNA 结构"。[23]

自从布拉格让沃森和克里克停止 DNA 研究以来，时间已经过去了一整年。沃森觉得这个禁令即便不是愚蠢的，至少也很武断，但考虑到自己身为访问学者的劣势地位，他不得不装作服从命令的样子。而克里克在卡文迪许的处境也没好多少，他在这一年里完成了博士学位论文，计算了蛋白质的盘绕线圈，破译了血红蛋白的密度。二人在"老鹰"酒吧共进午餐时讨论的也不再全是 DNA 相关的问题，但在午餐后沿着国王学院和三一学院后山散步时，"基因话题总会冷不丁冒出来"。每当这时，他们就会兴奋地回到 103 号房间，开始"摆弄模型……但弗朗西斯几乎马上就意识到，曾一时给我们带来希望的推理线索得不出任何结果"。[24]

此时的沃森已经对烟草花叶病毒感到厌倦，他那过剩的智力总想搞点新花样。通常，克里克盯着血红蛋白的 X 射线照片在笔记本上书写计算公式时，沃森却在黑板上画 DNA 结构草图。讽刺的是，其实克里克的空间推理能力反倒要高出不少。他能把生物结构三维化，仿佛它们就在自己手中，而不是在头脑里，但这正是当时的沃森正在加倍学习的重要能力。

直到一天下午，彼得·鲍林面带微笑地走进实验室，坐下来，漫不经心地把脚耷拉在破旧的办公桌上。彼得可是稀客，因为他的表现不尽如人意，不像其他人一样经常来卡文迪许报到。管他姓什么，布拉格几乎就要终止他的身份了，因为他将大把时间花在了社交、追逐女互惠生和"彼得豪斯五号船的八人组划船赛"上了，而没有"在实验室里做事"。[25]

沃森期待彼得开启另一个话头，比如谈谈他最近的风流韵事，或者"英国、欧洲大陆和加利福尼亚女孩各自的特色"。但他很快发现自己"被彼得吸引住了，但全然不是因为后者脸上灿烂的笑容"。[26]彼得告诉克里克和沃森，他刚在彼得豪斯学院吃完午饭，饭后去收发室取了一封家里的来信。信是父亲写的。[27]除了谈论学术政治、家中要事和其他家常话以外，莱纳斯·鲍林还透露了沃森和克里克"担心已久"的消息：他正在积极寻找 DNA 的结构。[28]可以想象，皮质醇肾上腺素如潮水般涌向二人的大脑和身体，他们做出了"要么战斗，要么逃跑"的反应。鲍林入局了！克里克心想，如果他们也能同时提出一个结构，就能与鲍林分享发现的荣誉了。但要怎么做呢？他们又该如何说服彼得·鲍林透露他父亲的一些线索，从而在不泄露己方秘密的情况下着手下一步研究呢？

沃森、克里克和彼得跑下大厅，然后上到茶室，佩鲁茨和肯德鲁正在里面喝下午茶。几人正在传阅信件时，布拉格进来了。有眼力见儿的沃森立刻闭上了嘴："我们俩都不想跟他挑明这个荒诞的玩笑：英国实验室又要被美国人羞辱了。品尝巧克力饼干的时候，约翰试图用莱纳斯可能错了来安慰我们。毕竟，他从没见过莫里斯和罗茜的 X 照片。但我们内心深处并不这样认为。"[29]

294

第二十二章　彼得如狼

吉姆·沃森的《双螺旋》一书的许多读者告诉我，他们从书中了解到我是个双面间谍——监视竞争对手的团队、利用我的特殊身份打探一方的情报，然后汇报给另一方。事实绝非如此。我尽可能多地了解实验室里发生的事情，然后写信告诉家人这些事情对我的影响。父亲总是让我了解他感兴趣的事情和他正在开展的研究。

——彼得·鲍林[1]

圣诞假期前的两周里，西线无战事。尽管如此，莱纳斯·鲍林这匹贪婪的狼却在狩猎新的猎物。圣诞节期间，沃森天真地认为，如果加州理工做出了什么重大发现，那他现在也该有所耳闻了。为了充分享受假期，他选择去瑞士滑雪。途经伦敦时，他前往国王学院拜访了威尔金斯，并告诉后者鲍林正在研究 DNA 分子，而且可能很快就会解开谜题。这次谈话发生在鲍林于 12 月 31 日向兰德尔发出正式"DNA 意向书"的一周前。威尔金斯似乎并不在意，沃森大失所望。他此刻心思都在如何摆脱罗莎琳德的事情上。神经质如威尔金斯也能感受到快乐和自由，他此时正在为弗兰克林"终于离开他的生活，他也将开启全力寻找结构"倒计时。[2]要达到这个效果，他只需要一个老式的挂历——撕掉过去的日期，喊出现在的日期即可。

1953 年 1 月中旬，沃森回到剑桥后先去找了彼得。彼得说他收到了父亲写于 1952 年 12 月 31 日的信件，这封信不啻为一枚扔过了一整个大陆和大洋的学术手榴弹：鲍林和罗伯特·科里提出了 DNA 结构，并将很快发表在《美国国家科学院院刊》上。1975 年，彼得回忆说，他父亲写信给他说正在为布拉格准备一份预印本，"他问我是否也想要一本。我知道布拉格对 DNA 的了解还不如我，而且他会忽视这篇论文，所以我回复说可以，我想要一本"。[3]

至少我们可以认为，鲍林又一次取得惊人突破的可能性已经让沃森坐立不安了。为了平复心情，接下来的几天里，他专心与比尔·海耶斯一起研究他们关于细菌性行为和遗传物质交换的论文，希望这项研究能推翻约书亚·莱德伯格的研究。

1 月 28 日上午，邮递员把两个装有鲍林 DNA 论文的信封送到

图 22-1　彼得·鲍林，1954 年

了自由学校巷的卡文迪许实验室。[4]布拉格任这篇论文淹没在了众多渴望得到其支持的作者寄给他的手稿中，而没有将其下发到马克斯·佩鲁茨手里。他也可能是为了防止佩鲁茨把论文转给克里克和那个古怪的美国人沃森后必然出现的戏剧性场面。这可是布拉格最不想看到的，因为克里克的论文马上就要完成了，再过八个月，他就要被流放到布鲁克林理工学院一年。[5]就像威尔金斯每天都在数日子，巴望着罗莎琳德离开一样，布拉格也有个类似的期盼，那就是，他何时才能重新在没有克里克"穿透铠甲"的笑声中开展工作。[6]

彼得·鲍林回忆道，"「我」压根不知道基因为何物……「因为我父亲的论文」对我毫无意义，所以我把它交给了吉姆和弗朗西斯，他们似乎很看重"。[7]按沃森的说法，论文交接过程要比彼得描述的戏剧化得多。彼得一跨进 103 号房间的门槛，沃森就感觉"大事将临"，"得知一切都结束了后，他也早已变得心如死灰了"。彼得有条不紊地向沃森和克里克介绍了他父亲提出的"以糖-磷酸骨架为中心"的三螺旋结构——这种结构听上去跟他们一年前提出的模型十分相似，而罗莎琳德却明确地拒绝了这个模型。沃森的情绪一落千丈，他"在想，如果不是布拉格的阻止，我们是不是也已经拥有了做出伟大发现的荣誉和光荣"。沃森打破了所有学术陈规，更不用说什么绅士风度了，他甚至没有让克里克有机会提出看手稿的要求，便直接从彼得的外套口袋里把手稿拽了出来。[8]他瞪圆了眼睛飞快翻阅着论文的引言和方法说明，寻找着描绘鲍林三链螺旋结构的数据。此刻，他的双眼正在寻找构成神奇分子的"基本原子"的精确位置，这种分子很快就会让他的名字永垂不朽。

科学的发现存在几种不同的类型。最令人称道的是发现了事物万千变化背后棘手问题的正确答案——这种突破很了不起，它让人在一瞬间觉得世界充满了和谐。但在争先解释事物的竞争中，几乎同样重要的是发现你的竞争对手取得的所谓突破是错误的。在评估鲍林的 DNA 模型时，世界上绝少有人能迅速得出这样的结论，就像很少有钢琴家能灵巧地弹奏拉赫马尼诺夫第三钢琴协奏曲一样。但偏偏吉姆就是这种人。[9]

几乎就在一刹那，沃森就意识到鲍林的协奏曲中包含了太多游移不定的音符和笨拙的浮夸乐段。尽管鲍林和科里宣称他们的论文是"首次精确描述了任何研究者都知道但尚未提出的核酸结构"，但论文读上去却显得支支吾吾、闪烁其词，文中承认"不能认为该结构已被证明为正确的"。[10]这篇论文没有提出任何新的证据，模型所用的 X 射线照片还是 15 年前利兹的阿斯特伯里所拍摄。鲍林和科里甚至在文中承认，他们在帕萨迪纳拍摄的 X 射线照片"略逊于"在利兹拍摄的（更不用说鲍林尚未仔细端详过的罗莎琳德拍摄的照片了）。这些劣势对鲍林来说不重要，因为他的名字叫莱纳斯·鲍林。换言之，得益于新颖的随机确定建模法，仅凭他自己就足以消化现有文献的知识和才能，就像曾经把这门学科称为炼金术的化学奇才一样，他能点石成金。[11]

但终究，鲍林阐述三链螺旋结构的论文还是存在三个巨大错误。第一个错误跟鲍林在三条螺旋链上排列原子的方式有关：糖-磷酸骨架居中，核苷酸朝外。可以肯定的是，DNA 模型既要稳定，也须按照生物学要求将原子成分紧密排列，但鲍林自己也承认，他这个模型有点过头了。尽管已经把自己的想法写在了预先印好的论文中，

297

但鲍林和科里仍在摆弄自己的模型，打算缓解分子内部的拥挤感。[12]

第二个错误是沃森发现的一个非常基本的错误，"如果学生犯了类似的错误，那就会被认为不配在加州理工学习化学了"。具体而言，"莱纳斯模型中的磷酸基团没有电离……每个基团都带有一个结合氢原子（bound hydrogen atoms），因此不带净电荷……这些氢是氢键的一部分，负责把三条相互交织的链固定在一起"。[13] 这意味着鲍林的结构忽略了核酸的主要特征：它首先是"一种中等强度的酸"。令人吃惊的是，"鲍林的核酸在某种意义上根本就不是一种酸"。[14]

沃森知道这个猜想荒谬至极。无论 DNA 由两条、三条还是四条相互缠绕的链组成，都需要稳定的氢键将其相互固定。否则，链条就会"飞散，结构随之消失"。但根据阅读而来的核酸化学知识，沃森确定 DNA 的"磷酸基团绝不包含结合氢原子"，而当 DNA 在生物体内或"生理条件"下被发现时，带负电荷的磷酸基团会被中和或与带正电荷的钠离子或镁离子结合。"然而"，沃森惊叹道，"莱纳斯无疑是世界上最精明的化学家，却得出了截然相反的结论"。[15]

克里克也被鲍林的"非正统化学"吓了一跳。起初，他还疑心鲍林可能是对的。难道他对大生物分子中的酸碱变化提出了什么革命性的创新理论？如果是，为什么他的论文中没有花篇幅解释这个新理论？又为何不写两篇论文，"第一篇描述其新理论，第二篇展示如何用它来解决 DNA 的结构问题？"沃森和克里克总结道，肯定不是这样。鲍林犯了个严重的错误。[16] 几天来，二人心里的石头第一次落下了，因为他们知道"比赛且未结束"。[17]

鲍林的"失误实在难以置信，必须广而告之"。于是，两人跑到罗伊·马卡姆（Roy Markham）的病毒学实验室"进一步确认莱纳斯的化学结论存在问题"。马卡姆没有让人失望。当他得知帕萨迪纳伟大的鲍林"连大学的化学初步都搞忘了时"，几乎可以料想到，幸灾乐祸之感也让他欣喜若狂。[18]马卡姆还没来得及向他们讲述其他同事（包括一位仍在剑桥工作的同事）的失误，沃森就"直接跳到了伟大的有机化学家部分，也听到了他想听到的 DNA 是一种酸的宽心话"。[19]

鲍林的模型中存在的第三个（也是最严重的）问题是，三螺旋结构根本无法阐明细胞是如何以有序和可预测的方式复制和传递遗传信息的。它不符合埃尔温·查尔加夫提出的嘌呤（腺嘌呤和鸟嘌呤）与嘧啶（胸腺嘧啶和胞嘧啶）比例为 1∶1 的法则。正如霍勒斯·贾德森正确总结的，鲍林的"模型是哑巴。根本无法解释任何问题……其中也没有任何可揭示基因秘密的线索"。[20]

沃森和克里克在校园里绕了一圈，好好嘲笑了鲍林一番，最后在卡文迪许茶室里坐了下来。此时，克里克正全神贯注地向佩鲁茨和肯德鲁解释鲍林的错误。在意识到论文发表后不久，联系紧密的科学家们几乎都会发现沃森和克里克在那个早晨发现的问题后，大家的兴奋劲瞬间消失。这意味着，"在莱纳斯再次全身心投入 DNA 研究之前，"他们"最多仅有六个星期时间"破解这个难题。[21]

当此之时，另一个棘手的问题是要不要通知莫里斯·威尔金斯——可以想象，对他而言，当时的情形就像寒冷、灰暗的大西洋中部突然出现了一艘来历不明的潜艇。谁来把鲍林的论文告知威尔金斯？应该提醒他吗？另外，如果马上打电话给他，言谈中不小心透露的兴奋劲会不会让威尔金斯察觉到他们也想分一杯羹？沃森和克里克还没准备好跟剑桥以外的任何人开展合作。此外，布拉格的禁令以及兰德尔垄断 DNA 研究的态度都让他们如履薄冰。如果兰

299

德尔知道离自己实验室仅 50 英里远的地方发生的事情，他很可能会暴跳如雷。

马上给威尔金斯通电话不可行。沃森说，他计划于两天后的 1 月 30 日前往伦敦与比尔·海耶斯会面。他认为，"明智的做法是把「鲍林」的手稿带上，让莫里斯和罗茜查看下"。[22] 这样做也为他们赢得了消化和思考下一步行动的时间。在佩鲁茨和肯德鲁的默许下，他们又加入了赛道，这次二人志在必得，也不管威尔金斯和弗兰克林是否知情了。

300　　在表演完 20 世纪 50 年代英国版的击掌后，沃森和克里克回到了"老鹰"酒吧，他们发现这个酒吧要到下午 6：30 才开门，因为根据 1914 年的《王国防卫法》（Defense of the Realm Act），酒吧在下午 2：40 到 6：30 之间不得销售酒精饮料。[23] 但"老鹰"酒吧甫一开门，他们就开始为"鲍林的失败"喝上了。这不是个适合畅饮啤酒或雪利酒的夜晚。克里克为自己年轻、热情的同事点了一杯上好的苏格兰威士忌——他们也的确喝了。但摆在二人面前的还有大把工作要做，这段日子可能是他们一生中最重要、合作程度最高、最有创造力的时间了。很大程度上，沃森对其中的高风险心知肚明。他知道，如果成功，自己就会身居查尔斯·达尔文开创的现代生物学万神殿之列。[24] 他呷了一口克里克请他喝的浓烈单麦威士忌，冷静地在"老鹰"酒吧的座位上下了战书："虽然我们的胜算

301　不大，但莱纳斯也还没拿到诺奖。"[25]

第二十三章　51号照片

采访者：你怎么看……我是说，关于这些照片的著名故事存在几个不同的版本。我不确定你心中是哪个版本。

莫里斯·威尔金斯：我偷了罗莎琳德·弗兰克林的照片给吉姆看。

——对莫里斯·威尔金斯的采访，约 1990 年[1]

有一种迷思认为我和弗朗西斯基本上是从国王学院把这个结构偷来的。有人给我看了罗莎琳德的 X 射线照片，看呐，是个螺旋，一个月后我们就发现了 DNA 的结构，威尔金斯压根不该向我们展示这个东西。我没有打开抽屉偷走照片，而是有人给我看的，还告诉我这个结构的三维尺寸：每 34 埃重复一次，所以，你知道我大概明白这意味着什么，而且，呃，但弗兰克林的照片才是关键。它让我们内心为之一振……

——詹姆斯·D. 沃森，约 1999 年[2]

莫里斯·威尔金斯究竟是如何获得罗莎琳德·弗兰克林的 X 射线照片的？1990 年，威尔金斯仍在全力为整件事情做辩解："在她整理东西打算离开期间……高斯林把底片给了我，这也算交接程序的一部分……但我没有主动要照片……我很确定是「高斯林」而非她把照片给我的……但糟糕的是，那张照片是 9 个月前的 5 月拍的……所以我觉得她有点恶作剧的意思，所有这些证据……都表明结构是螺旋形的，但她却完全不告诉我们。"威尔金斯略带谨慎地补充道，"所以我在想，哦，好吧……如果你现在也想完全改弦更张，跟风加入螺旋派，那在这个自由的世界里，其他人也不能提出任何反对意见……我对此相当愤世嫉俗。我不知道她真的做了些什么。我给他抹黑了，但我怎么想得到呢？所以，很多人压根不知道彼此在做什么，于是产生各种误会云云"。[3]

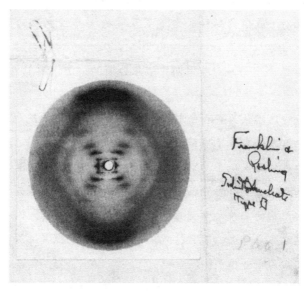

图 23-1　51 号照片

注：富兰克林关于 B 型 DNA 的 X 射线衍射照片，相对湿度超过 75%，显示了双螺旋。

13 年后，威尔金斯在 2003 年的回忆录中提到，转交照片的过程并不顺利。"罗莎琳德非常消极，我不想跟她要任何东西"。[4]但就在几页描写之后，他清晰地回忆起自己在物理系的主走廊上遇到高斯林时，"发生了一件反常的事情"。高斯林递给他弗兰克林的第 51 号照片并说道，一旦弗兰克林离开国王学院小组，这张照片就归他保管，可以随意使用。威尔金斯简直不敢相信自己的眼睛，"它比罗莎琳德在1951年10月展示给我们的第一张清晰的湿态（B型）照片——那张让斯托克斯和我兴奋不已的图案——清晰和锐利很多。新图案有史以来第一次清楚显示了（DNA的）螺旋形状"。[5]

时过境迁，高斯林也对这一关键事件做出了不同的描述。2000年，他解释说，"莫里斯完全有权获得相关信息。在罗莎琳德到来之前，国王学院已经发生了很多事情"。[6]但到了2003年，高斯林的说法也变得愈加模糊了，"我不记得他是如何获得这张美丽照片的。可能是罗莎琳德给他的，也可能是我给他的"。[7]9年后的2012年，高斯林再次改变说法，他解释说，由于弗兰克林即将离开实验室，没时间"继续推进我们已经拟定的分析方案……因此，她决定把我们最好的B型结构的原始胶片作为'礼物'送给莫里斯"。但高斯林在这段回忆中也提到，"1953年1月的某个时候，他走下走廊找到威尔金斯，并把这张精美的底片交给了他。他非常惊讶，并希望罗莎琳德能保证，他可以随意使用这上面的有趣数据"。[8]

在各种满是导向性的回忆中清理出一条线索并非易事。尽管如此，一些蹊跷之处还是不断从泥潭中浮出水面，弗兰克林为什么会授权她的研究生把如此重要的发现随意转交给她在国王学院最不待见的人？如果她打算在离职时把来之不易的数据交给任何人——这是博士后离开实验室时的惯常做法，因为相关研究成果被认为是受资助的主要研究者的财产——那她为何不亲手交给兰德尔呢？

弗兰克林于1952年5月2日拍摄了"精美"的51号X射线衍射照片。她先是小心翼翼地把20多根鼻涕状的DNA纤维捆绑在一根细小的毛细管末端（这可不容易办到），然后重新调整沉重的照相机，调整了数百个角度，拍摄了数百张曝光镜头，其间还忍受了至少上百小时高剂量辐射。威尔金斯和沃森一直坚持认为是高斯林拍摄了这张 X 照片，从技术上讲这种说法没问题，作为弗兰克林的研究助理，高斯林干了大量粗活重活。但正如弗兰克林的妹妹格林正确指出的，"实验设计和按下 X 光机的按钮完全是两码事"。[9]由于无法从她在照片底板呈现的清晰"X"形状中找出答案，弗兰克林把这张照片搁置一旁，转而去研究更规则、更具备晶体形状也更加耗时的 A 型所需的帕特森方程了。

1953 年 1 月的第一周，弗兰克林重新开始解读 B 型。她的实验笔记证实，她当时正努力研究湿态 B 型的螺旋性质和更难解释的干态 A 型，并试图将"磷酸盐置于外侧的同时把 DNA 的四个碱基挤进一个结构中"，进而让其晶体学数据符合查尔加夫法则。[10]弗兰克林计划于 1953 年 1 月 28 日在国王学院举办"离职研讨会"，而这一数据将是会上的核心内容。

这种场合里最高兴的人应该非威尔金斯莫属。不愧是威尔金斯，他居然没有表现出来。就在弗兰克林发表演讲的一周前，威尔金斯写信给克里克，告诉他马上要开研讨会了，还不忘以弗兰克林的口吻作了些不怀好意的嘲讽："让我们在会后空气清新一点再谈吧。我希望巫术的烟雾很快就能从眼前散去。另外，他让克里克告诉吉姆的提问'你最后一次跟她说话是什么时候'的答案是今天早上。全程就只有我说的一句话。"[11]

1 月 28 日弗兰克林的演讲结束后，威尔金斯直接写信给克里克，诉说自己对工作环境的不满。"罗茜的研讨会让我有点不舒服。天知道一切会变成什么样子。「她」滔滔不绝地讲了 1 小时 45 分钟……还谈到晶胞足够大，但里面什么也没有"。[12]但威尔金斯在

其回忆录中对此处的说法做了些改动。他依旧提到了弗兰克林的演 305
讲"太长了，而且主要是跟 A 型 DNA 结构相关——压根没提到 B
型"。他只记得她用"弯曲的、之字形和八字形金属丝做了个模
型。毫无疑问，所有这些都经过慎重考虑，但对我来说，它们并不
合理……想到如罗莎琳德这样一位能干的科学家在错误的方向上如
此努力地挣扎，「这」着实令人心痛"。[13]

最后这句话意在渲染弗兰克林追求"非螺旋结构"的"可悲"
迷思，但这些说法与弗兰克林的研究笔记、威尔金斯向记者回忆她
在 1951 年 11 月所谓的"反螺旋谈话"，甚至跟他自己的回忆录
（接下来一句话之后，他谈到了"演讲后的提问时间"）相矛盾，
至少也有点添油加醋了。威尔金斯第一个举手，他问弗兰克林，
"她所讨论的非螺旋结构如何跟她转交给我的清晰的 B 型结构相互
协调"。一如往常的坚定、自信和专业，弗兰克林回答说，"她认
为没问题：B 型 DNA 是螺旋结构，但 A 型不是"。2003 年，威尔
金斯回忆说，他对弗兰克林的回答感到惊讶："她的回答让我大吃
一惊，因为这是我头一遭听她承认 DNA 存在螺旋形状的可能。更
让我吃惊的是，她居然认为 B 型是螺旋形的，但 A 型不是。我从
没想过她会如此认为。"同样让他感到困惑的是，弗兰克林轻描淡
写地解释说，DNA 会"随含水量的变化在螺旋形和非螺旋形之间
来回切换……「因为」斯托克斯和我坚持认为，如果 B 型是螺旋
形的，那么 A 型肯定也是。实际上，我们并不认为必然这样，但
我们强烈地感觉很可能如此"。威尔金斯回忆说，也许自己没有理
解弗兰克林，因为每当他们谈论 DNA 时，他都觉得他们"不在一
个频道"。由于无法做出有说服力的回应，威尔金斯只好继续坐在
位置上。直到生命最后一刻，威尔金斯依旧认为演讲是如此结束
的："没人再谈到 B 图案，但如果向听众展示了引人注目的新图

案，我想可能会引发一些讨论。她为何不展示呢？"[14]

赫伯特·威尔逊（Herbert Wilson）也参加了这次研讨会，他曾是威尔金斯手下的一名博士后研究员，但没有跟弗兰克林共事过。他声称自己记下了弗兰克林的离职演讲，但很遗憾，他没有保留相关笔记。1988 年，他的导师威尔金斯还在世的时候，威尔逊坚称"「弗兰克林」没提到 B 形态 DNA，我当时也不知道她对 B 形态 DNA 结构的看法"。[15]他声称自己直到 1968 年才知道弗兰克林对 B 型 DNA 的螺旋解释，当时弗兰克林的同事和支持者、生物物理学家亚伦·克鲁格（Aaron Klug）在《自然》杂志上发表一篇文章介绍了弗兰克林的工作，文章摘自弗兰克林的实验室笔记。[16]但威尔逊声称的无知必须包括他对威尔金斯的极度忠诚。威尔逊说的是实话，还是说他只是试图减轻他的前任主管每天所遭受的痛苦？因为直到 20 世纪 80 年代，威尔金斯的许多同事都还因为他对弗兰克林的所作所为而强烈抨击他。

两天后的 1 月 30 日，吉姆·沃森踏上了上午 10 点从剑桥开往伦敦国王十字车站的火车，接着乘坐地铁加步行共计 45 分钟后抵达哈默史密斯医院。他在这跟海耶斯会面，为他们的细菌重组论文定稿。沃森口袋里装了一份鲍林和科里关于三螺旋模型的预印本论文。他没吃午饭，一直到临近下午茶的时间才离开哈默史密斯前往国王学院。[17]

下午 4 点不到，他闯进威尔金斯的办公室对后者说了鲍林已经建立了一个 DNA 模型的消息，但说这个模型"完全脱离化学基础知识"。此时的威尔金斯依旧认为沃森是个讨厌鬼和怪胎，他解释说自己现在有事，礼貌地请他稍后再来——可能希望这个美国人就此打道回府。但沃森却沿着地下室的走廊向弗兰克林的实验室走去。[18]考虑到沃森对弗兰克林的态度，以及后者对前者也没什么好感，哪怕此时弗兰克林已经快离开了，沃森的这个举动也显得很奇怪。弗兰克林曾毫不避讳地表达过自己对沃森的看法，认为他不过是一个科学上的半吊子，到处招摇却没有自己的实验数据。

沃森跟女性的交往有问题也不是什么秘密。尽管没什么成功的记录，但在他眼中，所有迷人的"美女"和互惠生都是潜在的猎物。法国微生物学家安德烈·勒沃夫曾不屑地谈到沃森的种种行为："沃森以近乎粗暴的方式追求女生，许多女生都为此感到不安和恐惧。"[19]后来 90 岁的沃森坦诚道，作为一个急于释放自己性欲的年轻人，"没有女朋友这件事比科学更让我抓狂"。[20]

对沃森而言，女性分为四类。第一类是他认为难以接近、可遇不可求的那种，这是值得他崇拜、仰慕和保护的虚幻女神——比如他的妹妹伊丽莎白，以及小说家兼诗人娜奥米·米奇森（阿芙里恩的母亲）。第二类是那些为数不多的女科学家，她们和蔼可亲，与人为善，不会拿自己的才华压沃森，比如牛津大学的多萝西·霍奇金。第三类是被他唾弃的堕落女性，比如赫尔曼·卡尔卡尔的年轻情妇芭芭拉·赖特。第四类则是沃森心中最难交往的女性，她们蔑视他的不成熟，怀疑他的智力——其中就包括罗莎琳德·弗兰克林。沃森把自己的不安全投射到最后这类女性身上，把她们视为充满敌意、毫无吸引力的泼妇，认为她们达不到他自己随便就能表现出来的卓越高度。[21]1951 年 11 月，弗兰克林奚落了他的三链螺旋结构，沃森对此耿耿于怀，几十年来一直怀恨在心。

最臭名昭著的是，沃森在《双螺旋》中把弗兰克林变成了"罗茜"，一个毫无立体感的刻板死敌。1953 年 1 月 30 日下午，沃森突然走进弗兰克林实验室的场景在其书中也得到了淋漓尽致的展

307

现。65 年后的 2018 年，弗兰克林的妹妹格林用极不客气的语气描述了当时的情况："我母亲希望罗莎琳德压根不被提及或者直接被世人彻底遗忘，而不是让人通过沃森笔下的刻薄形象而被记住。她很受伤，很难过。我也很难过，也很担心她。《双螺旋》是一部小说，根本不是史实。"[22]这很可能是笔者作为史家在近四十年的职业生涯中头一次读到一位科学家对另一位科学家最残酷的公开评论了。

下午 4：05 左右，沃森发现弗兰克林就在实验室里，门虚掩着。沃森走了进去，毫无疑问弗兰克林吓了一跳。弗兰克林"很快就恢复了镇静，直视着我的脸，用眼神告诉我，不请自来的客人应该有敲门的礼貌"。[23]实际上，这种礼节不单单只意味着礼貌。无论从哪个角度来看，弗兰克林都是个急性子：这从来都毋庸置疑。沃森突然闯进来时，她正在昏暗的房间里透过放大显微镜观察灯箱（跟医生用来观察病人 X 射线照片的设备一样）上的 X 射线衍射照片。弗兰克林全神贯注于手头的工作——测量照片上以埃为单位的黑点。此时，她对突然闯入的沃森感到惊愕、态度不好也可以理解。

据沃森描述，他给弗兰克林讲了关于鲍林的消息，后者恢复平静后坚持认为，DNA 的螺旋结构尚未得到科学证明。沃森完全依据威尔金斯关于弗兰克林"反螺旋"的断言以及他对弗兰克林能力和性格的歪曲决定自己说话的态度，他继续跟弗兰克林解释鲍林的论文。这篇文章恰好是弗兰克林在几周前向科里索取过的同一篇文章，考虑到她在前一年 5 月曾慷慨地跟后者分享过自己的 X 射线照片，她本应很快就收到这篇文章。弗兰克林瞥了一眼预印本论

文的第二页，惊讶地发现鲍林和科里的假说建立在阿斯特伯里
1938 年拍摄的 X 射线照片纸上，而这些照片由 A 型和 B 型 DNA 样
本混合得出。更奇怪的是，鲍林和科里还承认"国王学院的威尔
金斯"在 1951 年拍摄了更好的 X 射线照片，但却没有提到弗兰克
林的照片——这意味着她在 1952 年 5 月对科里施以的善意并未得
到正式感谢。[24] 这可能进一步加深了她对沃森的厌恶之情，不一会
儿后就把情绪撒到了沃森身上。

有那么一小会儿，沃森还故作镇定地调侃了弗兰克林，好奇地
看她需要多久才能发现鲍林的错误。不过，他很快意识到，"罗茜
并不想和我玩游戏"。不幸的是，沃森没有自知之明，不知道自己
（以及鲍林她们没有提到她的工作）对她造成了多大的困扰。一时
之间，沃森急促地表达着自己追问。他像一架 B-52 轰炸机一样向
弗兰克林发射自己的想法炸弹，并指出"鲍林的三链螺旋结构跟
弗兰西斯和「他」15 个月前展示的模型看起来很相似"。

沃森全然不知弗兰克林对 B 型（湿态 DNA）的新分析，也不
知道她是否也考虑要建立模型。她那一周的笔记本，包括沃森拜访
她的当天和 2 月 2 日星期一的记录都清楚地表明她"从一个死胡同
转到另一个死胡同，努力地想要展现打算建立的模型"。在其红色
的"世纪"笔记本上工工整整地记下了一行行问题、替代方案和
反对意见，从中可感受到她对眼下困境的沮丧。亚伦·克鲁格后来
深刻地描述了她的苦恼："弗兰克林当时处在许多科研工作者都能
感同身受的状态，即眼前摆着明显相互矛盾或不和谐的观察结果，
却不知道该选择哪条线索解开谜题。"[25]

弗兰克林没工夫搭理沃森的兴致，她大声反对着沃森的胡言乱
语。"打断了她的喋喋不休"，沃森写道，他接着告诉弗兰克林已
经知道的事情——"任何规则的聚合分子都是螺旋形的"。沃森继

309

续表现出自己的傲慢，直到"罗茜……几乎无法控制自己的脾气了，她提高嗓门告诉我，如果我停止抽泣，睁眼看看她的 X 射线证据，我的愚蠢言辞就不攻自破了"。[26]很不巧，沃森还没有看到她的第 51 号照片。沃森对眼前站着的这个女人做出了完全错误的判断，"决定冒着她彻底爆发的危险"，大放厥词地说她"在解读 X 射线照片方面不专业。只要稍微学点理论，她就会明白所谓的反螺旋特征是如何从规则的螺旋装入晶格所需的微小扭曲中产生的"。[27]

"只要"……只要争论到此为止也还好。但实际并非如此，因为沃森明白，历史上小冲突的解释权通常属于胜利者。他无意让弗兰克林在他的故事版本中获胜。而且当时房间里只有两个人——弗兰克林没能活着读到沃森的书——所以只能是"他说/她没有"之类的转述。就这样，一个所谓的身体伤害的威胁就成了沃森满世界宣传的经典说辞：

> 突然，罗茜从隔开我们的实验台后面走了出来，并向我走来。我担心她会在盛怒之下出手打我，于是拿起鲍林的手稿匆忙退到敞开的门边。我的逃跑举动被莫里斯拦下了，他正在找我，刚巧此时把头探了进来。就在莫里斯和罗茜对着我萎缩的身影面面相觑时，我支支吾吾地告诉莫里斯，我跟罗茜之间的谈话已经结束，正打算去茶室找他。说话间，我把身体从他们中间抽出，剩下莫里斯和罗茜相视无言。当时，莫里斯没来得及脱身而去，我担心他会出于礼貌邀请罗茜一起来喝茶。但罗茜却转过身紧紧地关上了门，莫里斯自然也不必纠结了。[28]

二人退到大厅后，沃森感谢威尔金斯阻止了弗兰克林"攻击"他。他声称，威尔金斯还反过来低声说道，"很可能会发生你说的情况"。几个月前，弗兰克林"曾对他做过类似的举动。他们在他的房间发生争执后差点动手"。沃森写道，就在威尔金斯打算逃跑之际，"罗茜挡在了门口，直到最后才让开。但当时没有其他人在场"。[29]这里巧妙添加的关键表述为，"没有其他人在场"。

弗兰克林会袭击身高六英尺一英寸的沃森（或者身高超六英尺的威尔金斯）的想法超出了世人的想象力——哪怕沃森本人也难以想象吧。1970 年，莫里斯·威尔金斯猜测沃森有些夸大其词了："有那么一会儿，为担心激怒她……我不认为她会对谁造成身体伤害，「但」我可以想象她可能会打别人的脸，但那还谈不上身体伤害。"[30]仅仅六年后，在为公共广播公司（PBS）拍摄的一部纪录片中，威尔金斯改变了自己的说法："啊，天啊！谁打了谁？我不认为谁打了谁。有些人可能以为自己会被打……自然不会感觉友好。"[31]弗兰克林的妹妹格林的说法显得更有说服力，尽管争吵时她并不在场："罗莎琳德身高五英尺四英寸多一点，体重应该在九石（约 125 磅）以下。当然，她绝不会打任何人。"[32]不管实际情况如何，沃森已经在事实上令一位科学家同行的名誉扫地。愤怒失控的罗莎琳德从椅子上站起来，扬言要打沃森的耳朵，这个故事就像鞋底刚粘上的尚有余温的口香糖一样挥之不去。当然，只要沃森还活着，就不会让罗莎琳德的泼妇形象被人淡忘。2018 年夏天，90 岁高龄的沃森仍非常坚定地认为，"我真的相信她会打我"。[33]

沃森写道，"这次经历让莫里斯心胸开阔到了我从未见过的程度。现在，我不必担心他还是那个受到过去两年情感煎熬的人了。他几乎可以把我当作一个合作者，而非止于客套的相识，这种关系的私下谈话必然会导致痛苦的误解"。[34]2001 年，在题为《基因、

311

女孩和伽莫夫：双螺旋之后》（*Genes*, *Girls and Gamow*: *After the Double Helix*）一书的开篇，沃森更加生动地重述了这个故事："莫里斯因为罗莎琳德的冥顽不化而束手束脚地工作了近两年时间，他怒火中烧，泄露了国王学院此前一直保守的秘密：DNA 以类晶体的（B）形式和晶体（A）的形式存在。"[35]

正如沃森在《双螺旋》一书中回忆的，"然后，更重要的秘密也藏不住了：从仲夏开始，罗茜就掌握了 DNA 新的三维形式的证据。DNA 被大量水分包围时，就会出现这种现象"。现在轮到沃森不能自已，近乎哀求地问道，"这种模式究竟是什么样的？"莫里斯转过身，悄悄走进隔壁房间，把手伸进一个文件抽屉，取出一张"他们称之为'B'结构的新式模型照片"。照片是刚拍摄的，还散发着暗室里使用的浓度为 2% 的乙酸-水-醋溶液的味道。[36]

接下来就到了沃森一生中的高光时刻了。如今，几乎没有哪个科学家或者科学爱好者不知道这段插曲的内容梗概。为了纪念这个 20 世纪最伟大的科学发现，沃森越发热衷于相关的文学、电影和故事作品了。他在回忆录的多次改版中精心选择措辞，就像莫扎特的乐曲一样令人难忘：

> 看到图片的一瞬间，我的下巴都要惊掉了，心跳也开始加速。这张图比之前获得的（"A"型）简洁了不知多少倍。此外，画面上占主要位置的十字反射图案只可能来自螺旋结构。对于 A 型来说，螺旋结构的论证从来都不简洁，人们对它究竟是哪一种螺旋对称结构也存在相当大的争议。但对于 B 型来说，仅需检查其 X 射线图像，就能得到几个重要的螺旋参数。可以想象，要不了几分钟的计算，分子中的链条数就可以确定下来。[37]

312

17 年后，威尔金斯也为当天下午发生的事情给出了不同的解释。"也许我应该征求罗莎琳德的同意，但我没有。当时的情况异常棘手。有人说我没有征得她的同意就这样做是完全错误的，甚至都没有征求她的意见，也许吧——我不知道。你可以说我错了，如果你执意这样看的话。我不会特别为自己辩解"。威尔金斯还试图把责任推给沃森："我认为存在数据捏造。这不是个好问题，也不是个令人愉快的想法，但的确，我不得不说，我认为事实如此。吉姆不排斥数据捏造。我想说他的确也是这样做的。那么弗朗西斯呢——弗朗西斯不会做这种事情。但他知道吉姆是从哪获得数据的。他肯定知道，我不知道他是如何自我开脱的——我们还没讨论过这个问题……"[38]克里克简单地为威尔金斯的行为开脱。2000 年 4 月，他写道，"在我看来，莫里斯把照片给吉姆看没什么错"。[39]

看到第 51 号照片为沃森的心灵打开了新的世界。第一眼看到弗兰克林那张清晰、美丽的照片，就让沃森踏上了科学的康庄大道。"如果我早知道如此，"威尔金斯异常悲伤地说，"我可能就不会把图给他看了"。很遗憾，威尔金斯的悔恨主要源于在这场科学发现的优先权之争中输给了"蝇营狗苟之徒吉姆"（Jim the Snoop），而不是因为他向外人展示罗莎琳德的数据对后者造成的背叛。[40]2018 年，詹妮弗·格林把威尔金斯多次为这些"有失体面"的行为辩解的做法描述为"相当无力，我认为。威尔金斯一定也很煎熬。他花了五十年时间为自己过去的行为辩护"。[41]

自此以后，事件相关者、科学界和史学界一直在思考威尔金斯未经授权赠送给沃森的礼物造成的伦理难题，其方式之多无法一一列举。冒着简化的风险，我们从两个显而易见的假设开始：1）1953 年便存在的作者或优先权的明确分配问题；以及 2）现代科学研究的标准操作程序，即在向已知的竞争对手展示相关研究之前，

313

一定要征得原创者的同意。那么，我们要问的核心问题是：威尔金斯、沃森和克里克在做出相关举动，并在事后努力为自己的行为辩解时，他们内心的想法是什么？

更重要的是，当威尔金斯偷偷向沃森展示第 51 号照片时，罗莎琳德正在走廊那头几步之遥的地方工作。无论几分钟前弗兰克林-沃森的遭遇有多不可开交，也不管在过去的一年里，威尔金斯出于什么理由而没有大声喊道："罗莎琳德，我可以把你的照片给吉姆看吗？"很简单，这样做就是不对的。不存在无须征得弗兰克林同意的道德标准，正因为没有征得同意，威尔金斯向沃森展示第 51 号照片的行为仍旧构成了科学史上最恶劣的侵权行为之一。

好好端详了一番这张照片后，沃森和威尔金斯离开国王学院，前往苏荷区吃晚饭了。沃森对鲍林找到 DNA 结构的可能性十分关注，他告诉威尔金斯，仅仅嘲笑鲍林的三链螺旋结构还不够。他从自己在加州理工学院暑期经历中想到，鲍林有一众助手，他们很快就会被派去拍摄更多更好的 X 射线照片，其中一些无疑会证明 B 型的螺旋结构。到那时，一切都来不及了。[42]

但无论沃森如何恳求，威尔金斯都拒绝在眼下采取任何行动，除非罗莎琳德已经离开他的实验室前往伯克贝克学院。他冷静地劝告沃森，追随自己的科学直觉远比每一次疯狂的冲刺重要得多。服务员来为他们点餐时，威尔金斯建议说，"如果我们都能就科学的发展方向达成一致，一切问题都会迎刃而解，除了成为工程师或医生，我们别无选择"。[43]

二人的讨论在威尔金斯"冗长"的回答和他趁热吃饭的要求的夹击下作罢。威尔金斯至少承认，他认为弗兰克林把碱基放在螺旋内侧，把糖-磷酸基团骨架放在外侧的做法是正确的。但沃森"仍持怀疑态度，因为她的证据仍然是弗朗西斯和我无法获取的"。[44]

沃森希望几杯餐后咖啡能让威尔金斯精神振奋，但事与愿违。相反，他们喝了一瓶廉价的夏布利酒，沃森"对铁一般的事实的渴望"也在酒精作用下减弱。接着，二人离开餐厅，穿过了牛津街。回到公寓之前，威尔金斯唯一想跟沃森说的是，他想搬到"一个安静地区的不那么阴暗的公寓"。[45]两人道别后，沃森返回国王十字车站。

315

上车前，沃森买了一份第二天的《泰晤士报》，打算在回家的路上看。火车"朝剑桥驶去"，沃森从斜纹软呢外套胸前的口袋里缓缓掏出一支铅笔。他在印有填字游戏的版面边缘凭记忆画出了罗莎琳德用技巧、汗水，承受过量辐射，以及作为女性参与全是男性的比赛中付出的艰辛才获得的上乘 X 射线照片。在完成"B 图案"的草图后，这张照片已经成了他的作品。沃森盯着这幅图，不知道是要画一个双链模型还是另一个三链模型。此时的沃森可能受到了威尔金斯不看好双链模型的影响；晚餐时，威尔金斯曾说过，他希望在决定采用何种结构之前，能更好地评估分子的含水量和密度，但他还是倾向于三链。

沃森沉浸在图案中，忘记了时间。火车汽笛的嘶吼和列车长"剑桥！剑桥到了！"的喊叫声把他从恍惚的思考中唤醒。他从座位上站起来，匆匆离开车厢，然后从车站入口处一个架子上取下自行车。在骑车前往克莱尔学院的几英里路程中，他计算着脑海中出现的数字，向往着那幅美丽而又令人心驰神往的螺旋对称图画，但也免不了担心自己是否会重蹈 15 个月前三链模型失败的覆辙。抵达克莱尔学院时，已经是"下班时间"，于是他"从后门翻了进去"。[46]

　　明智的沃森选择忽略威尔金斯对三链结构的偏好，而把心思放在了双链结构上。躺在床上，他梦想着告诉弗朗西斯·克里克自己刚刚在国王学院经历的一切，然后让后者相信 DNA 的双螺旋结构。"弗朗西斯一定会同意的"，沃森一边宽慰自己一边进入了梦乡。

316　"虽然他是物理学家，但他知道重要的生物体都成对出现"。[47]

第二十四章　接下来的日日夜夜

当然，罗莎琳德也会得出答案。莫里斯不行，但如果跟罗莎琳德合作，成功只是时间问题……好吧，实际上莫里斯也不是绝顶聪明……如果罗莎琳德缺点什么东西的话，那就是直觉……或者说她不信任自己的直觉……她不懂生物学。这让她裹足不前。她对生物学没有感觉……但我看不出莫里斯能做出什么贡献。他甚至看不懂罗莎琳德的 X 射线照片。他说现在他能看懂了，但其实没有……莫里斯说，罗莎琳德只是偶然间得到 B 型的，但我告诉他，这不是他碰到的那种偶然……关键是设计合理而明智的实验——你无法预测结果，否则就不是实验了，但除非你设计的实验能让你获得想要的结果，否则你就不会成功。

——弗朗西斯·克里克[1]

当然，罗茜没有直接向我们提供她的数据。而且，国王学院也没人意识到数据在我们手上。

——詹姆斯·D. 沃森[2]

第二天，1 月 31 日，吉姆·沃森起了个大早。他穿好衣服前往克莱尔餐厅喝了一碗灰色的浓粥，然后喝了几杯茶。接着，他用星条旗花纹的白色餐巾擦了擦脸，然后从餐桌边起身一路跑到了卡文迪许。冲进马克斯·佩鲁茨的办公室时，他几乎没注意到布拉格　317

正坐在角落里翻看一本日志。布拉格现在已经习惯了沃森的傻里傻气，他期待有一天这个讨厌的美国人头顶迅速稀疏的头发也随风而去。克里克还没到实验室。他周六上午从不一早就来实验室，现在可能正穿着法兰绒的玛莎睡衣，躺在床上翻阅新一期的《自然》杂志。

沃森压抑不住自己内心的激动，直接向领导报告了前一天晚上收集到的情报。他嘴里不停念叨着"B 型、A 型"，好像对 DNA 完全不感兴趣的布拉格和佩鲁茨都能理解其中的细微差异。佩鲁茨是蛋白质研究者。虽然布拉格是 X 射线晶体学领域的重要开创者，但他的大部分工作集中在金属和矿物的无机块（inorganic lumps）领域。他几乎没有受过正规的生物学训练，更别说了解新兴的遗传学了。"没有理由相信他对「DNA」的重视程度能赶上金属结构的百分之一，"沃森抱怨道，"他非常乐于制作肥皂泡模型。当时，劳伦斯爵士最高兴的事情莫过于放映他那巧夺天工的气泡相互碰撞的动态影像了。"[3]

为了加深主管的印象，沃森走到满是灰尘的黑板前，上面满是佩鲁茨潦草的粉笔字。他迅速擦掉黑板上潦草的公式，甚至没问它们是干吗的，接着就凭记忆画出了弗兰克林第 51 号照片上的"马耳他十字"图案。布拉格开始向这个呆头呆脑的美国人提出一连串的问题。沃森知道教授正全神贯注地听着自己的回答，他激动得结结巴巴。接着，一个严峻的问题摆在了布拉格面前：沃森提出了"莱纳斯的问题，认为他太危险了，不能让他再次尝试破解 DNA，而大西洋这边的人却只能袖手旁观"。沃森以英国皇家标准礼节请求卡文迪许机械车间允许他制作一系列表示嘌呤和嘧啶的锡片，进而用它们建立一个模型。他知道自己是整个化学方程式中的催化剂，严重破坏了职业规范，于是他像一把经过精心调试的斯特拉迪

图 24-1 劳伦斯·布拉格爵士，约 1953 年

瓦里小提琴一样试探着讨好自己的老板，计算着老人"下定决心"所需的时间。[4]

布拉格仍对鲍林在 α-螺旋蛋白质结构上的成功耿耿于怀，同时也对国王学院的"内斗"感到不快，他不能也不愿意"让莱纳斯获得发现另一个重要分子结构的快感"。[5]沃森和雷鲁茨盯着他们的头儿，他们清楚，要想继续前进并赢得这场竞赛，布拉格的批准必不可少。[6]他们没有失望。顷刻间，卡文迪许的这位教授大人挺起胸膛，摇身一变成了吉尔伯特和沙利文的《皮纳福尔号》（*H. M. S. Pinafore*）中的柯克伦船长。但布拉格并没有高唱"因为他自己说过，他是个英国人，这是他的功劳"，而是命令他手下的少尉全速前进。为了卡文迪许的荣誉，沃森必须找到 DNA 的结构。他必须为英国科学事业取得成功做出贡献。最重要的是，他必须在鲍林意识到自己的错误并修正模型之前完成所有的工作。[7]

319

沃森向布拉格讲述其模型制作计划时，仅用到了人称代词指代要参与其中的人。这不仅仅是语义上的掩饰；他希望布拉格对弗朗西斯·克里克必须参与其中的事情完全不知情。沃森已经独立研究烟草花叶病毒很长时间了，因此布拉格认为接下来的事情也是他一个人的工作。"如此一来，"沃森盘算着，"他当晚就可以安然入睡了，也不用为让热切希望克里克再次独自开展研究而烦恼。"[8]还没等布拉格反应过来，沃森就飞快跑出了佩鲁茨的办公室，"冲下楼梯来到机械车间"，告诉机械师他"准备在一周"或更短时间内"绘制出「他」想要的模型图纸"！[9]

沃森在 103 号房间的办公桌前坐定后不久，休息好的克里克带着自己的一些八卦进来了——尽管这些消息不过只是些闲聊话题。前一天晚上，他和奥迪尔办了个晚宴，邀请了吉姆漂亮的妹妹伊丽莎白参加，后者上个月一直寄宿在剑桥卡米尔·普莱尔家里。沃森巧妙地把她送到了波普家，于是就可以每天晚上跟"波普及其外国女孩们"一起用餐，这样，伊丽莎白也"免于过典型的英式生活，而我则期待着胃疼因餐食变化而减轻"。[10]伊丽莎白带来了她最新的男朋友，一位年轻富有的法国人，名叫贝特朗·福尔卡德（Bertrand Fourcade），沃森说起这位准妹夫时充满了喜爱，称他是"剑桥最英俊的男性（包括女性也行）"。福尔卡德也住在波普家，"准备花几个月提高自己的英语"。他外貌的魅力、"裁剪得体的衣服"和欧陆风情让伊丽莎白和奥迪尔都"神魂颠倒"。因此，昨晚沃森看着"莫里斯一丝不苟地吃完盘子里所有的食物之际，这边的奥迪尔正一边欣赏着贝特朗那张完美匀称的脸，一边听他谈论在即将到来的里维埃拉之夏的社交活动中的选择问题"。[11]

320　　此时，克里克还有点醉意，但他已经感受到了沃森的焦急。他做好了心理准备，等着沃森再次抱怨自己拖了 DNA 研究的后腿。但他听到的却是沃森对第 51 号照片的生动描述。沃森脱口而出的信息越来越有力，也越来越精彩。[12]当谈到沃森"断言在生物系统中反复发现的二重性现象告诉我们要建立双链模型"而不是三链螺旋结构后，克里克"表达了担忧"。正如沃森后来回忆的那样，"由于我们已知的实验数据还无法在双链模型和三链模型之间做出区分，「克里克」希望同时关注这两种可能。虽然我完全持怀疑态度，但也实在没有反对的理由。我当然会马上开始捣鼓双链模型"。[13]

　　2 月 2 日，罗莎琳德像往常一样坐在地下室小办公室的角落，背对着门。她正孜孜不倦地做着帕特森计算，研究从核苷酸碱基的位置到外部糖-磷酸骨架的形式等一系列可能的结构。她已经做出了 DNA 晶体的空间群为单斜 C_2 型的重要（且正确的）判断，却不知道这个信息对解开分子结构的意义。然而，就在这一天，她的笔记本中的信息透露了一个新的方向。她在崭新的一页上开始建立自己的 A 型结构模型，并写道，"反对 8 字形结构"。她的推理清晰，结论正确："因此，不可能。"[14]她排除了"成对的杆状"和"8 字重复"的单链，开始重新考虑螺旋结构的可能。

　　一周后的 2 月 10 日，弗兰克林在笔记本的一页顶端大胆写道："结构 B。双链（或单链螺旋）的证据？"她聚精会神地盯着照片，寻找着衍射图样中的螺旋特征。最后，她写下八行字，回顾了她所知道的螺旋衍射理论。她像优秀的科学家一样要求数据为螺旋结构提供更多的可能性。接着，她又计算了一些数学公式，但没得到任何答案。弗兰克林在泛黄的红色笔记本上透露的只是一些诱人但模糊的暗示。她大笔一挥，在一条记录的最后四行上画了一个大大的

"×"："这跟双链没区别，每个双螺旋上的残基具有相同的 z 值，因为第二条链在 5~7 圈中具有相反的符号（例如 1-2），例如只包含……"[15]这段未写完的文字后面，我们发现了一组不同的计算，包括湿态 DNA 的水密度和螺旋结构可能形成的衍射图样。很快，她就放弃了对 B 型的思考，笔记本上留下一页空白。

　　直到几周后的 1953 年 2 月 23 日，她才重新开始解读第 51 号照片。就在当天的笔记中，弗兰克林确定了螺旋的直径，并证实了她之前的发现，即骨架"盘绕在螺旋外侧"。她还想知道"在每圈残基数为整数的简单情况下，是否存在两个半径不同的螺旋。根据柯克兰、克里克和万德（晶体学报，5，581，1952）……直径两端存在成对基团的双链螺旋"。[16]经过更多计算，她再次思考"结构 B 为单股还是双股螺旋"的问题。[17]这个记录尤其引人注目，因为她仅用几个小时就把分散了她近一年注意力的反螺旋杂音消弭于无形。[18]

　　回顾弗兰克林这一时期的笔记，可以看出她是多么密切地关注着双螺旋结构，其间她同时分析了 DNA 的 A、B 两种形式。亚伦·克鲁格认定，她离最终赢得比赛仅差两个推理步骤了。在审阅完她的科研论文和笔记本后，克鲁格得出结论说，到 1953 年 2 月下旬，弗兰克林已经知道"在结构 A 中，每个晶胞都包含两条链，她当时正在思考每条链携带 11 个核苷酸的结构"。至于结构 B，她认为很可能由双链构成，但"并没有发现这两种结构之间的关系，也许是由于她无法轻易摆脱在没有先验假设的情况下求解帕特森函数的深层执念，但这样做要求假定非螺旋结构"。[19]在其 1953 年 2 月 23 日的实验室笔记本的最后一页——详细记录了她对第 51 号照片的分析，这个日期比沃森和克里克得出最终答案早了 5 天——克鲁格评注道："快成功了。"接着，在 2 月 24 日的笔记上，克鲁格写道，"弗兰克林（R. E. F.）终于在结构 A 和结构 B 之间建立了正确的联系"。[20]

文件线索到此戛然而止。弗兰克林并没有像沃森和克里克那样，接下来很快就把嘌呤和嘧啶核苷酸碱基在螺旋结构中的相互关系确定下来。另外，她也没有认识到，她发现的结晶 DNA（A 型）在 C_2、面心、单斜空间群中自我组织的生物学意义。我们现在知道，这种构型体现了分子的双链互补性。坐在安静的档案室，读着弗兰克林 2 月 23 日笔记本页面的最后几行字时，我几乎就要大喊一声："不！继续！求求你了！"哎，无论现在还是当时，我们都跟她说不上话。

可悲的是，弗兰克林是孤独的，她被性别、宗教和文化歧视，琐碎的办公室政治、父权霸权，以及她自身激烈的、自我保护的、最终自我挫败的行为所隔离。1970 年，威尔金斯质疑她曾发现过 B 型 DNA："真的只是侥幸。我认为她并不清楚自己发现了什么。"[21]同样，几十年来，沃森和克里克也一直公开斥责她没有跟合作者一起开展工作，而合作者有可能会打破她的思维局限，并对导致她误入歧途的假设提出质疑。2018 年，沃森阐述了弗兰克林未能确定双螺旋结构的原因："她没有任何朋友。她没有朋友，没人可以交谈，没人可以分享观点，也没人可以协助她修正想法。但这些都是伟大科学进步的条件。"[22]然而，在现实生活中，无论沃森还是克里克——更别说威尔金斯了——都没有给予罗莎琳德任何类似的帮助。

2 月 4 日，莱纳斯·鲍林在帕萨迪纳写信给儿子彼得，谈及自己的三链模型结构紧凑而笨重。他解释说自己正忙着做出新的调整，因为"我们发现核酸结构中的原子坐标需要稍做调整……我们还需要几周时间才能完成重新检查参数的工作，但我预计结果会达到预期——无论如何，至少希望如此"。在同一封信中，他还笑着告诉彼得，卡文迪许小组的人把他比作童话故事里的大灰狼，尽管沃森和克里克免不了有些幼稚地担心，但他们其实非常怀疑鲍林的三链螺旋模型。[23]

几周后的 2 月 18 日，鲍林向彼得坦白了他和弗农·肖梅克（Vernon Schomaker）后来遇到的一些问题："我认为原始参数并不完全正确。"他还一反常态地表现出些许不安："我听到一个传言，说吉姆·沃森和克里克早就明确提出了这个结构，但没有进一步的动作。也可能是夸大其词。"[24]他继续调整模型，到 2 月 27 日，鲍林已经对结果确信不疑，认为各部分"配合得天衣无缝，一定是正确的"。[25]

2 月 4 日上午，心不在焉的沃森坐在办公桌前，抱怨彼得·鲍林"迷惑了波普，从而获得了用餐权"。沃森拥挤的脑袋中还萦绕着这样的白日梦："开着朋友的劳斯莱斯去贝德福德附近一座著名的乡间别墅……「然后」搬进「罗斯柴尔德家族」的时髦世界，这样他就有机会摆脱迎娶职员型妻子的命运了。"[26]突然，一阵急促的敲门声把他从沉思中惊醒。他举头一看，只见带着威士忌酒气、弯腰驼背的老机械师手里拿着一组磷原子模型出现在了眼前。它们被一块脏布包裹着，上面沾满了金属屑和车床油脂，但对沃森来说，它们实则为一桶金子。毫不奇怪，他急切地端详着它们，就像流浪汉盯上了火腿三明治。

在把"几段短的糖-磷酸盐骨架"串起来后，他又用从化学实验室偷来的 C 形夹具、棍子和捆扎线继续搭建模型。沃森反常地忽略了弗兰克林关于糖-磷酸骨架位置的数据，浪费了一天半的时间来摆弄一个"合适的、骨架位于中心的双链模型"。但当他把这些可能与他记忆中的第 51 号照片比较时，他的科学直觉告诉他，新的排列就像他和克里克 15 个月之前建立的三链模型一样是错误的。直截了当地说，沃森卡壳了。

　　最终，沃森做了许多 20 来岁的博士后研究员在遇到似乎无法逾越的研究困难时会做的事：离开实验室，他要去找点乐子。沃森换上网球短裤，在球场上跟性感的福尔卡德切磋了好一阵。几个来回后，他对自己的发球越发感到满意，而福尔卡德则对自己征服了沃森的妹妹感到更加满意。两人回到克莱尔学院喝茶。接着，沃森回到实验室时，克里克"放下手中的笔，指出不仅 DNA 十分重要"，而且很快沃森就会"觉得户外运动也有很多不尽人意之处"。[27]

　　在克里克的唠叨下，沃森延长了工作时间，每天晚上都跟克里克一家人共进晚餐。虽然他仍坚持认为糖-磷酸骨架位于分子中心，但他内心的声音却开始嘀咕"哪里出了问题"。品尝咖啡时，沃森向自己在剑桥大学的"告解神父"克里克承认，他把骨架放在模型中心的理由都"站不住脚"。饶是如此，他还是犹豫不决，因为如果把碱基放在中间同样会出现一些困难。照此，沃森不得不制作"几乎无穷多类似的模型"，但无法确定哪一个是正确的。对沃森而言，这就是实实在在的绊脚石。把核苷酸碱基放在外面会更容易建模一些，但"如果把它们推到里面，就会出现一个可怕的问题：如何把两条或者更多的不同大小和形状的核苷酸碱基组成的链组合在一起"。[28]

　　他们该如何克服这一障碍呢？就连正在往咖啡中加入糖块的克

里克也不得不承认，他看不到"一丝希望"。[29]一筹莫展的沃森离开
餐桌，走上楼梯，来到葡萄牙广场，接着回到了他在克莱尔学院的
房间。他甚至有点抱怨地认为，"在我认真摆弄碱基位于中心的模
型之前，克里克是不是好歹也要给出点合理的证据"。[30]他之所以固
执地拒绝接受核苷酸碱基居中、糖-磷酸骨架在外侧的模型，可能
是因为这是弗兰克林的想法。一年多前，弗兰克林对他失败的三链
螺旋模型提出的主要反对意见就是骨架结构的位置问题。

次日晚饭时，克里克对沃森把糖-磷酸骨架放在结构内的"微
弱"理由表示不满。在其回忆录中，克里克生动描绘了当时的对
话，他告诉沃森不要理会自己的疑虑。

克里克问沃森，"为什么不建立一个磷酸盐在外面的模型呢？"

沃森回答说，"因为那样太容易了（意思是他可用这种方法建
造太多模型了）。"

"那为什么不试试呢？"克里克继续问道，"就在吉姆走上夜色
中的台阶时。我是说，到目前为止，我们还没有建立哪怕一个令人
满意的模型，因此，哪怕只有一个可接受的模型，也算一种进步，
就算它最终看上去并不是独一无二的。"[31]

次日一早，沃森回到实验室，拆开了"一个特别讨厌的以骨
架为中心的分子"，小心翼翼地避免损坏其脆弱的部件。他又花了
几天时间制作"骨架在外的模型"。车间里仍在打磨"切成嘌呤和
嘧啶形状的扁平锡板"，于是他不得不把看似不可能的碱基排列在
内的模型至少再搁置一周。[32]晃动磷酸基团，沃森发现把外部骨架
扭转成"与 X 射线证据相符的形状"是件易事。很快，他意识到
糖-磷酸骨架外置简直毋庸置疑，并宣布了自己对其的发现权。接
着，他确定了"相邻两个碱基之间最令人满意的旋转角度在 30～
40 度之间"，他把自己的发现解释为"如果骨架在外，晶体学上

34 埃的重复距离必然意味着沿螺旋轴完全旋转一圈的长度"。[33]

克里克和沃森一起办公时，他还在继续撰写那令人头疼的论文。[34]沃森近在咫尺的头脑风暴让他急切地想跟同伴分享自己的喜悦。"在这个阶段，"沃森后来回忆道，"弗朗西斯的兴趣开始高涨，他也越发频繁地从埋头计算中抬头查看模型了。"沃森的锡模型一层层在增长，但在 2 月 6 日星期五下午，"我们不约而同地中断了周末的工作。星期六晚上，三一学院有一个聚会，莫里斯星期天要到克里克家里小聚，这是鲍林的手稿到达前几周便安排好的"。[35]威尔金斯在前一天通过邮件确认了他来访的事宜，还在信中鲁莽地对克里克说道，"我会告诉你我能记起的，以及草草记下的罗茜的「离职演讲」的所有内容"。[36]威尔金斯到访的时机恰到好处——至少对沃森和克里克来说如此。

2 月 8 日，威尔金斯与克里克夫妇和沃森共进午餐，席间"不忘提到 DNA，几乎就在他从车站赶来的同时，弗朗西斯就开始向他询问有关 B 形态的更多细节"。威尔金斯要么泛泛而谈，要么在享用奥迪尔准备的饭菜时才开口说几句。克里克和沃森没能得到比一周前沃森了解到的更多的信息。[37]但二人精心安排了彼得·鲍林在当天下午晚些时候来做客。三位剑桥人都惊讶地发现，虽然克里克给威尔金斯寄了一份鲍林的论文，但他其实还没看过。他们把鲍林的手稿塞给威尔金斯，问他觉得存在什么问题。

威尔金斯理解表格和数字的速度比他刚才吃饭的速度还快。他也看到了鲍林的错误，"磷酸盐构成了螺旋的核心，就像弗兰西斯和吉姆那个命途多舛的模型一样"。细看之后，他发现"文中没有列出钠原子，而他很清楚 DNA 的确包含钠"。面对威尔金斯的洞察，克里克摆出了希金斯教授最擅长的姿势，高兴地喊道："没错！"这发自内心的赞美让缺乏安全感的威尔金斯觉得自己与众不同。威尔金斯自豪地回忆道，"我发现了这个问题，就像小学生在口试中取得优异成绩一样自豪。当时也没有任何迹象表明模型符合 X 射线数据"。[38]

沃森和克里克恳请威尔金斯着手建立模型，"成为第一个发现 DNA 结构的人"。彼得·鲍林也大方地附议道，如果他不挺身而出，他父亲也会出手。威尔金斯依旧冷静而果断地解释说，几周后弗兰克林一离开国王学院，他就会开始制作模型。就在此时，克里克和沃森就像打算诱捕对方证人的律师一样，突然提出了一个甚至比求婚都重要的问题："「威尔金斯」介意我们开始捣鼓 DNA 模型吗？"[39]

50 年后，威尔金斯终于能明确无误地回答这个重大问题了："我觉得他们的问题很可怕。我不喜欢把科学当作竞赛，尤其不喜欢他们跟我竞赛……我不记得是否考虑过自己可能成为发现 DNA 结构的大人物，但我不喜欢弗朗西斯和吉姆成为这样的人。"很明显，化解这个窘境的方法就是国王学院和卡文迪许小组合作，但这是不可能的。沃森和克里克坚信，他们拥有解决结构问题所需的所有数据和能力，因此没有提出这个建议。威尔金斯也刻意回避了这个话题，他担心如果"伦敦-剑桥的激烈竞争再次上演"，必然会造成双方关系紧张。[40]

沃森和克里克屏住呼吸，等待威尔金斯的答复。威尔金斯就是威尔金斯，他后来回忆说，当时他停顿了一下，考虑到不利于科学发展的更大问题："DNA 不是私人财产：它向所有人开放，大家可以友好地研究，没人可以肆意妄为。"[41]在最后缓缓地说出"不"，他不介意他们开始捣鼓模型之前，似乎已经过去了几个世纪。沃森如释重负，脱兔般跳动的脉搏也慢了下来。他一定是故作镇定状，因为他知道威尔金斯是否同意无关紧要。沃森后来承认，哪怕威尔金斯的态度有所保留，他们也会继续制作模型。[42]

话音刚落，威尔金斯就后悔了。他大方地允许沃森和克里克加入战斗，标志着他自己已经输掉了 DNA 的竞赛。几十年来，他一直任后悔煎熬自己。他为什么不先跟约翰·兰德尔讨论一下应对之策呢？或许，他应该邀请约翰·肯德鲁——一位老朋友和出色的调解人——一同前往克里克家做客。肯德鲁肯定能促成一笔公平的交易。威尔金斯后来感叹道，"我非常沮丧，一眼便知。我来到剑桥本以为能度过一段无忧无虑的欢乐时光，但现在已经不可能了。我只想回家，弗朗西斯也没有强留"。沃森追着他跑到街上，"表达了他的歉意；但我没太接受"。

威尔金斯对沃森和克里克将信将疑，认为他们是出于好意，"尽管他们没有告诉我他们的计划或想法的细节，但他们对自己的总体意图还是很坦诚"。[43]但这两方面都不过是他一厢情愿而已。

329

第二十五章　医学研究理事会的报告

35岁至55岁的男人最有男人味，也最吸引人。35岁以下的男人要学的东西太多，我没时间教。

——海蒂·拉玛[1]

二月第二周，剑桥的天气异常温暖。对吉姆来说，春天般的气候，再加上锡制碱基模型部件制造过程中接连的失误，让他对工作越发漫不经心起来。虽然他每天早上到达卡文迪许的时间都比克里克的"十点左右"早了整整一个小时或者更多，但他懒散的举止还是让通常更自由、更加懒散的克里克有点担心。每天下午，沃森在"老鹰"酒吧吃完午餐后，都会去学校球场打几盘网球。但这只会让克里克对他在运动中的表现出的笨拙更加不满。[2]沃森的一位球友对相关对打场景记忆犹新："「沃森」完全不知道该怎么打球，但他精力充沛，似乎每次比赛都要重新定义规则。而且他讨厌输球。"[3]打完网球后，沃森回到103号房间，简单地摆弄了一下模型，然后就匆匆出门，去波普·普莱尔家"跟姑娘们喝雪利酒"。克里克抱怨沃森浪费时间，但他这位搭档则反唇相讥道，"在没有解决基础问题的情况下，继续完善我们最新的骨架模型并不意味着真正的进步"。[4]

在这个影响深远的时期的某些晚上，沃森还去雷克斯电影院看了电影。剑桥大学的学生把雷克斯电影院蔑称为"跳蚤窝"，这个英国俚语的意思是"最脏的电影院"。雷克斯电影院的前身是一个旱冰场，到 1953 年，这里已经变成了一个脏乱差的礼堂，最好不要因里面黏糊糊的地板和以前的电影观众留下的碎屑而好奇。[5]花上一先令八便士，他就能看各种电影，从费德里科·费里尼、维托里奥·德·西卡和让·科克托的文艺片到好莱坞的大片不一而足。

沃森还记得这段时间看过的"最糟糕"的电影是《入迷》（*Ecstasy*），主演是生于奥地利的女演员海蒂·拉玛，她在好莱坞米高梅制片厂大获成功。[6]跟那个一本正经的年代的众多年轻人一样，沃森一直想看这部 1933 年的电影。

哪怕在 20 年后，《入迷》仍广为人知，它是第一部表现"裸体嬉戏"、裸泳、性交和女性高潮的非情色电影，尽管这些表演都是模拟出来的，但拉玛的表演却很直白。[7]后来，沃森的妹妹和彼得·鲍林也加入观影行列。遗憾的是，"对胶片的疯狂剪辑"适得其反，因为观众发现"英国审查员唯一保留下来的游泳场景是水池中的倒影。电影还没放到一半，我们就跟讨厌的大学生们一起大声嘘了起来"。[8]

除了分心，沃森"发现自己几乎没办法不去想碱基"。他最终接受了自己构建的骨架——如此，螺旋外侧的糖−磷酸复合物便与"实验数据"，以及跟弗兰克林的"精确测量"完全吻合。但他却顺手掩盖了一个显而易见的问题，即弗兰克林的数据在她自己不知情的情况下被秘密带出了国王学院实验室。[9]

濫用罗莎琳德·弗兰克林的数据这一令人不安的道德问题在马克斯·佩鲁茨卷入其中后才严重起来。作为剑桥医学研究理事会生物物理小组的主任，佩鲁茨会就他所领导的研究小组的研究进展提出报告，同时也接受其他由委员会资助的各小组的报告。佩鲁茨后来声称，这些报告的目的"不是为了调查"其他实验室的"研究活动"，而是"让医学研究理事会下属的生物物理学领域的不同单位相互联系"。[10]1953 年初，约翰·兰德尔给佩鲁茨寄来一份油印的国王学院医学研究理事会生物物理组报告。这份模糊的打字稿报告的其中一节内容很详细，其题目为"R. E. 弗兰克林和 R. G. 高斯林对小牛胸腺 DNA 的射线研究"。沃森圆滑地坚称，"这份报告并非机密，因此，在 2 月 10 日到 20 日之间的某个时候，马克斯觉得没有理由不把它交给弗朗西斯和我"。但其实，直到 1968 年沃森的《双螺旋》出版前，马克斯·佩鲁茨的"礼物"在剑桥都是个公开的秘密，但在剑桥之外鲜为人知。

克里克读到弗兰克林在提交给医学研究理事会的报告（其中没有照片）中长达 11 段的对自己工作的总结后，他的大脑开始发生连锁反应——每一个原子分裂出下一个原子，释放出更多想法、思想和能量。[11]弗兰克林确定 DNA 的 A 型晶体是一种单斜、面心的 C_2 结构，这让克里克豁然开朗。克里克立刻明白"这是个关键事实。此外，医学委员会的报告中也提到了晶胞的尺寸，这证明了二分体（一种双链结构）必须垂直于分子的长度，这意味着重复实际上发生在单个分子内，而不仅仅体现在晶体中相邻分子之间。因此，分子中的链式结构必须成对（而非以三链形式）出现，一条链向上延伸，另一条必然向下"。[12]克里克的意思是，如果一条核苷酸碱基链从下到上是 A-C-G-T，那么另一条从上到下也是 A-C-G-T。这个数据片段之所以对克里克产生如此强烈的影响，主要是因为他——及其实验室导师佩鲁茨和肯德鲁——长期以来一直在研究另一种生物分子，这种分子也被假定为面心、单斜空间群 C_2 晶体结构：含氧形式的血红蛋白。

正如霍勒斯·贾德森解释的，医学研究理事会的报告也让克里克第一次有机会了解到"上下走向的东西是两条骨架链。磷酸盐和糖在一条链上连接和交替构成的键序，旁边的链上的情况刚好倒了过来"。[13]最重要的是，正是"二元对称性"让克里克认识到骨架是如何绕分子的内核旋转的，这一发现对建立精准的三维模型至关重要。起初，沃森无法准确地想象出双螺旋在空间上的复杂性；他预测，每条链单独绕圆柱体旋转半圈，达到 34 埃的高度后再重复旋转。这样的构型不仅不正确，而且还把糖挤得太紧。克里克纠正了这个模型，他让沃森"闭上眼想一想"，接着他耐心解释了两条骨架是如何"绕圆柱体旋转 360 度，然后结构才完全重复的"。换句话说，10 个碱基对（每个碱基对的长度为 3.4 埃）刚好等于螺旋完整转转一圈的长度，总计 34 埃。这种排列符合罗莎琳德的 X 射线测量结果。[14]多年后，克里克断然否认了沃森在其《双螺旋》一书中一厢情愿地坚持他们的双螺旋背后的理论依据是生物体成对出现的观念。"这简直是胡说八道，"克里克说道，"我们当时掌握了**充分的**理由「建立双链模型」，但吉姆却忘了！"（黑体为原文所加）[15]克里克对另一位采访者的回复则显得更加精确："「我们」需要一条线索来建立模型，即罗莎琳德的数据"，它们可以在佩鲁茨提供的医学研究理事会的报告中找到。[16]

332

1968 年《双螺旋》出版后，佩鲁茨在整个信息链中的位置终于大白于天下。这本书走红后，埃尔温·查尔加夫在 1968 年 3 月 29 日出版的《科学》杂志上发表了一篇尖刻的评论。即便放到现在，世人仍能感受到查尔加夫对沃森和克里克"挪用实际得自他人的发现而取得的成果"的愤怒。[17]在查尔加夫充满抨击意味的几段文字中，他还进一步提到自己在 1952 年跟这两位成功人士见面时，他们甚至都"不知道腺嘌呤这个词的拼法"。此外，查尔加夫还不忘指责佩鲁茨把医学研究理事会的机密报告交给沃森和克里克的不当行为，这让温和的佩鲁茨也坐不住了。[18]看到查尔加夫的评论样稿后，佩鲁茨几乎要气炸了。可以理解，他不想被视为分子生物学界的朱利叶斯·罗森伯格。起初，他辩解说自己在审阅沃森的手稿时忽略了这段往事，如果他有时间细读，就会提出反对意见。不久后，佩鲁茨拿起武器准备消除这个对他的事业和声誉造成实质影响的威胁。他首先写信给约翰·兰德尔，表示有必要"尽快否定沃森那个丑陋的故事版本"。[19]佩鲁茨以严谨的治学态度完成了这个任务。

翻遍自己杂乱无章的办公室后，佩鲁茨发现自己已经扔掉了当初跟医学研究理事会生物物理学委员会往来的大部分信件。佩鲁茨费尽周折找到了这些信的拷贝，它们被尘封在了生物物理委员会秘书兰兹伯勒·汤姆森（Landsborough Thomson）和医学研究理事会秘书哈罗德·西姆斯沃斯（Harold Himsworth）的文件柜里。佩鲁茨想要获得的是来自官方的确认——这些报告本身从来都不是"内部传阅"或"机密"的。这从技术上讲是对的。尽管这些报告只发给了医学研究理事会的工作人员和单位主管，但报告顶部的确没有添加"机密"字样。[20]

佩鲁茨发掘过往信件的工作完成后，于 1969 年 6 月 27 日在《科学》杂志上刊出了一篇精心编排的辩解文章。他在其中提出了一个漏洞百出的借口，说在给克里克和沃森看医学研究理事会的报告时，"自己在行政事务方面缺乏经验而显得随意了点，既然报告不是机密，我认为没必要隐瞒"。他还争辩说，虽然报告中"的确包含了一条对克里克有用且重要的晶体学信息"（这种说法显得轻描淡写了），但沃森在弗兰克林 1951 年 11 月的学术研讨会上已经听到了所有相关数据。"如果沃森做了笔记"，佩鲁茨写道，那他提前一整年就能获得同样的信息。[21]

沃森也用自己的方式为佩鲁茨这段回忆做了"贡献"，但他非但没有消除这个"丑陋的故事"，反而通过说明佩鲁茨分享医学研究理事会报告的实质重要程度而让整个事件越发扑朔迷离。"相关事实，"沃森坚持认为，"不是 1951 年 11 月我本可以记下罗莎琳德关于晶胞尺寸和对称性的研讨会数据，而是我**本就不想**。"（黑体为原文所加）直到他和克里克开始掌握"碱基对的意义，并开始建立'B'型结构模型"之后，克里克才读到弗兰克林的报告，并"突然意识到二元轴及其对双链结构的影响"。[22]

在史学家开始研究英国国家档案馆中医学研究理事会的文件后，佩鲁茨事后坚持自己行为得当的说法也越发站不住脚了。1953年 4 月 6 日——恰好是沃森和克里克为他们发表在《自然》杂志上的著名 DNA 论文定稿的日期——佩鲁茨给医学研究理事会的哈罗德·西姆斯沃斯写了一封有意误导的信件。在其中一个关键段落中，他故意对沃森看到第 51 号照片的时间，以及沃森和克里克对弗兰克林在国王学院医学研究理事会报告中描述的具体测量结果的了解程度和时间做了模糊处理：

> 他们使用了部分未发表的 X 射线数据，这些数据是他们在国王学院看到或听说的。所有相关的 X 射线数据要么质量很差，要么指向一种不同的结构形式，虽然它们体现了 DNA 结构的某些一般特征，但它们并没有提示出 DNA 的详细特征。沃森和克里克在构建他们的结构时，弗兰克林小姐和高斯林在国王学院也得出了一幅新的、详细的 DNA 图像。沃森和克里

克是在向国王学院寄送论文初稿时才听说这张照片的，现在回过头看，这张新照片其实证实了他们的结构的重要特征。[23]

马克斯·佩鲁茨的传记作者乔治娜·费里（Georgina Ferry）称这封信"极不寻常地偏离了严格的真实性"，其动机来自"需要向国王学院生物物理小组主任约翰·兰德尔隐瞒威尔金斯在泄露弗兰克林的照片的整个事件中扮演的角色"。实际上，佩鲁茨隐瞒的目的远不止让兰德尔蒙在鼓里或者保护威尔金斯，他还有更大的野心和企图。在写给哈罗德·西姆斯沃斯的信中，佩鲁茨正式加入了反对罗莎琳德的阴谋集团，其创始成员包括早已入局的沃森、克里克、威尔金斯和兰德尔。至于佩鲁茨把医学研究理事会的报告交给弗兰克林最强大的竞争对手的行为是否得当，威尔金斯在 1969 年 1 月 13 日写给上司兰德尔的一封措辞严厉的信中已经清楚表明了立场——但他忽略了是他自己首先给沃森看了弗兰克林的照片这个事实："如果佩鲁茨认为只有那些标有'供内部传阅'或'机密'的文件才不应给他人看，那我觉得他似乎生活在一个荒唐的世界里！"[24]兰德尔表示同意，并向布拉格抱怨道，即便报告没有标注"机密"，也应被视为机密文件。[25]

将近 25 年后的 1987 年，佩鲁茨依旧在扭捏作态。为了疗愈自己给自己造成的伤害，他把一摊鳄鱼眼泪化作一篇长文《生命的秘密是如何被发现的》，发表在了《每日电讯报》上。佩鲁茨在其中没有承认自己在整个事件中的作用，而是把愤怒的矛头对准了沃森，因为他"恶意中伤了那个无法为自己辩解的天才女孩。「但」我也无力让他改口"。整段自白中最奇怪的内容是他最后对罗莎琳德外貌的评价："不是说她不漂亮，也不是说她不在乎外表。她的穿着比普通剑桥大学生有品位得多。"[26]

　　到 1953 年 2 月下旬，卡文迪许二人组已经掌握了糖－磷酸骨架构型方式。下一步就是破解"碱基之谜"了，这也是他们向解开DNA 结构迈出的最坚实的一步。[27]科学史研究者经常会在探索他们的研究对象在做出某项重要发现的过程中，或某个重要实验期间正在研究的书籍或文章中发现乐趣。我们也不例外。即便在几乎大局已定的时候，我们也很难不对沃森阅读核酸文献的深度留下深刻印象。在那个一切都需要通过图书馆卡片目录或出版索引来查找的时代，沃森却能找出每一条已经发表的信息。

　　他参考的资料就包括 1950 年出版的《核酸生物化学》（*Biochemistry of the Nucleic Acids*）。[28]该书的作者詹姆斯·N. 戴维森（James N. Davidson）是格拉斯哥大学的苏格兰生物化学家，他建立了"大西洋（英国）这边最活跃的核酸生物化学研究中心之一"。[29]戴维森撰写了许多教科书，包括与埃尔温·查尔加夫合作的两本核酸主题的教科书。[30]沃森有一本戴维森写的薄书，已经翻烂了。他查阅了相应的页面，确保自己参考的是正确的示意图，接着在一张卡文迪许实验室的鹅黄色信纸上用细小的笔迹仔细画出了DNA 嘌呤和嘧啶碱基的化学结构。[31]

　　沃森的办法是正确的。他的任务是找出如何将核苷酸碱基置于螺旋中心，同时"让外侧骨架保持完全规则"的办法；与核苷酸碱基相连的糖－磷酸基团需要以"相同的三维构型"排列。之所以十分困难，是因为嘌呤碱基和嘧啶碱基的形状完全不同。要像拼图一样把它们完美拼在一起是不可能的。把一个碱基扭转几度，就难以将下一个碱基拼接到位。在"某些地方，较大的碱基"会彼此接触，而"在其他地方，较小的碱基则隔空相望"，莫名出现的缝隙让骨架向中心内扣。总之，他尝试的每一种构型都"一团糟"。[32]

对于把双螺旋两条链连在一起的氢键，沃森也努力为它们找到合适的位置。当时，人们对分子内氢键和分子间氢键的性质还不甚了解。这种化学上的细微差异远远超出了沃森和克里克的想象力和知识基础，就在一年前，他们还"否定了碱基形成规则氢键的可能"。相反，他们最初甚至认为"每个碱基上的一个或多个氢原子可以从一个位置移动到另一个位置"。[33]

随后，沃森参考了诺丁汉大学约翰·梅森·古兰德（John Mason Gulland）和丹尼斯·奥斯瓦尔德·乔丹（Denis Oswald Jordan）的 DNA 酸碱化学研究。这二位的研究让沃森"最终明白了这样一个结论：很大一部分碱基（即便不是全部）跟其他碱基形成了氢键"。他现在意识到，"这些氢键在 DNA 浓度很低的情况下就会出现，这强烈暗示了这些氢键将同一分子中的碱基连接在了一起"。[34]

接下来的一两天，沃森把自己锁在克莱尔学院的宿舍里，任由思维驰骋。他"在纸上画碱基涂鸦"，一直到"毫无头绪……甚至必须把「电影」《入迷》从「他的」脑海中抹去的程度，也没有找到合适的氢键"。有一次，他打算去唐宁学院的一个本科生派对上寻对象，希望"派对上会来很多漂亮女孩"。但他的色心落空了，因为他一到那里就发现"一群充满活力的曲棍球运动员和几个毫无生气的名媛"。沃森觉得自己格格不入，"礼貌地待了一会儿就溜了"。他离开时还看到了彼得·鲍林，于是他决定告诉这位傻乎乎的朋友，他正在"和「他的」父亲争夺诺贝尔奖"。[35]

沃森的"涂鸦"持续了近一周时间，这时他发现了一个自以为正确但实际错误的解决方案。他记得哪本书上写了，纯腺嘌呤晶体和其中的分子是通过氢键结合在一起的。他想，如果 DNA 分子中的每个腺嘌呤残基都含有相同的氢键呢？两个腺嘌呤残基之间会有两个氢键，旋转轴为 180 度。这种同类、对称的氢键也能很好地"把成对的鸟嘌呤、胞嘧啶或腺嘌呤固定在一起"。唯一的问题在于，同类配对打乱了他一周前精心构建的骨架结构。"根据嘌呤对还是嘧啶对居中的不同情形"，会出现过多内凹或外凸的弯折情况。[36]

傍晚时分，沃森下定决心不再理会这条乱糟糟的骨架，转而思考他的模型所蕴含的更重要的意义。他推断，大自然不可能偶然将两条"碱基序列完全相同"的链条交织在一起。这个假设令人信服。其更一般的意义为，在细胞复制的某个阶段，一条链"成为合成另一条链的模板。根据这个假设，基因复制始于两条相同的链的分裂。接着，两条亲代链条模板会制造出两条新的子链，进而形成两个与原始分子相同的 DNA 分子"。他继续摆弄着自己的"核弹级"结构直到深夜，尽管仍然无法把一切安排得恰到好处："我不明白为什么鸟嘌呤的常见同素异形体不会跟腺嘌呤结合形成氢键。同样，其他几个配对错误也应该出现。但既然没有理由排除特定酶参与其中，我认为没必要过分担心。"[37]

沃森再次感到"脉搏开始加速"，"时钟走过午夜之际"，他幻想着明天将会出现的赞誉。对沃森来说，这种场面并不像在世界大赛（职棒比赛）的最后一场比赛的第九局中击出的大满贯，也跟超级碗的第四节中接住的达阵传球不同。他更愿意想象自己能发表盛大的演讲，优雅地接受科学界元老的道贺掌声。毕竟，他梦想中的结构是如此有趣。最终，他打算还是先休息一下。他今天的任务很繁重，还要跟克里克解释自己最新的想法。毫无疑问，他们会一

338

边重新排列模型部件，一边反复争论其优缺点。这天结束之际，克里克无疑会同意他的结论，然后在"老鹰"酒吧庆祝一番，接着则是更加紧张的日日夜夜，不断撰写研究结果，然后寄给顶级期刊。一整晚，兴奋和焦虑掺半的沃森都没怎么休息。接下来的两个小时里，他一直处于清醒状态，"多余的腺嘌呤对在他紧闭的双眼前打转"。哪怕最后终于睡着，他瘦弱的身躯依旧感觉如芒在背，一个声音响起："这么好的想法也可能是错的。"[38]

第二十六章　碱基对[1]

让我们面对现实吧，如果命运没有安排我在 1952~1953 年跟沃森和克里克在卡文迪许共用一间办公室，他们现在可能还在熬费苦心地为"同类"烯醇形式的碱基配对。

——杰里·多诺霍（Jerry Donohue）[2]

2 月 20 日星期五，沃森在各种琐碎的杂事中开始了新的一天。洗漱完毕，他去"异想天开"餐厅吃了培根和鸡蛋。回到自己的房间，他给德尔布吕克回了一封信，信中谈到了他要求德尔布吕克为他在《美国国家科学院院刊》上发表的细菌遗传学论文背书（而且要尽快发表，以便赶在 7 月份冷泉港夏季研讨会之前付印）。[3]德尔布吕克告诉沃森，他的论文漏洞百出，而且结论很可能是错误的，但他还是把论文寄给了编辑，并告诫向来心急的沃森，"明白草草发表论文的后果对你是有好处的"。[4]尽管德尔布吕克做了提醒，但沃森还是希望为自己的履历多记上一笔，至于具体是什么倒无关紧要。[5]他后来声称，德尔布吕克的告诫"让人不安"，但很快就被可能解开 DNA 秘密带来的喜悦取代了。无视德尔布吕克提醒的教训，沃森展示了内心深处的阴暗面：耳边有个声音悄声告诉他，要在学术阶梯上再往上爬几级，别去管失误的潜在代价。他为这篇遗传学论文——刚发表就被证明是错的——随便找了个借口，"发表那个愚蠢的想法时，我还年轻。这样我就能在最终踏上粗鄙的职业道路之前清醒过来"。[6]

在写给德尔布吕克的长达三页的回信中，沃森再次表达了自己对文中"细菌如何交配"结论的自信。沃森后来在《双螺旋》中写道，由于年轻时执意想要超过那个著名教授，"没忍住在文中加了一句话，说我刚刚设计出一种与鲍林完全不同的完美 DNA 结构"。然而，在 2 月 20 日的原始信件中，沃森写下的可不止这些——其中包括一段讲述自己"忙于"研究 DNA 结构而无暇他顾的文字，还谈到"相信我们就快解开谜题了"云云。沃森接着谈到，在阅读鲍林和克里发表在《美国国家科学院院刊》上的论文时，他发现其中"存在几个非常糟糕的错误"。他甚至还不忘指桑骂槐地贬低罗莎琳德·弗兰克林。具体而言，鲍林可能选择了"错误的模型类型"，但至少它是"国王学院的人在恰当的情况下以恰当的方式提供的，而不是出自单纯的晶体学家之手"。他还抱怨说，由于"国王学院的研究小组不喜欢竞争或合作"，他被剥夺DNA 研究资格长达一年多时间。如今，鲍林宣布狩猎季正式开始，布拉格终于允许他下场参赛，"因此，我打算一直工作到解决方案出来为止"。[7]

有那么两三秒钟，沃森曾考虑要不要加点小道消息，以进一步说明问题，但很快又决定放弃。他知道同在加州理工工作的德尔布吕克和鲍林的工作地点相隔不远，这些消息迟早会传到鲍林耳朵里。相反，他只说自己对眼下这个"非常漂亮的模型"感到乐观，"太漂亮了，我很惊讶此前居然没人想到过"。沃森在信的最后说，他正在计算原子坐标，以确保它们跟"X 射线数据"一致（但并未承认自己用的是弗兰克林的数据）。沃森最后谈到，即便新模型是错的，但它仍代表了一个巨大进步，还说很快就会把全部材料寄给德尔布吕克。[8]

沃森把信投进一个鲜红色的椭圆形信箱，信箱上刚刚印上了 341
"ER II"字样，标志着女王伊丽莎白二世已经即位。[9]他没有把所有想法全盘托出，这种谨慎态度让他获益匪浅。早在邮递员用他的大铁钥匙打开信箱取出底部的一堆信之前，沃森的模型就会被"拆得稀烂"，然后归入"无稽之谈"的行列。[10]

拆散模型的是 103 号房间的第四个室友，他可能是整个故事中最重要的小角色了。此人名曰杰里·多诺霍，是个来自威斯康星州谢博伊根（Sheboygan）的尖酸刻薄、木讷寡言、下巴方正的学生。多诺霍以优异的成绩获得达特茅斯学院学士学位（1941 年），后在加州理工师从莱纳斯·鲍林获得化学硕士学位（1943 年）和理论化学与物理学博士学位（1947 年）。这位脾气暴躁的天才因获得鲍林认可的古根海姆奖学金于 1953 年冬季前往卡文迪许访问了一个学期。到校后不久，约翰·肯德鲁就把多诺霍安排到了沃森和克里克身边，就像几个月前他安排彼得·鲍林那样。四张桌子绕着小房间的四周摆放：克里克的书桌在右侧靠窗处，可以俯瞰下面喧嚣的庭院；沃森的书桌跟克里克正对面；新来的人则被安排在了最靠近门的角落，面对着油漆剥落的灰泥墙。房间中间放着一张狭窄的实验台。[11]多诺霍比沃森年长八岁，比彼得·鲍林年长十一岁，他经常被二人的嬉皮笑脸惹恼，他们闲聊起计划参加的派对和希望泡的"美女"时尤其如此。

多年后，身为宾夕法尼亚大学化学教授的多诺霍回忆说，"我到剑桥时，甚至不知道什么是核酸"。不过，他对结构化学"里里外外"了如指掌，对氢键尤其精通。[12]在英国期间，他研究了嘌呤及其形成的键，推动了琼·布鲁姆海德（June Broomhead）的研究，后者是加拿大裔英国晶体学家，于 1948 年在卡文迪许实验室晶体学系获得博士学位。在剑桥完成学业后，布鲁姆海德加入了牛

342 　津大学多萝西·霍奇金的实验室，并在那里解决了腺嘌呤和鸟嘌呤晶体的结构问题。沃森和克里克也读过她的博士学位论文和其他研究论文。[13]

　　1952 年，多诺霍仔细研究了布鲁姆海德关于纯的鸟嘌呤如何形成"分子与分子之间呈规律重复配置的氢键"的晶体学数据。[14]休假期间，多诺霍确定，"氢原子的位置是固定的，不会从一个地方跳到另一个地方"。这跟沃森和克里克一年前错误阐述的核酸氢键移动理论刚好相反。他们曾预言，DNA 分子中的嘌呤和嘧啶呈现出同分异构现象（tautomerism）——分子中的一个或多个原子从一种异构体（某种分子的变体，具备相同的组成原子，但排列方式不同）到另一种异构体之间自由移动和互换，从而让异构体具备不同的化学、生物学和物理学特性。DNA 的核苷酸碱基——腺

343 嘌呤、鸟嘌呤、胞嘧啶和胸腺嘧啶具备以两种形式存在的化学潜力：烯醇异构体和酮异构体。然而，多诺霍的基本结论是，核酸中的碱基都没有发生同分异构体的转变，这意味着它们很可能保持酮形式——二者中更稳定的一种。[15]

　　沃森把他那自认为出色的"同类结合"方案告诉多诺霍后，这位化学家立即告诉他"这个想法行不通"。多诺霍解释道，沃森从戴维森的《核酸的生物化学》一书中精心摘取的同分异构体"排列错了"，书中的图表把核苷酸碱基描绘成了烯醇异构体，而不是化学性质更稳定的酮异构体，此时沃森感到很沮丧。多诺霍话音刚落，沃森就反驳道，"其他几本书也把鸟嘌呤和胸腺嘧啶描绘成了烯醇形式"。但他还是承认，这个看似尖刻的反驳"其实跟杰里毫无关联"。[16]

　　多诺霍没有现成的切实证据或"万无一失的理由"来支持自己的猜测。他只能举出一个晶体结构简单得多的例子，"二酮哌嗪

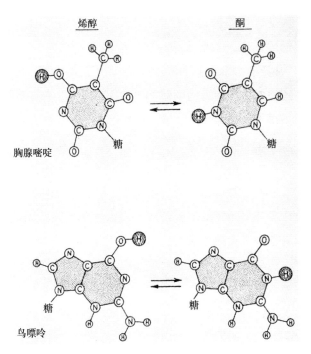

图 26-1 鸟嘌呤和胸腺嘧啶的同分异构形式

（diketopiperazine），其三维结构是几年前鲍林实验室精心研究出来的。毫无疑问，其中包含的是某种形式的酮，而不是某种形式的烯醇"。多诺霍援引"量子力学证据"，坚持认为"鸟嘌呤和胸腺嘧啶也应如此"。他对沃森讲，"多年来，有机化学家只是根据最站不住脚的理论，武断地偏向特定的同分异构形式，而不是它们的替代形式。实际上，有机化学教科书中到处都是极不可能的同分异构形式的图片"。[17]他"坚定地劝告"沃森"不要在同类碱基对这一「他的」胡思乱想的计划中浪费更多时间"，然后转身回到了他书桌上凌乱的文件前。[18]

吉姆·沃森总是高看自己的想法，但作为科学家，他最出色的特质之一则是能对好想法和"假"想法做出区分，或者用他最喜欢的贬义词"垃圾"来形容错误的科学。[19]他非常喜欢自己的"同类配置"，甚至有那么一瞬间觉得"杰里不过在吹牛"，但他清楚地知道，这种想法可能真的没前途。大约一天后，回过神来变得谦虚的沃森不得不得出结论说，除了鲍林，"杰里是世界上最了解氢键的人了"。在加州理工学院那边，多诺霍已经在确定一些有机分子结构方面取得了巨大成功，因此，无论喜欢与否，沃森都不得不承认，"我不能自欺欺人地说，他没有理解我们的问题。在跟他朝夕相处的六个月里，我从未听到他对自己不懂的问题侃侃而谈"。[20]但即便接受了多诺霍的说法，沃森还是对下述事实百思不得其解：毕竟腺嘌呤和鸟嘌呤碱基是比胸腺嘧啶和胞嘧啶碱基更大的物理分子。前两种碱基各含有两个碳环，后两种仅包含一个碳环。沃森移动了氢原子，让结构更符合碱基的酮构型，但如果不对模型的骨架做一些富有想象力的弯折，他仍然无法把氢键和碱基以相似的方式组合在一起。

2 月 23 日星期一下午，罗莎琳德·弗兰克林来到了两层楼之上的国王学院图书馆。她径直来到期刊架前——这是个复杂的木质插槽书架，每个插槽上都标有期刊的名称，里面放着最新的期刊——取出了 2 月 21 日的《自然》杂志，鲍林不寻常地在这期杂志上刊登了一封信件，宣布他会在 2 月份的《美国国家科学院院刊》上发表自己的三链螺旋 DNA 模型。[21]

弗兰克林在剑桥读书时养成的严谨阅读习惯让她获益匪浅。在那个没有复印机或扫描仪的时代，从读者写信给作者索取论文到作者倍感荣幸地寄回论文之间往往要经历漫长的等待，因此她养成了一个习惯：定期阅读最新一期的晶体学、化学和物理学期刊，并将相关引文摘录在单页笔记纸上，同时还会附上自己的笔记和评论。随后，她会把笔记归档，以备日后查阅。在获得重印本后，弗兰克林会把笔记夹在里面。

345

就在三周前的 1 月 30 日，当沃森把预印本给她看时，弗兰克林就发现了鲍林模型中的问题。在写有她对鲍林在《自然》杂志上发表的信的评论的那张纸上，弗兰克林指出了一个错误，改正错误之后的模型是双链结构，而非三链结构。她用细细的笔迹问道，"不清楚为什么外部如此空洞的结构会通过 X 射线显示出外径"。她在跟沃森的遭遇中得知，鲍林使用的是旧数据——威廉·阿斯伯里在 1938 年拍摄，并于 1947 年重新获取的模糊 X 射线照片。她还了解到，由于阿斯伯里没有识别出 DNA 的两种不同形式，他的照片包含了干态 A 型和湿态 B 型的混合特征——鲍林的计算结果也反映了这一点。那天，她写信告诉鲍林，他的模型中的磷酸基团的位置放错了，这体现了弗兰克林对真理的执着特质，但这种特质也往往会让她失去和睦的同事关系。作为一名 32 岁的博士后研究员，此时她正被排挤出实验室，需要另谋生路，但跟世界上最伟大的化学家叫板并没有让她退却。弗兰克林掌握了确凿的数据，并以同行的身份冷静地向鲍林解释了相关数据。[22]但未经实验室负责人约翰·兰德尔的明确同意，她不能把未发表的论文手稿寄给鲍林，这些手稿最终成为她在 DNA 研究领域发表的三篇最重要的论文。其中两篇是投给《晶体学学报》（*Acta Crystallographica*）杂志的；第一篇论文证明了 DNA 存在两种形态，即干的或结晶态（A型）和湿的准结晶态（B 型）。第二篇论文详细介绍了将一种形态转变为另一种的实验方法。第三篇论文是她对 B 型 DNA 的研究总结，最终与沃森和克里克的著名论文以及威尔金斯的论文一起发表在《自然》杂志上。[23]鲍林礼貌地回信说，虽然他坚持自己的模型是对的，但还是希望下次访问英国的时候能与她见面。鲍林接着给儿子彼得写了一封信，告诉他弗兰克林即将完成三篇 DNA 研究

346　论文。[24]

　　在回忆录《双螺旋》中与 2 月 20 日到 28 日这一周相关的内容中，沃森把相关事件的时间线折叠了起来，仿佛他在短短一天内就发现了核苷酸碱基配对的意义。在这个故事版本中，多诺霍就碱基的酮构型发表"即兴演说"后不久，克里克就来到实验室，从结晶学的角度否定了沃森的"同类"核苷酸碱基结构，指出他提出的结构与罗莎琳德的 X 射线数据不符，后者清楚显示了结晶重复长度为 34 埃。沃森的"同类模型"要求 DNA 三维结构每 68 埃旋转一周，且旋转角度仅为 18 度，这在物理上无法实现。更麻烦的是，沃森的模型跟查尔加夫法则（腺嘌呤与胸腺嘧啶、鸟嘌呤与胞嘧啶比例为 1：1）不符。就连沃森也不得不接受这样一个事实：他的"同类结构"在几个小时前还看上去十分美妙，转眼间就行不通了。

　　但在克里克的记忆中，一直到一周后的 2 月 27 日星期五，沃森才最终放弃了他的"同类结构"模型。那天下午的某个时刻，他和多诺霍正眯瞪眼地盯着黑板上他们上次用粉笔写下的内容，克里克此时蜷缩着坐在书桌前。突然间，他们都恍然大悟，得出了同样的结论："有了，也许我们可以通过碱基配对来解释 1：1 的比例"，克里克回忆道。这"完美得有些失真了"，但"我们仨"还是决定接受这个前提，"我们应该用氢键把碱基结合在一起，第二天吉姆就照做了"。[25]

　　沃森后来声称，他没有仔细听克里克当天下午（确切日期未知）的发言，因为"他经常滔滔不绝，抛出很多想法……总试图

把办公室其他人聚在一起……因此，我没注意到克里克对下一步做法的建议"。[26]他还对多诺霍对"同类理论"釜底抽薪式的打击感到恼火，转而"思考起为何本科生不能满足女互惠生要求"的问题。他没什么兴趣思考多诺霍的酮形态，担心自己会再次"碰壁而不得不面对这样一个事实：即任何常规的氢键结合方案都不符合 X 射线的证据"。于是，他出神地望着窗外盛开的番红花，希望能尽快想出更好的主意。

午饭后，沃森和克里克再次从车间机械师处得知，模型部件的制作时间还要推迟。他们且要再等几天才能做好。想要解决螺旋内核中的嘌呤碱基和嘧啶碱基之间氢键结合的棘手问题，这些部件又不可或缺。沃森意识到自己会浪费更多时间，于是他"用硬纸板剪出的碱基精确模型"来打发下午剩下的时间。[27]

完成"有机折纸"游戏时已是黄昏时分，晚祷时回荡在空气中的悦耳男高音提醒沃森他还有一个约会：晚上跟普莱尔和她的姑娘们一起去看一场戏剧。该剧是理查德·谢里丹（Richard Sheridan）1775 年的经典喜剧《情敌》（*The Rivals*），剧中名叫玛拉普洛普夫人（Mrs. Malaprop）的角色习惯用谐音梗制造喜剧效果，这部剧已经成为英语世界中的经典之作。[28]

次日（2 月 28 日周六）早晨，沃森来到办公室，发现里面空无一人。他把桌上的纸笔、脏茶杯清理掉，为新剪的纸板碱基对空出了一大块地方。看着眼前满意的"白板"，他开始重新排列拼图，想知道哪里可能存在氢键。其间，他还不甘心地再次尝试了自己钟爱的"同类偏见"，但最终又再次承认它们"行不通"。[29]

据说，两千多年前的希腊数学家阿基米德（公元前 287~公元前 212 年）躺进浴缸，发现水位逐渐上升。他被溢出的水的体积等于身体浸没部分体积的现象所震惊，据传他立刻惊呼道，"尤里卡，尤里卡！（Εύρηκα，'我找到了'）"。[30]无论这个动听的故事到底是真是假，从此这个词就成了科学发现的标准祝词。多诺霍来到 103 号房间后不久，沃森的"尤里卡时刻"就像有如神助一般降临了。[31]用两个氢键把腺嘌呤和胸腺嘧啶的酮形式配对后，沃森简直不敢相信自己的眼睛了。这种方式结合的分子形状"与鸟嘌呤-胞嘧啶对至少通过两个氢键结合在一起的形状完全相同"。更妙的是，"氢键似乎是自然形成的；不需要任何修饰就能让两种碱基对的形状完全相同"。沃森招呼多诺霍，希望得到后者对"我的新碱基对"的首肯。[32]

多诺霍仔细查看了这些纸板，宣称自己对这种排列没有任何疑问。他的评价让沃森激动不已。沃森解开了查尔加夫法则之谜，这个困难的谜题连发现它的人自己都没能解开。此时此刻，多诺霍就像莎士比亚历史剧中的小喽啰（spear-carrier）一样退出了发现 DNA 的征程，再也没有出现过。2018 年，沃森遗憾地表示，"我们不公正地对待了杰里·多诺霍。他的工作非常重要，本应成为（1953 年沃森和克里克的 DNA 论文的）共同作者。那真是个大的突破。在量子化学领域，人们很早就知道酮和烯醇的形式"。[33]

多诺霍完成了自己的使命。现在，廓清思路的沃森正集中精力通过氢键结合让嘌呤和嘧啶数量相等。与之等价的问题便是，腺嘌呤总是与胸腺嘧啶结合、鸟嘌呤总是与胞嘧啶结合，并在双螺旋中心有规律地排列。整个结构看上去如此简单而优雅。最重要的是，这种结合意味着"一种远比单纯考虑同类配对更让人满意的复制方案"。这个解决方案让沃森惊呼：如果腺嘌呤总是与胸腺嘧啶配

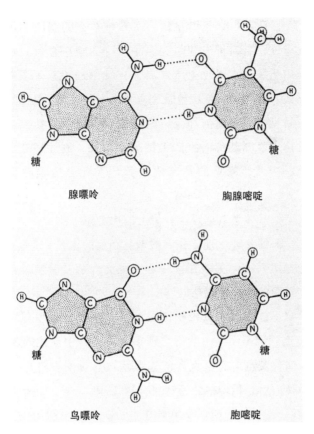

图 26-2 "尤里卡!"用于构建双螺旋的正确排列的
腺嘌呤-胸腺嘧啶和鸟嘌呤-胞嘧啶碱基对

对,鸟嘌呤总是与胞嘧啶配对,那么"两条相互缠绕的链条上的
碱基序列就是互补关系。一条链的碱基序列决定了另一条链的碱基
序列。从概念上讲,现在很容易就能想象单链如何成为具有互补序
列的链的结合模板"。[34]

站在 103 号房间门口的沃森就像是在等待圣诞老人一样:"弗
朗西斯刚一只脚踏进门口,我就宣布,一切问题的答案尽在我们手

中。"[35]按照他们向来的合作方式，二人对对方的想法都保持着健康的怀疑态度，各自都有权以完全不带个人情感色彩、毫无情绪的方式提出质疑，克里克上下左右仔仔细细地检查了沃森的碱基对排列形式。腺嘌呤-胸腺嘧啶和鸟嘌呤-胞嘧啶对是如此相似，这一显而易见，但在此前却令人费解的现象也着实让克里克大吃一惊。就像周六《纽约时报》上的填字游戏，刚才还让全家大小
350　为难，不一会儿，家里的小家伙在其他人睡着后顿时就解开了谜题。[36]

　　克里克把晶体学数据跟沃森桌上的构型做了比较，他证实了自己的看法，即糖苷键（连接核苷酸碱基和糖的键）"以垂直于螺旋二元轴的方式系统地关联在了一起。因此，两对碱基对都可以翻转，并且它们的糖苷键仍朝向同一个方向"。[37]多亏了多诺霍强大的立体化学知识，沃森的纸板拼图已经完美地展现了罗莎琳德在其1952 年提交给国王学院医学研究理事会的报告中描述的晶胞的 C_2 对称性，佩鲁茨也向克里克和沃森展示过这种对称性。[38]克里克看到沃森的模型后，拍着他的后背兴奋地说道，"看，就是这种对称性"。最后，沃森终于明白克里克在过去一周里唠叨的内容，具体而言，即"一条给定的链可能同时包含嘌呤和嘧啶。同时，这也明确意味着，两条链的骨架方向必然相反"。[39]

　　二人还有更多的工作要做。沃森和克里克还需要解决如何才能使这些腺嘌呤-胸腺嘧啶和鸟嘌呤-胞嘧啶碱基对跟他们在过去的两周设计的骨架构型匹配。庆幸的是，螺旋中心的巨大空间可以容纳碱基对。现在，轮到沃森小心翼翼了；也许，正如历史学家罗伯特·奥尔比所说，由于"他不具备克里克对晶体学的了解深度，也就无法像后者那样根据 C_2 对称性有把握地看到他们的结构很可能为真"。[40]实际上，两人都明白，只有建立了"所有立体化学部件

的连接都令人满意的"新铁匠玩具模型，他们的工作才算真正完成，并且"很明显，这个模型意义重大，不能再闹出'狼来了'的乌龙"。[41]

正是在《双螺旋》这张精心编织的挂毯上的这个关键档口，沃森绘声绘色地演绎了克里克飞奔到"'老鹰'酒吧，告诉所有在场的人，我们发现了生命的秘密"。[42]尽管一直否认自己曾发表过这一豪言壮语，但克里克自信满满地宣布他们的研究成果——无论实际上是如何表述的——都可能是错误的，这也让沃森"略感不安"。[43]50年后，在其生命中最伟大的一天的纪念日，沃森接受了英国广播公司的采访。数十年获得无数赞誉之后，他回忆起那一刻仍仿佛就在上周。"看到答案时，我们下意识掐了自己一把。真的会这么漂亮吗？吃午饭时，我们意识到这很可能是真的，因为它太漂亮了。这个发现就是在那天完成的，而不是在一周内慢慢发现的。模型很简单；简单到可以立即向任何人解释的程度。你不必是一个高超的科学家，也能看到遗传物质是如何被复制的"。[44]

351

352

第二十七章　大美如斯

20 世纪 50 年代，剑桥大学有个规模不大且有些排外的生物物理学俱乐部，其名曰哈代俱乐部（Hardy Club）——以剑桥大学上一辈从动物学家转行为物理化学家的人物命名⋯⋯吉姆应邀「于1953 年 5 月 1 日」在这个小范围聚会上做了一次晚间演讲⋯⋯俱乐部的食物总是很不错，但演讲者在饭前要喝雪利酒，用餐时也要喝，如果贸然两餐酒下肚，那饭后还要再喝一次。我见过不止一位演讲者飘飘然不知所以地进入主题。吉姆也不例外。尽管如此，他还是对「DNA」结构的要点和相关证据做了相当充分的阐述，但在总结时，却显得有些不知所措。他凝视着模型，视线有些蒙眬。口中只是说着："大美如斯，你看，太美了！"当然，它确实很美。

——弗朗西斯·克里克[1]

不管他们当时以什么方式宣称发现了生命的秘密，克里克和沃森很快就在"老鹰"酒吧吃完了午餐。一小时后，他们回到卡文迪许，全身心投入了完善 DNA 模型的工作中。他们又怎么会考虑其他事情呢？接下来的一天里，克里克向任何愿意倾听的人滔滔不绝地讲述着他们的发现所蕴含的意义，也经常对自己自言自语。偶尔，他也会停下来，从椅子上起身摆弄模型。然后，他就像一个初353 为人父的父亲，站在一旁满意地看着眼前的模型。通常，沃森也乐于看到自己搭档的夸夸其谈，但现在，他对克里克言谈中"没表现出剑桥人尽皆知的正确处事态度——淡然处之"不以为然地摇了摇头。显然，沃森也太自欺欺人了。在意识到"DNA 结构已经确定，答案令人激动，我们的名字将与双螺旋联系在一起，就像鲍林的名字跟 α 螺旋联系在一起一样"，他自己也兴奋地不能自已。[2] 2018 年，90 岁的沃森清楚地回忆道，"我有一种感觉，是的——你懂的，我现在跟达尔文齐名了"。[3]

在下午剩下的时间里，二人一直没有见其他人，直到下午 6 点"老鹰"酒吧周六晚餐时间才出来见人。坐在往日的餐桌前，他们讨论了接下来几天的工作计划。克里克认为，速度是关键。但在构建符合所有立体化学要求的三维模型时，准确性也至关重要；原子间的键的长度和角度，以及原子本身之间的空间，都必须符合现有的知识。尽管很是兴奋，但沃森还是止不住担心，他不仅担忧模型是否正确，更担心莱纳斯·鲍林会挑出其中可能的错误，甚至于"在我们告诉他答案之前，他就发现了碱基对"。[4]

当晚的工作进展甚微，因为机械车间仍旧没有做好金属核苷酸模型。当下的局面限制了他们的进度，因为他们不可能说服佩鲁茨、肯德鲁和布拉格，更不用说国王学院的研究小组相信他们用金属丝固定的简陋纸板得出的结构是正确的。不得已，沃森和克里克只好按照英国人的作息，决定在周六晚上和周日全天休息。

当天傍晚，沃森骑车去波普·普莱尔的寄宿之家吃晚饭。他没有做到克里克告诫的守口如瓶，于是跟妹妹及其男友——英俊的伯特兰·福尔卡德说，他和克里克"很可能已经打败了鲍林，最终的答案将彻底改变生物学的面貌"。伊丽莎白露出了自豪的笑容，"由衷地「为哥哥」感到开心"。后来成为《时尚》（Vogue）杂志宣传总监的福尔卡德此时则开心地想到可以告诉自己那帮有钱的花花公子，"他有个朋友会获得诺贝尔奖"。坐在沃森旁边的是彼得·鲍林，他"同样傻里傻气地附和着，没有任何迹象表明他会为自己父亲可能头一遭在科研道路上败走麦城感到介意"。[5]

克里克对沃森关于那个美好的星期六晚上的回忆显得很淡然："「模型制作」大约从周三开始，一直到周六上午才结束，当时我已经累坏了，于是直接回家躺下了。"[6]

与沃森在回忆录中所说的"第二天早上"（周日）不同，他可能是在 3 月 2 日周一早上回到实验室的。[7]不管是 3 月 1 日还是 3 月 2 日，沃森一早醒来都感到"充满活力"。他再次憧憬着自己钟爱的好莱坞电影中的意象，仰望着"剑桥大学国王学院哥特式教堂的尖顶"，因为它们直指"春天的天空"，他确信知识会来带无限的光明。沃森驻足凝视着"刚刚清洗过的吉布斯大楼美丽的乔治亚韵味"，回想着与克里克在剑桥各学院漫步，以及前往常去的赫弗书店"不露声色地阅读新书"的情形。[8]走进 103 号房间时，他发现克里克已经在调整模型了。

中午时分，沃森和克里克对"两组碱基对都整齐排列其中的骨架结构"感到满意。此时，马斯克·佩鲁茨和约翰·肯德鲁"突然出现在房间，问我们是否还是胸有成竹"。克里克以一场急促、高亢的 DNA 主题演讲作为回复，接下来，他还会发表更多类似演讲。说话间，沃森也走到了机械车间，巴望着核苷酸部件能在当天下午制作完成。"稍作鼓励"后，机械师告诉他，"闪闪发光的金属板"会在"接下来几个小时内"准备就绪。[9]沃森和克里克下午晚些时候再次造访时，像小男孩撕开生日礼物一样兴奋地拆开了包裹金属板的报纸。

也许再有不到一小时，第一个正式的沃森和克里克 DNA 模型就能彻底竖立起来。这个模型高近六英尺，宽三英尺多。它由黄铜棒和按规则精确切割的薄金属片组成，由套在黄铜棒和螺钉上的黄铜套管固定——"组装工作十分烦琐，成品就像蜘蛛网做成的骨架一样"。[10]这个高耸的结构非常笨重，一次只能单人操作。因此，在沃森调整部件空间布局时，一旁的克里克不耐烦地在房间里走来走去，嘀咕着提出建议。接着轮到克里克，他的任务是确保"一切恰到好处"，以及发现模型的键角与已知研究结果的细微差异。中间"偶有停顿"，其间克里克会皱着眉头喃喃自语，一旁的沃森的胃又开始"翻江倒海"了。但"每次他都感到满意，并继续验证另一个原子间的接触是否合理"。二人小心翼翼地摆弄着原子间的接触点，生怕把主体骨架扭得过了头，然后整个结构就可能像纸牌屋模型一样轰然倒地。

最终，所有的原子都被"放置在了符合 X 射线数据和立体化学定律的位置上。最终的螺旋呈右旋，两条链的方向相反"。由于建模所需的所有技术细节都已经由罗莎琳德·弗兰克林完成了，因此沃森和克里克在实验室仅用到了跟小学生的铅笔盒——铅笔、直尺和圆规——外加木匠用到的铅锤线一样初级的设备，他们用这些设备"获取单个核苷酸中所有原子的相对位置"。[11]但简单的工具并不因此就让他们的成就失色，因为除了国王学院的 X 射线衍射数据外，他们没有任何路线图或其他图表。正是沃森和克里克凭借自己的聪明才智、好奇心和直觉，才构建出了如今举世瞩目的 DNA 三维结构。

黄昏时分，克里克和沃森结束了一天的烦琐工作，步行来到葡萄牙广场吃晚饭。[12]餐桌上的主题全都跟 DNA 相关。奥迪尔·克里

图 27-1　沃森和克里克的双螺旋 DNA 模型，1953 年

克后来回忆说，她对这个"重大发现"完全不相信。多年后，她对丈夫谈道，"你总是在回家后说类似的话，所以当时也没当回事"。[13]克里克没有试图让妻子相信自己的革命性发现的真实性，而是把话题转移到了如何巧妙地"放出这个重大新闻"的问题上。他们知道，应该立即告诉莫里斯·威尔金斯——但这需要高超的谈话技巧。这还不仅仅关乎谨慎：沃森和克里克可不想重蹈 16 个月前三链螺旋失败的覆辙。两人都不希望听到罗莎琳德的犀利抨击，更不希望再次（用克里克的话说）"自取其辱"。[14]沃森坚持认为，为避免再次失败，眼下的明智之举是让国王学院"蒙在鼓里"。他们仍需要获取"所有原子……的精确坐标"。二人希望全力避免伪造"一系列看上去正确的原子连接，这样的话，虽然每个连接点

357

看上去几乎都可以接受，但整个模型在能量上就变得不可能了。我们自认为不会犯这种错误，但我们的判断可能会受到 DNA 分子互补的生物学优美特性的影响"。[15]

喝完餐后咖啡，奥迪尔·克里克已经意识到今天发生的事情的重要性。她问丈夫，考虑到 DNA 如此"敏感"，"他们要不要遁走布鲁克林"；甚至还怂恿丈夫去问布拉格教授，是否可以让克里克和沃森"继续留在剑桥研究其他同样重要的问题"。沃森试图向眼前这位有教养的法国女士保证，美国的氛围不像宣传的那般可怕。他说，奥迪尔甚至会喜欢去美国的"广阔天地，那些人迹罕至的地方"。[16]但这些安慰都被奥迪尔置若罔闻，她显然想留在剑桥。

3 月 3 日星期二上午，克里克接连两天比沃森早到实验室，他开始摆弄模型，将原子"来回移动"。此时，他们已经确定，"莫里斯和罗茜坚持要建立 DNA 的钠离子（Na＋）盐模型是正确的"——也就是说，为了让 DNA 形成稳定的盐晶，需要从分子的酸性部分脱去一个正氢键，并与人体中常见的带正电的阳离子（如钠、钙或镁）结合。[17]想到不久后就能给马克斯·德尔布吕克、萨尔瓦多·卢里亚以及最重磅的鲍林邮寄捷报，沃森几乎就要坐不住了。他沉浸在自己对科学荣耀的憧憬中，对克里克投来的不屑一顾的目光视而不见，因为他的注意力压根没在模型上。

❧

1952~1953 年的秋冬季节，流感肆虐全球。根据世界卫生组织流行病学专家的说法，病毒首先分别在美国和日本独立传播，然后蔓延到西欧。[18]虽然 1952 年的流感病毒并不是特别致命，但也的确让上百万人出现严重症状。其中就包括布拉格爵士；另一位则是弗

358 兰克林，她病得非常厉害，也因此在 1952 年最后几周长达一个月的关键时期没能开展研究。[19]

流感不是单纯的感冒，它会对人体呼吸系统、神经系统和免疫系统造成严重影响。时年 63 岁、长期伏案的布拉格于 3 月初感染流感，后发烧至华氏 104 度（40 摄氏度），胸口咳出大量黏稠的痰液——这是继发细菌性肺炎的绝佳媒介。他虚弱的身体疼痛难忍，仿佛有人用板球棒敲打着每一寸肌肤。因此，沃森和克里克研究模型期间，他有充分的理由完全不在卡文迪许。当时关在卧室里的布拉格"完全忘记了核酸这码事"。[20]

3 月 7 日星期六，克里克宣布模型已经准备就绪，可以参观了。听到消息后，佩鲁茨立即抄起电话打到了布拉格家中。听筒另一端传来阵阵咳嗽声和喘息声，佩鲁茨邀请主管前来看一眼模型。肯德鲁插话说，沃森和克里克"想出了一个巧妙的 DNA 模型，可能对生物学很重要"。[21]

3 月 9 日星期一，明显还在生病的布拉格摇摇晃晃地来到卡文迪许。"刚坐下来休息"，布拉格"就溜出办公室，径直前往参观起了"双螺旋模型。自从一年前把 103 号房间分配给话多的克里克和古怪的沃森后，他就再没进去过。他慢吞吞地、仔细端详着这个结构，欣赏着机械师的手工作品。沃森回忆道，"他立刻就发现了两条链的互补关系，还看到了腺嘌呤和胸腺嘧啶、鸟嘌呤和胞嘧啶的等价关系是糖-磷酸骨架规则重复的逻辑结果"。[22]沃森不紧不慢地指出了查尔加夫法则的重要性——嘌呤碱基和嘧啶碱基之间

359 1 : 1 的比例，以及"关于各种碱基相对比例的实验证据"。他的情感触角十分灵敏，每说一句话，都能感觉到布拉格"对基因复制

的潜在影响的兴致越发浓厚"。[23]

褫夺罗莎琳德·弗兰克林科学发现优先权的阴谋正在加速推进——只是现在，控制油门的是布拉格。教授问沃森的 X 射线证据从何而来，沃森如实作答。布拉格默默地点了点头，表示"他明白了我们为何没有知会国王学院小组"。[24]肯德鲁和佩鲁茨也共同目睹了这个瞬间，但他们也没有反对数据窃取的行为。

事实上，布拉格在那一刻担心的不是窃取数据的道德难题，而是为何沃森和克里克"还没有征求托德的意见"。亚历山大·托德是剑桥大学的有机化学教授，也是世界级的核苷酸化学研究专家之一。克里克保证他和沃森"已经搞清楚了有机化学，但这并未让（布拉格）完全放心"。根据过往经验，布拉格知道克里克的夸夸其谈直到迫不得已才会被迫改口。自己眼前这位研究生总有可能"用错化学公式"，也保不准会弄错模型的基本事实。[25]转眼间，一名学生就被派往彭布罗克街托德的实验室，把这位化学家带到了卡文迪许。

在其洋洋洒洒的自传中，托德不仅描述了自己对核苷酸进行的精彩化学测定（并获得了诺贝尔奖），而且还对此时的紧急咨询做了更详细的解释。他强调，"在剑桥，物理部门和化学部门之间几乎完全没有联系——这种不相往来的情况在大学实在太常见了"。[26]唯有学术界以外的人才会感到惊讶——对亟须交流的研究人员而言，楼宇之间的距离，甚至同一栋楼的不同楼层都会成为不可逾越的障碍；形象地说，这些大楼之间的街道成了世界上最宽的大道。

1951 年，布拉格因莱纳斯·鲍林对蛋白质 α-螺旋结构的描述而蒙羞。"我清楚地记得，布拉格来化学实验室看我（这是我到剑桥后到第一次），"托德写道，"他问我，根据 X 射线证据，鲍林怎么可能从三种结构中选择 α-螺旋，但这三种结构具备同样到可能性，而且他（布拉格）在跟佩鲁茨和肯德鲁合作的论文中也指出过这三种结构。"托德"打击"了布拉格的自信心，他"指出，任何厉害的有机化学家在现有的 X 射线证据的情况下，都会毫不犹豫地选择 α-螺旋"。[27]此次会面的一个直接结果就是布拉格下令"任何基于 X 射线证据的核酸结构在没有得到「托德」的首肯之前，不得从他的实验室流出"。[28]

令人欣慰的是，托德教授认可了这个结构。他在第一眼看到这个模型时，就看出了沃森和克里克"出色的想象力"。[29]第二天晚上，沃森和克里克"对坐标做了最后的完善工作"，尽管仍无法获得"确切的 X 射线证据"来验证原子"构型是否准确无误"。但他们并不在意这些细节，而是更关心如何确定"至少存在一种特定的双链互补螺旋在立体化学上是可能的。这一点明确之前，还是可能会有人提出反对意见认为螺旋固然优美，但糖-磷酸骨架的形状无法与之兼容"。[30]1968 年，克里克解释了在前计算机时代预测键距和键角的困难程度："我有点懒，而且手头没有三点间夹角的公式，所以从来没有检查过夹角。于是乎，你会发现键距相当可靠，但有些角度确实偏差了点。"[31]尽管如此，克里克和沃森还是发自内心地认为自己的模型是正确的。他们近乎恍惚地不断告诉自己"如此漂亮的结构一定是存在的"。于是，他们又跑去"老鹰"酒吧吃午饭了。[32]

沃森告诉克里克，"下午晚些时候，我会给卢里亚和德尔布吕克写信告知双螺旋的事情"。不过，他还是先去网球场跟福尔卡德打了几盘球。[33]克里克坚持认为还有更多艰苦的工作要做，但沃森

图 27-2 克里克和沃森在卡文迪许实验室侧楼 103 号房间喝茶

充耳不闻。克里克还担心，笨手笨脚的沃森可能会在他们的工作完成之前就"被网球砸死了"。[34]

即便在推导出模型结构的紧张情绪缓解之后，沃森和克里克还是刻意没有把自己的发现告诉莫里斯·威尔金斯。在 1968 年的回忆录中，沃森轻描淡写地回忆起了他们的闪躲，以及他们如何"安排"约翰·肯德鲁打电话给威尔金斯，邀请他"看看弗朗西斯和我刚刚设计出的东西。弗朗西斯和我都不想接这个活"。[35]

在这个满是机缘巧合（多数巧合对沃森和克里克来说是好事，但更多的巧合对罗莎琳德·弗兰克林和莫里斯·威尔金斯来说则是坏事）的故事中，另一个奇怪的命运转折发生在一个周一的早晨。就在他们完成建模的那天上午，邮递员把威尔金斯 3 月 7 日写给沃森和克里克的一封信送到了二人手中。根据沃森的回忆录，威尔金斯告诉克里克，他"现在正准备全力以赴研究 DNA，并打算把重点放在模型制作上"。[36]可对威尔金斯来说，一切都为时已晚。

第二十八章　功败垂成

亲爱的弗朗西斯，

谢谢你关于多肽的来信。

我想你也知道，我们的黑夫人*下周就要离开了，大部分三维数据也已经到手。我现在已经没有其他要推进的工作了，并且已经开始对大自然的秘密发起了全面进攻：模型、理论化学、数据和晶体的解读和各种比较。最后，我们终于可以放手一搏了！

胜利在望。

此致，

莫里斯·威尔金斯

另：下周可能去剑桥。[1]

几个月来，威尔金斯一直忍受着兰德尔的命令、"罗茜的暴政"以及他们关系中的种种不睦，此刻，他依旧担心弗兰克林会抢了他在 DNA 研究中的功劳。历史早已掩盖了个中原委，但他已经做好了跟弗兰克林告别的准备，并且"准备放手一搏"。1953 年 3 月 7 日星期六，他在国王学院一张五乘七英寸的笔记纸上给克里克潦草地写了几句话，字里行间透露出一种难以言表的兴奋之情："胜利在望"。威尔金斯不知道这些话是多么具有预见性——尽管

---

* dark lady——语出莎士比亚的一首十四行诗。——译注

压根不是对他自己的写照。

就在同一封信中，威尔金斯还为罗莎琳德起了一个新的绰号："我们的黑夫人"。对许多现代读者来说，这似乎是故事中的男演员们在罗莎琳德死后编造的虚伪道德剧中给她起的又一个泼妇外号。但对于 1953 年读到这几个字的读者——尤其是在"这片福地、这片土地、这个国度，这个英格兰"[2] 上读到这几个字的人来说，这句话很容易让人联想到莎士比亚十四行诗中光彩照人的"黑夫人"。[3] 正如莎士比亚学者迈克尔·舍恩费尔特（Michael Schoenfeldt）所指出的，尽管"黑夫人"并不具备英国传统意义上的美貌特征（白皙的皮肤、金色的头发、蓝色的眼睛），但她却是禁忌之爱、黑暗、性欲和情欲的象征。[4] 她可以代表一种疾病，正如十四行诗第 147 首所描写的："我的爱在燃烧，充满渴求；因为萦绕心田的东西会滋生疾病。"[5] 时至今日，人们也只能猜测威尔金斯给弗兰克林贴上的"黑夫人"的含义。雷·高斯林认为，这个词不过指的是弗兰克林乌黑的头发、深褐色的眼睛和"棕灰色"或橄榄色的皮肤——这些都是阿什肯纳兹犹太后裔的常见特征。[6] 然而，鉴于莎翁的十四行诗在威尔金斯那个时代尽人皆知，我们很难不怀疑他胡思乱想的脑海中潜藏着深厚的情感——也许是爱、也许是情欲，也可能是极度的性困惑。

而在大洋和大陆的另一端，另一个人也成了科学界的失败者。加利福尼亚的鲍林仍在为他那笨重的三链螺旋模型而苦恼，因为该模型中"存在几个不可接受的（原子间）接触点，不是稍加调整就能克服的"。[7] 3 月 4 日，鲍林为加州理工学院的教师们举办了一场研讨会。跟前几次胸有成竹地宣布其他分子结构的会议不同，这次的反应都谈不上冷淡。没人比德尔布吕克更会挑刺了，因为他已经从剑桥得知了沃森－克里克模型的相关消息，而且沃森也认为鲍林的结构包含了"一些非常糟糕的错误"。[8]

但鲍林不愿听取德尔布吕克的反对意见。跟剑桥大学各自为政的部门形成鲜明对比的是，加州理工学院的物理学家和化学家密切合作，鲍林和德尔布吕克之间的专业关系就是绝佳的例子。具体而言，眼下的困境其实是莱纳斯的问题。此时的莱纳斯已经声名显赫，看上去自信满满，还经常夸夸其谈，甚至很少接受同事们的尖锐批评——就像沃森和克里克每天要面对的那种批评。沃森对20世纪50年代加州理工的学术权势变化做了极佳的描述："莱纳斯的名气让他陷入了无人可与之商榷的地步。他唯一可以推心置腹的人是妻子，后者则强化了他的自负，而这恰好不是人这一辈子所需要的。"[9]

一个多星期后，彼得·鲍林在一封谈及沃森和克里克的模型引发了强烈反响的信中，温和地向父亲透露了相关消息。但他几乎没有向信那边最需要的人提供结构的细节，只是点到为止地说道，"他们（W.C.）有些想法，会马上写信给你。实际上，应该由他们而不是我来告诉你"。[10]彼得在批评国王学院团队不思进取时充满了年轻人的傲慢，他对父亲说，"莫里斯·威尔金斯应该做这项工作；弗兰克林女士显然是个傻瓜。由于沃森－克里克的加入，现在关系变得紧张了"。最后，他还透露说自己给了沃森一份鲍林－科里的论文，因为他们在构建鲍林版本的模型时遇到了困难，"模型十分紧凑。也许我们应该尝试新的思路。他们越发投入了新的建模工作中，失去了客观性"。[11]克里克这边也给鲍林写了一封信，感谢他提前寄送了自己的论文。不过，他还是没忍住故意补充了一句挖苦这位帕萨迪纳科学家的话："我们被这个结构的独创性所震撼。我唯一好奇的是，我自己也不知道是怎么把它连在一起的。"[12]

1953 年 3 月 12 日可能是莫里斯·威尔金斯一生中最灰暗的一天。那天早上，"像往常一样乐于助人的"约翰·肯德鲁打电话邀请他去"看看吉姆和弗朗西斯构建的新模型，他向「威尔金斯」简单透露了模型的大概构造"。威尔金斯"立马搭上了去往剑桥的火车"。[13] 几个小时后，走进 103 号房间的威尔金斯感觉"跟 16 个月前弗朗西斯叫我去看他们第一个模型时的轻松氛围完全不同。空气中弥漫着紧张的气氛"。[14] 沃森和克里克的新模型"高高地伫立在实验室的工作台上"，遗世独立。威尔金斯仔细检查了他所说的"W-C 模型"——这是个弗洛伊德式的玩笑——其中暗含了"厕所"（water closet）的缩写，即欧洲人对带有抽水马桶的小房间的委婉说法。他还特意查看了这个模型与布鲁斯·弗雷泽带有缺陷的三链螺旋模型的关系，后者的"磷酸盐在外，碱基堆积在中间，

图 28-1　第三个人：莫里斯·威尔金斯

二者通过氢键连接”。[15]

威尔金斯被克里克的长篇大论和反复提到的"二元轴"（双轴）弄得一头雾水，一旁的沃森还不时偷笑出声。他需要一点时间来消化眼前看到的一切，然后做出反应。就像当初的沃森和克里克，以及后来的布拉格、佩鲁茨和肯德鲁一样，他清楚地意识到，"这种异乎寻常的排列方式让碱基对具备完全相同的整体尺寸"。尽管威尔金斯与埃尔温·查尔加夫保持了一年多的稳定联系，但他们都没能像沃森和克里克一样在几周内就建立起碱基对的关键联系。此刻，威尔金斯也不得不承认这些互补链对遗传的明显影响。2003 年，威尔金斯仍旧对那个遥远下午的场景感到困惑，他回忆说，"那模型似乎就像一个不可思议的新生婴儿，在那喃喃自语道，'我不在乎你们怎么想，我知道自己正确无疑'……似乎是非生命的原子和化学键结合在一起形成了生命本身"。[16]威尔金斯"被眼前的景象惊呆了"，他还不知道自己将在接下来的 7 年时间里不断确认和修正 W-C 模型，直到结构中几乎所有的细节都被更加锐利的 X 射线图像彻底显示为止。[17]

看着眼前由锡、黄铜和金属丝组成的高塔，威尔金斯没有质疑沃森他们选择"用鸟嘌呤和胸腺嘧啶的酮形式建模的决定。若非如此，就会破坏碱基对。他接受了杰里·多诺霍的口头证据，就像接受常识一样"。不幸的是，对威尔金斯来说，国王学院没有杰里·多诺霍这样的人来提醒他"教科书上的所有图片都是错的"。多诺霍的能力显得很稀缺，正如沃森所言，世界上"有可能做出正确选择并坚持到底"的人除了莱纳斯，也只有多诺霍了。"让杰里与弗朗西斯、彼得和「吉姆」共用一间办公室带来了不可预见的好处，虽然众人都看在眼里，但没人说出来"。[18]

布拉格后来声称，"当然，威尔金斯差点自杀，因为他为此耗

367

费了大量心血"。[19]威尔金斯对这个说法深恶痛绝，并在 1976 年写给佩鲁茨的信中愤怒地予以否认："最令人不快的事情是，有人引用布拉格的话说我'差点自杀'，还说是由于我的原因而失去了发现双螺旋结构的优先权。虽然我一直非常热衷于自己的科学研究，但优先权的问题在我脑子里绝没有那么重要。如果布拉格真的说过这话，我很遗憾自己在他心中是如此小肚鸡肠。"[20]撇开自杀的想法不谈，威尔金斯自打看到 W-C 模型的第一眼起，就知道自己错过了"伟大的最后一步"，英国人的礼节要求他故作绅士语，"重要的是科学的进步"。但当他亲眼看到沃森-克里克的 DNA 结构时，仍显得顿时哑然无语，"兴奋得思绪都乱了"。[21]

为了进一步证明自己的观点，沃森和克里克请威尔金斯帮忙，将他们的双螺旋结构与罗莎琳德的 X 射线衍射图样进行比对。被悲伤笼罩的威尔金斯只是木然地点点头，同意测量"关键的反射数据"。他一定很好地隐藏了自己的情绪，因为沃森后来夸赞他没有表现出"一丝难堪"，但这种夸赞可能更多代表了一种解脱之感，而非发自内心。就像许多在背后捅人一刀或者干脆置人于绝境的人一样，沃森也希望自己的罪过得到宽恕。"他的脸上没有一丝怨恨"，沃森在一封信中——无视威尔金斯明显表现出的悲伤——写道，"表现出了他特有的谦卑，但也难掩激动之情，因为他知道这个结构即将被证明会对生物学产生重要影响"。[22]

为了缓解当时尴尬的气氛，克里克向威尔金斯（但不是弗兰克林）提议合作撰写论文，这篇论文将以他们三人的名义投给《自然》杂志。威尔金斯回忆说，他对这个提议感到非常困惑："现在，我的注意力全在模型上，我需要休息一下。我没有精力，也没准备好讨论作者身份的问题"。他最终告诉克里克，自己不能成为合著者，因为他"没有直接参与建模过程"。克里克欣然同意，并解释说合作署名是沃森的主意。

就在临走之前，向来谨小慎微的威尔金斯愤愤不平地问道："弗朗西斯和吉姆的模型在多大程度上依赖于国王学院的工作？"克里克提出了令人震惊的反驳，说威尔金斯"不公平"，令人震惊的是，威尔金斯不顾自己的疑虑，反倒还同情起了克里克的反对意见。这就是威尔金斯的性格，他后来也从未停止为那天的愤怒自责。2003年，这位物理学家在其回忆录中正式对自己的行为表示遗憾，并对"自己没能更多参与伟大的最后一步"感到遗憾。在相关章节中，他还大方地感谢沃森没有在《双螺旋》中提到他当时爆发的愤怒。[23]

这边，一大群国王学院的物理学家等着威尔金斯返回伦敦，他们想知道沃森和克里克最近又干了什么蠢事。但大家对接下来发生的事情毫无准备。威尔金斯"告诉国王学院的所有人「沃森-克里克」结构的主要特征是什么"，并让高斯林把"这个消息转告罗莎琳德，此时她已经在伯克贝克学院工作了，距离布卢姆斯伯里学院以北一英里左右"。[24]一周后，罗莎琳德才得知这一消息，这足以证明她已经完全被排除在国王学院的圈子之外了。威尔金斯认为，到了DNA阶段，弗兰克林就不再重要了。

国王学院的士气已经低到了物理系地下室的尘埃里。威利·西兹称，约翰·兰德尔听到这个可怕的消息后，气得像只"烫死的老鼠"。杰弗里和安吉拉·布朗则形容威尔金斯"崩溃了"。高斯林也感到"相当沮丧，相当震惊"。[25]沃森和克里克的巨大幸运无可避免地为斯特兰德大街附近的实验室增添了沉重的失落之情。杰里·多诺霍既是旁观者，一定程度上也是助推者，他对国王学院的失败描写得淋漓尽致："如果反过来，如果有人在其他什么地方对医学研究理事会下属研究小组在卡文迪许收集到的数据做了同样的事情，那么，由此引发的不满会让喀拉喀托火山的爆发都显得微不足道"。[26]

3 月 12 日对鲍林来说也是糟糕的一天，尽管他在几天后才意识到，因为就在当天下午，沃森给马克斯·德尔布吕克写了一封信，详细描述了他和克里克的 DNA 模型。那几张泛黄的信纸上记录着简洁、明了、优雅的事实，堪称合订本的生物学《大宪章》和《独立宣言》。沃森在信中对生物如何将遗传信息传递给下一代表示惊叹。他手绘了嘧啶碱基和嘌呤碱基结构，其他讨论的问题包括：选择碱基酮形式而非烯醇形式的原因，模型的立体化学考虑，以及"获得伦敦国王学院小组合作的必要性"（同样，他没有特别提到罗莎琳德·弗兰克林），因为该小组不仅拥有非常出色的晶相照片，还拥有相当出色的准晶相照片。沃森还在附言中提出一个礼貌的请求："我们希望你不要向鲍林提及这封信的内容。我们在给《自然》杂志写完信后，会给他也寄去一份。"[27]

沃森的保密要求可能会造成一种逆反心理。事实也的确如此。德尔布吕克被信中优雅的真理所打动，刚看完信，转身就把信给鲍林看了。德尔布吕克后来解释说，"鲍林向他保证，一有沃森的消息就会告诉他"。同样重要的是，德尔布吕克厌恶"科学上任何形式的保密，不想再让鲍林的心悬着了"。[28]现在，沃森对自己模型的正确性已经有了足够的信心，他巧妙地利用德尔布吕克作为秘密渠道来获得鲍林的认可——这一验证行为让沃森和克里克战胜了国王学院和加州理工学院。

3 月 15 日周一上午，威尔金斯打电话告诉克里克，他花了整个周末的时间把模型与国王学院的 X 射线数据做了比较，证实数据"实实在在地支持了双螺旋模型"。[29]当天下午晚些时候，憋屈的兰德尔和胜利的布拉格通过电话做了商谈。但兰德尔必须恰到好处地处理好局面，他几乎没有任意发怒的余地。得益于医学研究理事会的资助，兰德尔才建立了英国最大的生物物理实验室，旨在弄清 DNA 的结构。然而，这两个来自剑桥的蠢货——一个是永远自作聪明的研究生，另一个则是令人愤怒的美国人——却把他们的团队打得落花流水。兰德尔不能冒自己的实验室被排除在论文发表的署名权之外的尴尬风险。为了寻求一个皆大欢喜的解决方案，两位负责人商定，在威尔金斯准备自己的报告期间，沃森和克里克也暂缓向《自然》杂志投稿。如果说威尔金斯与沃森和克里克共同撰写论文的可能性几乎为零，那他跟罗莎琳德·弗兰克林共署同一份手稿的可能性甚至为负。因此，双方达成协议时，不仅没有考虑到弗兰克林，甚至都没有提及是否该对弗兰克林的工作给予应有的肯定。

弗兰克林从高斯林处得知"W-C 模型"时，距离威尔金斯亲眼看到模型已经过去了一周，而她当时正在伯克贝克学院忙着安顿自己逼仄的实验室。安妮·赛尔声称，"卡文迪许破解 DNA 的消息成了一份无关紧要的临别赠礼"。[30]其实不然，弗兰克林在得知国王学院和卡文迪许实验室的论文发表计划后不久，就联系了兰德尔，要求"她和高斯林同时发表他们关于 B 型 DNA 的研究材料"。[31]他们当时已经在努力撰写一篇关于 A 型和 B 型 DNA 研究的短篇论文，并计划在一周内完稿。

3 月 19 日，弗兰克林和高斯林坐火车前往剑桥，亲自查看了沃森和克里克的模型。沃森在回忆录中表示很"惊讶"，因为她"立即就接受了我们的模型"。起初，他"曾担心她敏锐、固执的头脑会陷入自设的反螺旋陷阱，进而挑出一些无关紧要的线索，最终让正确的双螺旋模型变得扑朔迷离"。这种不近人情的预测揭示了他对弗兰克林致力于通过冰冷、可靠、可重复的事实来寻找科学真理的理解是多么贫乏。她没有表现得"恼羞成怒"，因为站在科学的角度，也没什么值得恼怒的。[32]模型看上去正确无误，也很有趣。它完全回答了弗兰克林收集到但当时她还没有完全解读的数据中存在的问题。2013 年，《自然》杂志发表了关于双螺旋发现 60 周年的采访，高斯林在其中回忆弗兰克林当时的回应"亲切而乐观"："她没有用'抢占'（scooped）这个词。她实际上说的是'我们都站在彼此的肩膀上'。"[33]

罗莎琳德因为自己"一流的晶体学能力"得到了卡文迪许研究小组的认可而感到"高兴"，这让沃森感到困惑。多年来，沃森一直对他自以为的罗莎琳德的行为转变感到困惑，1968 年，他在回忆录的末尾对已经过世的罗莎琳德做出了拙劣且带点自我标榜的赞美。他承认，罗莎琳德的反螺旋观点"反映了一流的科学观点，但不是一个误入歧途的女权主义者的言论"。接着，他谈到了"罗茜的转变"是如何让自己重新认识到，"我们过去在模型制作过程中的争议代表了一种严肃的科学态度，而不是那些想逃避诚实的科学事业所必需的艰苦工作的懒汉们的浅尝辄止"。[34]

《纽约客》记者霍勒斯·贾德森用短短两句话冷冷地总结了弗兰克林的 DNA 故事："我们很容易同情弗兰克林。但事实上，她

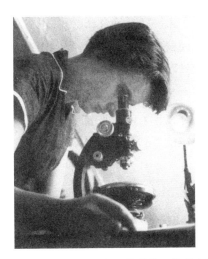

图 28-2 观察显微镜的罗莎琳德·弗兰克林

从未在归纳的基础上实现思想跳跃。"[35]沃森则更加直白地指出："我称她为失败者……我所谓的失败者不是说她是个卑鄙小人或坏人。她搞砸了！听上去很可怕，她痛失良机——她没有理由这样做，除了她讨厌 A 型是螺旋状的想法。"[36]

弗朗西斯·克里克也嘲笑弗兰克林不能像他和沃森那样灵巧地攀登科学推理的山峰，他写道，她的"困难和失败主要是自己造成的"。她看似自信，但究其根源，实则"过于敏感，而且讽刺的是，她过分执着于科学证据的充分性，没想过另辟蹊径。而且她过于坚持凭一己之力取得成功，当他人的意见与自己相悖时，也不愿轻易听取别人的意见，更不愿意接受他人的帮助"。[37]

此番总结既不公平，也显得刻薄。正如布伦达·马多克斯所言，罗莎琳德打小就在圣保罗女子学校接受了严格的教育，后来更是在剑桥大学接受严格的科学学术训练，她"从不夸大其词，从不脱离确凿的证据。如果想象力过于跳跃，就会言过其实，或者像身着红色无肩带连衣裙一样不符合她的性格"。[38]

也许，在这个盘根错节的故事中，一个最不起眼的人物恰恰最能评价弗兰克林的复杂性格。1990 年，威尔士物理学家和 X 射线晶体学家曼塞尔·戴维斯（Mansel Davies）描述了他在 1952 年访问国王学院物理系时跟弗兰克林的一次交流。1946~1947 年，他曾在利兹大学与威廉·阿斯特伯里合作研究 DNA，因此非常渴望与弗兰克林见面。当弗兰克林客气地向他展示 X 射线照片时，他的"心怦怦地跳"（一年后，当威尔金斯向沃森展示弗兰克林的照片时，后者也用了同样的表达）。他很快"意识到，她向我展示的是解决 DNA 问题的一把钥匙"。戴维斯注意到，沃森、克里克或者威尔金斯永远无法解决的是他们跟"罗茜的问题"。首先，弗兰克林和沃森的科学探索方法大相径庭："一个清醒而认真，对工作抱有不折不扣的专业态度；另一个则充满了思想的火花，对工作也是漫不经心。"戴维斯承认，"罗茜几乎肯定犯了一个错误；沃森虽然很无礼，但很可能给了弗兰克林解决 DNA 结构问题的线索"。但他也指出，"仅当罗茜化身天使时，他们才能一拍即合，并进行有益的交流"。但戴维斯坚持认为，"把罗茜描写成'难相处'则显得没道理。之所以会出现这种评价，是因为她是个以自身科学兴趣为导向的人，最喜欢在免于非必要干扰的情况下追求自己的兴趣"。戴维斯解释道，要理顺这些关系，我们需要的不过是"某种程度的理解"。[39]哎，她在国王学院和卡文迪许的朋友们都不理解她。

3 月 15 日的英格兰春光格外明媚，时间一天天过去，越来越多的剑桥人来到 103 号房间观摩 W-C 模型。每次展示，克里克都会兴致勃勃地介绍整个模型结构，"过去一周里，每天都要展示好几次，大家的热情丝毫未减，他的兴奋劲也与日俱增"。[40]反复的介绍反而让克里克的调门越来越高，甚至"楼上的物理学家评论说，楼下的'热情'都要冒上来了"。[41]其中一位参观者是 88 岁的实验物理学家 G. F. S. 塞尔（G. F. S. Searle），此人曾在 19 世纪 90 年代跟 J. J. 汤姆逊（J. J. Thomson）一起在卡文迪许共事。据说，在克里克解释了 DNA"是人类遗传的基础"后，塞尔脱口而出："难怪我们如此古怪！"[42]很快，不仅布拉格听不惯克里克的狂笑和大声喧哗，而且，每当多霍诺或沃森听到"弗朗西斯又对一些新来者高谈阔论时，「他们」就会离开办公室，直到新来者被放出去，工作才能恢复一些秩序"。[43]

令克里克惊愕的是，沃森于 3 月 13 日飞往巴黎，跟巴斯德研究所的遗传学家鲍里斯（Boris）和哈里亚特·泰勒·艾弗鲁西（Harriet Taylor Ephrussi）一起享受了为期一周的美食、休闲之旅，这次旅行"几周前就已经安排好了"。沃森已经累坏了，他认为没理由取消期待已久的光之城之旅。此前，沃森已经买好了从伦敦飞巴黎的机票，这在当时还是一种新颖的旅行方式，他期待着向艾弗鲁西夫妇及其朋友们介绍"他的"双螺旋。[44]克里克对沃森彻头彻尾的轻浮感到不满，他对沃森说，"放弃如此重要的工作达一周时间实在太久了"。沃森后来描述了自己年轻时的叛逆行为："然而，严肃的号召并非我所好——尤其是约翰·肯德鲁刚刚给弗朗西斯和我看了一封来自查尔加夫的信，信中提到了我们。信的附言要求肯德鲁提供关于他的科学小丑们在做什么的信息。"[45]仔细想想，人们似乎无法想象一个即将宣布重大发现的人竟然会休假。沃森在写给德尔布吕克的信中谈到，在脱氧核糖核酸的聚光灯永远照耀他在科研上的一举一动，从而无法"专注于生活其他方面"之前，他需要最后一周的自由时光，也许他说的是这个意思。[46]

沃森从巴黎回来时，克里克已经等得不耐烦了。现在轮到沃森担心克里克了，因为后者要把他们的模型写成文章发表。[47]不过，克里克在第二天还是抽出时间给 12 岁的儿子迈克尔写了一封长达 7 页的信，其中还附有图表。这可能不是第一份关于 DNA 的手写稿件，却是最可爱的。同样，我们也可以视之为分子遗传机制最早的书面描述之一。

> 亲爱的迈克尔
>
> 吉姆·沃森和我可能做出了一个顶重要的发现。我们建立了一个脱-氧-核糖-核-酸（de-oxy-ribose-nucleic-acid，别读错了）的结构模型，名曰 D. N. A.。你可能还记得，染色体的基因——携带遗传因子——由蛋白质和 D. N. A. 构成。D. N. A. 大致可以看作一条很长的链，上面存在明显的扁平部分。这些扁平部分叫作碱基……现在，我们有两条这样的链相互缠绕在一起——每一条都呈螺旋状——由糖和磷组成的链在外侧，碱基都在里面……
>
> 现在我们相信，D. N. A. 是一个密码。也就是说，碱基（字母）的顺序造成了基因之间的差异（就像一页书和另一页不同一样）。现在你可以看到大自然是如何复制基因的了。因为如果这两条链分裂为两条独立的链，并且每条链又让另一条链与自己结合，那么，由于 A 总是跟 T 结合，G 总跟 C 相伴，我们就会得到两个拷贝，而之前仅有一个……
>
> 换句话说，我们认为我们已经找到了生命生生不息的基本复制机制。我们这个模型的美妙之处在于，它的形状决定了仅

有这些配对才能相互结合，尽管它们可以其他方式配对（如果它们是自由漂浮态的话）。你能理解的话，我们会非常高兴。请仔细阅读，以便更好地理解。回到家后，我会给你看模型。

爱你的爸爸。[48]

第二十九章　我们注意到了

我们希望提出一种脱氧核糖核酸（D. N. A.）盐的结构。这种结构很新颖，对生物学意义重大……我们注意到，我们假设的特定配对立即显示出遗传物质可能的复制机制。

——詹姆斯·D. 沃森和弗朗西斯·克里克[1]

按照剑桥的惯例，克里克和沃森必须亲自把他们的双螺旋结构告知鲍林，尽管他们都没有蠢到认为鲍林尚不知情的程度。3 月 21 日，他俩终于提笔写了一封长信，告诉这位世界上最有权势的化学家，他已经输了。谨慎——沃森绝少表现出来的个性特征，克里克也只是偶有表现——对这项任务至关重要。

首先，他们必须为延迟了整整一个月才给鲍林写信编个理由。在克里克的坚持下，沃森编了些借口："我们中有人（J. W.）去了巴黎，而且布拉格教授得了流感也让我们耽搁了。"[2]这两个借口都很无力，沃森的巴黎之行仅用了 6 天，即 3 月 13 日到 18 日。把责任归咎于布拉格似乎是更保险的做法，因为按理讲，他们在跟外界透露消息之前需要先向实验室主任汇报。虽然在他们给鲍林写信时，布拉格仍感觉到病毒还没彻底从体内清除，但他已经在 3 月 9 日直接从病床上回到了实验室查看模型。耽搁的真正原因是沃森和克里克尚未准备好与他们心中最可怕的竞争对手分享成果的具体细节。

3 月底，在沃森和克里克随论文手稿一并寄给鲍林的信中，他们礼貌地请求允许在手稿中提及鲍林的结构，哪怕其实他们无法"压制"对后者的"怀疑"。他们补充说，如果对鲍林-科里的模型做出修改，"则总是能跟我们在论文定稿中的评论相符"。二人还告诉鲍林，"国王学院的工作人员将在发表我们的（论文）的同时发表他们的一些实验数据"，威尔金斯（此处同样没有提到弗兰克林）很快就会把他的论文定稿寄给鲍林。但这封信的最后一句话则是彻头彻尾的谎言："我们非常期待你的来访，也期待能有机会跟你就 DNA 进行充分讨论。由于布拉格教授仍未得知此事，还请你替我们保密几天。"[3] 几天后的 3 月 24 日，沃森向父母坦白，他对鲍林的回应，以及对更广泛意义上的科学界的评审感到非常紧张，甚至无法客观地看待自己"异常伟大的发现……于是，我总是故意试图让自己忘记此事，转身去打网球"。[4]

鲍林原计划先前往伦敦和剑桥，然后于 4 月 6 日至 14 日前往布鲁塞尔参加索尔维国际化学研究所第九次会议。此次会议的主题是蛋白质。布拉格也受到邀请，他计划介绍佩鲁茨和肯德鲁关于血红蛋白的研究成果。但考虑到卡文迪许近期发生的事情，他请求就沃森和克里克的双螺旋模型发表补充说明，这个请求获得了许可。[5]

但在鲍林这边，他再次因为申请护照与美国国务院发生争执。不依不饶的露丝·希普利发现了鲍林 1951 年 11 月在工业就业审查委员会的证词记录，鲍林当时宣誓说，"我认识到，我参与的政治活动和机构表明，我无法严格保守机密"，于是希普利展开了核查。两年前的这番话引发了新一轮的信件风波，鲍林再次声明自己不是共产党员，目前的工作和旅行不需要绝密安全许可。与 1952

年的风波相比，希普利夫人的理由更少了，因为工业就业审查委员会的传票本身就是错误的，整个案件已被驳回。尽管如此，她还是纠缠了鲍林一个星期，才悄然批准了他的申请。[6]

鲍林在给布拉格的信中说，他想亲自查看一下沃森和克里克的模型，以及国王学院的 X 射线数据。此时，他已经看过了沃森于 3 月 12 日写给德尔布吕克的"DNA 信件"，并发出了他即将认输的信号——这对沃森和克里克来说则是"真正的高光时刻"。[7]因为会被如此不可能获胜的同行打败，鲍林的内心"火烧火燎"，于是他在公众面前的表现就会变得十分引人注目。[8]毕竟，他曾在美国联邦政府面前宣誓作证说，不用担心自己做伪证，"我认为我对整个科学——数学、物理、化学、生物学和地质学（矿物学）——的掌握比任何其他美国人都广泛"。[9]

英国著名的科学"周刊"《自然》是迅速发表沃森和克里克研究成果的不二之选，尤其在布拉格和兰德尔都为 DNA 论文作保的情况下，他们本身跟编辑的关系也很密切。值得注意的是，同行评审也因此被完全跳过了，这为论文在收到后一个月内完成编辑、排版、校对和发表的整个流程铺平了道路。

《自然》杂志的联合编辑莱昂内尔·J. F.（"杰克"）·布林布尔［Lionel J. F.（"Jack"）Brimble］是伦敦最负盛名的绅士俱乐部雅典娜俱乐部（Athenaeum）的活跃成员。约翰·兰德尔也一样。布林布尔手持坚固的水晶杯，一边喝着上好的苏格兰威士忌，一边听着兰德尔的诉苦，他也因此成为"第一个为国王学院的失败感到惋惜"的人。[10]兰德尔意识到机会来了，他说服布林布尔把"威尔金斯的论文与沃森和克里克的论文一起发表；弗兰克林的论文是在她自己一再坚持下才加上去的"。兰德尔结束午餐聚会回到国王学院后，就对手下下达了"开始写作！"的命令。[11]另一位联合编辑 A. J. V. 盖尔（A. J. V. Gale）后来回忆道，沃森-克里克的文章"非常重要"，但关于各方论文的线索也到此为止。因为遗憾的是，《自然》杂志的大量编辑记录——包括从 1869~1963 年与知名撰稿人的所有通信，都在 1963 年的一次办公室搬迁中扔掉了，因此跟 1953 年 4 月 25 日那一期有关的编辑通信也遗失了。[12]

　　3 月 17 日，克里克给威尔金斯寄去了他和沃森的论文草稿，这个版本尚未得到布拉格的首肯。在随信附上的一封信中，克里克请求允许引用威尔金斯一些未发表的工作成果，并提出了如何处理致谢这个棘手的问题——这个问题在接下来只会变得更加棘手。信的结尾说，"吉姆去了巴黎，幸运的家伙"。[13]次日早上，威尔金斯给克里克写了一封信，其中流露出他对历史的清晰认知。

　　　　我觉得你们是一对老油条，但你们肯定也有自己的理由。谢谢你寄来手稿。我有点生气，因为我确信 1∶1 的嘌呤嘧啶比例很重要，而且还有一个 4 平面基团草图，我打算研究一下，因为我又回到了螺旋方案上，如果给我一点时间，我就能取得进展。但没什么好抱怨的——我认为这是个非常令人兴奋的想法，谁得到了「DNA 结构」并不重要……我们想在你的模型论文旁发表一份简短的说明，其中会包含显示一般螺旋情况的图片……几天之内就能准备好。我想，这两份成果并列出版会很好看……我希望你不会介意你们的文章排期可能会稍有延迟。我也是刚刚听说激烈的螺旋竞赛中出现了新的竞争者。「弗兰克林」和「高斯林」重提了我们 12 个月前的想法。看来他们也会发表点什么（他们都已经完稿了）。所以《自然》杂志上至少有三篇相关的短文。就像一只老鼠对阵另一只老鼠，真是场精彩的比赛。[14]

威尔金斯用到了"老流氓"、"重提我们的想法"和"一只老鼠对阵另一只老鼠"等措辞，足以说明他对如此惨痛失败感到十分痛心。这些怨恨不会很快就消失。在沃森和克里克的论文发表一个多月后，威尔金斯还在写给同样心怀不满的查尔加夫的信中谈道，"我承认，我不是唯一一个宁愿希望模型出错的人，但截至目前，我们还没有很好的反面证据"。[15]

考虑到威尔金斯对卡文迪许二人组的不快情绪，以及他和弗兰克林之间更糟糕的关系，精心编排《自然》杂志上的三篇未经同行评审的 DNA 论文就需要大量谈判和协调工作。但布拉格和兰德尔设定了严格的最后期限，三篇论文于 4 月 2 日全部送达《自然》编辑部。[16]

发表在 1953 年 4 月 25 日《自然》杂志上的 DNA 交响乐共计三个乐章：沃森和克里克的模型出现在了第一乐章，也即最响亮、最令人难忘的——莫尔托快板（molto allegro）部分。这篇文章的作者顺序——沃森第一，克里克第二——是二人"掷硬币"决定的。[17]这是一篇完全理论性的论文，没有一丁点原始研究数据。他们尚未处理、制备或实际观察过哪怕一根 DNA 纤维。[18]这篇文章共计 842 个单词，简洁而清晰的语气掩盖了一个事实，即它很快就会在"平静的海面引爆一连串深水炸弹"。[19]

论文原稿用的是"皮卡"字体（pica font），既非出自克里克之手，也不是卡文迪许的秘书打印的——出于某种未记录在案的原因，秘书当时无法到场——而是出自伊丽莎白·沃森之手。伊丽莎白同意在 3 月的最后一个周末完成这项工作，一方面是出于对哥哥的爱，另一方面也是因为哥哥曾告诉她，"她正在参与的也许是达尔文的作品问世以来生物学界最著名的事件"。[20] 为了让这幅刻板性别角色的画面更加活灵活现，沃森和克里克站在伊丽莎白旁边，看着她打出每一个单词，对他们特别喜欢的句子高兴地大喊大叫，并在出错时及时纠正。

文中增加了六条参考文献（鲍林和科里、福尔伯格、查尔加夫、怀亚特、阿斯特伯里以及威尔金斯和兰德尔的研究成果）、双螺旋图的图例（由奥迪尔·克里克绘制），以及对"杰里·多诺霍博士孜孜不倦的建议和批评，尤其是关于原子间距的建议和批评"的感谢。"我们还了解到伦敦国王学院 M. H. F. 威尔金斯博士、R. E. 弗兰克林博士及其同事未发表的实验结果和观点的大致结果，这对我们也是一种鼓励。我们二人其中一人（J. D. W.）也得到了国家小儿麻痹症基金会的资助"。[21]

接下来的钢琴曲则是威尔金斯、斯托克斯和赫伯特·威尔逊的作品。他们的论文基本上是斯托克斯的螺旋理论和威尔金斯的 X 射线衍射研究的复述，斯托克斯曾于 1951 年 5 月在那不勒斯动物学站阐述过其中的观点，后又于 1952 年在剑桥再次表述相关内容。[22] 这篇论文通篇是各种术语，读者几乎无法卒读，更别说理解了。

最后的无伴奏合唱则是弗兰克林和高斯林根据数据撰写的关于 DNA 的 A 型和 B 型研究论文，这是读者理论家们一致认为三篇中最难读的了。[23] 三篇论文的排序对弗兰克林不利，因为她已不再隶属国王学院，自然也没人为她说话。阅读有关 X 射线晶体学的文章总是一项技术性很强、极具挑战性的艰巨工作，而弗兰克林乏味的散文和冗长的句式没起到一点帮助。这篇论文的篇幅是沃森和克里克那篇的两倍，大部分内容在她 3 月 19 日前往剑桥检查模型之前就已经写成。我们从弗兰克林的存档文件中得知，她在 3 月 17

日就完成了一份较早且相当完整的草稿。[24]她的确在最后的定稿中添加了一句仅在看到 W-C 模型之后才会说出的话：在倒数第二段的结尾，她用潦草的细长笔记写下了一句简单、谨慎的总结陈词："因此，我们的总体想法与沃森和克里克在此前发表的信件中提出的模型并不矛盾。"在同一段中，她还指出 B 型"可能呈螺旋状"。[25]她的传记作家布伦达·马多克斯愤慨地指出（考虑到"我也一样"这一短语在我们当代人白话中的演变，这种表达也成了一种事后的讽刺）："这个改动将她自己的根本性发现变成了'我也一样'的努力。"弗兰克林的研究结果与沃森和克里克的研究结果一致，这还用奇怪吗？他们利用她的 X 射线衍射测量结果建立了自己的模型。更讽刺的是，弗兰克林用自己拍摄的第 51 号 B 型 DNA 照片为《自然》杂志的论文作插图，但在沃森和克里克发表的信中，却没有一处承认沃森不仅看到过这张照片，而且还"受到了它的启发"。[26]

382

抵达剑桥后，莱纳斯·鲍林听取了儿子彼得不经意提出的建议，在波普·普莱尔的寄宿之家订了一处房间。沃森得意地回忆起鲍林是如何责怪儿子住宿条件不够豪华，并命令他订高级酒店的房间，因为"早餐时外国女孩的出现并不能弥补房间里热水不足的问题"。[27]

第二天，沃森和克里克邀请鲍林查看了 103 号房间中显眼的 DNA 模型："所有正确的牌都在我们手中，因此，他优雅地发表了自己的意见，认为我们已经找到了答案。"[28]布拉格自豪地笑了。他心爱的卡文迪许实验室终于战胜了加州理工的魔法师。同样让这位英国物理学家感到欣慰的是，尽管确定双螺旋的确凿证据源自另一个实验室，但早在 40 年前，他和父亲就已经开发出了 X 射线晶体学方法，而这种方法"正是深刻洞察生命本质的核心所在"。[29]

当晚，彼得和莱纳斯·鲍林、伊丽莎白、吉姆·沃森一起在克里克家用餐，奥迪尔为他们准备了丰盛的庆功宴，所有人都喝了"相当多的勃艮第葡萄酒"。克里克在鲍林面前异常安静。为活跃气氛，沃森鼓励这位化学家在奥迪尔和贝蒂面前卖弄自己。由于时差的影响，鲍林难以发挥他一贯的魅力。晚些时候，沃森感觉鲍林更喜欢直接跟他说话，因为他还是"年轻一代中尚未定型的一员"，而克里克则不那么容易受影响。无论如何，前往英国的漫长旅途很快让鲍林身心疲惫，宴会在午夜时分散去。[30]次日清晨，鲍林动身前往布鲁塞尔。

4 月 6 日，索尔维会议第一天结束后，鲍林回到酒店房间，给他"最亲爱的爱人"艾娃·海伦·鲍林写信。他在信中说，"我看了国王学院的核酸照片，也跟沃森和克里克聊过了，我认为我们的结构可能是错的，而他们的结构可能是对的"。[31]在布拉格 4 月 8 日的报告中，鲍林用一支钝尖铅笔做了笔记："布拉格接着讨论了沃森和克里克的 N.A.（核酸），我说我非常肯定沃森和克里克是对的。我解释了我们出错的原因。"[32]那年夏天晚些时候，鲍林周游了整个欧洲大陆，拜访了德国、瑞典和丹麦的著名科学家，对自己的结论也越发深信不疑。在他 7~8 月的日记中记下了这样一句话："沃森和克里克的结构解释了一切。"[33]

鲍林经常对学生说，"不要害怕犯错，太多科学家都过于谨慎了，如果你从不犯错，那么你所从事的领域对你来说就太容易了……世界上成千上万的科学家最想做的事情就是证明别人犯了错。如果你有什么重要的发现，就发表出来"。[34]说起 DNA，鲍林的失误可谓大错特错。导致他的模型失败的最大因素之一，是他对分

383

384

图 29-1　索尔维国际化学研究所新理事会成员，
1953 年 4 月（前排左起第二位是 R. 西格纳，
左起第五位是 W. L. 布拉格，右起第五位是鲍林）

子水密度的错误计算。这个问题同样困扰着弗兰克林，也困扰着后来的威尔金斯、沃森和克里克。正如鲍林后来解释的，他没有意识到阿斯特伯里拍摄 X 射线照片时使用的 DNA 制剂包含 33% 的水分："因此，我在计算时忽略了水分，得出了三条链的模型。而如果对水分做出校正——我只是没有料到水合作用如此强烈——那结果就会是两条链。"[35]另一个明显的问题时，鲍林无法获得弗兰克林和高斯林拍摄的原片，只能依赖阿斯特伯里拍摄的模糊的旧照片，而这些照片是 A 型 B 型的叠加。后来，他又把自己的错误归咎于对嘌呤和嘧啶的化学性质了解不够。

鲍林后来如此念叨了好几年，直到艾娃·海伦对丈夫的借口感到厌倦，并直截了当地问道，"如果「解决 DNA」是一个如此重要的问题，你为何不更加努力地研究它呢？"[36]鲍林对海伦以及后来对外界的解释显得很谦虚，"我不知道，我猜我一直认为 DNA 结构是等着我去解决的问题，因此没有足够积极地研究它"。[37]鲍林相信，他的才华足以让他在一轮各种发现频出的研究竞赛中脱颖而出，夺得现代科学最大奖项之一的桂冠。他的传记作者托马斯·海格把他的历史性失败归结为一个二元等式："鲍林在 DNA 研究上的失败出于两个原因：匆忙和自恃。"[38]

对于法律界人士而言，共谋指的是涉及多人的秘密犯罪行为。《牛津英语词典》的编辑们对一个词的出现和用法有着长期的观察和了解，他们对共谋的定义更为宽泛："为达到邪恶或非法目的而进行的人员组合；两个或以上的人之间达成的从事犯罪、非法或应受谴责的事情（尤其与叛国、煽动叛乱或谋杀相关的勾当）的协议；阴谋。"[39]双螺旋共谋计划不折不扣是具备共同利益、文化信念和权利的人之间达成的阴谋。早在沃森和克里克的论文在《自然》上发表之前，参与者就已经精心布置了一长串阴谋的多米诺骨牌。这些多米诺骨牌如此精准地接连倒下，以及沃森、克里克、威尔金斯、兰德尔、佩鲁茨、肯德鲁和布拉格为掩盖 W-C 模型以罗莎琳德·弗兰克林的数据为基础这一事实而精心策划的阴谋完全符合共谋的定义。

威尔金斯游说布鲁斯·弗雷泽将其未发表的三链螺旋理论研究成果（威尔金斯两年前曾说这项研究并未做好发表的准备）纳入《自然》杂志的论文集中，从而扩大了这张共谋之网。[40]考虑到 20世纪 50 年代的长途通信费用，他肯定花了不少电话费给当时正在

385

澳大利亚家乡工作的弗雷泽打电话。弗雷泽通宵达旦地在打字机上手打论文，还手绘了他提出的模型图，第二天早上太阳刚刚升起，他就迫不及待地把结果以电报的方式发回伦敦，希望它能成为科学史的一部分。[41]威尔金斯非要跟克里克分享这篇论文，但克里克坚持认为它不可能被《自然》杂志收录。他认为弗雷泽的模型太"孱弱"，不能与他和沃森的美丽发现并列。最终，双方达成妥协，沃森和克里克同意在他们的论文中提及弗雷泽的模型，将其作为"文献上"的一个模型，并附带了轻蔑的评论，"这种结构描述得十分不明确，因此我们不会对其发表评论"。[42]在威尔金斯的记忆中，最初的评论甚至更加严厉，直到他劝诫克里克说："何必如此苦苦相逼呢？"这才让这位剑桥人缓和了语气。结果，弗雷泽的论文非常"孱弱"，压根没有发表。威尔金斯坚持让沃森和克里克在其论文中提及这篇论文，他如此做是想不露声色地表明，至少在沃森和克里克做出发现的两年前，国王学院就已经开始研究 DNA 螺旋结构了，同时，这样做也降低了弗兰克林后续工作的意义。[43]

在"对你的手稿的修改建议"中，威尔金斯要求沃森和克里克掩盖弗兰克林出色的 X 射线数据证实了他们的理论：

> 你们能不能删掉"众所周知，存在许多未发表的实验材料"这句话呢？（读起来有点讽刺）只要表明"当然，在用更全面的实验材料检验之前，这个结构必须被视为未经证实……"。删得很漂亮，然后说，"我们受到了国王学院相关研究的启发"。[44]

3 月 23 日，威尔金斯越发对整个事件的进展感到绝望。弗兰克林不仅要求加入文章发表的"激烈竞争"，还要求在鲍林来英国时与之会面。威尔金斯担心被弗兰克林可能在《自然》上发表的文章，以及被她直接当着鲍林的面揭穿自己而备受羞辱。一边是沃森和克里克的成功，一边是弗兰克林对公平竞争和当面交流的要求，威尔金斯被压得喘不过气来：

> 看来唯一的办法就是把我和罗茜的信原封不动地寄出去，希望编辑不要发现重复。我对这一整座疯人院已经厌烦透了，压根不在乎会发生什么。如果罗茜想见鲍林，我又能做什么呢？如果我们建议她最好不去，那只会适得其反。为什么大家对见鲍林这件事如此热衷呢？……现在雷蒙德「高斯林」也想见鲍林了。见鬼去吧，M.
>
> 又及：雷蒙德和罗茜掌握了你们的材料，大家就都能看到别人的东西了。[45]

　　在剑桥，相关人员更险恶的操作正逐步进入历史。在沃森和克里克发表于《自然》的论文中，存在大量证据表明他们犯了一种名为"引文失忆症"（citation amnesia）的学术罪行，即作者没引用他们在建立模型时肯定用到的已发表或未发表的研究成果。没有正式引用罗莎琳德·弗兰克林对自己工作的具体贡献，是他们最令人震惊的失误例证。[46]威尔金斯、沃森和克里克当时的往来信件中记录了他们在连续几稿论文中的删改和疏忽，这些增删往好了说是令人不安，往坏里说则需要在发表的论文中加上撤销、解释和惩处的声明。[47]甚至有人事后推测，如果《自然》杂志的编辑布林布尔和盖尔知道沃森和克里克得出他们的理论模型的详细原委，他们一

387

定会坚持把罗莎琳德·弗兰克林列为论文的主要作者之一。遗憾的是，两位编辑没来得及被问及此事就已经去世了，外加麦克米伦出版社的好心人销毁了他们的论文，此事的真相我们永远不得而知。[48]但如果编辑知道作者故意不引用恰当的资料来源，或者不给论文的所有作者以充分的署名权，而又没有纠正这种疏忽，那他和论文的作者都犯下了学术不端的罪责。

沃森和克里克对整件事的误导在二人描述国王学院的研究在其工作中所起的作用，以及在描述已有文献所起的作用的两句话中体现得淋漓尽致。他们的确引用了 1947 年阿斯特伯里的论文和 1953 年威尔金斯和兰德尔的论文。[49]但就在引文的前一段话中，他们虚伪地告诉世人（部分文字借威尔金斯之口）："已有的关于脱氧核糖核酸的 X 射线数据不足以对我们的模型做出严格的检验。就我们所知，它与实验数据大致相符，但在与更精确的结果做出核验之前，它必须被视为未经证实的。" 接着就是最有嫌疑的一句话："下文中的通信「威尔金斯和弗兰克林发表在《自然》上的论文」中给出了其中一些已发表的文献来源。我们在设计自己的结构时，并不知晓这些结果的细节，我们的结构主要基于已发表的实验数据和立体化学论据。"[50]

看到这最后 39 个英文单词组成的两句话后，知情的读者只能惊叹说："就这？"有人为沃森和克里克辩护说，严格说来，他们说的是实话，因为他们在撰写自己的论文时，还没有阅读弗兰克林（或威尔金斯）提交给《自然》杂志的已发表论文。这样的辩护让人感觉像是出自律师之口，近似于彻头彻尾地为犹太法典辩护。另一方的律师则会提出更好的论据，指出沃森和克里克在近两年的时间里与威尔金斯无休止地讨论 DNA 的螺旋结构，并经常利用（他们的措辞是"鼓励"）威尔金斯来了解罗莎琳德·弗兰克林正在开展的研究；威尔金斯向沃森展示了弗兰克林的第 51 号照片——正是这张照片让他激动不已；马斯克·佩鲁茨给了克里克和沃森一份包含弗兰克林最重要测量结果和成果的医学研究理事会报告。

为争取科学上的优先权，沃森和克里克无法公开承认罗莎琳德·弗兰克林的数据对他们的伟大发现有多么重要。此时，他们也不会在报刊上承认，他们从未请求允许使用她的数据。直到一年后，二人才在 1954 年出版的《皇家学会会刊》上做了近似的坦白。在这篇文章的第一页底部，克里克和沃森加了一个几近坦白的注脚：在感谢威尔金斯和弗兰克林之后，他们似乎承认了这样一个事实，即如果没有威尔金斯他们的数据，"我们的结构的构型基本上不可能实现，如果不说绝不可能的话"。但接下来的一句话却偏离了事实，大张旗鼓地回到了他们自己优先的口吻上："我们同时应该提到，他们的 X 射线照片的细节我们并不知情，结构的提出主要是大量建模的结果，其中主要的努力是找到立体化学上可行的结构。"[51]

毋庸置疑，沃森和克里克在《自然》杂志上发表的论文的最后一句话最为铿锵有力、精彩绝伦，自那时起一直吸引和激励着生物学家。他们发表的"腼腆"结语实际上是一贯自信的克里克"热衷"扩充的内容的谦虚版本——沃森对其做了缓和，以免他们被证明是错误的并贻笑大方。克里克"屈从于「沃森的」想法，但坚持要在论文中写点什么，否则肯定会有人写信指出，我们太盲目而视而不见"。[52]撇开沃森的疑虑不谈，他们明确提出了科学上的不朽主张："我们注意到，我们假设的特定配对立即显示出遗传物质可能的复制机制。"[53]

在沃森和克里克弄清了定义双螺旋的最后两个关键步骤——互补和碱基配对，整个故事就不再与罗莎琳德·弗兰克林或她的数据

389

有关了。这个故事现在仅与遗传物质的美丽复制机制有关，基因通过这个机制复制其携带的信息。沃森和克里克的名字像牛顿、达尔文、孟德尔和爱因斯坦一样深深镌刻在了历史之中。如果生活是公平的——但实际并非如此——我们就会称之为沃森-克里克-弗兰克林 DNA 模型，而不是"沃森和克里克"DNA 模型。[54]

罗莎琳德·弗兰克林在国王学院的最后几天过得并不快乐。没有告别派对、没有庆祝蛋糕和啤酒，甚至没有告别致辞。她收拾了仅有的一点私人物品，最后在离开之前，感谢了实验室摄影师弗里达·蒂切赫斯特（Freda Ticehurst）的帮助和友谊。弗兰克林用理所当然的语气对蒂切赫斯特说，"这里不需要我。我们（她跟威尔金斯）不可能一起工作。我不可能留下来"。[55]

几周后的 4 月 17 日，约翰·兰德尔写信间接警告她道：

> 你肯定还记得，当我们讨论你离开我的实验室的问题时，你同意最好停止核酸问题的研究，转而从事其他工作。我知道你很难立刻停止思考一个长期深入研究的课题，但如果你现在能整理这项工作到恰当的阶段，并撰写总结报告，我将不胜感激。[56]

弗兰克林平静地问安妮·塞尔："但我怎么能停止思考呢?"[57]这个请求几乎显得滑稽而可笑："但他们就是这样做的。"[58]威尔金斯后来试图把她背逐出国王学院的责任归咎于自己的老板："兰德尔当然有能力做出可怕的事情。"[59]话虽如此，威尔金斯最终还是诚实地承认，"我自己也不是很好相处"。[60]这两厢评价都很对。

390

在科学层面，兰德尔的要求显得尤为愚蠢，因为 J. D. 伯纳尔教授曾要求弗兰克林研究烟草花叶病毒，而核酸 RNA 是这种微生物的重要元素。一周后的 4 月 23 日，弗兰克林措辞委婉地给兰德尔回了信：

> 我非常急切地想尽快写出 DNA 的研究报告，但这件事不能急于求成。正如我在离开你的实验室之前告诉你的，要写的东西很多，而且写作过程中很可能会出现新的想法。高斯林和我都在着手准备写作。我希望能有机会跟你讨论一下这些事情……伯纳尔教授告诉我，他将邀请你在某个时间访问我们实验室，也许这会为我们提供一个合适的机会讨论这些事情。[61]

弗兰克林无法"停止对 DNA 的思考"，但她可能还无法想象 DNA 不久就会在遗传学、生物学、进化论和医学等所有方面发挥的作用。同样，她可能也没想到，几十年后，国王学院为纪念她的 DNA 研究成果，将一座新建筑命名为弗兰克林-威尔金斯大楼，而她的姓氏与她曾与之激烈争吵过的人的姓氏也因此比邻而居。[62]据其妹妹詹妮弗·格林说，有件事可以肯定，所有相关人员也都赞同：罗莎琳德·弗兰克林根本不知道她的数据是如何被威尔金斯不恰当地分享给沃森的，也不知道佩鲁茨在未经她允许的情况下，就把她的报告转给了沃森和克里克看。在 2012 年的一本关于姐姐的回忆录中，格林总结说，弗兰克林死时并不知道她的研究成果被挪用的真相。"事实上，"格林写道，"看到最终的模型后，她表示印象深刻，但一点也不生气——尽管她一定很遗憾自己没能先人一步抵达目的地。毫不奇怪，模型符合她的研究结果。"[63]2018 年 5 月，格林更加明确地指出了这一点："如果她知道真相，肯定会为此大吵一架。我对此毫不怀疑。她的愤怒是可以理解的，也让人胆战。"[64]

　　几个月后的 2018 年 7 月，沃森提供了一个略有出入的说法。"「弗兰克林」非常慷慨，从没说过我们从她那偷过什么东西……我想她意识到我们并没有占她的便宜。她不看 B 型图像实则有些自降身价"。[65]哎，没有证据并不一定就是不存在证据。最终，我们也永远无法确切得知，在发现 DNA 双螺旋结构后的那些年里，罗莎琳德·弗兰克林的脑海里究竟在想些什么。

　　1953 年 4 月 25 日，《自然》杂志的"核酸分子结构"专刊向全世界发行，当天，约翰·兰德尔为其手下的 DNA 研究员们举办了一场庆祝派对。国王学院的地下室里，葡萄酒、雪利酒和啤酒肆意流淌，廉价的香槟酒瓶塞"砰砰"作响，欢声笑语萦绕整个房间。狂欢中，实验室摄影师弗里达·蒂切赫斯特环视了一下拥挤的房间，问道："罗莎琳德呢？"她回忆说众人唯一的反应不过是"看了几眼"。[66]弗兰克林此时已被流放到了伯克贝克学院，兰德尔严令她不得再思考核酸问题。[67]

　　残酷的现实是，罗莎琳德那个时代的女科学家每天都经历着各种微妙或直接的诋毁和压迫。鉴于她的个性，她对实验室的各种品头论足极为敏感也就不足为奇了。很多时候，她的性格让她成为自己最大的敌人。试想一下，有权有势的英国学术界白人大佬会如何回应（或干脆无视）她对工作场所的抱怨，以及她对威尔金斯坦率而尖刻的描述。此外，她还要求大家在工作期间保持隐私，进而免受威尔金斯的不断打扰。如果她是男性，或者她所选择的领域不那么重视理论的概念化，而是更重视获得支撑伟大理论的科学证据的长期艰苦工作，那她的怪异和对更多数据的坚持可能也绝少会受到如此刻薄的批评了。无论在国王学院还是在剑桥大学，弗兰克林的竞争对手都不过是一群年轻且不成熟的奇葩男子。不过，没人因为威尔金斯的多重神经官能症而说三道四。克里克可能一直坚持认为自己才是实验室里最聪明的人，但绝少有人因此而怨恨他——除了他的上司布拉格爵士。至于沃森，他蔑视英国的学术行为规范，为了得到想要的结果而不惜一切代价走捷径，他奇特的个人习惯也只会让同事们在背后指指点点。

　　而对罗莎琳德这个犹太女性来说，高风险的物理学以及更广泛的英国学术界等男性化的领域不允许她出半点差池。她的计算稍有差错，设计的实验流程就会受影响，此时，她的那些男性竞争者就会乐得看笑话。这种沉重的压力最终影响了她的进步，沃森和克里克永远无法理解这一点，反而用了数十年的时间持续贬低她。如果这两人具备塞缪尔·约翰逊（Samuel Johnson）一丝一毫的聪明机智，或者至少对他有所耳闻，他们可能就会把后者在 1763 年对詹姆斯·博斯维尔（James Boswell）关于女性传教士的评价用到这位女物理学家身上："先生，女人布道就像狗用后腿走路。它可能走得不是很顺畅，但你会惊讶它居然会走。"[68]相反，国王学院和卡文迪许的男子俱乐部只会用幼稚的绰号、不怀好意的办公室恶作剧、居高临下的态度和激烈的嘲讽对付她。在他们看来，弗兰克林没能力在科学上归纳出伟大的发现，永远也不会在他们所属的天空翱翔。对她来说，可能出错的风险是无法承受的。

※

　　沃森在 1968 年撰写的回忆录《双螺旋》中自负地讲述了"1951～1953 年我的世界观：思想、人物和我自己"。实际上，沃

392

森是在时隔十多年后才精心编排这本书的。他把自己描绘成一个古怪、目中无人、年轻有为的闯入者形象。或者，就像威尔金斯所言，"吉姆把自己打扮成了圣愚"。威尔金斯并不认可这本书的观点，他肯定地补充道，"弗朗西斯多数时候也很聪明。其余时间则蠢得要命"。[69]其中一些"愚蠢"比其他的更容易被谅解。但在沃森写下回忆录的最后一行时，他对罗莎琳德的恶意，以及把她描绘成一个情绪化、易怒、无能女人的漫画形象都在这本文学作品中定格了。

393

2018 年，沃森回忆说，1967 年末，他在哈佛大学出版社的一位编辑乔伊斯·莱博维茨还坚持认为，"你必须对弗兰克林说点好话"。为了迎合后者口中"聪明的犹太女性"形象，沃森在书中加了一个简短的后记。[70]在这两页描写中，他赞扬罗莎琳德"精湛"的工作，并承认"我最初对她的印象，无论是科学上还是个人方面（见本书前几页），常常都是错误的"。他称赞弗兰克林在区分 A 型和 B 型 DNA 方面所做的工作，"这些工作本身就足以让她成名；更棒的是她在 1952 年利用帕特森叠加法证明了磷酸基团必须位于 DNA 分子的外部"。他接着称赞了弗兰克林在烟草花叶病毒方面的工作。她"迅速将我们关于螺旋结构的定性想法扩充为精确的定量图景，确定了基本的螺旋参数，并将核糖核酸链定位在了中轴线一半的位置"。[71]在生命仅剩的几年时光里，弗兰克林和克里克成了好友，她钦佩克里克拥有她心中伟大科学家所要求的才华、知识和创造性思维。[72]她甚至还跟沃森建立了友好关系，并就自己的一些资助申请向沃森请教。[73]"到那时"，沃森在后记中温和地回忆道，"我们早年争吵的所有痕迹都被一笔勾销，我们（他和克里克）都开始非常欣赏她诚实而慷慨的个性，时隔多年才意识到聪明的女性为获得科学界的认可而做出的斗争，而这个科学界往往认为女性不过是严肃思考的旁观者。罗莎琳德的勇气和正直有目共睹，她明知自己病入膏肓，却没有抱怨，而是继续高强度地工作到去世前几周为止"。[74]

然而，如果这篇后记是真的——事实也的确如此——那为何要出版一本如此有损弗兰克林声誉的"巨著"，甚至她的母亲宁愿希望世人压根不要记住她，也不要对她留下沃森笔下的那种可怕印象。难道获得诺奖对沃森来说还不够吗？一个人的一生要获得多少名声和赞誉才能满足？为何要把"她堪称楷模的勇气和正直"淹没在这本书中长篇累牍描写厌女症、冷酷无情、竞争、歧视、反犹太主义、父权、文化和阶级差异、不成熟、冒犯和胡言乱语等种种笔墨之中？简而言之，尽管《双螺旋》中的精彩故事带来了巨大的成功和荣誉，但一个正派的人为何要写它呢？我们可从小说家、物理化学家 C. P. 斯诺（C. P. Snow）在 1968 年读完《双螺旋》后给布拉格的一封密信中找到这些疑问的最佳答案："吉姆·沃森这本书的趣味很大程度上在于他压根心地不纯良。"[75]

实际上，沃森不过在 1953 年 4 月 25 日上午写给德尔布吕克的一封信中——就在他们的论文一起发表在《自然》杂志的当天——承认了弗兰克林在确定 DNA 结构方面所做的重要贡献："为方便起见，我认为最好引用（伦敦国王学院的）弗兰克林小姐给《自然》杂志的说明中的以下段落，克里克和我的论文也将同期刊出。"沃森接着引用了弗兰克林和高斯林在《自然》杂志上发表的论文中的四个关键段落，其中详细介绍了弗兰克林得出的 X 射线衍射数据、B 型 DNA 分子的双螺旋性质、磷酸基团在螺旋骨架外部的位置、DNA 从 A 型到 B 型的水合转化，以及关键的原子测量结果，这些都是沃森和克里克理论模型的证明。沃森初步总结道，"因此，我倾向于认为我们的结构很可能是正确的。不过，我还没有准备好认可它是正确的。因此，目前我更关心的是看它是否正确，而非它的影响"。[76]

最后一句话避开了很多问题。如果沃森对他的"美丽"模型的真实性如此不确定，那又为何要把它发表在世界上最负盛名的科学杂志上呢？如果他对论文的"影响"毫不关心，那为何此前就已经在跟克里克紧锣密鼓地撰写后续论文，并以《脱氧核糖核酸结构的遗传学影响》为题发表在 5 月 30 日的《自然》杂志上（这份报告对其 4 月 25 日的论文中的深刻推论做了最确定的假设和解释）？[77]为何沃森仅在一封私人信件中诚实地承认弗兰克林的工作对他的模型的重要性？但在公开场合，他却一点都不谦虚地宣称："我想是我解决了这个问题，因为我是唯一一个一心关注这个问题的人……我没有其他事情可做。我完全没有工作。我就是找到答案的人……另外一个唯一可能做到的人是弗朗西斯，「如果他」那天晚上回去并……"[78]

论文在《自然》刊登的第二天（4 月 26 日），沃森再次飞往巴黎。这一次，一同前往的是他妹妹，后者很快就会回到美国，嫁给"一个她在大学里认识的美国人"。沃森惆怅地谈到自己的妹妹，"这将是我们最后单独相处的日子——至少在我们逃离了容易让人矛盾的中西部和美国文化，无忧无虑的状态下是如此"。漫步在优雅的圣奥诺雷郊区（Faubourg Saint-Honoré），他们在"一家摆满了时尚雨伞的商店"停了下来，沃森给妹妹买了一份结婚礼物，寓意着为她在婚姻中的雨天遮风挡雨。[79]

第二天，即 4 月 27 日，精力充沛的彼得·鲍林加入他们的行列。虽然沃森的 25 岁生日是在 4 月 6 日，但当晚他们却迟迟没有庆祝。鲍林离开去寻找自己的浪漫情趣，沃森则沿塞纳河走回旅馆。十年后，当他回忆起自己孤身一人庆祝生日的场景时，写下了回忆录中极其珍贵的最后一句话，"但现在我独自一人，看着圣日耳曼德佩附近的长发女孩，心知他们不适合我。我二十五岁了，老了，泯然众人了"。[80]

4 月底，33 岁的罗莎琳德·弗兰克林在伯克贝克晶体学实验室的工作进展顺利，该实验室位于布卢姆斯伯里托林顿广场 21 号和 22 号两栋"贫民窟"式的老式连排别墅内，这些建筑曾在战争中受损。实验室主任 J. D. 伯尔纳住在 22 号楼顶楼，他经常在自己凌乱的卧室招待女学生和一众左派名人，包括巴勃罗·毕加索和保罗·罗伯逊等人。弗兰克林钦佩伯纳尔的科学才华，甚至欣赏他的某些政治主张，但不太可能认可其"男女同室"的活动。[81]

跟在国王学院时一样，弗兰克林难以容忍别人的无知。1955 年 1 月，她以一贯的强硬态度写信给上级伯纳尔，讲述了实验室正上方楼层工作的药剂师们可能造成"点燃整栋大楼的风险"。几个月后，她再次投诉药剂师，"「他们」造成了严重的渗水问题，极速的水流直接从天花板滴到了主要的碳化设备和脆弱而昂贵的真空玻璃设备上"。[82]同年 7 月，她还抱怨过工资收入跟男同事相比不平等，以及没有固定学术职位的问题："鉴于我没有职业保障，却承担着责任重大的职位所要求的工作，这在我看来极度不公正。"[83]

尽管如此，弗兰克林仍旧坚持着自己的研究。她在做实验时最快乐。无论如何，她都热爱自己在伯克贝克的工作——此地距国王学院实际距离仅一英里半，但工作氛围却隔了一整个宇宙。事实证明，这所规模较小、名气不大的学院恰是她在研究中取得进展的理想之所。弗兰克林在这里依旧坚持自我：尖刻、犀利，对傻瓜不耐烦、才华横溢、大胆、充满活力。到 20 世纪 50 年代中期，她对自己作为科学家的能力和直觉也更加自信了。实际上，在伟大的克里克做出一些更加不着边际的假设时，她也会经常做出告诫。有一回，她对克里克游走的思绪做出的简短、精辟答复就完全符合她的性格："事实就是事实，弗朗西斯！"[84]

1953～1958 年——罗莎琳德在伯克贝克学院工作的五年间对烟草花叶病毒、脊髓灰质炎病毒和 RNA 的结构做出了开创性的 X 射线衍射研究。布拉格爵士就很欣赏她的病毒学研究。1956 年，布拉格正在为布鲁塞尔举办的 1958 年世界博览会（"58 世博会"）准备英国的科学展品。他深知沃森和克里克那篇著名论文的潜台词，因此也小心地避免重提 1953 年的争论。作为前外交官，他首先写信给克里克，询问如何分别邀请弗兰克林和威尔金斯为计划中的"活细胞"展览区准备点什么。克里克在 1956 年 12 月 8 日回信说，"关于布鲁塞尔的展览，弗兰克林小姐将负责病毒部分，至于威尔金斯，我想他会负责 DNA。我很乐意负责胶原蛋白，但我认为与国王学院合作会造成不必要的龃龉"[85]。六个月后，布拉格向弗兰克林发出正式邀请，请她制作一个在国际科学大厅展出的五英尺高的烟草花叶病毒模型，她的这个作品收获了极高的赞誉。

1957 年夏，弗兰克林在美国游历时，跟一位名叫唐纳德·卡斯帕尔（Donald Caspar）的美国生物学家发生了浪漫的邂逅。二人无疑是亲密的朋友，他们曾一起研究烟草花叶病毒，但弗兰克林的传记作者以及妹妹詹妮弗·格林对这段关系究竟走到了何种程度仍有争议。[86]

当年 8 月，弗兰克林先后两次腹痛，她去看了加利福尼亚的一位医生，医生给她开了止痛药。医生建议她住院，但她无视这个建议，继续旅行。1957 年秋回到伦敦后，弗兰克林的腹部已经肿胀到无法让她穿上之前身材苗条时穿的衣服了。她的朋友兼全科医生迈尔·利文斯通（Mair Livingstone）问她是否怀孕了，弗兰克林只是答道，"我倒希望自己怀孕了"。利文斯通医生希望只是卵巢囊肿，于是把她转到大学学院医院做全面检查。结果并不乐观。[87]

弗兰克林患上了卵巢癌，一种侵袭性恶性肿瘤，可能是她在实验室工作期间受到大量辐射的结果。雷蒙德·高斯林经常担心她为获得最佳 X 射线图像而不顾一切"钻进"机器"光束"中的行为。弗兰克林还在国王学院工作期间，来自锡拉库扎大学的志愿助理路易斯·海勒（Louise Heller）也很担心，但她一直没吭声，因为弗兰克林"有种工作比什么都重要的动力"。[88]导致弗兰克林罹患癌症的其他因素可能还包括遗传基因"BRCA 1 和 2"的突变（这种突变经常出现在阿什肯纳兹犹太妇女身上）、运气不好，或者兼而有之。外科医生从两个卵巢中切除了肿瘤；右侧的肿瘤有槌球大小（直径约 3.5 英寸），左侧的有网球大小（直径约 2.6 英寸）。[89]

与今天的肿瘤学家的做法相比，20 世纪 50 年代的癌症治疗更像是中世纪医学的延续。但罗莎琳德的医生没有给她放血，也没给她服用有毒的草药，而是给她做了几个月让人虚弱的钴放射治疗——用伽马射线杀死肿瘤组织，但也会造成皮肤严重灼伤、呕吐、腹泻和内出血；此外，她还接受了一个疗程的工业级化疗，这让她越发感觉恶心和不适。弗兰克林还接受了肿瘤清除手术，包括切除子宫和双侧卵巢。住院期间，她的身体越来越虚弱，腹水（胸腔内积聚的大量液体）让她疼痛难忍，但她还是勇敢地回到实验室继续工作。病情最严重的时候，弗兰克林会在伦敦的弟弟罗兰或者剑桥的克里克和奥迪尔家中疗养。有些人试图把这些疗养当作"她与「她的」父母之间感情不睦的证据"，但詹妮弗·格林坚持认为，"胡扯；她得知我们母亲十分关心并因此痛苦之后更加难以承受了"。[90]顺便一提，对这种"不好的感觉"说三道四最多的人是吉姆·沃森。1984 年，他在弗兰克林的学校——伦敦圣保罗女校——发表演讲，谎称"她跟家人关系很糟糕。实际上，弗兰克林在医院接受治疗后就去克里克家住了"。[91]

不过，严格的治疗还是让她的病情缓解了大约十个月时间。其间，弗兰克林的科研成果也十分突出。1957~1959 年，她总共发表了 11 篇经过同行评议的新论文和一整章的著作——其中有几篇是在她去世后发表的。格林报告说，姐姐在伯克贝克工作时"对卡文迪许的研究团队毫无怨言"。弗兰克林在伯克贝克的实验室伙伴亚伦·克鲁格也证实了这个说法，他回忆说"他从未听她抱怨过沃森或克里克，她对他俩都非常钦佩"。[92]远离了不睦和骚扰，弗兰克林的工作进展很顺利，甚至于在 1958 年初，佩鲁茨"亲自来到伯克贝克，邀请她和克鲁格到剑桥工作"。克鲁格希望能加入剑桥的团队，进而在卡文迪许医学研究理事会分子生物学研究小组正在兴建的高水准研究设施中工作。弗兰克林仍在夜以继日地工作，她也希望能够完成此次调动。经过多年艰难的资助申请，她终于可以在中意的剑桥大学获得一个稳定的长期教职。[93]

一切在 1958 年 3 月 28 日戛然而止。一次家庭聚餐期间，穆里尔·弗兰克林正在花园里，儿子埃利斯跑出来告诉她，"罗莎琳德又不好了"。罗莎琳德当时疼痛难忍（腹部癌症重症的特征之一），[94]被救护车送往位于富勒姆路切尔西的皇家马斯登癌症医院（Royal Marsden Cancer Hospital in Chelsea）。医院的外科医生为她做了紧急探查手术（emergency exploratory operation），但发现癌症已经扩散到了肝脏、结肠、腹膜和小肠，于是立即缝合了切口。在吗啡和海洛因的镇静作用下，弗兰克林变得消瘦憔悴。她曾经浓密的黑发开始大把掉落，剩下的头发也显得黯然失色。她橄榄色的肤色变成了金属般的黄绿色，这正是过度化疗和急性肝功能衰竭的结果。弗兰克林的腹部被积液和恶性肿瘤撑得鼓鼓的，如果不是病重，她看上去已是怀胎十月了。她的手臂一度无法动弹，于是担心自己可能感染了脊髓灰质炎病毒——她在实验室里研究的病毒。[95]在意识时有时无，即将堕入深渊之际，一旁的母亲反复安慰她道，"没事的。没事的"。弗兰克林始终恪守自己完全诚实的行为准则，"她从半昏迷状态中苏醒过来，愤愤地反驳道，'这不对，你很清楚这不对'"。[96]

跟许多昏迷的病人一样，罗莎琳德患上了支气管炎。1958 年 4 月 16 日，她咽下了最后一口气。而在死亡证明上，主治医生将她的死因归结为"癌肿"（扩散性或转移性癌症）和"卵巢癌"。关于生平，医生仅加了一句刻板而片面的描述："科学研究者、未婚女人（spinster，兼有"老处女"之义），银行家埃利斯·阿瑟·弗兰克林之女。"[97]伯纳尔在 1958 年 7 月 19 日出版的《自然》杂志上为她撰写的讣告则要动人得多：

> 科学家弗兰克林小姐在其从事的每一项工作中都表现得极为干净利落和完美。她拍摄的 X 射线照片有史以来最美。这些照片之所以如此出彩，是因为她在标本的制备和放置，以及照片的拍摄过程中都极为小心谨慎。所有这些工作几乎都是她亲手完成的……。她的早逝乃科学界的巨大损失。[98]

弗兰克林的墓地位于伦敦市布伦特区的威尔斯登犹太公墓，墓碑上只字未提 DNA，来访者也经常为此感到惊讶：

谨纪念

罗莎琳德·埃尔西·弗兰克林

罗谢尔，耶胡达之女 (יהודה 'רחלבתר 'm)

埃利斯和穆里尔·弗兰克林

亲爱的长女

科学家

她对病毒的研究和发现

让人类永得福祉。

愿她的灵魂永生。[99] (תנצבה)

2018 年 5 月初，格林对经常听到的修改墓碑的要求解释道，"我的回答总是坚决拒绝！你看，这是个历史问题，也是墓志铭撰写时的历史背景问题。因此，我认为应该一仍其旧"。[100]

格林本身就是一位出色的历史学家，她写了一本关于弗兰克林的杰作，这让她有机会以一种理性而不伤感的方式赞颂姐姐，其他赞扬都无法取而代之：

> 因此，罗莎琳德成了个象征，她首先是一个爱争论的勤勉之人「swot，辛勤工作的人或书呆子」，然后是个受压迫的女科学家，最后是一个在男人世界中取得胜利的女英雄。但她绝不是这样的人，也会憎恶所有这些标签。她不过是个非常优秀的科学家，正如她在病床上告诉「她的第弟」科林的那样，她的理想是在 40 岁之前成为英国皇家学会会员。但她 37 岁就去世了。[101]

卷六　诺贝尔奖

作家的古老使命从未改变。他的职责是揭露世间众多令人痛心的污点和失败，让我们在黑暗中看到光亮，从危险的梦境中惊醒，进而做出改进。

——约翰·斯坦贝克，诺贝尔奖宴会演讲，1962 年[1]

第三十章　斯德哥尔摩

最后我想说，好的科学作为一种生活方式有时会遇到困难。我们往往很难相信自己真的知道未来朝向何方。因此，我们必须对自己的想法坚信不疑，这种自信甚至会让同事们感到厌烦、困扰乃至于傲慢。至少在我年轻的时候，我认识的很多人认为我非常不好相处。有些人还认为莫里斯非常奇怪，而其他人（包括我自己）则认为弗朗西斯有时候很难缠。幸运的是，我们是在睿智而宽容的人中间工作，他们明白科学发现的精神以及产生这种精神所需的条件。

——詹姆斯·D. 沃森，1962 年诺贝尔奖宴会祝酒词[1]

1962 年 12 月 10 日下午，诺贝尔奖的男女得主都穿上了贵族男女的装扮：女士们穿着优雅的礼服，梳着不可思议的发型，男士们则打着白领带，身穿燕尾服——尽管颁奖仪式开始的时间距离绅士们预定穿上晚礼服的时间有近两个小时。所有人都在观看瑞典国王古斯塔夫六世·阿道夫正式颁发 1962 年诺贝尔生理学或医学奖、化学奖、物理学奖和文学奖。沃森形容这一天为"他的童话故事中熠熠生辉的高光时刻"。[2]

就在颁奖典礼前的近一周时间里，沃森、克里克、威尔金斯和他们的家人尽情地沉浸在斯德哥尔摩这座城市神奇的氛围中。他们下榻在斯德哥尔摩大酒店（Grand Hotel），参加了一个又一个派

405　对。活动间隙，他们还走进了这个冬日仙境，街道两旁插满了五颜六色的旗帜，在北极寒风的吹拂下摇曳生姿。建筑物和公共场所上的圣诞彩灯在黑暗中闪烁摆动。周围是波光粼粼、冰冷的梅拉伦湖，湖水拍打着构成城市海岸线的 14 个岛屿。

阿尔弗雷德·诺贝尔一生靠制造炸药和其他烈性爆炸物发家致富。他在最后的遗嘱中将其巨额财富的累积利息"每年以奖金的形式分配给那些在上一年中为人类带来最大福祉的人"。[3]虽然诺贝尔并未正式解释他为何设立该奖项，但许多人猜测，他之所以留下这笔遗产，是因为他为自己在那个时代的战争中发明的一系列致命炸药感到悔恨。[4]每年，诺贝尔奖都会在 1896 年 12 月 10 日诺贝尔逝世的周年纪念日颁发。

自 1936 年起，每年的颁奖仪式都在斯德哥尔摩音乐厅举行。这个音乐厅是一座气势恢宏的方形新古典主义结构建筑，位于繁华的霍特耶格（Hötorget，即干草市场）。作为斯德哥尔摩皇家交响乐团（Royal Stockholm Symphony Orchestra）的驻地，音乐厅外立面由釉面蓝砖砌成，十根庄严的科林斯式圆柱点缀其间。登上一连串的台阶，穿过宽敞的大理石大厅，观众们次第进入礼堂，前往指定座位就座。在斯德哥尔摩，一张诺贝尔奖颁奖仪式的门票就像沃森家乡芝加哥的世界职业棒球大赛包厢座位一样珍贵。

沃森将父亲老詹姆斯和妹妹伊丽莎白作为特邀嘉宾带去了颁奖典礼。他的母亲玛格丽特·珍在跟风湿热斗争一生后，于 1957 年死于充血性心力衰竭。时年 34 岁的沃森已是哈佛大学的生物学教授，他希望能"巧妙地"带上自己 20 岁的前研究助理、拉德克利夫学院的大三学生帕特·科林格（Pat Collinge），科林格"顽皮的举止，加上那双深邃如猫一样的蓝眼睛放在斯德哥尔摩可能都无人能及"。[5]沃森提出那个令他胆战的邀请——这在今天无疑会引起警

图 30-1 1962 年，詹姆斯·沃森和妹妹伊丽莎白、
父亲老詹姆斯抵达哥本哈根参加诺贝尔奖颁奖典礼

觉和反对——之后，失望地得知科林格"现在交了个有文学抱负 406
的哈佛男友，我不可能取而代之"。不过，他还是在科林格的帮助
下"掌握了我需要习惯的第一支华尔兹舞步"。[6]在哈佛任教期间，
沃森经常追求女大学生或试图跟她们谈恋爱。1968 年，40 岁的沃
森停下了追求的脚步，跟他的实验室前秘书、拉德克利夫学院的
19 岁女大学生伊丽莎白·刘易斯（Elizabeth Lewis）结婚。后来，
他们一起过得很幸福。

　　克里克跟妻子奥迪尔、两个女儿——12 岁的加布里埃尔和 8
岁的杰奎琳，以及他跟前妻所生的 22 岁的儿子迈克尔组成了自己
的 DNA 旅行团。而威尔金斯则是跟自己的第二任妻子帕特里夏、

他们蹒跚学步的女儿莎拉和襁褓中的儿子乔治一起来到了斯德哥尔摩。[7]

颁奖典礼当天上午，获奖者们参加了彩排，然后按指示于下午 3：45 返回音乐厅。下午 4：15，经验丰富的活动策划人员把自豪的获奖者和激动的介绍人领到后台，并按照颁奖顺序排好队。

下午 4 时 30 分，交响乐首席指挥汉斯·施密特-伊瑟尔斯泰德（Hans Schmidt-Isserstedt）在聚光灯照耀下走上斯德哥尔摩皇家交响乐团的指挥台。他手拿白色指挥棒，带领乐手们演奏了激昂的《皇家赞歌》（Kungssången）。观众们唱起赞美诗第一句"曾经从瑞典人的内心深处迸发"时，国王古斯塔夫六世登场了。赞美诗结束后，施密特-伊瑟尔斯泰德指挥小号手吹响了振奋人心的大合唱，1962 年诺贝尔奖得主也随之从厚厚的天鹅绒幕后走向舞台就座。

生理学或医学奖颁给了詹姆斯·沃森、弗朗西斯·克里克和莫里斯·威尔金斯，"以表彰他们在核酸分子结构及其对生命物质信息传递意义方面的发现"。[8]化学奖颁给了卡文迪许实验室的马克斯·佩鲁茨和约翰·肯德鲁，"以表彰他们对球状蛋白质的研究"，特别是对血红蛋白和肌红蛋白结构的研究。文学奖获奖者是美国小说家约翰·斯坦贝克。他在 1939 年创作的代表作《愤怒的葡萄》（The Grapes of Wrath）直到当时仍不过时，该书揭示了不受控制的资本主义造成的社会不公。[9]沃森和威尔金斯都是斯坦贝克作品的忠实拥趸，他们见到作者本人也是激动不已。[10]物理学奖得主，来自苏联的列夫·达维多维奇·朗道（Lev Davidovich Landau）因其"在凝聚态物质，特别是液氦方面的开创性理论贡献"而获奖，[11]但他因为在约一年前的车祸中严重受伤而未能出席。

诺奖得主的杰出学者代表致开幕词后，每位获奖者分别走到指

图 30-2　1962 年诺贝尔奖得主集体照，从左到右依次为莫里斯·威尔金斯、马克斯·佩鲁茨、弗朗西斯·克里克、约翰·斯坦贝克、詹姆斯·沃森和约翰·肯德鲁

定地点领奖。回顾典礼上拍摄的影像胶卷，DNA 三驾马车表现出的礼节让人激动不已。他们向古斯塔夫国王鞠躬致意后，国王把奖章和证书递给了沃森、克里克和威尔金斯。虽然影片是无声的，但可以看到国王的嘴在动，无疑是在说几句精心排练的祝语。

　　奖章的一面是阿尔弗雷德·诺贝尔的侧面浮雕，另一面是"医学天才左膝上放着一本打开的书，右手拿着一只碗收集从岩石中涌出的水，为生病的女孩解渴"。雕像下方镌刻着获奖者的姓名和获奖年份。环绕这两个图案四周的是维吉尔《埃涅阿斯纪》中的格言："Inventas vitam iuvat excoluisse per artes"（发现的技艺有利于改善人类的生活），以及授予这枚奖章的学术机构的名称铭

408

文——"*Reg. Universitas Med. Chir. Carol*"（卡罗林斯卡医学院大学）。[12]每枚重 200 克，直径 66 毫米的 23 开（carat）金质奖章（按如今的价格计市值约 10000 美元）均由瑞典皇家造币厂用模具铸造而成，铸成后，模具会锁起来以防伪造，奖章装在一个由安德斯·埃里克森工作室（Anders Erikkson atelier）制作的红色皮盒中。奖章非常珍贵，因此诺奖获得者都会另外获得铜质复制品用于展示，而不用担心原件（多数获奖者都会将其放在银行保险库中）可能被盗。少数获奖者（包括沃森和克里克的继承人）曾在拍卖会上将其奖章高价卖出。[13]

1962 年的诺贝尔奖证书用明亮的蓝色、黑色和金色墨水书写，按沃森、克里克和威尔金斯的顺序排列获奖者的名字。证书边缘装饰着月亮和星星。在证书反面，画着一个身着长袍的小伙子，手持一根酷似双螺旋的根茎。小伙子身边萦绕着柏树、橄榄树和一串丰盈的紫葡萄，阳光洒在他的身上。

此外，诺奖得主还会获得奖金。阿尔弗雷德·诺贝尔 1896 年留下的财产为 3100 万瑞典克朗；按复利计算，这笔钱如今的价值已超过 17 亿克朗，接近 2 亿美元。吉姆·沃森分得的三分之一奖金为 85739 克朗，约合 16500 美元，现在价值约 107000 美元。[14]他用这笔现金作为首付购买了"哈佛广场附近一栋 19 世纪早期的木屋"。[15]

最后一个奖项颁发后，嘉宾和观众有序地离开礼堂。外面一队豪华轿车正在恭候大驾，引擎轰鸣，获奖者乘车前往斯德哥尔摩市政厅参加盛大的诺贝尔奖宴会。这座市政大楼建于 1911~1923 年，用到了 800 万块被称为"僧侣砖"（munktegel）的深红色砖——跟瑞典众多教堂和修道院的建筑材料相同。市政厅外立面是 106 米的钟楼，顶端是瑞典国徽——三顶皇冠，整个建筑巍然矗立在国王岛东端。

1962 年的宴会始于蓝厅，开阔的蓝厅设计成了开放式庭院，但由于瑞典冬季漫长，所以设置了屋顶和窗户作为遮挡。大厅的一端是一座宏伟的楼梯，瑞典君主和诺奖获得者从上面走下时，总会给人一种气势恢宏之感。梯步设计比较缓和，人容易通过而不至于绊倒——这对身着长裙的女士来说尤其重要。12 月 10 日晚，822 名受邀嘉宾和 250 名斯德哥尔摩大学的学生（后者通过抽奖获得入场券）齐聚一堂，等待他们的是热烈的掌声。

20 世纪 60 年代，宴会还在二楼富丽堂皇的金色大厅举行。[16] 这个大厅的墙壁上镶嵌着 1800 万块黄金马赛克，每块均由金箔熔入两层薄薄的威尼斯穆拉诺手工吹制玻璃之间而制成，总计耗费金箔重量为 4 公斤。65 张长桌上铺了最好的白色和金色亚麻布，并装饰着黄色含羞草和红色康乃馨。荣誉桌横贯整个金色大厅，用于招待 124 位王室成员、诺奖得主及其家人。

宴会开始时，诺贝尔基金会主席阿尔内·提塞琉斯（Arne Tiselius）会向国王和王后致祝酒词，赞美的措辞沿袭传统。随后，古斯塔夫国王起身致祝酒词，并要求为阿尔弗雷德·诺贝尔默哀一分钟。当天晚宴持续了三个半小时，但桌上的白色蜡烛只能燃到特定的高度，否则就可能翻倒并点燃餐桌，因此两个小时后就需要小心更换蜡烛。厨房位于金色大厅的正下方，之间由两部电梯相连，用于运送 210 名戴着白手套、身着缀有金色肩章和纽扣的青蓝色燕尾服的服务员。这支服务员队伍训练有素，为国王一直到最远的客人上菜仅需三分钟时间。

菜单由七十名由主厨、厨师和助手组成的膳食团队准备，包括

熏河鳟鱼、鸭肝马德拉酱烤鸡、炸苹果、时令沙拉以及加入了柑曼
怡利口酒和鲜奶油的桃子甜点。用餐期间，侍酒师们会打开近千瓶
1955 年的贝尔维尤城堡（Château Bellevue）、圣埃美隆（St.
Emilion）、波默里（Pommery）和格雷诺干型（Greno Brut）香槟。
餐后，嘉宾们品尝了咖啡、玛丽白莎酒和拿破仑干邑。大学生们则
在楼下的蓝色大厅用餐，他们的菜肴就比较简单了，有腌三文鱼
三明治和驼鹿牛排配黑莓果冻等。他们似乎跟贵宾们一样很享受餐
食，随后还为大家献上了瑞典民歌小夜曲。[17]

411

宾客们吃完炖煮的加料桃子，还没来得及从口袋里掏出衣帽券
时，文学奖得主就开始祝酒了。斯坦贝克步履蹒跚地走上讲台，无
疑他喝了太多阿卡维酒。他的头发染成了漆黑色，留着同样黑色的
修剪过的小胡子和尖尖的山羊胡。斯坦贝克磕磕绊绊地讲了几段话
后才找到状态，最后用圣约翰的话结束了演讲："最后是道，道就
是人，道与人同在。"[18]时隔 45 年后，沃森回忆说，他很喜欢斯坦
贝克的演讲，认为"它是在一个沉闷和非理性的时代对理智和理
性的呐喊……我认为他的演讲比「威廉」福克纳「1950 年获奖」
的演讲更好，但「斯坦贝克」对大家的反应感到紧张"。[19]

接下来是细胞生物学家、诺贝尔生理学或医学奖委员会主席阿
尔内·恩格斯特罗姆（Arne Engström）负责致辞介绍沃森的祝酒
词。恩格斯特罗姆把 DNA 描述为"两个交织在一起的螺旋楼
梯……没人能爬上去……「但其中一个包含」遗传密码……将 A-
T-G-C 象形文字翻译为蛋白质结构语言"。[20]

威尔金斯和克里克请沃森代他们在宴会上致祝酒词，这是对沃
森最好的褒奖，因为他永不满足的雄心壮志为他们三人取得成功提

供了动力。沃森身着一套精心缝制的"燕尾服",购自马萨诸塞州剑桥市著名的纽黑文男装店普莱诗（J. Press）。[21]裁缝们竭尽所能地修饰他瘦高的体型，但身体中间的赘肉还是让他显得有些臃肿。当晚的照片上，沃森看起来就像是双眼圆睁、略显笨拙的弗雷德·阿斯泰尔（Fred Astaire）。34 岁的沃森头上随意长出的头发比十年前在剑桥时要少得多。他稀疏的头发预示着未来的日子会越来越糟糕——与其说是简单的倒退，不如说是退如山移。

因为喉咙疼痛，沃森说话很费劲，就在几小时前，他还前往卡罗林斯卡医学院就诊。耳鼻喉科医生没有看出什么问题，还告诉沃森，他是诺奖委员会的成员，并且投了沃森一票。祝酒过程中，可怜的沃森紧张兮兮，甚至没有直接对准麦克风说话。但在平时闲聊时，沃森的声音不说很大，也总是可以听清的，但在演讲台上，他的语调轻柔，有时难以听清。1962 年 12 月 10 日的情况也是如此，听众没怎么听清他到底说了什么。[22]

幸运的是，我们拿到了沃森的演讲稿，他后来声称，这跟"约翰·肯尼迪（J. F. K.）最精彩的演讲的腔调"不相上下。[23]他拿着几张印有"斯德哥尔摩大酒店"字样的亚麻纸，上面写满了他细腻工整的字迹，沃森一来就说，他的任务艰巨，尤其是要分享克里克和威尔金斯的感受。对他而言，这个夜晚代表着"生命中第二个美妙的时刻。第一个是我们发现 DNA 结构当晚。当时我们就知道，一个新世界已经敞开，看似相当神秘的旧世界已经一去不复返了"。

他接着描述了他们如何使用"物理和化学的方法来理解生物学"的。在提醒听众他自己是三人中最年轻者后，沃森坚称这一发现"只有在莫里斯和弗朗西斯的帮助下才能实现"。接下来，他还感谢了另外两位明白"物理和化学技术"能够"为生物学做出真正贡献"的人：他的老领导威廉·劳伦斯·布拉格爵士，以及奇怪的是，在整个发现之旅中出场机会比小喽啰都少的尼尔斯·玻尔。"这些伟人都相信这种方法，"沃森结结巴巴地说道，"它让我们更容易取得进展。"他没有提到马克斯·德尔布吕克、萨尔瓦多·卢里亚、噬菌体小组的其他同事、杰里·多诺霍、约翰·兰德尔或者莱纳斯·鲍林。最过分的是，他没提到罗莎琳德·弗兰克林。[24]他回到位置坐下后，克里克递给他一张匆忙写在座位卡背面的纸条："我本可以做得更好，——弗朗西斯（F.）。"[25]

次日早上，沃森和克里克在他们 30 分钟的诺贝尔奖演讲中都没提到罗莎琳德·弗兰克林。克里克坚持要求沃森把重点放在他们正在进行和未来的工作上，而不是简单介绍过去的工作。威尔金斯则没有听取这个意见，而是从历史的角度介绍了他目前的 DNA 研究。他在演讲中只是简单地提到了弗兰克林："罗莎琳德·弗兰克林（若干年后在事业高峰期去世）为 X 射线分析做出了宝贵贡献。"后来，威尔金斯在出版的演讲稿的致谢部分指出，"我已故的同事罗莎琳德以其在 X 射线衍射方面的卓越能力和丰富经验，为 DNA 的初期研究做出了巨大贡献"。[26]对弗兰克林家族而言，威尔金斯试图撇清弗兰克林与诺贝尔奖关系的做法少说也会让人不快。几年后，约翰·兰德尔给高斯林写信说，"我一直觉得莫里斯的诺贝尔奖演讲对整个单位（国王学院生物物理实验室），尤其对你和罗莎琳德的贡献不公平"。[27]弗兰克林在伯克贝克学院的朋友和合作者亚伦·克鲁格在接受1982 年诺贝尔化学奖时，勇敢地纠正了历史上的说法，他坚持认为，"如果不是她的不幸去世，她可能早就站在这里了"。[28]

庆祝活动于 1962 年 12 月 13 日圣卢西亚日（Saint Lucia's Day）结束。那天早上，沃森、克里克、威尔金斯、肯德鲁、佩鲁茨和约翰·斯坦贝克在赞美诗《那不勒斯》的歌声中醒来，"一位身着白袍、头顶火烛的女孩唱着这首赞美诗，很久以前，这首赞美诗几乎成了瑞典冬季这个节日的代名词"。[29]沃森在 97 岁高龄时曾以调侃的口吻告诫未来的获奖者，不要期待"一位调情的圣卢西亚女孩"。这些可爱的年轻女子身边跟着一群摄影师，"歌声一停，她就会去往另一个获奖者的房间。而我们在房间里还要再忍受几个小时的黑暗，才能迎来升出地平线的冬日暖阳"。[30]

414

图 30-3 弗朗西斯·克里克与妻子奥迪尔、
12 岁的女儿加布里埃尔和 8 岁的女儿杰奎琳
在诺贝尔奖晚宴上，1962 年

为期一周的所有活动上，沃森几乎都会寻觅年轻漂亮的公主和瑞典政要的女儿们。圣卢西亚日的晚上，他和伊丽莎白出席了斯德

415 哥尔摩医学协会举办的卢西亚舞会。一顿正式的烤驯鹿晚餐后，大家载歌载舞，好不热闹。沃森回忆说，他在舞会后举行的一次"规模小得多的私人聚会"上斩获颇丰，他借此机会"与一位漂亮的黑发医学生埃伦·胡尔特（Ellen Huldt）搭讪，并跟她约好第二天晚上共进晚餐"。[31]霍勒斯·贾德森对沃森追逐女性的行为做了极佳的描述："舞会上传遍全世界的是克里克跟他一个女儿一起扭腰的照片，以及沃森被一位身着低胸礼服的漂亮瑞典公主搂在怀里的

416 照片。"[32]

第三十一章　故事终章

当传奇成真，请广为传颂。

——詹姆斯·华纳·贝拉和威利斯·戈德贝克

《双虎屠龙》（*The Man Who Shot Liberty Valance*）[1]

在四十多年的研究和学术生涯中，我去过数以百计的图书馆和历史资料馆。其中最难进入的当数各诺贝尔奖档案馆。这些档案馆包含的文件实际上分别放在斯德哥尔摩的三个不同角落：生理学或医学奖委员会的文件存放在卡罗林斯卡医学院的"诺贝尔论坛"；物理学和化学奖委员会的资料存放在瑞典皇家科学院科学史中心；文学奖的相关记录文献则由瑞典科学院管理。

这些藏馆并不是为了后人历史研究的方便而设；相反，它们是各委员会成员的工作档案，只要被提名者的名字再次出现在它们的备审表上，他们就可以查阅过去的提名和报告。仅有五十年前的提名才可供查阅，而查阅过程需要长达一年多的申请过程，包括提交学历证书、五封推荐信和一份详细的研究计划。正如一位档案管理员在申请过程初期警告我的那样，"我们每年都会收到大量申请，诺贝尔大会仅会批准极少数申请"。[2]

我最初最想查阅的是生理学或医学奖委员会的档案，整个过程也最为困难。其中一个障碍就是传说中的要对获奖前的讨论保密。一个看上去更合理的原因在于，"诺贝尔论坛"的工作人员人数很 417

少。颁发诺贝尔奖的大部分工作都是由各学院的无偿志愿者完成的。生理学或医学奖的秘书长托马斯·珀尔曼（Thomas Perlmann）是卡罗林斯卡医学院一名忙碌的分子生物学家。他以志愿者身份"履职"，其领导的 50 名评审委员会成员也是如此。仅有管理员兼档案馆保安员安-玛丽·杜曼斯基（Ann-Mari Dumanski）在忙碌地全职工作。[3]当我身处"诺贝尔论坛"——在每年辩论获奖者的同一个房间里做笔记时，整栋大楼里仅有我和杜曼斯基两个人。这种节俭属于有意为之。根据阿尔弗雷德·诺贝尔的遗嘱，他的遗产产生的大部分款项必须归获奖者所有，而不是归奖项管理者所有。

2019 年 4 月 24 日，我收到了杜曼斯基的电子邮件，邀请我在 6 月参观档案馆，并给出了三个可能的日期。在征得医学院的同意后，我突然就踏上了海外之旅（这可不是件容易事），我没有飞往"老鹰"酒吧，而是飞向了斯德哥尔摩。毫无疑问，这次旅行是我离诺贝尔奖最近的一次。不幸的是，直到出发前一天下午，我才想起物理学和化学文献放在不同的地方。于是，我熬到凌晨三点都还在尝试跟瑞典皇家科学院科学史中心的首席档案保管员卡尔·葛兰汀（Karl Grandin）联系，只为预约翻阅档案的日期。幸运的是，他刚好在从杜塞尔多夫返回斯德哥尔摩的转机间隙看到了我邮件。葛兰汀博士非常慷慨地允许我在那周晚些时候查阅档案。

研究期间出现的这次"意外"补充体现了我身为史家的看家本领。翻阅档案时，无论查找工具看上去多么精确，我们也永远不知道会发现些什么。很多时候，我看完一个档案，却发现另一个档案里有我最需要查阅的资料。与档案管理员的现场交流也不可或缺，因为他们对馆藏资料的了解远超偶尔来访的访客，而且通常会为进一步查阅提供很好的建议。事实证明，沃森、克里克和威尔金斯在 1962 年获得生理学或医学奖之前，分别于 1960 年和 1961 年

418

两次获得化学奖提名并进入评审阶段。因此，瑞典皇家科学院还有很多宝藏可以发掘。

几乎所有人都知道诺贝尔奖的重要性，但很少有人熟悉其神秘的规则和条例。每年都会有成箱的自荐书和自我任命的推荐书，这些东西甚至都没有摆上过委员会成员的办公桌。通常情况下，往届诺贝尔得主的提名以及委员会正式要求相关人士提交的提名人选才是候选人进入下一步程序的重要依据。每年 9 月，学术界、政界、文学界和其他领域的专家都会受邀提名。[4]

另一条规则是"在任何情况下，一个奖项都不得出现三个以上的获得者"。某年的奖项被分享时，则奖金由两名或三名获奖者平分。生理学或医学奖的获奖人数最为多样化。自 1901 年以来到 2020 年为止，共有 111 个奖项颁发给 222 位获奖者；其中 39 个奖项颁发给一位获奖者，33 个奖项由两人分享，39 个奖项由三人分享。[5]

诺贝尔奖最容易被误解的一条规则是，人死了就不能获得诺奖。换言之，在诺奖颁发当年，获奖者必须健在，才能到斯德哥尔摩领取奖章。在过去的一个多世纪里，这条规则发生了一些演变，但变化不大。1974 年之前，诺贝尔奖曾两次追授给过世之人，但两位获奖者都是在生前获得提名：达格·哈马舍尔德（Dag Hammarskjöld，1961 年获诺贝尔和平奖）和埃里克·阿克塞尔·卡尔菲尔特（Erik Axel Karlfeldt，1931 年获诺贝尔文学奖）。根据诺贝尔奖章程，"自 1974 年起，诺贝尔基金会章程规定，除非在诺贝尔奖公布后去世，否则不得追授诺贝尔奖"。[6]

罗莎琳德·弗兰克林于 1958 年去世，她从未获得诺奖提名。其他 DNA 研究的竞争者也直到 1960 年才获得提名。她的早逝实质上排除了她获奖的任何可能性，甚至在 1974 年修改章程之前也是如此。[7]这个可悲的事实合理而决绝地回答了这个疑问："为什么她没有分享到 1962 年的诺奖？"然而，自从我在斯德哥尔摩一个阳光明媚的仲夏日离开瑞典皇家科学院档案馆后，跟她被排除在外相关的另一个残酷事实也一直困扰着我。

在查阅 1960 年化学奖提名文件时，我发现了许多知名人士为沃森和克里克鸣不平的信件。为保持卡文迪许实验室和国王学院之间的友好关系，英国科学界老前辈、当时还是庄严的英国皇家学会会长的威廉·劳伦斯·布拉格爵士"竭尽全力"确保莫里斯·威尔金斯获奖。[8]但其他几名提名人认为威尔金斯不配获得诺贝尔奖，反对他跟沃森和克里克三分诺奖。

反对者之一就是莱纳斯·鲍林。1960 年 3 月，他对布拉格提名沃森、克里克和威尔金斯为化学奖候选人提出了自己的异议。鲍林认为，他的同事罗伯特·科里应该与肯德鲁和佩鲁茨分享该奖项，以表彰他们在"蛋白质多肽链结构"方面做的工作。尽管他承认沃森和克里克工作的重要性，但他坚持道，"我认为，DNA 结构的详细性质在某种程度上仍不明确，而蛋白质中多肽链的结构已经确定"。鲍林对威尔金斯的评价就没那么客气了。他承认威尔金斯"以其卓越的才能培育出了比此前任何时候都要好的 DNA 纤维，而且还拍摄出了比此前更好的 X 射线照片"。尽管如此，鲍林还是对威尔金斯仅凭这项工作"对化学的贡献就让他跻身诺奖得主之列"深表怀疑。[9]

其他跟发现双螺旋结构相关的推荐信则喜忧参半。从 1960～1962 年，陆续又有 7 人参与了化学奖提名，10 人参与了生理学或医学奖提名。其中共有 11 人仅提名了沃森和克里克；5 人提名了沃森、克里克和威尔金斯，布拉格的提名也算在内；另有 1 人提名了克里克和佩鲁茨，但没提名沃森和威尔金斯。[10]

被允许查看这些装有当时最有成就、最有见地的科学家撰写的诺奖提名的特大号黑色封皮书卷时，我感到异常开心。但一转念，我也突然意识到，其中没有哪封信提到过罗莎琳德·弗兰克林的工作。当然，她的确已经过世，不再有获奖的资格。尽管如此，人在第一天开始上学之前就已经养成的正派感会在后续生活中不断强化。如果这些杰出的科学家在提名中哪怕只是提到了弗兰克林的贡献，也丝毫不会减损沃森、克里克和威尔金斯的成就。这样做是恰当的、尊重学术的，也很体面。可惜，没有任何人这样做。

在 1893 年阿瑟·柯南·道尔爵士（Sir Arthur Conan Doyle）的短篇小说《"格洛丽亚·斯科特号"》（"*The Gloria Scott*"）中，他让笔下的侦探原型夏洛克·福尔摩斯（Sherlock Holmes）将"冒烟的手枪"（smoking pistol）一词引入英语。现在，这个词又写作"the smoking gun"，指的是犯罪的确凿证据。[11]在我查阅的化学奖档案中包含了一沓文件——虽然它本身不完全符合福尔摩斯对犯罪证据的确凿要求——但如果不加以研究，就会让双螺旋的发现过程变得不完整。这份档案是 1960 年化学奖的内部报告，由瑞典科学院诺贝尔物理学奖和化学奖委员会秘书阿内·韦斯特格伦（Arne Westgren）撰写，此人是一位化学教授，也是"X 射线衍射方法在物理冶金学中应用"领域的先驱。他还精通生物大分子（如 DNA 和蛋白质）的 X 射线晶体学研究。[12]他在这份长达 14 页的报告中干脆利落地分析了谁在发现 DNA 结构方面功劳最大，谁最值得获得诺贝尔奖。

韦斯特格伦的这份科学简报承认，"由于贡献者众多，我们在评估谁能凭阐明 DNA 结构的贡献而获奖的问题上存在一定的困难。在众多参与其中的科学家中，究竟谁以决定性的方式推动了发现的进程，乃至于特别值得被铭记，这是个问题"。韦斯特格伦承认，沃森和克里克提出了一个非常重要的"巧妙"假说，但他担心，"他们在自己的领域几乎没有做过任何实验研究——「对他们假说的」检验完全落在了其他人身上"。韦斯特格伦继续坚持认为，实验数据高于理论和建模：

> 在这方面，最值得称道的一方是威尔金斯及其大型研究小组，毫无疑问，他在其中发挥了主导作用；另一方则是弗兰克林和高斯林研究小组。如果对沃森和克里克的奖励取决于那些通过实验证实了他们提出的结构的研究人员，则他俩就不值得考虑。在后者中，威尔金斯的作用无疑是独一份的。其次是罗莎琳德·弗兰克林和高斯林，前者已经去世。如果她还健在，则完全有资格分享这份奖励。密切关注该领域研究的布拉格没有把高斯林列入提议中，因此他的贡献很可能对她所在的二人组研究团队的工作没有决定性意义。我们没有理由质疑布拉格有理有据的观点，即如果考虑为此处讨论的研究颁发奖励，则应在沃森、克里克和威尔金斯之间分配……重要的结构鉴定无疑对化学领域至关重要。然而，相关研究取得的重大成就却属于遗传学领域，因此，为贡献者颁发生理学或医学奖似乎最恰当。[13]

尽管布拉格和所有其他参与提名的人都忽略了弗兰克林的工作，但她的工作仍被诺贝尔奖记录所认可——但也仅仅是因为韦斯特格伦将她写在了记录中。[14] "如果她还健在，则完全有资格分享这份奖励"——1960 年的诺奖委员会如是说。如果他们的继任者能明确打破这振聋发聩的沉默就好了。

在我长达四年的寻访过程中，2018 年 7 月对詹姆斯·沃森的一系列采访让我颇感唏嘘。就像海顿的《告别交响曲》一样，最后每一位演奏者都熄灭了乐谱架上的蜡烛，离开舞台，仅剩两把安静的小提琴，我们故事中凯旋的 DNA 研究团队也只剩下了数百箱档案遗物和依然健在的沃森。[15]在我们见面的一周前，他刚完成了一集《美国大师》（*American Masters*）的拍摄任务，这是美国公共广播系统为美国文化和社会的主要贡献者制作的系列节目。他没有让制片人失望。这部纪录片据称与他的科学生涯相关，但很快就变成了他对自己种族主义观点的阐述。在影片中，沃森被问到是否已经否认了自己 2007 年发表的臭名昭著的言论——从基因角度讲，白人的智力高于有色人种。他回答说，"没有，完全没有。我倒希望改变观点，盼望着新的证据证明后天比先天更重要。但我没有看到任何相关证据。在智商测试中，黑人和白人之间存在总体差异（difference on the average）。我是说，这种差异来自遗传"。[16]2019 年 1 月 2 日节目播出后，他所钟爱的冷泉港实验室随即取消了他的学术头衔，并正式与他断绝了一切关系，我们知道，这所实验室正是在他的带领下，从籍籍无名的遗传学夏令营举办地逐渐发展成了世界一流的科研机构。[17]

在人前，沃森是个有魅力、才华横溢、非常讨人喜欢的人。在我跟他相处的一周时间里，他毫不避讳地表达了自己对非洲人、非裔美国人、亚洲人以及其他种族群体（包括我所属的东欧犹太人）的令人厌恶的观点。多年前我就见过他，对他这些言论早有心理准

备，所以我更感兴趣跟他讨论 1950~1953 年他醉心于 DNA 结构期

423　间的点滴细节。

初次见面时，他一来就挑起话头说，他在《双螺旋》中记录的关于罗莎琳德·弗兰克林及其他女性的新鲜想法和感受跟 20 世纪 50 年代许多年轻人相似。沃森说，他只是不幸地把自己厌恶女性的想法写在了一本畅销书中，这本书至今仍在科学界广为流传，但时代已经发生了天翻地覆的变化："被指控有罪。所以，我从来没有试图坚持任何跟性别相关的观点。想都没想过。现在，我当然意识到女性和男性一样聪明，区别只在于她们不分泌睾丸激素……就这些吧。"[18]

为期一周的时间里，我们一起吃了几顿饭，他邀请我去他家吃饭、喝酒，我们在他那件橡木镶板、大教堂式天花板的办公室里花了几个小时讨论分子生物学和科学史，他坐在一张巨大的办公桌后面，俨然一副 DNA 教皇的派头。在他的上方，悬挂着他那令人印象深刻、镶着金边的诺贝尔奖状。他的身材呈梨形，躯干上的脂肪层层隆起，看上去就像老年版的米其林。每天，他都穿着色彩鲜艳的短裤和昂贵的礼服衬衫，领口不系扣子，法式袖口敞开着，这副打扮看上去有点怪异。即便 90 岁高龄，沃森依然能给人难忘的印象。他的思想和观点时而令我着迷，时而令我反感。然而，与我采访过的许多其他对象不同，我会情不自禁地再次回来跟他讨论更多的问题，并乐意再次这样做。

在我们第一次访谈行将结束时，我问道："如果在另一个完美的世界里，弗兰克林直到 1962 年都还活着，那她跟威尔金斯分享化学奖或物理学奖，而你和克里克分享生理学奖或医学奖，这样岂不是更好吗？"我为自己有勇气向沃森提出这样一个直击灵魂的问题而感到自豪。尽管他在 2002 年的回忆录《基因、女孩和伽莫夫：

双螺旋之后》中隐约提到过这个问题，但他当时并未直接给出答案，当时他写道，"莫里斯的加入让弗朗西斯和我都很高兴，但我们不禁要问，如果罗莎琳德·弗兰克林并未英年早逝，奖项该如何分配"。[19]我建议的解决方案给他找了个台阶，让他能够得到一个皆大欢喜的结局，我也满希望他能借此机会纠正被扭曲的历史记录。

424

　　我完全没料到接下来发生的事情。他的眼睛瞪得大大的，直直地看着我，斑驳的皮肤变得通红，被太阳晒得斑点丛生的脑门上的青筋仿佛就要爆开。沃森缓缓地从椅子上站起来，用一根手指指着我，高高在上地宣布道，"人通常不会因为自己无法解读的数据而获得诺贝尔奖"。[20]他的反驳尽管刻薄，却难以反驳。弗兰克林不可能也没有做出最后两个直观的步骤来解决最终的谜题：C_2面心单斜晶体表明反平行互补性，腺嘌呤与胸腺嘧啶、胞嘧啶与鸟嘌呤的氢键结合符合查尔加夫法则。沃森和克里克做到了，尽管他们只能利用从弗兰克林那窃取的数据做到这一点。

　　当天晚上，在跟吉姆及其迷人的妻子伊丽莎白共进晚餐后，我回到汽车旅馆的房间里，翻阅着我为找他题词带来的一摞书。我拿起他的一卷论文集《DNA 的激情》，翻到了他在我们共进晚餐时提到的一篇写于 1981 年的短文。这篇名为《追求卓越》（"Striving for Excellence"）的文章描述了他在写作过程中的一贯做法：致力于书写"令我尊敬的人愿意阅读或谈论的想法或书籍"。随后的一段话却让我觉得很奇怪，他有一搭没一搭地表示希望我在采访完成之前读一读：

　　　　1962 年春，我在纽约做了一次公开演讲，讲述了 DNA 结构究竟是如何被解开的。整场演讲让观众爆发出阵阵笑声，我知道我必须把这件事记下来。起初，我琢磨着《纽约客》可能会以"犯罪年鉴"为题将其刊出，因为有人认为弗朗西斯和我无权觊觎其他人的数据，并且认为我们实际上是从莫里斯·威尔金斯和罗莎琳德·弗兰克林那里窃取了双螺旋结构。[21]

425 第二天午餐后，我们俩都很放松，就科学问题进行了长时间的交谈。在我们交流的间隙，沃森接到一个同事打来的电话，询问如何跟附近一个竞争机构的狡猾科学家合作。"去他的办公室，"沃森一边向我眨巴眼，一边催促着自己的同事，"不用我教你怎么做，让他觉得自己很重要就行。有情况再回复我，我会给他打电话。"我觉得这个建议非常好，就在他挂电话之前跟他说了。

我能明显感受到此刻他内心的欣喜，于是即兴提出了另一种解决诺贝尔奖问题的方法。"让我们回到诺贝尔奖上来，吉姆，"我开始说道，"我一直在想你那天说的关于罗莎琳德无法解读她的数据的事。然后突然想到莫里斯·威尔金斯也无法解读她的数据。他复制了弗兰克林所有的 X 照片，并在给你看第 51 号照片之前就已经解读了很久，但他什么也没得出。你看到这张照片后，很快就意识到 DNA 是双螺旋结构，你和克里克在几周时间内就揭开了 DNA 的结构。那么，威尔金斯为何会获得诺贝尔奖呢？"沃森笑着说道，"我们也希望莫里斯获得诺贝尔奖，因为我们都喜欢他，而且我们希望跟国王学院的团队友好相处"。[22]他朝我的方向微笑时，我有点坐立不安。一年后，我在斯德哥尔摩查阅诺贝尔奖提名时，才清楚地意识到，自己结结实实地撞上了这群"老朋友"的厌女症之墙。因为"我们都喜欢他"，所以赞赏威尔金斯跟赞赏弗兰克林完全不可同日而语。

很快，我对沃森的采访就要结束了。在一周的时间里，我们发现彼此真心欣赏，也都钦佩对方的工作。相处的整个过程中，沃森一直把我的简历放在他的办公桌上，他还让我给他寄几本我写的书，以便他下次出国时阅读。我知道，我还有最后一次机会回到他是否最终会同意弗兰克林应被追授诺贝尔奖这个令人纠结的问题上来。

这一次，我先是问了他的绰号"诚实的吉姆"是怎么来的，这也是他最初为《双螺旋》拟定的书名之一。多次阅读该书后，我已经得出了答案，并能凭记忆引用一段描述他在 1955 年夏天攀登阿尔卑斯山的文字。他看到一群登山者从高处"下来"；其中之一便是国王学院的物理学家威利·西兹，此人曾跟威尔金斯一起研究 DNA 纤维的光学特征。西兹看到了沃森，"当时觉得他可能会卸下背包聊上一会儿。但他只说了一句'诚实的吉姆最近如何？'，接着就迅速加快了步伐，「他」很快就走到了我的下方"。[23]

在采访者和被采访者的猫捉老鼠般的游戏中，我在问他这个问题时内心也是思绪万千。我想听他谈谈他自诩的绝对诚实的美德。这位狡猾的老人想了一会儿才回答说，"威利·西兹是国王学院的物理学家。他是个相当愤世嫉俗的人，也是第一个叫我'诚实的吉姆'的人，因为我总是直接说出内心的想法"。他忘了补充的是，其实许多人认为这个称呼也是西兹对沃森窃取国王学院 DNA 数据，并因此成为举世闻名的诺奖得主的深恶痛绝。[24]

此时的沃森在短短几天内再次惊到我了，他尽力挺起他那苍老的胸膛，挺直疲惫而弯曲的身体，几乎——但不完全——达到了他年轻时六英尺一英寸的高度。他用大到足以让隔壁房间的秘书听到

426

的声音自豪地宣布说，"我的确如此！现在也是一样！无论如何，我都会如实说出自己的想法！"我看出他还要继续说点什么，于是知趣地静静等着。他顿了顿——兴许只有两三秒，但我感觉过了很久。沃森抿了抿嘴，瞪大眼睛，最后慢慢地说道，"你知道吗？我当时——在那天下午参观国王学院，看到那张照片「第 51 号照片」时——我当时并不诚实"。那一刻，我的心怦怦直跳，因为我已经准备好聆听可以彻底解开 DNA 故事之谜的枢机。难道他要承认自己只是借"诚实的吉姆"这个名字表达一种微妙的自责？他最终会给予弗兰克林应有的承认吗？此时，沃森脱口而出："我想我是诚实的。也许这是个错误的说法。但我想我是诚实的，但……你不会说我是完全正直的。"我重复了他的回答，就像我在医学院学到的如何采访难缠的病人一样。"那么，你查看 51 号照片的行为也就是不光彩的了？"我问道。接着，他就像 X 射线遇到了原子一样，立即把话题从弗兰克林及其可爱的照片转到了威尔金斯——这个人人都喜欢，不会对任何人造成威胁的人身上："嗯，从这个意义上说，尽管威尔金斯说我们可以研究 DNA，但我只是跟随他的脚步，没想过要超过他。然而——一看到它，它无可比拟的清晰程度让我不得不用它做点文章。"

沃森不得不"做点文章"。他不得不首先解开 DNA 之谜，进而完成他的科学使命。他不得不成为詹姆斯·沃森，这位诺贝尔奖得主改变了世界对生命本身的看法，无论他自己或别人要因此付出多大的代价。为了跟他心中的传奇人物相称，他不得不掩盖罗莎琳德·弗兰克林在他们里程碑式发现中所扮演的角色。

传奇的确难以逝去，但正如弗兰克林曾告诫克里克的那样，

"事实就是事实"。在他们漫长而备受推崇的一生中，詹姆斯·沃森、弗朗西斯·克里克和莫里斯·威尔金斯从自己编织的传奇故事中赢得了诸多一时的胜利。但罗莎琳德·弗兰克林——一位拥有精湛实验技巧，一心不屈不挠发现事实的女性——则赢得了持久的胜利。

428

致　谢

　　本书的写作始于 2016 年春，当时，密歇根大学一群热心的医学生请我设计一门关于"医学和科学史上的伟大论文"的课程。整整两个学期里，我们每个月都会聚会、共进午餐，一起阅读一篇改变了医学实践或理论知识的重要论文。我们首先讨论了沃森和克里克于 1953 年 4 月 25 日在《自然》杂志上发表的论文《脱氧核糖核酸的结构》，这篇简短的论文极富震撼力。那天下午，学生们的热情激发我去解说这项开创性研究背后的故事。2017 年 10 月，在洛克菲勒基金会的意大利贝拉吉奥中心一个月的学术访问期间，本书的撰写工作才真正开始，接下来的两年里，我先后踏上了前往纽约、伦敦、冷泉港、费城、那不勒斯、巴尔的摩、纽约和斯德哥尔摩的研究之旅。

　　我非常感谢当时在冷泉港实验室工作的詹姆斯·D. 沃森，他在 2018 年 7 月的一系列口述历史访谈中耐心地容忍了我的提问。我还要感谢伊丽莎白·沃森、柳德米拉·波鲁克（Ludmilla Polluck）、彼得·塔尔（Peter Tarr）、扬·维特科夫斯基（Jan Witkowski）、亚历山大·甘恩（Alexander Gann）、布鲁斯·斯蒂尔曼（Bruce Stillman）、斯蒂芬妮·萨塔利诺（Stephanie Satalino）和莫琳·贝雷卡（Maureen Berejka），他们让我在冷泉港期间得以愉快、高效地工作。

　　在剑桥大学，我有幸查看了罗莎琳德·弗兰克林的相关资料，也查阅了约翰·兰德尔、J. D. 伯纳尔、亚伦·克鲁格和马克斯·佩鲁茨的相关档案。此项工作得到剑桥大学丘吉尔学院丘吉尔档案中心的艾伦·帕克伍德、朱丽娅·施密特（Julia Schmidt）和娜塔

莎·斯温斯顿（Natasha Swainston）等优秀团队的帮助。我还要感 429
谢剑桥大学图书档案馆的弗兰克·鲍尔斯（Frank Bowles）和剑桥
大学克莱尔学院档案馆的裘德·布里默（Jude Brimmer），他们帮
我找到了沃森 1952 年居住的房间。

　　剑桥大学卡文迪许实验室的马尔科姆·朗格尔教授（Professor
Malcolm Longair）在奥斯汀侧楼被拆除前几周大方地带我前去参
观，让我得以探访沃森和克里克曾经工作过的 103 号房间。我尤其
要感谢剑桥大学三一学院的詹妮弗·格林、伊恩·格林和阿德里
安·普尔（Adrian Poole）。詹妮弗是罗莎琳德的妹妹（相差九
岁），她本身也是一位杰出的历史学家，还撰写过一本关于罗莎琳
德的精彩回忆录。她对姐姐生平的回忆对我描绘这位杰出女性的性
格非常有价值。

　　马里兰大学巴尔的摩分校阿尔滨·O. 库恩（Albin O. Kuhn）
图书馆特藏部的杰夫·卡尔（Jeff Karr）和林赛·洛佩尔（Lindsey
Loeper）不遗余力地帮我查阅了安妮·赛尔的相关档案，这些丰富
的访谈和信件资料对本书的写作至关重要。

　　费城美国哲学学会的查尔斯·格莱芬斯坦（Charles
Greifenstein）、大卫·加里（David Gary）、特雷西·德容（Tracey de
Jong）和迈克尔·米勒（Michael Miller）在我研究霍勒斯·贾德森
和埃尔温·查尔加夫相关档案的工作中发挥了重要作用。

　　伦敦大学国王学院档案馆的杰夫·布劳威尔（Geoff Browell）、
卡特里娜·迪穆罗（Katrina DiMuro）、戴安娜·马尼普德（Diana
Manipud）、凯特·奥布莱恩（Kate O'Brien）、弗朗西斯·帕特曼
（Frances Pattman）和凯西·威廉姆斯（Cathy Williams,）帮助我浏
览了莫里斯·威尔金斯的相关档案。

　　我还要感谢英国皇家学会的夏洛特·纽（Charlotte New）。她

在我查阅威廉·劳伦斯·布拉格的材料时给予了帮助；伦敦大学伯克贝克学院的莎拉·霍尔和艾玛·伊林沃斯（Emma Illingworth）帮助我找到了罗莎琳德在伯克贝克学院工作期间的资料；俄勒冈州立大学图书馆特藏部和档案研究中心的克里斯·彼得森（Chris Petersen）协助我查找了该馆所藏的莱纳斯·鲍林和艾娃·海伦·鲍林的相关文件以及跟鲍林相关的数字文献；巴黎路易·巴斯德研究所档案馆的丹尼尔·德梅利尔（Daniel DeMellier）帮我找到了弗朗索瓦·雅各布（François Jacob）撰写的诺贝尔奖提名材料；牛津大学伯德雷恩图书馆韦斯顿分馆的安娜·佩特雷（Anna Petre）协助查找了约翰·肯德鲁的相关资料；费城宾夕法尼亚大学档案馆范佩尔特图书馆的蒂莫西·霍宁（Timothy Horning）则帮我查找了杰里·多诺霍的相关资料；加州理工学院档案馆的彼得·科洛皮（Peter Collopy）和洛马·卡科林斯（Loma Karklins），以及意大利那不勒斯安东·多恩动物站档案馆的克里斯蒂安·格罗本（Christiane Groeben）慷慨地协助我记录下了 DNA 发现之旅中一个关键而又鲜为人知的插曲——沃森第一次听到威尔金斯讨论用 X 射线晶体学确定 DNA 结构的前后经过。

　　在斯德哥尔摩这边，我要感谢斯德哥尔摩卡罗林斯卡医学院"诺贝尔论坛"的安·玛丽·杜马斯基、斯德哥尔摩瑞典皇家学院科学史中心的卡尔·葛兰汀教授和埃琳·诺尔比（Erling Norrby）教授，以及斯德哥尔摩瑞典科学院诺贝尔图书馆的玛德琳·恩格斯特罗姆·布罗伯格。

　　我还要感谢伦敦惠康医学史图书馆（Wellcome History of Medicine Library）的工作人员，这个图书馆已将克里克、沃森、弗兰克林和威尔金斯的相关文献做了电子化处理；接下来，我要感谢密歇根大学安娜堡图书馆；感谢纽约市的公共图书馆；感谢贝塞斯

430

达国家医学图书馆；感谢数十位研究和分析分子生物学历史的史学家，本书注释中引用了他们的研究成果。

从 2018 年 1 月底破纪录的低温开始，到 2020 年的疫情年末，我在安娜堡为读者诸君眼前这本书写了好多版草稿。几位同事欣然阅读了各个版本，从而让我避免犯下一系列啼笑皆非的错误。本书其余失误责任在我，我对此深表歉意。我还有幸得到了纽约大学戴维·奥辛斯基（David Oshinsky）的帮助，他邀请我为他的医科学生讲了几堂有关 DNA 的课程；此外，我还得到了贝蒂·摩尔和戈登·摩尔基金会（Betty and Gordon Moore Foundation）的哈维·费恩伯格（Harvey Fineberg），以及传记作家埃里克·拉克斯（Eric Lax）和加州大学旧金山分校布鲁斯·阿尔伯茨（Bruce Alberts）的帮助。

在密歇根州这边，我的工作极大地受益于已故的乔治·E. 旺兹博士（Dr. George E. Wantz）的慷慨捐赠。本书的大部分研究工作得到了我所担任的乔治·E. 旺兹医学博士杰出教授职位和乔治·E. 旺兹医学史研究基金的支持。乔治于 2000 年去世，作为杰出的外科医生和医学史专家，他一定会喜欢阅读这本书。

我的作品经纪人、作者代表处的格伦·哈特利（Glen Hartley）和琳恩·朱（Lynn Chu）向来是我身为作者希望遇到的最好的支持者和批评家。我们已经合作了二十多年，我永远感激他们。

在 W. W. 诺顿公司，我得到了公司副总裁兼主编约翰·格鲁斯曼（John Glusman）睿智、高超编辑技巧的帮助，我还要感谢他的同事们——助理编辑海伦·索玛蒂斯（Helen Thomaides）、校对玛丽·卡纳博（Mary Kanable）和项目编辑达西·齐德尔（Dassi Zeidel）的专业精神让我获益匪浅。

我还要感谢许多家庭成员，但最让我感激的还是谢尔顿·马克

431

尔（Sheldon Markel）博士和杰拉尔丁·马克尔（Geraldine Markel）博士给予我的大力支持。

在本书的写作过程中，尤其在描写罗莎琳德·弗兰克林的生活和事业时，我想到了自己的两个女儿——16 岁的萨曼莎（Samantha）和将近 20 岁的贝丝·马克尔（Bess Markel）。我希望这本书能激励她们勇敢地走上自己的人生之路，无论一路上几多坎坷。

霍华德·马克尔

密歇根州安娜堡市

2020 年 12 月 31 日

注　释

下列缩写表示档案资料的名称

JDWP　詹姆斯·D.沃森档案册，冷泉港实验室档案馆，冷泉港，纽约。所有引文均经詹姆斯·D.沃森许可引用。

WFAT　沃森家族资产信托，纽约州冷泉港实验室档案馆。所有引文均经詹姆斯·D.沃森授权引用。

FCP　弗朗西斯·克里克档案册，伦敦惠康图书馆。

RFP　罗莎琳德·弗兰克林档案册，剑桥大学丘吉尔学院档案中心。

LAHPP　莱纳斯和艾娃·海伦·鲍林档案册，俄勒冈州立大学，俄勒冈州科瓦利斯。

MDP　马克斯·德尔布吕克档案册，加利福尼亚州帕萨迪纳加利福尼亚理工学院档案与特藏室。

MWP　莫里斯·休·弗雷德里克·威尔金斯档案册，伦敦国王学院。

JRP　约翰·兰德尔爵士档案册，剑桥大学丘吉尔学院档案中心。

WLBP　威廉·劳伦斯·布拉格档案册，伦敦皇家学院档案馆。

AKP　亚伦·克鲁格档案册，剑桥大学丘吉尔学院档案中心。

ECP　埃尔温·查尔加夫档案册，美国哲学学会，宾夕法尼亚州，费城。

HFJP　霍勒斯·弗里兰·贾德森档案册，美国哲学学会，宾夕法尼亚州，费城。

ASP　安妮·赛尔档案册，马里兰大学巴尔的摩分校美国微生物学会收藏。

MPP　马克斯·费迪南德·佩鲁茨档案册，剑桥大学丘吉尔学院档案中心。

433

卷一　序曲

1. Voltaire, *Jeannot et Colin* (1764), in *Œuvrescomplètes de Voltaire* (Paris: Garnier, 1877), vol. 21, 235-242, quote is on 237.

2. Foreign Affairs, House of Commons Debate, 23 January 1948, vol. 446, 529-622, https://api.parliament.uk/historic-hansard/commons/1948/jan/23/foreign-affairs#S5CV0446P0_19480123_HOC_45.

第一章 开场

1. Francis Crick, *What Mad Pursuit: A Personal View of Scientific Discovery* (New York: Basic Books, 1988), 35, 62.

2. James D. Watson, *The Double Helix: A Personal Account of the Discovery of the Structure of DNA* (New York: Atheneum, 1968)；余下的同类注释均出自冈瑟·斯滕特编辑的诺顿评注版，（纽约：诺顿，1980 年版），第一段引文出自第九页。

3. Monthly Weather Report of the Meteorological Office, Summary of Observations Compiled from Returns of Official Stations and Volunteer Observers, 1953; 70: 2 (London: Her Majesty's Stationery Office, 1953).

4. Watson, *The Double Helix*, 115.

5. 克里克在自己漫长的一生中多次声称"我对此毫无印象"。见：Francis Crick, "How to Live with a Golden Helix," *The Sciences* 19 (September 1979): 6-9。

6. 历史学家罗伯特·奥尔比认为，新闻界对 1953 年 4 月 28 日 DNA 结构被发现的消息反响平淡；Robert Olby, "Quiet Debut for the Double Helix," *Nature* 421 (2003): 402-405。但伊夫·金戈拉斯则不同意这种"悄然登场"的说法，他利用文献计量数据和引文分析，记录了这个消息的直接和长期影响；Yves Gingras, "Revisiting the 'Quiet Debut' of the Double Helix: SA Bibliometric and Methodological Note on the "Impact" of Scientific Publications," *Journal of the History of Biology* 43, no. 1 (2010): 159-181。

7. George Johnson, "Murray Gell-Mann, Who Peered at Particles and Saw the Universe, Dies at 89," *New York Times*, May 25, 2019, B12.

8. Daniel J. Kevles, *The Physicists: The History of a Scientific Community in Modern America* (New York: Knopf, 1978); Richard Rhodes, *The Making of the Atomic Bomb* (New York: Simon and Schuster, 1986), 113 – 117, 127 – 129, 131-133.

9. Abraham Pais, *Niels Bohr's Times in Physics, Philosophy, and Polity* (Oxford: Clarendon Press, 1991), 176-210, 267-294; John Gribbin, *Erwin Schrödinger and the Quantum Revolution* (Hoboken, NJ: John Wiley and Sons, 2013); George Gamow, *Thirty Years That Shook Physics: The Story of Quantum Theory* (New York: Dover, 1966).

10. Rhodes, *The Making of the Atomic Bomb*; Andrew Hodges, *Alan Turing:*

The Enigma（Princeton：Princeton University Press，2014）；Kai Bird and Martin J. Sherwin，American Prometheus：The Triumph and Tragedy of J. *Robert Oppenheimer*（New York：Knopf，2005）.

11. 摘自本书作者对沃森的采访记录，2018 年 7 月 26 日（编号 4）。

12. John Gribbin，*In Search of Schrödinger's Cat：Quantum Physics and Reality*（New York：Bantam，1984）.

13. 薛定谔跟狄拉克分享了 1933 年的诺贝尔物理学奖。见："The Nobel Prize in Physics 1933," https：//www.nobelprize.org/prizes/physics/1933/summary/。

14. Erwin Schrödinger，*What Is Life? The Physical Aspect of the Living Cell, with Mind and Matter and Autobiographical Sketches*（Cambridge：Cambridge University Press，1992）.

15. N. W. Timofeeff–Ressovsky，K. G. Zimmer，and M. Delbrück，"Uber die Natur der Genmutation und der Genstruktur：Nachrich–ten von der Gessellschaft der Wissenschaftenzu Gottingen"（On the Nature of Gene Mutation and Structure），*Biologie*，*Neue Folge* 1，no. 13（1935）：189–245. 不同意德尔布吕克和薛定谔的"非周期性晶体"概念的科学家有莱纳斯·鲍林和马克斯·佩鲁茨。See Linus Pauling，"Schrödinger's Contribution to Chemistry and Biology," and Max Perutz，"Erwin Schrödinger's *What Is Life?* and Molecular Biology," in C. W. Kilmister，ed.，*Schrödinger：Centenary Celebration of a Polymath*（Cambridge：Cambridge University Press，1987），225–33 *and*. 234– 251.

16. J. T. Randall，"An Experiment in Biophysics," *Proceedings of the Royal Society of London*，*Series A*，*Mathematical and Physical Sciences* 208，no. 1092（1951）：1–24；Horace Freeland Judson，*The Eighth Day of Creation：Makers of the Revolution in Biology*（Cold Spring Harbor，NY：Cold Spring Harbor Laboratory Press，2013），77；Robert Olby，*The Path to the Double Helix*（Seattle：University of Washington Press，1974），326–333.

17. Lily E. Kay，*The Molecular Vision of Life：Caltech，the Rockefeller Foundation，and the Rise of the New Biology*（New York：Oxford University Press，1993）；Robert E. Kohler，*Partners in Science：Foundations and Natural Scientists，1900–1945*（Chicago：University of Chicago Press，1991）.

18. Watson，*The Double Helix*.

19. Matthew Cobb，"Happy 100th Birthday，Francis Crick（1916–2004）," *Why Evolution Is True* blog，https：//whyevolutionistrue.wordpress.com/2016/06/08/happy–100th–birthday–francis–crick–1916–2004/.

20. 摘自作者对沃森的采访，2018 年 7 月 23 日（编号 1）。

435　　21. Vilayanur S. Ramachandran, "The Astonishing Francis Crick," *Perception* 33（2004）：1151 – 54；Rupert Shortt, "Idle Components：An Argument Against Richard Dawkins," *Times Literary Supplement* , no. 6089（December 13, 2019）：12-13.

22. Howard Markel, "Who's On First?：Medical Discoveries and Scientific Priority," *New Englang Journal of Medicine* 351（2004）：2792-2794.

第二章　僧侣和生物化学家

1. Charles Darwin, *On the Origin of Species by Means of Natural Selection, or the Preservation of Favoured Races in the Struggle for Life*（London：John Murray, 1859）, 13.

2. 可能这座寺庙当初有两座花园：一个是上文提到的较小的，另一个位于寺院门南侧靠近接待口的地方。Robin Marantz Henig, *The Monk in the Garden：The Lost and Found Genius of Gregor Mendel, the Father of Modern Genetics*（Boston：Houghton Mifflin, 2009）, 21-36.

3. 旁尼特方格是英国遗传学家雷金纳德·C. 普尼特提出的，它是用于预测杂育种实验基因型的方形图。F. A. E. Crew, "Reginald Crundall Punnett 1875- 1967," *Biographical Memoirs of Fellows of the Royal Society* 13（1967）：309-326.

4. Curriculum vitae, Gregor Mendel. Mendel Museum, Masarykova Univerzita, https：//mendelmuseum. muni. cz/en/g-j-mendel/zivotopis.

5. Gregor Mendel, "Versucheuber Plflanzenhybriden," *Verhand-lungen des naturforschendenVereines in Brünn, Bd. IV für das Jahr1865, Abhandlungen*（Experiments in Plant Hybridization. Read at the February 8 and March 8, 1865, Meetings of the Brünn Natural History Society）（1866）, 3-47；William Bateson and Gregor Mendel, *Mendel's Principles of Heredity：A Defense, with a Translation of Mendel's Original Papers on Hybridisation*（New York：Cambridge University Press, 2009）.

6. Charles E. Rosenberg, "The Therapeutic Revolution：Medicine, Meaning, and Social Change in Nineteenth-Century America," in Morris J. Vogel and Charles E. Rosenberg, eds. , *The Therapeutic Revolution：Essays in the Social History of American Medicine*（Philadelphia：University of Pennsylvania Press, 1979）, 3-25.

7. Gunther S. Stent, "Prematurity and Uniqueness in Scientific Discovery,"

Scientific American 227, no. 6（1972）: 84-93.

8. 哪怕这个发现也存在争议；一些历史学家声称冯·舍马克并没完全理解孟德尔的工作，而斯皮尔曼甚至经常被排除在"括起来"的名单之外。See Augustine Brannigan, "The Reification of Mendel," *Social Studies of Science* 9, no. 4（1979）: 423-454; Malcolm Kottler, "Hugo De Vries and the Rediscovery of Mendel's Laws," *Annals of Science* 36（1979）: 517-538; Randy Moore, "The Re-Discovery of Mendel's Work," *Bioscene* 27, no. 2（2001）: 13-24.

9. R. A. Fisher, "Has Mendel's Work Been Rediscovered?," *Annals of Science* 1（1936）: 115-137; Bob Montgomerie and Tim Birkhead, "A Beginner's Guide to Scientific Misconduct," *ISBE Newsletter* 17, no. 1（2005）: 16-21; Daniel L. Hartl and Daniel J. Fairbanks, "Mud Sticks: On the Alleged Falsification of Mendel's Data," *Genetics* 175（2007）: 975-979; Allan Franklin, A. W. F. Edwards, Daniel J. Fairbanks, Daniel L. Hartl, and Teddy Seidenfeld, eds., *Ending the Mendel-Fisher Controversy*（Pittsburgh: University of Pittsburgh Press, 2008）; Gregory Radick, "Beyond the 'Mendel-Fisher Controversy,'" *Science* 350, no. 6257（2015）: 159-160.

10. "Wilhelm His, Sr.（1831-1904）, Embryologist and Anatomist," editorial, *Journal of the American Medical Association* 187, no. 1（January 4, 1964）: 58; Elan D. Louis and Christian Stapf, "Unraveling the Neuron Jungle: The 1879-1886 Publications by Wilhelm His on the Embryological Development of the Human Brain," *Archives of Neurology* 58, no. 11（2001）: 1932-1935.

11. 纱布的编织结构包括成对的纬纱，这些纬纱在每根经纱之前和之后交叉，以保持纬纱到位。有趣的是，这种排列看起来很像 DNA 的双螺旋结构。A. Klose, "Victor von Bruns und die sterile Verbandswatte,"（"Victor Bruns and the Sterile Cotton Wool"）, *Ausstellungskatalog des StadtsmuseumsTübingerKatalogue* 77（2007）: 36-46; D. J. Haubens, Victor von Bruns（1812-1883）and his contributions to plastic and reconstructive surgery," Plastic and Reconstructive Sur*gery* 75, no. 1（January 1985）: 120-127.

12. Ralf Dahm, "Discovering DNA: Friedrich Miescher and the Early Years of Nucleic Acid Research," *Human Genetics* 122（2008）: 565-581; Ralf Dahm, "Friedrich Miescher and the Discovery of DNA," Developmental Biology 278, no. 2（2005）: 274-288; Ralf Dahm, "The Molecule from the Castle Kitchen," Max Planck Research, 2004, 50-55; Ulf Lagerkvist, *DNA Pioneers and their Legacy*（New Haven: Yale University Press, 1998）, 35-67.

436

13. Horace W. Davenport, "Physiology, 1850 – 1923: The View from Michigan," *Physiologist* 25, suppl. 1 (1982): 1-100.

14. Friedrich Miescher, "Ueber die chemischeZusammensetzung der Eiterzellen" (On the Chemical Composition of Pus Cells), *Medicinisch-chemischeUntersuchungen* 4 (1871): 441-460; Felix Hoppe-Seyler, "Ueber die chemischeZusammensetzung des Eiter" (On the Chemical Composition of Pus), *Medicinisch-chemischeUntersuchungen* 4 (1871): 486-501.

15. S. B. Weineck, D. Koelblinger, and T. Kiesslich, "Medizinische Habilitation imdeutschsprachigenRaum: Quantitative UntersuchungzuInhalt und Ausgestaltung der Habilitationsrichtlinien" (Medical Habilitation in German – Speaking Countries: Quantitative Assessment of Content and Elaboration of Habilitation Guidelines), *Der Chirurg* 86, no. 4 (April 2015): 355-365; Theodor Billroth, *The Medical Sciences in the German Universities: A Study in the History of Civilization* (New York: Macmillan, 1924).

16. Freidrich Miescher, "Die SpermatozoeneinigerWirbeltiere: Ein BeitragzurHistochemie" (The Spermatazoa of Some Vertebrates: A Contribution to Histochemistry), *Verhandlungen der naturforschenden Gesellschaft in Basel* 6 (1874): 138-208; Dahm, "Discovering DNA"; Ulf Lagerkvist, *DNA Pioneers and their Legacy* (New Haven: Yale University Press, 1998), 35-67.

17. Dahm, "Discovering DNA," 574.

第三章　双螺旋发现之前

1. Adolf Hitler, *Mein Kampf*, (My Struggle) translated by James Murphey (Munich: ZentralVerlag der NSDAP, Franz EherNachfolger, 1940), 149.

2. 本书关于优生学的大部分历史研究均来自我早期的一本著作：Howard Markel, *The Kelloggs: The Battling Brothers of Battle Creek* (New York: Pantheon, 2017), 298-321。

3. 高尔顿还提出了"后天 vs. 先天"这种说法。他和查尔斯·达尔文都是伯明翰医生伊拉斯谟·达尔文的孙子。See Francis Galton, *Inquiries into Human Faculty and its Development* (London: Macmillan, 1883), 17, 24-25, 44; Francis Galton, *Hereditary Genius: An Inquiry into its Laws and Consequences* (London: Macmillan, 1869); Francis Galton, "On Men of Science: Their Nature and Their Nurture," *Proceedings of the Royal Institution of Great Britain* 7 (1874): 227-236.

4. Howard Markel, *Quarantine*: *East European Jewish Immigrants and the New York City Epidemics of 1892* (Baltimore: Johns Hopkins University Press, 1997), 179–182; Howard Markel, *When Germs Travel*: *Six Major Epidemics That Invaded America Since 1900 and the Fears They Unleashed* (New York: Pantheon, 2004), 34–36; Kenneth M. Ludmerer, *Genetics and American Society*: *A Historical Appraisal* (Baltimore: Johns Hopkins University Press, 1972), 87–119.

5. Public Law 68–139, enacted by the 68th U. S. Congress; John Higham, *Strangers in the Land*: *Patterns of American Nativism*, *1860–1925* (New York: Atheneum, 1963), 152; Barbara M. Solomon, *Ancestors and Immigrants*: *A Changing New England Tradition* (Cambridge, MA: Harvard University Press, 1956); Markel, *Quarantine*, 1–12, 66–67, 75–98, 133–152, 163–178, 181–185; Markel, *When Germs Travel*, 9–10, 35–36, 56, 87–89, 96–97, 102–103.

6. Charles E. Rosenberg, "Charles Benedict Davenport and the Irony of American Eugenics," in *No Other Gods*: *On Science and American Social Thought* (Baltimore: Johns Hopkins University, Press, 1976), 89–97; Garland E. Allen, "The Eugenics Record Office at Cold Spring Harbor, 1910–1940: An Essay in Institutional History," *OSIRIS* (second series) 2 (1986): 225–264; Oscar Riddle, "Biographical Memoir of Charles B. Davenport, 1866–1944," *Biographical Memoirs*, vol. 25 (Washington, DC: National Academy of Sciences of the United States of America, 1947).

7. 多年来，詹姆斯·沃森曾多次公开发表种族主义言论，称黑人从内在基因的角度讲不如白人聪明，尽管没有任何科学证据。最近，这些令人厌恶的观点在美国公共广播系统制作的《美国大师》的其中一集中再次出现。See Amy Harmon, "For James Watson, the Price Was Exile," *New York Times*, January 1, 2019, D1; "Decoding Watson," *American Masters*, PBS, January 2, 2019, http://www.pbs.org/wnet/americanmasters/american-masters-decoding-watson-full-film/10923/? button=fullepisode.

8. Rosenberg, *No Other Gods*, 91.

9. Charles B. Davenport, "Report of the Committee on Eugenics," *American Breeders Magazine* 1 (1910): 129.

10. Letter from C. B. Davenport to Madison Grant, April 7, 1922, Charles B. Davenport Papers, American Philosophical Society, Philadelphia, cited in Rosenberg, *No Other Gods*, 95–96.

11. Madison Grant, *The Passing of the Great Race*, *or The Racial Basis of*

438

European History (New York: Charles Scribner's Sons, 1916); Jacob H. Landman, *Human Sterilization: The History of the Sexual Sterilization Movement* (New York: Macmillan, 1932); Harry H. Laughlin, *Eugenical Sterilization in the United States* (Chicago: Municipal Court of Chicago, 1932); Paul Lombardo, *Three Generations, No Imbeciles: Eugenics, the Supreme Court, and Buck v. Bell* (Baltimore: Johns Hopkins University Press, 2010); Adam Cohen, *Imbeciles: The Supreme Court, American Eugenics and the Sterilization of Carrie Buck* (New York: Penguin, 2016); Daniel Kevles, *In the Name of Eugenics: Genetics and the Uses of Human Heredity* (New York: Knopf, 1985), 96–112. 更难以计算的是希特勒的 "最终解决方案" 中被杀害的成千上万的同性恋者、残疾人、"吉普赛人" 和其他 "所谓" 有缺陷之人的具体数量。See U.S. Holocaust Museum, "Documenting the Numbers of Victims of the Holocaust and Nazi Persecution," https://encyclopedia.ushmm.org/content/en/article/documenting-numbers-of-victims-of-the-holocaust-and-nazi-persecution.

12. Archibald Garrod, *Garrod's Inborn Factors in Disease: Including an annotated facsimile reprint of The Inborn Factors in Disease* (New York: Oxford University Press, 1989); Thomas Hunt Morgan, "The Theory of the Gene," *American Naturalist* 51 (1917): 513–544; T. H. Morgan, A. H. Sturtevant, H. J. Muller, and C. B. Bridges, *The Mechanism of Mendelian Heredity*, revised ed. (New York: Henry Holt, 1922); T. H. Morgan, "Sex-linked Inheritance in Drosophila," *Science* 32, no. 812 (1910); 120–122; T. H. Morgan and C. B. Bridges, *Sex-linked Inheritance in Drosophila* (Washington, DC: Carnegie Institution of Washington/Press of Gibson Brothers, 1916). 关于这个时代人口遗传学的例子见: Raymond Pearl, *Modes of Research in Genetics* (New York: Macmillan, 1915)。

13. Matt Ridley, *Francis Crick: Discoverer of the Genetic Code* (New York: Harper Perennial, 2006), 33.

14. George W. Corner, *A History of the Rockefeller Institute, 1901-1953: Origins and Growth* (New York: Rockefeller Institute Press, 1964); E. R. Brown, *Rockefeller Medicine Men: Medicine and Capitalism in America* (Berkeley: University of California Press, 1979).

15. Howard Markel, "The Principles and Practice of Medicine: How a Textbook, a Former Baptist Minister, and an Oil Tycoon Shaped the Modern American Medical and Public Health Industrial-Research Complex," *Journal of the*

American Medical Association 299, no. 10 (2008): 1199-1201; Ron Chernow, *Titan: The Life of John D. Rockefeller* (New York: Random House, 1998), 470-479.

16. René Dubos, *The Professor, the Institute and DNA* (New York: Rockefeller University Press, 1976), 10, 161-179.

17. Robert D. Grove and Alice M. Hetzel, *Vital Statistics in the United States, 1940-1960*, U. S. Department of Health, Education and Welfare, Public Health Service, National Center for Health Statistics (Washington, DC: Government Printing Office, 1968), 92.

18. Frederick Griffith, "The Significance of *Pneumococcal* Types," *Journal of Hygiene* 27, no. 2 (1928): 113-159.

19. M. H. Dawson, "The transformation of *pneumococcal* types. I. The Conversion of R forms of *Pneumococcus* into S forms of the homologous type," *Journal of Experimental Medicine* 51, no. 1 (1930): 99-122; M. H. Dawson, "The Transformation of *Pneumococcal* Types. II. The interconvertibility of type-specific S *pneumococci* ," *Journal of Experimental Medicine* 51, no. 1 (1930): 123-147; M. H. Dawson and R. H. Sia, "*In vitro* transformation of *Pneumococcal* types. I. A technique for inducing transformation of *Pneumococcal* types *in vitro* ," *Journal of Experimental Medicine* 54, no. 5 (1931): 681-699; M. H. Dawson and R. H. Sia, "*In vitro* transformation of *Pneumococcal* types. II. The nature of the factor responsible for the transformation of *Pneumococcal* types," *Journal of Experimental Medicine* 54, no. 5 (1931): 701-710; J. L. Alloway, "The transformation *in vitro* of R *Pneumococci* into S forms of different specific types by the use of filtered *Pneumococcus* extracts," *Journal of Experimental Medicine* 55 No. 1 (1932): 91-99; J. L. Alloway, "Further observations on the use of *Pneumococcus* extracts in effecting transformation of type *in vitro* ," *Journal of Experimental Medicine* 57, no. 2 (1933): 265-278.

20. 艾弗里曾在 1932 年、1933 年、1934 年、1935 年、1936 年、1937 年、1938 年、1939 年、1942 年、1945 年、1946 年、1947 年和 1948 年十三次获得提名，但终未获奖。See "List of Individuals Proposing Oswald Avery and others for the Nobel Prize (1932-1948)," Oswald Avery Collection, Profiles in Science, U. S. National Library of Medicine, https://profiles.nlm.nih.gov/ps/access/CCAAFV. pdf#xml = https://profiles.nlm.nih.gov: 443/pdfhighlight? uid = CCAAFV&query = %28Nobel%2C%20Avery%29.

21. Dubos, *The Professor, the Institute and DNA*, 139.

22. Dubos, *The Professor, the Institute and DNA*, 66; Matthew Cobb, "Oswald Avery, DNA, and the Transformation of Biology," *Current Biology* 24, no. 2 (2014): R55–R60; Maclyn McCarty, *The Transforming Principle: Discovering that Genes Are Made of DNA* (New York: Norton, 1985); Maclyn McCarty, "Discovering Genes are Made of DNA," *Nature* 421 (2003): 406; Horace Freeland Judson, "Reflections on the Historiography of Molecular Biology," *Minerva* 18, no. 3 (1980): 369–421; Alan Kay, "Oswald T. Avery," in Charles C. Gillespie, ed., *Dictionary of Scientific Biography*, vol. 1 (New York: Scribner's, 1970); Charles L. Vigue, "Oswald Avery and DNA," *American Biology Teacher* 46, no. 4 (1984): 207–211; Nicholas Russell, "Oswald Avery and the Origin of Molecular Biology," *British Journal for the History of Science* 21, no. 4 (1988): 393–400; M. F. Perutz, "Co-Chairman's Remarks: Before the Double Helix," *Gene* 135 (1993): 9–13.

23. 20 世纪 50 年代，DNA 的规范术语从 "desoxyribonucleic acid" 转变为 "deoxyribonucleic acid"。勒内－杜博（René Dubos）在《教授、研究所和 DNA》第 217–220 页中摘录了这封信，引文见该书第 218–219 页。奥斯瓦尔德·艾弗里 1943 年 5 月 26 日写给罗伊·艾弗里的长达 14 页的信件原件可在纳什维尔田纳西州立图书馆和档案馆的奥斯瓦尔德·艾弗里档案册中找到，在线版见美国国家医学图书馆的奥斯瓦尔德－艾弗里科学档案册：https：//profiles. nlm. nih. gov/ps/retrieve/ResourceMetadata/CCBDBF。

24. O. T. Avery, C. M. Macleod, and M. McCarty, "Studies on the chemical nature of the substance inducing transformation of pneumococcal types: Induction of transformation by a desoxyribonucleic acid fraction isolated from *pneumococcus* Type II," *Journal of Experimental Medicine* 79, no. 2 (1944): 137–158. .

25. M. McCarty and O. T. Avery, "Studies on the chemical nature of the substance inducing transformation of pneumococcal types. II. Effect of desoxyribosenucleic on the biological activity of the transforming substance," *Journal of Experimental Medicine* 83, no. 2 (1946): 89–96; M. McCarty and O. T. Avery, "Studies on the chemical nature of the substance inducing transformation of pneumococcal types. III. An improved method for the isolation of the transforming substance and its application to *pneumococcus* types II, III, and VI," *Journal of Experimental Medicine* 83, no. 2 (1946): 97–104.

26. Cobb, "Oswald Avery, DNA, and the Transformation of Biology"; "List of

Those Attending or Participating in the ［Cold Spring Harbor on Heredity and Variation in Microorganisms］Symposium for 1946," Oswald Avery Papers, Tennessee State Public Library and Archives, Nashville.

27. H. V. Wyatt, "When Does Information Become Knowledge?," *Nature* 235 (1972): 86-89; Gunther S. Stent, "Prematurity and Uniqueness in Scientific Discovery," *Scientific American* 227, no. 6 (1972): 84-93.

28. Letter from W. T. Astbury to F. B. Hanson, October 19, 1944, Astbury Papers, University of Leeds Special Collections, Brotherton Library, (MS419, Box E. 152), quoted in Kirsten T. Hall, *The Man in the Monkeynut Coat*: *William Astbury and the Forgotten Road to the Double Helix* (Oxford: Oxford University Press, 2014); Kirsten T. Hall, "William Astbury and the Biological Significance of Nucleic Acids, 1938-1951," *Studies in History and Philosophy of Biological and Biomedical Sciences* 42 (2011): 119-128.

441

29. 卡尔卡尔坚持认为，艾弗里本应获得两项诺贝尔奖，因为他发现了抗原不一定是蛋白质，还发现了肺炎球菌：Horace Judson interview with Herman Kalckar, September 1973, 484, HFJP.

30. Cobb, "Oswald Avery, DNA, and the Transformation of Biology." Quote is cited in Joshua Lederberg Papers, U. S. National Library of Medicine, https://profiles. nlm. nih. gov/ps/retrieve/Narrative/BB/p-nid/30.

31. Joshua Lederberg, "Reply to H. V. Wyatt," *Nature* 239, no. 5369 (1972): 234. Lederberg made these assertions several times in his correspondence; see also letter from Joshua Lederberg to Maurice Wilkins, undated？1973, inquiring about Wilkins's perceptions of Avery in 1944, Oswald Avery Collection, U. S. National Library of Medicine, https://profiles. nlm. nih. gov/spotlight/cc/catalog/nlm: nlmuid-101584575X263-doc.

32. Horace Judsoninterview with Max Delbrück, July 9, 1972, HFJP.

33. 德尔布吕克与萨尔瓦多·卢里亚和阿尔弗雷德·D. 赫希分享了 1969 年诺贝尔生理学或医学奖，以表彰他们在噬菌体遗传学方面的研究成果。斜体"愚蠢"一词出现在：Judson, "Reflections on the Historiography of Molecular Biology," 386, 也见：Horace Judson interview with Max Delbrück, July 9, 1972, HFJP。

卷二　DNA 玩家俱乐部

1. Oscar Wilde, *De Profundi* s (New York: G. P. Putnam's Sons, 1905), 63.

第四章　带我去卡文迪许实验室

1. James D. Watson, *The Double Helix: A Personal Account of the Discovery of the Structure of DNA* , edited by Gunther Stent (New York: Norton, 1980), 9. 沃森还在其他章节告诉读者，他的目标是 "写一本和《了不起的盖茨比》一样好的书"; James D. Watson, *A Passion for DNA: Genes, Genomes, and Society* (Cold Spring Harbor, NY: Cold Spring Harbor Laboratory Press, 2001), 120.

2. 雅典娜神殿出版社由小阿尔弗雷德·A·克诺普夫、西蒙·迈克尔·贝西和海拉姆·海顿于 1959 年创立。See Herbert Mitgang, "Atheneum Publishers Celebrates its 25th Year," *New York Times* , December 23, 1984, 36.

3.《双螺旋》的出版争议以及哈佛大学出版社因克里克和威尔金斯策划的声势浩大的写信抗议运动而取消该书的情况进行了详细记录。见: William Lawrence Bragg Papers, RI. MS. WLB 12/3 - 12/100. Bragg wrote the introduction for the original edition。销售估计值取自: Nicholas Wade, "Twists in the Tale of the Great DNA Discovery," *New York Times* , November 13, 2012, D2。

442　　4. 关于克里克早年经历的信息见: Francis Crick, *What Mad Pursuit: A Personal View of Scientific Discovery* (New York: Basic Books, 1988), 3-80; the quote is on 40. See also Robert Olby, *Francis Crick: Hunter of Life's Secrets* (Cold Spring Harbor, NY: Cold Spring Harbor Laboratory Press, 2009); Matt Ridley, *Francis Crick: Discoverer of the Genetic Code* (New York: Harper Perennial, 2006); Mark S. Bretscher and Graeme Mitchison, "Francis Harry Compton Crick, O. M. , 8 June 1916-28 July 2004," *Biographical Memoirs of Fellows of the Royal Society* 63 (2017): 159-196。

5. Horace W. Davenport, "The Apology of a Second - Class Man," *Annual Review of Physiology* 47 (1985): 1-14.

6. Crick, *What Mad Pursuit* , 13.

7. "在第二次世界大战期间英国埋设的 236000 枚地雷中，有三分之一属于非接触式地雷，即磁性地雷或声波地雷": Olby, *Francis Crick* , 53-54. See also Science Museum, "Naval Mining and Degaussing: Catalogue of an Exhibition of British and German Material Used in 1939-1954 (London: His Majesty's Stationery Office, 1946), iv; and Crick, *What Mad Pursuit* , 15。

8. Ridley, *Francis Crick* , 13.

9. Olby, *Francis Crick* , 62; Crick, *What Mad Pursuit* , 15.

10. 引文摘自: Crick, *What Mad Pursuit* , 18. See also Linus Pauling, *The*

Nature of the Chemical Bond and the Structure of Molecules and Crystals: An Introduction to Modern Structural Chemistry (Ithaca, NY: Cornell University Press, 1939); Cyril Hinshelwood, *The Chemical Kinetics of the Bacterial Cell* (Oxford: Clarendon Press, 1946); Edgar D. Adrian, *The Mechanism of Nervous Action: Electrical Studies of the Neurone* (Philadelphia: University of Pennsylvania Press, 1932)。新舍伍德获得了 1956 年诺贝尔生理学或医学奖，阿德里安勋爵与查尔斯·谢林顿分享了 1932 年诺贝尔生理学或医学奖。

11. Ridley, *Francis Crick*, 23.

12. Crick, *What Mad Pursuit*, 15.

13. V. V. Ogryzko, "Erwin Schrödinger, Francis Crick, and epigenetic stability," *Biology Direct* 3 (April 17, 2008): 15, doi: 10. 1186/1745 – 6150 – 3 – 15.

14. Crick, *What Mad Pursuit*, 19 – 23; Brenda Maddox, *Rosalind Franklin: The Dark Lady of DNA* (New York: HarperCollins, 2002), 105.

15. 弗朗西斯-克里克 1947 年 7 月 7 日的研究方法培训奖学金申请书见: Medical Research Council, Francis Crick Personal File, FD21/13, British National Archives; Olby, *Francis Crick*, 69–90; Ridley, *Francis Crick*, 26。

16. H. H. Dale, "Edward Mellanby, 1884 – 1955," *Biographical Memoirs of Fellows of the Royal Society* 1 (1955): 192–222.

17. Crick, *What Mad Pursuit*, 19.

18. 梅兰比与克里克 1947 年 7 月 7 日的会面备忘录见: Medical Research Council, Francis Crick Personal File, FD21/13, British National Archives; Olby, *Francis Crick*, 69。

19. Papers of the Strangeways Laboratory, Cambridge Research Hospital, 1901–1999, PP/HBF, Honor Fell Papers, Wellcome Library, London; L. A. Hall, "The Strangeways Research Laboratory: Archives in the Contemporary Medical Archives Centre," *Medical History* 40, no. 2 (1996): 231–238.

20. Crick, *What Mad Pursuit*, 22; F. H. C. Crick and A. F. W. Hughes, "The Physical properties of cytoplasm. A Study by means of the magnetic particle method. Part I. Experimental," *Experimental Cell Research 1* (1950): 3–90; F. H. C. Crick, "The Physical properties of cytoplasm. A Study by means of the magnetic particle method. Part II. Theoretical Treatment," *Experimental Cell Research 1* (1950): 505–533.

21. Crick, *What Mad Pursuit*, 22.

22. Olby, *Francis Crick*, 147.

23. Francis Crick, "Polypeptides and proteins：X－ray studies," PhD dissertation, Gonville and Caius College, University of Cambridge, submitted on July 1953, FCP, PPCRI/F/2, https：//wellcomelibrary. org/item/b18184534.

24. Crick, *What Mad Pursuit*, 40.

25. 我非常感谢剑桥大学卡文迪许物理实验室的马尔科姆·朗格尔教授（Professor Malcolm Longair）于 2018 年 2 月 19 带我参观了奥斯汀侧楼——就在奥斯汀侧楼被拆毁前几周。有关在那里开展的极其重要工作的背景，请参阅：Malcolm Longair, *Maxwell's Enduring Legacy：A Scientific History of the Cavendish Laboratory*（Cambridge：Cambridge University Press, 2016）；J. G. Crowther, *The Cavendish Laboratory, 1874 - 1974*（New York：Science History Publications, 1974）；Thomas C. Fitzpatrick, *A History of the Cavendish Laboratory, 1871- 1910*（London：Longmans, Green and Co. , 1910）；Dong－Won Kim, *Leadership and Creativity：A History of the Cavendish Laboratory 1871 - 1919*（Dordrecht, The Netherlands：Kluwer Academic Publishers, 2002）；John Finch, *A Nobel Fellow on Every Floor：A History of the Medical Research Council Laboratory of Molecular Biology*（Cambridge：MRC/LMB, 2008）；Egon Larsen, *The Cavendish Laboratory：Nursery of Genius*（London：Franklin Watts, 1952）；Alexander Wood, *The Cavendish Laboratory*（Cambridge：Cambridge University Press, 1946）；Basil Mahon, *The Man Who Changed Everything：The Life of James Clerk Maxwell*（Chichester, UK：John Wiley and Sons, 2004）。

26. 詹姆斯·克拉克·麦克斯韦写给 L. 坎贝尔的信，引自：Lewis Campbell and William Garnet, *The Life of James Clerk Maxwell, with a selection from his correspondence and occasional writings and a sketch of his contributions to science*（London：Macmillan, 1882）, 178。

27. Mahon, *The Man Who Changed Everything.*

28. Longair, *Maxwell's Enduring Legacy*, 55-60.

29. "前进吧，基督教战士，"为萨宾·巴林·古尔德作词（1865 年），阿瑟·沙利文作曲（1872 年）的歌曲中的歌词，见：Ivan L. Bennett, ed. , *The Hymnal Army and Navy*（Washington, DC：Government Printing Office, 1942）, 414。

30. Longair, *Maxwell's Enduring Legacy*, 255-318.

31. 威廉·亨利·布拉格曾担任过多个职位，包括 1909-1918 年利兹大学卡文迪许物理学教授和 1923-1942 年伦敦皇家学会所所长。布拉格矿就是以他的名字命名的，见：A. M. Glazer and Patience Thomson, eds., *Crystal Clear: The Autobiographies of Sir Lawrence and Lady Bragg* (Oxford: Oxford University Press, 2015); John Jenkin, *William and Lawrence Bragg, Father and Son: The Most Extraordinary Collaboration in Science* (Oxford: Oxford University Press, 2008); André Authier, *Early Days of X-ray Crystallography* (Oxford: Oxford University Press/International Union of Crystallography Book Series, 2013); Anthony Kelly, "Lawrence Bragg's interest in the deformation of metals and 1950–1953 in the Cavendish—a worm's-eye view," *Acta Crystallographica* A69 (2013): 16–24; Edward Neville Da Costa Andrade and Kathleen Yardley Londsale, "William Henry Bragg, 1862–1942," *Biographical Memoirs of Fellows of the Royal Society* 4 (1943): 276–300; David Chilton Phillips, "William Lawrence Bragg, 31 March 1890–1 July 1971. Elected F. R. S. 1921," *Biographical Memoirs of Fellows of the Royal Society* 25 (1979): 75–142。

32. Chilton Phillips, "William Lawrence Bragg."

33. "Cavendish Laboratory, Cambridge, Benefaction by Sir Herbert Austin, K. B. E. ," editorial, *Nature* 137, no. 3471 (May 9, 1936): 765–766; "Cavendish Laboratory: The Austin Wing," editorial, *Nature* 158, no. 4005 (August 3, 1946): 160; W. L. Bragg, "The Austin Wing of the Cavendish Laboratory," *Nature* 158, no. 4010 (September 7, 1946): 326–327. 后来，布拉格又募集了许多其他资助，其中包括用于建造新回旋加速器的 3.7 万英镑，以及用于在奥斯汀楼和原有两侧楼之间建造一座连接建筑的 10 万英镑。

34. Adam Smithinterview with James D. Watson, December 10, 2012, https://old.nobelprize.org/nobel_prizes/medicine/laureates/1962/watson-interview.html.

35. Anne Sayre interview with Francis Crick, June 16, 1970, ASP, box 2, folder 9.

36. Angus Wilson, "Critique of the Prizewinners," typescript for article in *The Queen*, January 2, 1963, FCP, PP/CRI/I/2/4, box 102.

37. Olby, *Francis Crick*, 108–109.

38. Crick, *What Mad Pursuit*, 50.

39. Murray Sayle, "The Race to Find the Secret of Life," *Sunday Times*, May 5, 1968, 49–50. 布拉格后来否认了沃森对他与克里克之间关系的多数说法，并称沃森的许多回忆是"纯粹的臆想"。见：Horace Judsoninterview with William Lawrence Bragg, January 28, 1971, HFJP。

40. 作者于 2018 年 7 月 23 日对沃森的采访（编号 1）

第五章　第三个人

1. "第三个人" 的说法源于威尔金斯的回忆录《双螺旋的第三个人》（牛津：牛津大学出版社，2003 年）。同名电影《第三个人》（1949 年）是一部著名的英国黑色电影，由卡罗尔·里德执导，格雷厄姆·格林编剧，大卫·O. 塞尔兹尼克监制，约瑟夫·科滕和奥逊·威尔斯主演。在这部影片中，有三个人目睹了一起神秘的谋杀案，但没有人记得第三个人是谁，也没有人知道他去了哪里。影片最后，第三个人被揭穿——他就是由奥逊·威尔斯饰演的大反派哈利·莱姆。

2. Horace Freeland Judson, *The Eighth Day of Creation: Makers of the Revolution in Biology* (Cold Spring Harbor, NY: Cold Spring Harbor Laboratory Press, 2013), 9.

3. Wilkins, *The Third Man of the Double Helix*, 112, 113, 150.

4. Anne Sayre interview with Maurice Wilkins, June 15, 1970, ASP, box 4, folder 32.

5. Steven Rose interview with Maurice Wilkins, "National Life Stories. Leaders of National Life. Professor Maurice Wilkins, FRS," C408/017 (London: British Library, 1990).

6. Anne Sayre interview with Maurice Wilkins, June 15, 1970.

7. Anne Sayre interview with Francis Crick, June 16, 1970, ASP, box 2, folder 9.

8. Wilkins, *The Third Man of the Double Helix*; Struther Arnott, T. W. B. Kibble, and Tim Shallice, "Maurice Hugh Frederick Wilkins, 15 December 1916–5 October 2004; Elected FRS 1959," *Biographical Memoirs of Fellows of the Royal Society* 52 (2006): 455–478; Steven Rose interview with Maurice Wilkins.

9. Wilkins, *The Third Man of the Double Helix*, 6–7.

10. Wilkins, *The Third Man of the Double Helix*, 16–17.

11. Wilkins, *The Third Man of the Double Helix*, 17–18.

12. Wilkins, *The Third Man of the Double Helix*, 19.

13. Edgar H. Wilkins, *Medical Inspection of School Children* (London: Balliere, Tindall and Cox, 1952).

14. Wilkins, *The Third Man of the Double Helix*, 31–32.

15. Eric Hobsbawm, "Bernal at Birkbeck," in Brenda Swann and Francis Aprahamian, eds., *J. D. Bernal: A Life in Science and Politics* (London: Verso,

1999）, 235 - 254; Maurice Goldsmith, *Sage: A Life of J. D. Bernal* (London: Hutchinson, 1980）; Andrew Brown, *J. D. Bernal: The Sage of Science* (Oxford: Oxford University Press, 2005） .

16. Wilkins, *The Third Man of the Double Helix* , 41.

17. Wilkins, *The Third Man of the Double Helix* , 42.

18. Horace Judson interview with Maurice Wilkins, September 1975, 145, HFJP.

19. Steven Rose interview with Maurice Wilkins, 81.

20. Wilkins, *The Third Man of the Double Helix*, 44.

21. Wilkins, *The Third Man of the Double Helix*, 48.

22. Wilkins, *The Third Man of the Double Helix*, 48.

23. Wilkins, *The Third Man of the Double Helix*, 49.

24. M. H. F. Wilkins, "John Turton Randall, 23 March 1905-16 June 1984, Elected F. R. S. 1946," *Biographical Memoirs of Fellows of the Royal Society* 33 (1987）: 493-535.

25. Wilkins, *The Third Man of the Double Helix* , 50, 100.

26. Wilkins, *The Third Man of the Double Helix*, 100.

27. Wilkins, *The Third Man of the Double Helix*, 101.

28. M. H. F. Wilkins, "*Phosphorescence Decay Laws and Electronic Processes in Solids*," PhD thesis, *University of Birmingham, 1940*; G. F. G. Garlick and M. H. F. Wilkins, "*Short Period Phosphorescence and Electron Traps*," *Proceedings of the Royal Society A: Mathematical, Physical and Engineering Sciences184, no. 999* (1945）: *408 - 433*; J. T. Randall and M. H. F. Wilkins, "*Phosphorescence and Electron Traps. I. The Study of Trap Distributions*," *Proceedings of the Royal Society A: Mathematical, Physical and Engineering Sciences 184, no. 999* (1945）: *365 - 389*; J. T. Randall and M. H. F. Wilkins, "*Phosphorescence and Electron Traps. II. The Interpretation of Long - Period Phosphorescence*," *Proceedings of the Royal Society A: Mathematical, Physical and Engineering Sciences 184, no. 999* (1945）: *390-407*; J. T. Randall and M. H. F. Wilkins, "*The Phosphorescence of Various Solids*," *Proceedings of the Royal Society A: Mathematical, Physical and Engineering Sciences 184, no. 999* (1945）: *347-364*.

29. Wilkins, *The Third Man of the Double Helix* , 68.

30. Wilkins, *The Third Man of the Double Helix* , 65.

31. Wilkins, *The Third Man of the Double Helix* , 65.

446

32. Angela Hind, "The Briefcase 'That Changed the World'," *BBC News/ Science*, February 5, 2007, http://news. bbc. co. uk/2/hi/science/nature/ 6331897. stm.

33. Wilkins, *The Third Man of the Double Helix*, 71-72.

34. Steven Rose interview with Maurice Wilkins, 81.

35. Wilkins, *The Third Man of the Double Helix*, 72.

36. 1953 年 8 月 7 日，"D. L. 斯图尔特下达的内政部秘密搜查令"，该搜查令允许在威尔金斯的新住址搜查他的邮件。他的电话也被窃听，见关于威尔金斯的 M15 档案。转引自：James D. Watson, *The Annotated and Illustrated Double Helix*, edited by Alexander Gann and Jan Witkowski (New York: Simon and Schuster, 2012), 123。

37. Wilkins, *The Third Man of the Double Helix*, 86.

38. Wilkins, *The Third Man of the Double Helix*, 86.

39. Letter from Maurice Wilkins to John Randall, August 2, 1945, JRP, RNDL File 3/3/4 "One Man's Science."

40. Steven Rose interview with Maurice Wilkins, 95.

41. Wilkins, *The Third Man of the Double Helix*, 84.

42. Steven Rose interview with Maurice Wilkins, 95.

43. Naomi Attar, "Raymond Gosling: The Man Who Crystalized Genes," *Genome Biology* 14 (2013): 402-14, quote is on 403.

44. 据称，"分子生物学" 这个术语是由洛克菲勒基金会自然科学部主任沃伦·韦弗于 1938 年创造的。See Warren Weaver, "Molecular Biology: Origins of the Term," *Science* 170 (1970): 591-592.

45. Wilkins, *The Third Man of the Double Helix*, 99.

46. "Engineering, Physics and Biophysics at King's College, London, New Building," editorial, *Nature* 170, no. 4320 (August 16, 1952): 261-263. 该研究小组的研究计划、醋酸纤维幻灯片、论文和出版物可在伦敦国王学院生物物理系档案、档案和特别收藏中找到，KDBP 1/1-10；2/1-8；3/1-3；4/1-71；5/1-3。

47. "The Strand Quadrangle Redevelopment: History of the Quad," King's College, London, website, https://www. kclac. uk/aboutkings/orgstructure/ps/ estates/quad-hub-2/history-of-the-quad.

48. Wilkins, *The Third Man of the Double Helix*, 111-112.

49. Wilkins, *The Third Man of the Double Helix*, 106.

50. Wilkins, *The Third Man of the Double Helix* , 101, 106.

51. Wilkins, *The Third Man of the Double Helix* , 106-107, 135, 142; Brenda Maddox, *Rosalind Franklin: The Dark Lady of DNA* (New York: HarperCollins, 2002), 156; Matthias Meili, "Signer's Gift: Rudolf Signer and DNA," *Chimia* 57, no. 11 (2003): 734-740; Tonja Koeppel interview with Rudolf Signer, September 30, 1986, Beckman Center for the History of Chemistry (Philadelphia: Chemical Heritage Foundation, Oral History Transcript no. 0056); Attar, " Raymond Gosling," 402.

第六章　柔弱如海葵之叶

1. Letter from Anne Sayre to Muriel Franklin, February 5, 1970, ASP, box 2, folder 15. 1.

2. 2008 年 6 月 11 日沃森写给格林的信。格林授权引述。

3. Brenda Maddox, *Rosalind Franklin: The Dark Lady of DNA* (New York: HarperCollins, 2002); Anne Sayre, *Rosalind Franklin and DNA* (New York: Norton, 1975); J. D. Bernal, " Dr. Rosalind E. Franklin," *Nature* 182 (1958): 154; Jenifer Glynn, *My Sister Rosalind Franklin: A Family Memoir* (Oxford: Oxford University Press, 2012); Jenifer Glynn, "Rosalind Franklin, Fifty Years On," *Notes and Records of the Royal Society* 62 (2008): 253 - 255; Jenifer Glynn, " Rosalind Franklin, 1920 - 1958," in Edward Shils and Carmen Blacker, eds. , *Cambridge Women: Twelve Portraits* (Cambridge: Cambridge University Press, 1996), 267-282; Arthur Ellis Franklin, *Records of the Franklin Family and Collaterals* (London: George Routledge and Sons, 1915, printed for private circulation); Muriel Franklin, "Rosalind," privately printed obituary pamphlet, RFP, " Articles and Obituaries," FRKN 6/6.

4. 作者于 2018 年 7 月 25 日对沃森的采访（编号 3）。

5. Franklin, *Records of the Franklin Family and Collaterals* , 4. 弗兰克林家族的银行公司"A. 凯瑟公司"专门从事美国铁路债券业务。该公司于 1902 年收购了乔治·劳特利奇出版社，并于 1911 年收购了凯根·保罗出版社。这两家公司多年来雇用了弗兰克林家中许多人。

6. "魔像"的故事讲述了一个以拉比·勒韦为原型的拉比用泥土造人，却无法控制自己作品的故事。在某些故事版本中，魔像会疯狂杀人。See Friedrich Korn, *Der Jüdische Gil Blas* (Leipzig: Friese, 1834); Gustave Meyrink, *The Golem* (London: Victor Gollancz, 1928); Chayim Bloch, *The Golem: Legends*

of the Ghetto of Prague (Vienna: John N. Vernay, 1925); Mary Shelley, *Frankenstein, or The Modern Prometheus* (London: Lackington, Hughes, Harding, Mavor and Jones, 1818) .

7. Chaim Bermant, *The Cousinhood: The Anglo - Jewish Gentry* (New York: Macmillan, 1971), 1.

8. (The Right Honorable Viscount) Herbert Samuel, "The Future of Palestine," January 15, 1915, CAB (Cabinet Office Archives), British National Archives, 37/123/43; Bernard Wasserman, *Herbert Samuel: A Political Life* (Oxford: Clarendon Press, 1992) .

9. Letter from Muriel Franklin to Anne Sayre, November 23, 1969, ASP, box 2, folder 15. 1.

10. he five Franklin children were David, b. 1919; Rosalind, b. 1920; Colin, b. 1923; Roland, b. 1926; and Jenifer, b. 1929. See Helen Franklin Bentwich, *Tidings from Zion: Helen Bentwich's Letters from Jerusalem, 1919-1931* (London: I. B. Tauris and European Jewish Publication Society, 2000), 147; Helen Franklin Bentwich, *If I Forget Thee: Some Chapters of Autobiography, 1912-1920* (London: Elek for the Friends of the Hebrew University of Jerusalem, 1973); Maddox, *Rosalind Franklin* , 15. See also Norman Bentwich, *The Jews in Our Time: The Development of Jewish Life in the Modern World* (London: Penguin, 1960); Norman and Helen Bentwich, *Mandate Memories, 1918-1948: From the Balfour Declaration to the Establishment of Israel* (New York: Schocken, 1965) .

11. Letter from Muriel Franklin to Anne Sayre, July 10, 1970, ASP, box 2, folder 15. 1.

12. Letter from Colin Franklin to Jenifer Glynn, quoted in Glynn, *My Sister Rosalind Franklin* , 26.

13. Muriel Franklin, "Rosalind," 4.

14. Muriel Franklin, "Rosalind," 3.

15. Sayre, *Rosalind Franklin and DNA* , 39.

16. Maddox, *Rosalind Franklin* , 18.

17. J. F. C. Harrison, *A History of the Working Men's College, 1854 - 1954* (London: Routledge and Kegan Paul, 1954), 157, 164, 168.

18. Muriel Franklin, *Portrait of Ellis* (London: Willmer Brothers, 1964, printed for private circulation); Maddox, *Rosalind Franklin* , 5.

19. George Orwell, "Anti-Semitism in Britain," *Contemporary Jewish Record* ,

April 1945, reprinted in George Orwell, *Essays* (New York: Everyman's Library/ Knopf, 2002), 847–856.

20. 圣保罗学校由伦敦市的特许商会"可敬的布商公会"管理。这是一个面向普通商人,特别是羊毛出口商和天鹅绒、丝绸及其他奢华织物进口商的行业协会。无独有偶,许多盎格鲁犹太人也从事服装和纺织品生意。Maddox, *Rosalind Franklin*, 21 – 42; "Notes on the Opening of the Rosalind Franklin Workshop at St. Paul's Girls School, February 1988" and *Paulina* (St. Paul's Girls School yearbook), 1988, AKP, 2/6/2/4.

21. Maddox, *Rosalind Franklin*, 24.

22. Maddox, *Rosalind Franklin*, 33.

23. Elisabeth Leedham-Green, *A Concise History of the University of Cambridge* (Cambridge: Cambridge University Press, 1996). 如今,剑桥仅剩五所女子学院(Girton、Newnham、Hughes Hall、Murray Edwards 和 Lucy Cavendish),其余学院均为男女同校。

24. Letter from Rosalind Franklin to Muriel and Ellis Franklin, January 20, 1939, ASP, box 3, folder 1; Maddox, *Rosalind Franklin*, 48.

25. Philippa Strachey, *Memorandum on the Position of English Women in Relation to that of English Men* (Westminster: London and National Society for Women's Service, 1935); Virginia Woolf, *Three Guineas* (New York: Harcourt, 1938), 30–31; Maddox. *Rosalind Franklin*, 44.

26. Virginia Woolf, *A Room of One's Own* (London: Hogarth Press, 1929), 6.

27. Letter from Rosalind Franklin to Muriel and Ellis Franklin, "Saturday, 7 Mill Road, undated," cited in Maddox, *Rosalind Franklin*, 72; Virginia Woolf, *To the Lighthouse* (London: Hogarth Press, 1927).

28. Woolf, *Three Guineas*, 17–18.

29. Letter from Rosalind Franklin to Muriel and Ellis Franklin, October 26, 1939, ASP, box 3, folder 1.

30. Letter from Rosalind Franklin to Muriel and Ellis Franklin, November 25, 1940, ASP, box 3, folder 1.

31. Letter from Rosalind Franklin to Muriel and Ellis Franklin, February 18, 1940, ASP, box 3, folder 1.

32. Letters from Rosalind Franklin to Muriel and Ellis Franklin, July 12, 1940, and February 7, 1941, ASP, box 3, folder 1.

33. Letter from Rosalind Franklin to Muriel and Ellis Franklin, December 8,

1940, ASP, box 3, folder 1.

34. Maddox, *Rosalind Franklin*, 65-66.

35. Letter from Rosalind Franklin to Muriel and Ellis Franklin, November 25, 1940, ASP, box 3, folder 1; see also, Jenifer Glynn, *My Sister Rosalind Franklin*, 56.

36. Maddox, *Rosalind Franklin*, 65.

37. Sayre, *Rosalind Franklin and DNA*, 45 - 46; Maddox, *Rosalind Franklin*, 94.

38. Muriel Franklin, "Rosalind," 5.

39. Letter from Rosalind Franklin to Ellis Franklin, undated, probably the summer of 1940, quoted in Glynn, *My Sister Rosalind Franklin*, 61-62; Glynn, "Rosalind Franklin, 1920-1958," 272; Maddox, *Rosalind Franklin*, 60-61.

40. Sayre, *Rosalind Franklin and DNA*, 45-46.

41. Letter from Muriel Franklin to Anne Sayre, July 24, 1974, ASP, box 2, folder 15. 2.

42. Letter from Muriel Franklin to Anne Sayre, October 22, 1974, ASP, box 2, folder 15. 2.

43. Letter from Anne Sayre to Muriel Franklin, October 30, 1974, ASP, box 2, folder 15. 2.

44. Francis Crick, "How to Live with a Golden Helix," *The Sciences* 19, no 7 (September 1979): 6-9. A letter to the editor by Charlotte Friend of Mount Sinai Hospital in New York City, printed a few months later, complained, "Crick still feels the need to justify his condescension toward Rosalind Franklin": *The Sciences* 19, no. 3 (December 1979); Francis Crick, *What Mad Pursuit: A Personal View of Scientific Discovery* (New York: Basic Books, 1988), 68-69; author interview with James D. Watson (no. 3), July 25, 2018.

45. Anne Sayre interview with Gertrude "Peggy" Clark Dyche, May 31, 1977, ASP, box 7, "Post Publication Correspondence A - E"; Maddox, *Rosalind Franklin*, 306.

46. Glynn, *My Sister Rosalind Franklin*, 61. 格林告诉我："弗兰克林是个无与伦比的好伙伴。她极富幽默感，对朋友相当忠诚，对敌人则非常不留情面。「但」琐碎的话题会让她感到厌烦，她不太能容忍那些沉溺于琐碎话题的人，因为她认为人应该考虑更重要的事情，或者至少是她认为更重要的事情。" Author interview with Jenifer Glynn, May 7, 2018.

47. Rosalind Franklin, "Notebook: X-ray Crystallography II," March 7, 1939, RFP; Maddox, *Rosalind Franklin*, 55-56.

48. Letter from Sir Frederick Dainton to Anne Sayre, November 8, 1976, ASP, box 7, "Post Publication Correspondence A-E."

49. Marion Elizabeth Rodgers, *Mencken and Sara: A Life in Letters* (New York: McGraw-Hill, 1987), 29; Maddox, *Rosalind Franklin*, 68.

50. Letter from Sir Frederick Dainton to Anne Sayre, November 24, 1976, ASP, box 7, "Post Publication Correspondence A-E."

51. Letter from Anne Sayre to Sir Frederick Dainton, November 14, 1976, ASP, box 7, "Post Publication Correspondence A-E."

52. Letter from Frederick Dainton to Anne Sayre, November 8, 1976, ASP, box 7, "Post Publication Correspondence A-E."

53. J. E. Carruthers and R. G. W. Norrish, "The polymerisation of gaseous formaldehyde and acetaldehyde," *Transactions of the Faraday Society* 32 (1936): 195-208. 该学会以迈克尔·法拉第（1791-1867 年）命名，法拉第对电化学和电磁学做出了许多重要贡献。

54. Glynn, *My Sister Rosalind Franklin*, 60.

55. Glynn, *My Sister Rosalind Franklin*, 61.

56. Letter from Rosalind Franklin to Ellis Franklin, June 1, 1942, ASP, box 3, folder 1.

57. Sayre, *Rosalind Franklin and DNA*, 203.

58. D. H. Bangham and Rosalind E. Franklin, "Thermal Expansion of Coals and Carbonized Coals," *Transactions of the Faraday Society* 42 (1946): B289-94.

59. Maddox, *Rosalind Franklin*, 87-107.

60. "The X-ray Crystallography that Propelled the Race for DNA: Astbury's Pictures vs. Franklin's Photo 51," *The Pauling Blog*, July 9, 2009, https://paulingblog. wordpress. com/2009/07/09/the - X - ray - crystallography - that - propelled-the-race-for-dna-astburys-pictures-vs-franklins-photo-51/.

61. Peter J. F. Harris, "Rosalind Franklin's Work on Coal, Carbon and Graphite," *Interdisciplinary Science Reviews* 26, no. 3 (2001): 204-209.

62. Letter from Vittorio Luzzati to Anne Sayre, May 17, 1968, ASP, box 4, folder 13.

63. Maddox, *Rosalind Franklin*, 96.

64. Maddox, *Rosalind Franklin*, 93.

451

65. 马多克斯认为，已婚的梅林和"清教徒"弗兰克林之间的调情从未真正出格，只是有苗头；Maddox, Rosalind Franklin, 85, 96-97。弗兰克林的妹妹格林坚持认为，弗兰克林从未找到合适的男人，关于梅林的故事"纯属幻想"。Author interview with Jenifer Glynn, May 7, 2018.

66. Maddox, *Rosalind Franklin*, 90.

67. Letter from Vittorio Luzzati to Anne Sayre, May 17, 1968, ASP, box 4, folder 13; Robert Olby, *Francis Crick: Hunter of Life's Secrets* (Cold Spring Harbor, NY: Cold Spring Harbor Laboratory Press, 2009), 212-213, 221.

68. Anne Sayre interview with Geoffrey Brown, May 12, 1970, ASP, box 2, folder 3.

69. Maddox, *Rosalind Franklin*, 174 - 175. Maddox interviewed Brown on February 10, 2000.

70. Letter from Rosalind Franklin to Muriel and Ellis Franklin, undated, March 1950, quoted in Glynn, *My Sister Rosalind Franklin*, 108.

71. Rosalind Franklin, "Résumé and Application for Fellowship," undated, early 1950, JRP, Franklin personnel file.

72. Quotes are from letter from I. C. M. Maxwell, Secretary I. C. I. and Turner and Newall Research Fellowships Committee to John Randall, July 7, 1950; letter from John Randall to Principal, King's College, June 19, 1950; letter from Principal, King's College, to John Randall, June 20, 1950, all in JRP, RNDL 3/1/6.

73. 路易丝·海勒（Louise Heller）是这一时期国王医院的一名志愿工作者，她毕业于锡拉库扎大学，曾在田纳西州橡树岭的美国原子能机构从事健康物理学工作。Letter from John Randall to Rosalind Franklin, December 4, 1950, JRP, RNDL 3/1/6.

74. Maurice Wilkins, *The Third Man of the Double Helix* (Oxford: Oxford University Press, 2003), 128.

75. Wilkins, *The Third Man of the Double Helix*, 129.

76. James D. Watson, *The Double Helix: A Personal Account of the Discovery of the Structure of DNA*, edited by Gunther Stent (New York: Norton, 1980), 14-15.

77. Anne Sayre interview with Maurice Wilkins, June 15, 1970, 18, ASP, box 4, folder 32.

78. Letter from Maurice Wilkins to Roy Markham, February 6, 1951, MWP (Letters to Roy Markham, supplied by Robert Olby), K/PP178/3/5/11.

79. Brenda Maddox interview with Maurice Wilkins, November 4, 2000, cited in Maddox, *Rosalind Franklin*, 130; Maurice Wilkins, "Origins of DNA Research at King's College, London," in SewerynChomet, ed., *D. N. A.: Genesis of a Discovery* (London: Newman-Hemisphere, 1995), 10−26; Wilkins, *The Third Man of the Double Helix*, 126−135.

80. Wilkins, *The Third Man of the Double Helix*, 148−149.

81. Wilkins, *The Third Man of the Double Helix*, 156.

82. Anne Sayre interview with Sir John Randall, May 18, 1970, ASP, box 4, folder 27.

第七章 举世无双莱纳斯

1. 本章标题和后面的引文来自同一段话，见：James D. Watson, *The Double Helix: A Personal Account of the Discovery of the Structure of DNA*, edited by Gunther Stent (New York: Norton, 1980), 25。

2. Thomas Hager, *Force of Nature: The Life of Linus Pauling* (New York: Simon and Schuster, 1995), 207.

3. Warren Weaver, "Molecular Biology: Origin of the Term," *Science* 170 (1970): 581−582; Warren Weaver, "The Natural Sciences," in *Annual Report of the Rockefeller Foundation for 1938*, 203 − 251 (quote is on 203), https: //assets. rockefellerfoundation. org/app/uploads/20150530122134/Annual−Report−1938. pdf.

4. Hager, *Force of Nature*, 214; Linus Pauling and E. Bright Wilson, *Introduction to Quantum Mechanics With Applications to Chemistry* (New York: McGraw−Hill, 1935).

5. Horace Freeland Judson, *The Eighth Day of Creation: The Makers of the Revolution in Biology* (Cold Spring Harbor, NY: Cold Spring Harbor Laboratory Press, 1996), 60; Horace Judson interviews with Linus Pauling, March 1, 1971, and December 23, 1975, HFJP.

6. 有关鲍林的传记资料来自：Hager, *Force of Nature*; Jack D. Dunitz, *A Biographical Memoir of Linus Carl Pauling, 1901−1994* (Washington, DC: National Academy of Sciences/National Academies Press, 1997), 221 − 261; Anthony Serafini, *Linus Pauling: A Man and His Science* (St. Paul, MN: Paragon House, 1989); Ted Goertzel and Ben Goertzel, *Linus Pauling: A Life in Science and Politics* (New York: Basic Books, 1995); Clifford Mead and Thomas Hager, eds., *Linus Pauling: Scientist and Peacemaker* (Corvallis: Oregon State University Press,

2001）；Mina Carson，*Ava Helen Pauling：Partner，Activist，Visionary*（Corvallis：Oregon State University Press，2013）；Barbara Marinacci，ed.，*Linus Pauling：In His Own Words*（New York：Touchstone Books/Simon and Schuster，1995）；Chris Petersen and Cliff Mead，eds.，*The Pauling Catalogue：The Ava Helen and Linus Pauling Papers at Oregon State University*，6 vols.（Corvallis：Valley Library Special Collections，Oregon State University，2006）；Lily E. Kay，*The Molecular Vision of Life：Caltech，the Rockefeller Foundation，and the Rise of the New Biology*（New York：Oxford University Press，1993）；Richard Severo，"Linus C. Pauling Dies at 93；Chemist and Voice for Peace，"*New York Times*，August 21，1994，1A，51B。

7. 这位最好的朋友唤作"劳埃德·杰弗里斯"。Irwin Abrams，*The Nobel Peace Prize and the Laureates：An Illustrated Biographical History，1901 - 2001*（Nantucket：Science History Publications USA，2001），198.

8. Hager，*Force of Nature*，68-71.

9. 加利福尼亚理工学院由阿莫斯·G. 瑟鲁普于 1891 年创办的一所职业预科学校。学院先后被命名为"瑟鲁普大学"、"瑟鲁普理工学院（和手工培训学校）"和"瑟鲁普理工学院"。1921 年，在诺贝尔奖获得者罗伯特·米利金（Robert Millikin）的主持下，该学院扩建为加利福尼亚理工学院（1907 年，职业学校被解散，相关预科学校从中独立）。鲍林于 1963 年离开加州理工学院，因为他认为该学院无视他第二次获得诺贝尔奖的机会，起因是该学院在政治上保守地反对他直言不讳的反核和左派信仰。

10. 最初，古根海姆研究员"必须在美国以外的地方从事研究……但基金会渴望尽可能减少对研究员的限制，因此在 1941 年度资助期满后取消了这项要求"。"History of the Fellowship，" John Simon Guggenheim Memorial Foundation，https：//www. gf. org/about/history/.

11. 1925 年，鲍林申请到萨默菲尔德和玻尔研究所工作："萨默菲尔德回复了我的申请，但玻尔没有。"Pauling applied to work at both the Sommerfeld and the Bohr institutes："Sommerfield answered my letter but Bohr didn't."Linus Pauling oral history interview by John L. Greenberg，May 10，1984，11，Archives of the California Institute of Technology，Pasadena，CA.

12. Dunitz，*Biographical Memoir*，226. 鲍林以古根海姆研究员身份发表的论文题为："The theoretical prediction of the physical properties of many electron atoms and ions：Mole refraction，diamagnetic susceptibility，and extension in space，"*Proceedings of the Royal Society A：Mathematical，Physical and Engineering*

Sciences 114, no. 767 (1927): 181-211. See alsoLinus Pauling, "The Nature of the Chemical Bond: Application of Results Obtained from the Quantum Mechanics and From a Theory of Paramagnetic Susceptibility to the Structure of Molecules," *Journal of the American Chemical Society* 53, no. 4 (1931): 1367-1400; and Linus Pauling, *The Nature of the Chemical Bond and the Structure of Molecules and Crystals: An Introduction to Modern Structural Chemistry* (Ithaca, NY: Cornell University Press, 1939)。

13. 显然，鲍林与玻尔相处的时间很少，因为玻尔"一心想着更大的问题"。他在那里待了一个月后就离开了。Hager, *Force of Nature*, 131. See also Werner Heisenberg, "Preface," *The Physical Principles of the Quantum Theory*, translated by Carl Eckart and F. C. Hoyt (New York: Dover, 1950), iv.

14. Hager, *Force of Nature*, 161; Severo, "Linus C. Pauling Dies at 93."

15. Severo, "Linus C. Pauling Dies at 93."

16. W. T. Astbury and H. J. Woods, "The Molecular Weights of Proteins," *Nature* 127 (1931): 663-665; W. T. Astbury and A. Street, "X-ray studies of the structures of hair, wool and related fibers. I. General," *Philosophical Transactions of the Royal Society of LondonA 230* (March 1931): 75-101; W. T. Astbury, "Some Problems in the X-ray Analysis of the Structure of Animal Hairs and Other Protein Fibres," *Transactions of the Faraday Society* 29 (1933): 193-211; W. T. Astbury and H. J. Woods, "X-ray studies of the structures of hair, wool and related fibers. II. The molecular structure and elastic properties of hair keratin," *Philosophical Transactions of the Royal Society of LondonA* 232 (1934): 333-394; W. T. Astbury and W. A. Sisson, "X-ray Studies of the Structures of Hair, Wool and Related Fibres. III. The configuration of the keratin molecule and its orientation in the biological cell," *Philosophical Transactions of the Royal Society of LondonA* 150 (1935): 533-551.

17. Horace Judsoninterview with Linus Pauling, December 23, 1975, HFJP; see also Judson, *The Eighth Day of Creation*, 61-62.

18. L. C. Pauling, "The Structure of the Micas and Related Minerals," *Proceedings of the National Academy of Sciences* 16, no. 2 (February 1930): 123-129.

19. *Oxford English Dictionary*, 2nd edition, vol. 16 (Oxford: Oxford University Press, 1989), 730.

20. Pauling, *The Nature of the Chemical Bond*, 411.

454

21. Jack Dunitz, "The Scientific Contributions of Linus Pauling," in Clifford Mead and Thomas Hager, eds., *Linus Pauling: Scientist and Peacemaker* (Corvallis: Oregon State University Press, 2001), 78-97, quote is on 89.

22. Hager, *Force of Nature*, 282. 1987 年，鲍林写道，"在我看来，薛定谔过去和现在都没有对我们理解生命做出任何贡献"；Linus Pauling, "Schrödinger's Contribution to Chemistry and Biology," in C. W. Kilmister, ed., *Schrödinger: Centenary Celebration of a Polymath* (Cambridge: Cambridge University Press, 1987), 225-233.

23. Linus Pauling and Max Delbrück, "The Nature of the Intermolecular Operative in Biological Processes," *Science* 92, no. 2378 (1940): 77-99, quote is on 78. The typescript of this paper is in LAHPP, Manuscript Notes and Typescripts, The Race for DNA, http://scarc.library.oregonstate.edu/coll/pauling/dna/notes/1940a.5 - 03.html. See also Dunitz, "The Scientific Contributions of Linus Pauling," 8; Pascual Jordan, "BiologischeStrahlenwirkung und Physik der Gene" (Biological Radiation Effects and Physics of Genes), \ *Physikalische Zeitschrift* 39 (1938): 345-366, 711; Pascual Jordan, "Problem der spezifischenImmunität" (Problem of Specific Immunity), *Fundamenta Radiologica* 5 (1939): 43 - 56; Richard H. Beyler, "Targeting the Organism: The Scientific and Cultural Context of Pascual Jordan's Quantum Biology, 1932-1947," *Isis* 87, no. 2 (1996): 248-73; Nils Roll-Hansen, "The Application of Complementarity to Biology: From Niels Bohr to Max Delbrück," *Historical Studies in the Physical and Biological Sciences* 30, no. 2 (2000): 417-442; Daniel J. McKaughan, "The Influence of Niels Bohr on Max Delbrück," *Isis* 96, no. 4 (2005): 507 - 29; Bernard S. Strauss, "A Physicist's Quest in Biology: Max Delbrück and "Complementarity," *Genetics* 206 (2017): 641-650; James D. Watson, "Growing Up in the Phage Group," JDWP, JDW/2/3/1/38.

24. Linus Pauling, *Molecular Architecture and Processes of Life: The 21st Annual Sir Jesse Boot Foundation Lecture* (Nottingham, UK: Sir Jesse Boot Foundation, 1948), 1-13, esp. 10; see also L. C. Pauling, "Molecular Basis of Biological Specificity," *Nature* 258, no. 5451 (1974): 769-771.

25. The 美国国家卫生研究院的名字在 1948 年由 "TheNational Institute of Health" 改为 "National Institutes of Health"。Richard E. Marsh, *Robert Brainard Corey, 1897-1971: A Biographical Memoir* (Washington, DC: National Academies Press, 1997), 51-67; quote is on 55.

26. Beaumont Newhall, "The George Eastman Visiting Professor-ship at Oxford

University," *American Oxonian* 52, no. 2 (April 1965): 65-69.

27. Francis Crick, *What Mad Pursuit: A Personal View of Scientific Discovery* (New York: Basic Books, 1988), 54.

28. Linus Pauling, *Vitamin C, the Common Cold and the Flu* (New York: W. H. Freeman, 1977).

29. Thomas Hager, *Linus Pauling and the Chemistry of Life* (New York: Oxford University Press, 1998), 86.

30. Hager, *Linus Pauling*, 323–324; see also Horace Judson interview with Linus Pauling, December 23, 1975, HFJP.

31. 构成血红蛋白 β 链的 147 个氨基酸链上的第六个氨基酸是谷氨酸；在镰状细胞性贫血中，突变取代的是缬氨酸而不是谷氨酸。L. C. Pauling, H. A. Itano, S. J. Singer, and A. C. Wells, "Sickle Cell Anemia, a Molecular Disease," *Science* 110, no. 2865 (1949): 543-548. The same year, James Neel of the University Michigan, also demonstrated that sickle cell anemia is an inherited disease; James V. Neel, "The Inheritance of Sickle Cell Anemia," *Science* 110, no. 2846 (1949): 64-66.

32. Linus Pauling, "Reflections on the New Biology," UCLA Law Review 15 (February 1968): 268-272.

33. Max F. Perutz, *Science is Not a Quiet Life: Unraveling the Atomic Mechanism of Haemoglobin* (Singapore: World Scientific, 1997), 41.

34. W. L. Bragg, J. C. Kendrew, and M. F. Perutz, "Polypeptide Chain Configurations in Crystalline Proteins," *Proceedings of the Royal Society of London A: Mathematical and Physical Sciences* 203, no. 1074 (October 10, 1950), 321–357.

456

35. David Eisenberg, "The discovery of the α−helix and β−sheet, the principle structural feature of proteins," *Proceedings of the National Academy of Sciences* 100, no. 20 (September 30, 2003): 11207−11210. See also M. F. Perutz, "New X−ray Evidence on the Configuration of Polypeptide Chains: Polypeptide Chains in Poly−γ−benzyl−L−glutamate, Keratin and Hæmoglobin," *Nature* 167, no. 4261 (1951): 1053−1054; Arthur S. Edison, "Linus Pauling and the Planar Peptide Bond," *Nature Structural Biology* 8, no. 3 (2001): 201−202; California Institute of Technology press release on Pauling and Corey's protein research, September 4, 1951, LAHPP, http://scarc.library.oregonstate.edu/coll/pauling/proteins/papers/1951n.7.html.

36. 引自 Edison, "Linus Pauling and the Planar Peptide Bond." See also Linus Pauling, Robert B. Corey, and Herman R. Branson, "The structure of proteins; two hydrogen-bonded helical configurations of the polypeptide chain," *Proceedings of the National Academy of Sciences* 37, no. 4 (1951): 205 - 211; L. C. PaulingandR. B. Corey, "Atomic coordinates and structure factors for two helical configurations of polypeptide chains," *Proceedings of the National Academy of Sciences* 37, no. 5 (1951): 235 - 240; L. C. PaulingandR. B. Corey, "The structure of synthetic polypeptides," *Proceedings of the National Academy of Sciences* 37, no. 5 (1951): 241-250; L. C. Pauling and R. B. Corey, "The Pleated Sheet, A New Layer Configuration of Polypeptide Chains," *Proceedings of the National Academy of Sciences* 37, no. 5 (1951): 251 - 256; L. C. Pauling andR. B. Corey, "The structure of feather rachis keratin," *Proceedings of the National Academy of Sciences* 37, no. 5 (1951): 256 - 261; L. C. PaulingandR. B. Corey, "The Structure of Hair, Muscle, and Related Proteins," *Proceedings of the National Academy of Sciences* 37, no. 5 (1951): 261-271; L. C. PaulingandR. B. Corey, "The Structure of Fibrous Proteins of the Collagen-Gelatin Group," *Proceedings of the National Academy of Sciences* 37, no. 5 (1951): 272 - 281; L. C. PaulingandR. B. Corey, "The polypeptide-chain configuration in hemoglobin and other globular proteins," *Proceedings of the National Academy of Sciences* 37, no. 5 (1951): 282-285。

37. W. L. Bragg, "First Stages in the Analysis of Proteins," *Reports of Progress in Physics* 28 (1965): 1-16; quote is on 6-7. This is the text of his lecture to the X-ray Analysis Group, November 15, 1963.

第八章　问答小子

1. Carl Sandburg, "Chicago Poems," *Poetry* 3, no. 4 (March 1914): 191-192.

2. 本章第一句的完整版是："我是美国人，出生于芝加哥，按照我自学的自由方式做事，并将以我自己的方式创造纪录：第一个敲门，第一个被录取。" Saul Bellow, *The Adventures of Augie March* (New York: Viking, 1953), 1.

3. James D. Watson, *Avoid Boring People: Lessons from a Life in Science* (New York: Knopf, 2007), 4; author interview with James D. Watson (no. 1), July 23, 2018.

4. Watson, *Avoid Boring People*, 5.

5. Watson, *Avoid Boring People*, 5. 每年都有二十多种莺迁徙到芝加哥杰克

逊公园沃森家附近，其中最著名的是柯克兰莺。James D. Watson（Sr.），George Porter Lewis, Nathan F. Leopold, Jr., *Spring Migration Notes of the Chicago Area*, privately printed pamphlet, 1920, JDWP.

6. Friedrich Nietzsche, *Thus Spake Zarathustra*, translated by Thomas Common（New York：Modern Library/Boni and Liveright, 1917）. The novel was originally published in Germany in four parts from 1883 to 1885. 该书标题现更多被译为《查拉图斯特拉如是说》（*Thus Spoke Zarathustra*）。

7. James D. Watson, ed., *Father to Son：Truth, Reason and Decency*（Cold Spring Harbor, NY：Cold Spring Harbor Laboratory Press, 2014）, 53－87；Simon Baatz, *For the Thrill of It：Leopold, Loeb, and the Murder That Shocked Jazz Age Chicago*（New York：Harper Perennial, 2009）.

8. Watson, ed., *Father to Son*, title page.

9. Watson, *Avoid Boring People*, 6.

10. Victor K. McElheny, *Watson and DNA：Making a Scientific Revolution*（New York：Perseus, 2003）, 7.

11. James D. Watson, *Genes, Girls and Gamow：After the Double Helix*（New York：Knopf, 2002）, 118.

12. Carolyn Hong, "Focus：Newsmakers：How Beautiful It Was, This Thing Called DNA," *New Straits Times*（Malaysia）, December 1, 1995, 15.

13. David Ewing Duncan, "Discover Magazine Interview：Geneticist, James Watson," *Discover*, July 1, 2003, http：//discovermagazine.com/2003/jul/featdialogue.

14. Watson, *Avoid Boring People*, 7.

15. McElheny, *Watson and DNA*, 6－7.

16. Lee Edson, "Says Nobelist James（Double Helix）Watson：'To Hell With Being Discovered When You're Dead,'" *New York Times Magazine*, August 18, 1968, 26, 27, 31, 34.

17. 考恩后来创建了《6.4万美元有奖竞猜》电视节目，并成为哥伦比亚广播公司电视网的总裁。第二次世界大战期间，他是美国之音的总监。1964年至1965年，他的妻子宝琳是密西西比州和亚拉巴马州的主要民权活动家。1976年，他们双双死于纽约市东六十九街15号韦斯特伯里酒店公寓的一场大火，起火原因是"吸烟不慎"；"Louis Cowan, Killed with Wife in a Fire；Created Quiz Shows," *New York Times*, November 19, 1976, 1. 最初的赞助商是迈尔斯实验室生产的"阿卡塞尔兹"；后来，该节目由阿卡塞尔兹和迈尔斯实验室的另一种产品"每日"维生素片共同赞助。节目的问答主持人是乔·凯利（Joe Kelly）。See also Ruth Duskin Feldman, *Whatever Happened to the Quiz Kids: Perils and Profits of Growing Up Gifted* （Chicago: Chicago Review Press, 1982）, 10.

18. Author interview with James D. Watson（no. 4）, July 26, 2018. See also Larry Thompson, "The Man Behind the Double Helix: Gene-Buster James Watson Moves on to Biology's Biggest Challenge, Mapping Heredity," *Washington Post*, September 12, 1989, Z12; Feldman, *Whatever Happened to the Quiz Kids.*

19. McElheny, *Watson and DNA*, 8.

20. "Heads University at 30, Dean Hutchins of Yale Named U. of C. Chief, Youngest American College President," *Chicago Daily Tribune*, April 26, 1929, 1.

21. Nathaniel Comfort, "'The Spirit of the New Biology': Jim Watson and the Nobel Prize," in Christie's auction catalogue, *Dr. James Watson's Nobel Medal and Related Papers: Thursday 4 December 2014* （New York: Christie's, 2014）, 11-19; quote is on 13.

22. McElheny, *Watson and DNA*, 7.

23. Robert Olby, *The Path to the Double Helix* （Seattle: University of Washington Press, 1974）, 297. Olby interviewed Weiss for his book on April 25, 1973.

24. Interview with James D. Watson on *Talk of the Nation/Science Friday*, NPR, June 2, 2000, https://www.npr.org/templates/story/story.php? storyId = 1074946. See also James D. Watson, "Values from a Chicago Upbringing," *Annals of the New York Academy of Sciences* 758（1995）: 194-197, reprinted in James D. Watson, *A Passion for DNA: Genes, Genomes and Society* （Cold Spring Harbor, NY: Cold Spring Harbor Laboratory Press, 2001）, 3-5; 相关内容改编自 1993 年 10 月 14 日在伊利诺伊大学芝加哥分校、纽约科学院和牛津大学格林学院主办的 "双螺旋：40 年的前瞻与展望" 会议上发表的餐后演讲。See also McElheny, *Watson and DNA*, 14-16.

25. Watson, "Values from a Chicago Upbringing."

26. Watson, *Avoid Boring People*, 49.

27. Sinclair Lewis, *Arrowsmith* （New York: Harcourt, Brace, 1925）; Howard Markel, "Prescribing Arrowsmith," *New York Times Book Review*, September 24, 2000, D8.

28. Watson, "Values from a Chicago Upbringing," 5.

29. Erwin Schrödinger, *What Is Life?: The Physical Aspect of the Living Cell*,

with Mind and Matter and Autobiographical Sketches (Cambridge: Cambridge University Press, 1992), 21.

30. Letter from James Watson to his parents, November 21, 1947, WFAT, "Letters to Family, Bloomington Sept. 1947–May 1948." See also William Provine, *Sewall Wright and Evolutionary Biology* (Chicago: University of Chicago Press, 1986).

31. James D. Watson, "Winding Your Way Through DNA," video of symposium, University of California, San Francisco, September 25, 1992 (Cold Spring Harbor, NY: Cold Spring Harbor Laboratory Press, 1992); quote appears in McElheny, *Watson and DNA*, 16.

32. Salvador Luria, *A Slot Machine, a Broken Test Tube: An Autobiography* (New York: Harper and Row, 1983), 41–43.

33. Thomas Hager, *Force of Nature: The Life of Linus Pauling* (New York: Simon and Schuster, 1995), 409.

34. McElheny, *Watson and DNA*, 17–29; Watson, *Avoid Boring People*, 38–54; William C. Summers, "How Bacteriophage Came to Be Used by the Phage Group," *Journal of the History of Biology* 26, no. 2 (1993): 255–267.

35. Letter from James Watson to his parents, undated, spring 1948, WFAT, "Letters to Family, Bloomington, September 1947–May 1948."

36. Howard Markel, "Happy Birthday, Renato Dulbecco, Cancer Researcher Extraordinaire," *PBS NewsHour*, February 22, 2014, https://www. pbs. org/ newshour/health/happy – birthday – renato – dulbecco – cancer – researcher – extraordinaire.

37. Watson, *Avoid Boring People*, 40–41; James H. Jones, *Alfred Kinsey: A Public/Private Life* (New York: Norton, 1997); Jonathan Gathorne-Hardy, *Sex the Measure of All Things: A Life of Alfred C. Kinsey* (Bloomington: Indiana University Press, 1998).

38. 印第安纳州队在 1947 赛季的表现非常糟糕；该队在九大联盟中与爱荷华队并列第六名，九大联盟在 1946 年因芝加哥大学退出而丧失了其标志性的"十大"名号。芝加哥大学于 1939 年终止了橄榄球项目。尽管印第安纳篮球队在 1947–1948 赛季只获得了第八名的成绩，但吉姆更喜欢印第安纳篮球队的比赛。Watson, *Avoid Boring People*, 45；几年后，沃森在哥本哈根进行博士后研究时，给父母写了一封信："我怀念布卢明顿的篮球比赛"；letter from James D. Watson to his parents, December 13, 1950, WFAT, "Letters to Family,

459

Copenhagen, Fall–Dec. 1950"。

39. Letter from James D. Watson to his parents, undated, fall 1947, WFAT, "Letters to Family, Bloomington Sept. 1947–May 1948."拉蒙特·科尔是著名的进化生物学家和生态学家，先后就读于芝加哥大学、印第安纳大学和康奈尔大学。他是沃森1947–1948年在印第安纳大学读书时的老师之一。See Gregory E. Blomquist, "Population Regulation and the Life History Studies of LaMont Cole," *History and Philosophy of the Life Sciences* 29, no. 4 (2007): 495–516.

40. Letter from James D. Watson to his parents, November 21, 1947, WFAT, "Letters to Family, Bloomington Sept. 1947–May 1948."

41. Letter from James D. Watson to his parents, November 21, 1947, WFAT, "Letters to Family, Bloomington Sept. 1947–May 1948."

42. James D. Watson, "Growing Up in the Phage Group," in John Cairns, Gunther S. Stent, and James D. Watson, eds., *Phage and the Origins of Molecular Biology* (1966; Cold Spring Harbor, NY: Cold Spring Harbor Laboratory Press, 2007), pp. 239–245, quote is on 239. （此文也见：Watson, *A Passion for DNA*, 7–15.）See also James D. Watson, "Lectures on Microbial Genetics–Sonneborn (Fall Term, 1948)," JDWP, JDW/2/6/1/5.

43. Watson, *Avoid Boring People*, 42, 45.

44. Watson, *Avoid Boring People*, 46.

45. 1969 年，卢里亚、德尔布吕克与阿尔弗雷德-赫希分享了诺贝尔生理学或医学奖。1976 年，杜尔贝克与戴维-巴尔的摩和霍华德-特明分享了诺贝尔生理学或医学奖，1962 年，沃森与弗朗西斯-克里克和莫里斯-威尔金斯分享了诺贝尔生理学或医学奖。See also Watson, "Values from a Chicago Upbringing," and Watson, "Growing Up in the Phage Group."

46. John Kendrew, "How Molecular Biology Started," and Gunther Stent, "That Was the Molecular Biology That Was," in Cairns, Stent, and Watson, eds., *Phage and the Origins of Molecular Biology*, 343–347, 348–362.

47. John Kendrew, "How Molecular Biology Started," and Gunther Stent, "That Was the Molecular Biology That Was," in Cairns, Stent, and Watson, eds., *Phage and the Origins of Molecular Biology*, 343–347, 348–362.

48. Letter from James D. Watson to his parents, July 5, 1948, WFAT, "Letters to Family, Cold Spring Harbor, June toSeptember, 1948."沃森乘坐长岛铁路从冷泉港进入曼哈顿，他注意到这趟旅程需要 53 分钟。

49. Letter from Horace Judson to Alfred D. Hershey, August 27, 1976, HFJP.

50. Letters from James D. Watson to Elizabeth Watson, February 8 and March 6, 1950, and letter from James D. Watson to his parents, March 2, 1950, WFAT, "Letters to Family, Bloomington, Fall 1949–Spring 1950."

51. Letter from James D. Watson to his parents, March 12, 1950, WFAT, "Letters to Family, Bloomington, Fall 1949 – Spring 1950." See also James D. Watson, 1950 Merck/NRC Fellowship Application Materials and Acceptance Letters, National Research Council, JDWP, JDW/2/2/12.

52. Letter from James D. Watson to his parents, March 24, 1950, WFAT, "Letters to Family, Bloomington, Fall 1949–Spring 1950."

53. Letter from James D. Watson to his parents, September 11, 1950, WFAT, "Letters to Family, Copenhagen, September 15, 1950–October 1, 1951."

54. Letter from James D. Watson to his parents, September 13, 1950, WFAT, "Letters to Family, Copenhagen, September 15, 1950 – October 1, 1951." The music and lyrics of "Wonderful Copenhagen" were written by Frank Loesser in 195. (New York: Frank Music Corp, September 24, 1951); the song first appeared in the 1952 film *Hans Christian Andersen*, starring Danny Kaye; https://frankloesser.com/library/wonderful-copenhagen/.

55. "The Nobel Prize in Physics, 1922," Nobel Media AB 2019, https://www.nobelprize.org/prizes/physics/1922/summary/.

56. Fritz Kalckar obituary, *Nature* 141, no. 3564 (February 19, 1938): 319; Herman M. Kalckar, "40 Years of Biological Research: From Oxidative phosphorylation to energy requiring transport regulation," *Annual Review of Biochemistry* 60 (1991): 1-37. 弗里茨·卡尔卡尔去世时正在研究核反应理论。《自然》杂志的讣告称他死于心力衰竭，但赫尔曼在本文引用的回忆录中指出，他的弟弟患有癫痫，在那个没有有效药物治疗癫痫发作的时代，他是在一次顽固性癫痫发作或癫痫状态中去世的。为了纪念弗里茨，赫尔曼·卡尔卡尔将他关于肾脏皮层氧化磷酸化的博士论文献给了弗里茨。

57. Paul Berg, "Moments of Discovery: My Favorite Experiments," *Journal of Biochemistry* 278, no. 42 (October 17, 2003): 40417 - 40424, doi: 10.1074/jbc. X300004200; quotes are on 40419 and 40420. 伯格在核酸化学和 DNA 重组方面的研究成果广为人知。他还是 1975 年阿西洛马会议的主要策划人之一，会议讨论了新兴生物技术领域的潜在危害和伦理问题。

58. Berg, "Moments of Discovery," 40420-40421; John H. Exton, *Crucible of Science: The Story of the Cori Laboratory* (New York: Oxford University Press,

461

2013)，21−28. See also Kalckar, "40 Years of Biological Research"; "Herman Kalckar, 83, Metabolism Authority," *New York Times* May 22, 1991, D25; James D. Watson, *The Double Helix: A Personal Account of the Discovery of the Structure of DNA*, edited by Gunther Stent (New York: Norton, 1980), 17−21.

59. Exton, *Crucible of Science*, 28.

60. Watson, *The Double Helix*, 19.

61. Watson, *The Double Helix*, 18.

62. Francis Crick, "The Double Helix: A Personal View," *Nature* 248, no. 5451 (April 26, 1974): 766−769.

63. Letter from James D. Watson to his parents, September 19, 1950, WFAT, "Letters to Family, Copenhagen, September 15, 1950−October 1, 1951."

64. Letter from James D. Watson to his parents, September 16, 1950, WFAT, "Letters to Family, Copenhagen, September 15, 1950−October 1, 1951." See also Eugene Goldwasser, *A Bloody Long Journey: Erythropoietin (Epo) and the Person Who Isolated It* (Bloomington, IN: Xlibris, 2011), 55−60. Goldwasser later became well-known for identifying erythropoietin, the hormone manufactured by the kidney that, upon sensing cellular hypoxia or lack of oxygen, stimulates the production of red blood cells.

65. Letter from James D. Watson to his parents, September 19, 1950, WFAT, "Letters to Family, Copenhagen, September 15, 1950−October 1, 1951."

66. Author interview with James D. Watson (no. 1), July 23, 2018.

67. 机缘巧合，约翰·斯坦贝克于沃森、克里克和威尔金斯获诺贝尔奖的 1962 年获得诺贝尔文学奖。Letter from James D. Watson to his parents, January 14, 1951, WFAT, "Letters to Family, Copenhagen, September 15, 1950−October 1, 1951."

68. Letter from James D. Watson to Elizabeth Watson, February 4, 1951, WFAT, "Letters to Family, Copenhagen, September 15, 1950−October 1, 1951." *Sunset Boulevard* (1950) was directed by Billy Wilder, screenplay by Billy Wilder and Charles Brackett, and starred Gloria Swanson, William Holden, and Erich von Stroheim.

69. Watson, *The Double Helix*, 21.

70. Goldwasser, *A Bloody Long Journey*, 55−56.

71. Letter from James D. Watson to his parents, November 6, 1950, WFAT, "Letters to Family, Copenhagen, September 15, 1950−October 1, 1951."

72. Letter from James D. Watson to his parents, November 6, 1950, WFAT, "Letters to Family, Copenhagen, September 15, 1950-October 1, 1951."

73. Letter from James D. Watson to his parents, November 19, 1950, WFAT, "Letters to Family, Copenhagen, September 15, 1950-October 1, 1951." 19 世纪 40 年代，雅各布森对当时正在发展的科学方法大加赞赏，并将其应用到啤酒生产中。See Carlsberg Foundation, "The Carlsberg Foundation's Home," https：//www. carlsbergfondet. dk/en/About - the - Foundation/The - Carlsberg - Foundations%27s-home/Domicile.

74. Letter from James D. Watson to his parents, December 3, 1950, WFAT, "Letters to Family, Copenhagen, September 15, 1950-October 1, 1951."

75. Letters from James D. Watson to his parents, December 3 and 17, 1950, and January 1, 1951, WFAT, "Letters to Family, Copenhagen, September 15, 1950-October 1, 1951."

76. Letter from James D. Watson to his parents, December 21, 1950, WFAT, "Letters to Family, Copenhagen, September 15, 1950-October 1, 1951."

卷三　命运来敲门，1951 年

1. Sinclair Lewis, *Arrowsmith* (New York：Harcourt, Brace, 1925), 280-81.

第九章　朝闻道，夕死可矣（*Vide Napule e po' muore*）

1. 这句谚语指的是那不勒斯湾的非凡美景和地平线上的维苏威火山，直译为"看到那不勒斯然后死去"；更浪漫的说法是"没有什么能与那不勒斯的美景相比，所以看到它之后死去也不可惜"。那不勒斯是大多数 18 世纪和 19 世纪欧洲"壮游"（grand tours）的必游之地。这句话通常认为出自约翰-沃尔夫冈·冯·歌德（Johann Wolfgang von Goethe）之手，他曾于 1786-1788 年在意大利进行了一次壮游。See J. W. Goethe, *Italian Journey, 1786-1788*, translated by W. H. Auden and Elizabeth Meyer (London：Penguin, 1970), 189.

2. Letter from Herman Kalckar to Reinhard Dohrn, January 13, 1950 (sic, but probably 1951 as it was received January 18, 1951), Archives of the Naples Zoological Station, Correspondence, K：SZN, 1951, Naples, Italy.

3. Letter from Herman Kalckar to Reinhard Dohrn, January 13, "1950" and letter from Reinhard Dohrn to Herman Kalckar, January 21, 1951, Archives of the Naples Zoological Station, Correspondence, K：SZN, 1951. 多恩乐于接受美国

人，因为他想讨好美国资助者。沃森和赖特都不需要多恩拮据的预算提供资助，因为他们的费用由国家研究委员会承担。卡尔卡尔的同事海因茨·霍尔特（Heinz Holter）是一位细胞生理学家，长期在斯塔齐奥内工作，他于 1951年 1 月 18 日给沃森和赖特写了一封推荐信，1951 年 2 月 2 日多恩写了回信。H：SZN, 1951. See also Jytte R. Nilsson, "In memoriam：Heinz Holter (1904-1993)," *Journal of Eukaryotic Microbiology* 41, no. 4 (1994)：432-433.

4. Letter from James D. Watson to Alberto Monroy, February 20, 1980, Archives of the Naples Zoological Station, uncatalogued.

5. 芭芭拉·赖特的父亲吉尔伯特·芒格·赖特是一名作家，也是当时美国最畅销作家之一哈罗德·贝尔·赖特的儿子。他们共同创作了 1932 年最畅销的科幻小说《魔鬼公路》（吉尔伯特用的笔名是约翰·莱巴），小说讲述了一个疯狂科学家控制受害者思想的故事。她的母亲莱塔·卢埃拉·布朗·迪里（Leta Luella Brown Deery）是伯克利大学物理专业的学生（1919 届），也是加州公立学校系统的英语教师。除了在科学方面的成就，赖特还是一名划船能手，后来成为一名国际排名靠前的激流回旋皮划艇运动员。See obituary of Barbara Evelyn Wright, *The Missoulian* (Missoula, MT), July 14, 2016.

6. Letter from James D. Watson to his parents, August 15, 1949, WFAT, "Letters to Family, Pasadena, 1949."

7. Letter from James D. Watson to his parents, August 15, 1949, WFAT, "Letters to Family, Pasadena, 1949.

8. Letter from James D. Watson to his parents, August 15, 1949, WFAT, "Letters to Family, Pasadena, 1949." In *The Annotated and Illustrated Double Helix*, edited by Alexander Gann and Jan Witkowski (New York：Simon and Schuster, 2012), 20, 在这本书中，编者称沃森和赖特被警长逮捕，但沃森当时写的信中没有提到这一段冒险经历。

9. Letter from C. J. Lapp, National Research Council, to James D. Watson, December 14, 1950, JDWP, JDW/2/2/1284.

10. Letter from James D. Watson to Max Delbrück, March 22, 1951, MDP, box 23, folder 20.

11. James D. Watson, *The Double Helix：A Personal Account of the Discovery of the Structure of DNA*, edited by Gunther Stent (New York：Norton, 1980), 20; Eugene Goldwasser, *A Bloody Long Journey：Erythropoietin (Epo) and the Person Who Isolated It* (Bloomington, IN：Xlibris, 2011), 55-60.

12. 本段所有引用均出自：James D. Watson to Max Delbrück, March 22,

464

1951, MDP, box 23, folder 20。

13. Letter from James D. Watson to Max Delbrück, March 22, 1951, MDP, box 23, folder 20.

14. 赖特和卡尔卡尔于 1951 年秋天结婚，不久后，他们的女儿索尼娅出生。后来，他们又有了一男一女两个孩子，尼尔斯（以尼尔斯-玻尔的名字命名）和妮娜。1952 年，卡尔卡尔夫妇远渡重洋来到美国，先是在美国国立卫生研究院工作，后来又在约翰霍普金斯大学（1958 年）、麻省总医院和哈佛医学院（1961 年）工作。1963 年，赖特和卡尔卡尔离婚，1968 年，卡尔卡尔与此前在哥本哈根的前学生阿涅特·弗里德里西亚结婚。

15. Theodor Heuss, *Anton Dohrn: A Life for Science* (Berlin: Springer, 1991), 63; Christiane Groeben, ed., *Charles Darwin (1809-1882) -Anton Dohrn (1840-1909) Correspondence* (Naples: Macchiaroli, 1982); Christiane Groeben, "StazioneZoologica Anton Dohrn," in *Encyclopedia of the Life Sciences* (Chichester, UK: John Wiley & Sons, 2013), doi. org/10. 1002/9780470015902. a0024932.

16. In 1982, the name was formally changed to StazioneZoologica Anton Dohrn. See Christiane Groeben, "The StazioneZoologica Anton Dohrn as a Place for the Circulation of Scientific Ideas: Vision and Management," in K. L. Anderson and C. Thiery, eds., *Information for Responsible Fisheries: Libraries as Mediators. Proceedings of the 31st Annual Conference of the International Association of Aquatic and Marine Sciences, Rome, Italy, October 10 - 14, 2005* (Fort Pierce, FL: International Association of Aquatic and Marine Science Libraries and Information Centers, 2006); Christiane Groeben and Fabio de Sio, "Nobel Laureates at the StazioneZoologica Anton Dohrn: Phenomenology and Paths to Discovery in Neuroscience," *Journal of the History of the Neurosciences* 15, no. 4 (2006): 376-395; Groeben, "StazioneZoologica Anton Dohrn"; "Some Unwritten History of the Naples Zoological Station," *American Naturalist* 31, no. 371 (1897): 960-965 ("It is beyond question, the greatest establishment for research in the world," 960); Paul Gross, ed., "The Naples Zoological Station and the Woods Hole, Maine Marine Biological Laboratory: One Hundred Years of Biology," *Biological Bulletin* 168, no. 3, supplement (June 1985): 1-207; M. H. F. Wilkins, "Essay," in Christiane Groeben, ed., *Reinhard Dohrn, 1880-1962: Reden, Briefe und Veroffentlichungenzum 100. Geburtstag* (Berlin: Springer, 1983), 5-10; Charles Lincoln Edwards, "The Zoological Station at Naples," *Popular Science Monthly* 77 (September 1910): 209-225; Giuliana Gemelli, "A Central Periphery: The Naples StazioneZoologica as an

465

'Attractor,'" in William H. Schneider, ed., *Rockefeller Philanthropy and Modern Biomedicine: International Initiatives from World War I to the Cold War* (Bloomington: University of Indiana Press, 2002), 184–207.

17. Registration cards for laboratory tables at the Naples Zoological Station, for Herman Kalckar, 4/16/61–9 [5] /25.51; Barbara Wright, 4/16/61–9 [5] / 25.51; and James D. Watson 4/16/51–5/26/51; Archives of the Naples Zoological Station.

18. Gemelli, "A Central Periphery." 1949 年关于遗传学和诱变剂的研讨会上，巴黎科学家哈里特·泰勒（Harriet E. Taylor）发表了演讲，他与奥斯瓦尔德·艾弗里（Oswald Avery）合作研究了肺炎球菌的"转化原理"，后来与分子生物学家鲍里斯·埃弗鲁西（Boris Ephrussi）结婚。See H. E. Taylor, "Biological Significance of the Transforming Principles of *Pneumococcus* ," *Pubblicazionidella Stazione Zoologica di Napoli* 22, supplement (RelazioniTenute al ConvegnosuGliAgentiMutageni, May 27–31, 1949), 65–77. Taylor also presented these data at the annual Cold Spring Harbor Symposium of 1946; see M. McCarty, H. E. Taylor, and O. T. Avery, "Biochemical Studies of Environmental Factors Essential in Transformation of *Pneumococcus* types," *Cold Spring Harbor Symposia* 11 (1946): 177–183. It is worth noting that the 1948 meeting on embryology and genetics included a paper on nucleic acids in the nuclei of bacteria, which discussed the importance of the Avery and Griffith pneumococci papers with respect to the nucleic acids; Luigi Califano, "Nuclei ed acidinucleinicineibacteri" (Nuclei and Nucleic Acid in Bacterium), *PubblicazionidellaStazioneZoologica di Napoli* 21 (1949): 173–190.

19. Watson, *The Double Helix* , 22.

20. Letter from James D. Watson to his parents, April 17, 1951, WFAT, "Letters to Family, Naples, April–May 1951."

21. Registration cards for laboratory tables at the Naples Zoological Station; *RelazionesullʼattivitadellaStazioneZoologica di Napoli durantelʼ anno 1951* (annual report, 1951) lists Kalckar as working on "purine metabolism of sea-urchin eggs, *Paracentrotus* ," Wright on "purine metabolism of sea-urchin eggs," and Watson on "bibliographic work," (4–6). Archives of the Naples Zoological Station.

22. Letter from James D. Watson to Elizabeth Watson, April 30, 1951, WFAT, "Letters to Family, Naples, April–May 1951."

23. Watson, *The Double Helix* , 22; *Relazionesullʼ attivitadella Stazione*

Zoologica di Napoli durantel'anno 1952, *1953*, *1954* (annual reports, 1952, 1953, 1954), 19 – 22. See also Bibliotecadella Stazione Zoologica di Napoli, Report of Library Holdings for 1982, Archives of the Naples Zoological Station.

466

24. Frank Fehrenbach, "The Frescoes in the *StationeZoologica* and Classical Ekprhrasis," in Lea Ritter-Santini and Christiane Groeben, eds., *Art as Autobiography*: *Hans von Marées* (Naples: Pubblicazionidella Stazione Zoologica Anton Dohrn, 2008), 93 – 104, quote is on 98. See also Christiane Groeben, *The Fresco Room of the StazioneZoologica Anton Dohrn*: *The Biography of a Work of Art* (Naples: Macchiaroli, 2000).

25. Watson, *The Double Helix*, 22.

26. Letter from James D. Watson to Max Delbrück enclosing manuscript of "The Transfer of Radioactive Phosphorus From Parental to Progeny Phage," April 22, 1951, MDP, box 23, folder 20; Victor K. McElheny, *Watson and DNA*: *Making a Scientific Revolution* (New York: Perseus, 2003), 28; Ole Maaløe and James D. Watson, "The Transfer of Radioactive Phosphorus from Parental to Progeny Phage," *Proceedings of the National Academy of Sciences* 37, no. 8 (1951): 507-513. 更为完整的报道参见: James D. Watson and Ole Maaløe, "Nucleic Acid Transfer from Parental to Progeny Bacteriophage," *Biochimica et Biophysica Acta* 10 (1953): 432-442。他们发现, 40%-50% 的放射性标记磷从亲代传给了噬菌体后代; 只有 5%-10%的磷在裂解后与细菌碎屑结合在一起, 其余 40% 的磷以非沉积物的形式出现在裂解液中。

27. Letter from James D. Watson to Local Draft Board No. 75, Chicago, March 13, 1951, and letter from James D. Watson to Max Delbrück, March 13, 1951, both in MDP, box 23, folder 20; letter from C. J. Lapp to James D. Watson, March 23, 1951, JDWP, JDW/2/2/1284; letter from James D. Watson to his parents, May 8, 1951, WFAT, "Letters to Family, Naples, April – May 1951"; S. E. Luria, *A Slot Machine*, *A Broken Test Tube*: *An Autobiography* (New York: Harper and Row, 1983), 88-90.

28. 有关威廉·阿斯特伯里的传记研究, 请参见: Kersten T. Hall, *The Man in the Monkeynut Coat*: *William Astbury and the Forgotten Road to the Double Helix* (Oxford: Oxford University Press, 2014); Kersten T. Hall, "William Astbury and the biological significance of nucleic acids, 1938-1951," *Studies in History and Philosophy of Biological and Biomedical Sciences* 42 (2011): 119 – 128; J. D. Bernal, "William Thomas Astbury, 1898-1961," *Biographical Memoirs of Fellows*

of the Royal Society 9 (1963)：1-35；Robert Olby, *The Path to the Double Helix* (Seattle：University of Washington Press, 1974), 41-70. For Astbury's X-ray studies on nucleic acids, see W. T. Astbury, "X-ray Studies of Nucleic Acids," *Symposia of the Society for Experimental Biology* 1 (1947)：66-76；W. T. Astbury, "Protein and virus studies in relation to the problem of the gene," in R. C. Punnett, ed., *Proceedings of the Seventh International Congress on Genetics*, *Edinburgh, Scotland, August 20-23, 1939* (Cambridge：Cambridge University Press, 1941), 49-51；W. T. Astbury and F. O. Bell, "X-ray Study of Thymonucleic Acid," *Nature* 141 (1938)：747-748；W. T. Astbury and F. O. Bell, "Some Recent Developments in the X-ray Study of Proteins and Related Structures," *Cold Spring Harbor Symposia on Quantitative Biology* 6 (1938)：109-118；W. T. Astbury, "X-ray Studies of the Structure of Compounds of Biological Interest," *Annual Review of Biochemistry* 8 (1939)：113-133；W. T. Astbury, "Adventures in Molecular Biology," Harvey Lecture for 1950, *Harvey Society Lectures* 46 (1950)：3-44。

467

29. Mansel Davies, "W. T. Astbury, Rosie Franklin, and DNA：A Memoir," *Annals of Science* 47 (1990)：607-618, quote is on 609；Hall, *The Man in the Monkeynut Coat* , 67-72, 91-102.

30. Astbury and Bell, "X-ray Study of Thymonucleic Acid." 1951 年，也就是弗兰克林拍摄著名的第 51 号照片的整整一年前，阿斯特伯里的助手、后来成为他博士生的埃尔温·比顿（Elwyn Beighton）拍摄了一张 X 射线照片，显示了类似的"马耳他十字"图案。阿斯特伯里对比顿的照片并不重视；事实上，他无法"看到"即将使沃森和克里克声名鹊起的螺旋形态。Hall, "William Astbury and the biological significance of nucleic acids"；Davies, "W. T. Astbury, Rosie Franklin, and DNA."

31. Astbury, "X-ray Studies of Nucleic Acids," 68；Astbury and Bell, "X-ray Study of Thymonucleic Acid"；Horace Freeland Judson, *The Eighth Day of Creation：The Makers of the Revolution in Biology* (Cold Spring Harbor, NY：Cold Spring Harbor Laboratory Press, 1996), 93.

32. 沃森在 2018 年 7 月 24 日接受本书作者访谈（编号 2）时回忆起阿斯特伯里讲黄色笑话的情景。动物站的邀请信和阿斯特伯里的回复以及前往那不勒斯的旅行计划可参见：W. T. Astbury Papers, MS 419/File 4：Conference on Submicroscopic Structure of Protoplasm, May 22-25, 1951, University of Leeds；and letters from W. T. Astbury to Reinhold Dohrn regarding the conference,

Archives of the Naples Zoological Station, Correspondence, A: SZN, 1951。

33. Astbury, "Protein and virus studies in relation to the problem of the gene"; Astbury, "X - ray Studies of the Structure of Compounds of Biological Interest"; Hall, *The Man in the Monkeynut Coat* , 100.

34. W. T. Astbury, "Some Recent Adventures Among Proteins," and H. M. Kalckar, "Biosynthetic aspects of nucleosides and nucleic acids," in *PubblicazionidellaStazioneZoologica di Napoli* 23, supplement (1951): 1 - 18 and 87-103.

35. Author interview with James D. Watson (no. 1), July 23, 2018.

36. Hall, *The Man in the Monkeynut Coat* , 121-122.

37. Watson, *The Double Helix* , 23.

38. Letter from John Randall to Reinhard Dohrn, August 11, 1950 ("During the course of the visit I should like to spend two or three days in Naples collecting spermatozoa for our electron microscope research programme"), Archives of the Naples Zoological Station, Correspon dence A. 1950 (J-Z) .

39. Maurice Wilkins, *The Third Man of the Double Helix* (Oxford: Oxford University Press, 2003), 135-139.

40. Maurice Wilkins, "The molecular configuration of nucleic acids," December 11, 1962, in *Nobel Lectures* , *Physiology or Medicine 1942 - 1962* (Amsterdam: Elsevier, 1964) .

41. Anne Sayre interview with Raymond Gosling, May 18, 1970, ASP, box 4, folder 2.

42. Naomi Attar, "Raymond Gosling: The Man Who Crystallized Genes," *Genome Biology* 14 (2013): 402; Matthew Cobb, *Life's Greatest Secret: The Race to Crack the Genetic Code* (New York: Basic Books, 2015), 93.

43. Watson. *The Double Helix* , 23.

44. M. H. F. Wilkins, "I: Ultraviolet dichroism and molecular structure in living cells. II. Electron Microscopy of nuclear membranes," *Pubblicazionidella Stazione Zoologica di Napoli* 23, supplement (1951): 104-114. At lunch directly following Wilkins's presentation, Watson paired off with an Italian marine biologist named ElvezioGhiradelli. 席间，沃森在餐巾纸上涂画了威尔金斯刚刚放映的 X 光照片，用餐结束后，"他把餐巾纸扔掉了！" Christiane Groeben, Archivist Emerita, Naples Zoological Station, email to the author, February 15, 2019.

45. Letter from Reinhard Dohrn to John Randall, May 31, 1951, Archives of

468

the Naples Zoological Station, ASZN: R, Correspondence I–Z, 1951.

46. Wilkins, *The Third Man of the Double Helix*, 137.

47. Watson, *The Double Helix*, 23.

48. Pellegrino Claudio Sestieri, *Paestum: The City, the Prehistoric Necropolis in ContradaGaudo, the Heriaion at the Mouth of the Sele* (Rome: IstitutoPoligraficoDelloStato, 1967); Gabriel Zuchtriegel and Marta Ilaria Martorano, *Paestum: From Building Site to Temple* (Naples: Parco archeologico di Paestum minister deibeni e delleattivitàculturali, 2018); Paul Blanchard, *Blue Guide to Southern Italy* (New York: Norton, 2007), 271–279.

49. File "James D. Watson and his Sister's Tour of Europe," JDWP, JDW/1/1/30, which includes photographs of Betty and Jim Watson on trips to Salzburg, the Alps, Vienna, Paris, Bavaria, Munich, Brussels, Copenhagen, Florence, Rome, Bern, and Venice, including a shot of a young Jim standing in front of the Coliseum; letter from James D. Watson to Elizabeth Watson, January 8, 1951, regarding her plans to apply to Oxford and Cambridge, JDWP, "James D. Watson Letters" (1 of 5), JDW/2/2/1934.

50. Letter from Henri Chantrenne to Reinhold Dohrn, May 27, 1951, Archives of the Naples Zoological Station, H: SZN, 1951; H. Chantrenne, "Recherches sur le mécanisme de la synthèse des protéines" (Research on the mechanism of protein synthesis), *Pubblicazionidella Stazione Zoologica di Napoli* 23, supplement (1951), 70–86. 在评论这篇论文时，阿斯特伯里说："我对蛋白质和核酸在生物产生过程中的相互作用问题特别感兴趣……某些核蛋白组合，我曾建议将其命名为'有生命力的生长复合物'，它们具有繁殖的最基本能力，即在适当的物理化学环境下（无论这意味着什么！），复制出自己的精确拷贝，在发现这种性状底层的共同结构原理之前，我们不会取得重要进展。"（82）

51. Watson, *The Double Helix*, 23–24.

52. Watson, *The Double Helix*, 24.

53. Wilkins, *The Third Man of the Double Helix*, 139.

54. Attar, "Raymond Gosling."

55. James D. Watson, *The Annotated and Illustrated Double Helix*, edited by Alexander Gann and Jan Witkowski (New York: Simon and Schuster, 2012), 27.

56. Watson, *The Double Helix*, 31.

第十章　从安娜堡到剑桥

1. Letter from Salvador Luria to James D. Watson, October 20, 1951, WFAT,

"DNA Letters."

2. "The Summer Symposium on Theoretical Physics at the University of Michigan," *Science* 83, no. 2162 (June 5, 1936): 544; "Calendar of Events," *Physics Today* 3, no. 6 (1950): 40; James Tobin, "Summer School for Geniuses," *Michigan Today*, November 10, 2010, https://michigantoday.umich.edu/2010/11/10/a7892/; Alaina G. Levine, "Summer Symposium in Theoretical Physics, University of Michigan, Ann Arbor, Michigan," APS Physics, https://www.aps.org/programs/outreach/history/historicsites/summer.cfm.

3. 萨瑟兰后来成为英国国家物理实验室主任（1956-1964 年）和剑桥大学伊曼纽尔学院院长（1964-1977 年）。See Norman Sheppard, "Gordon Brims Black McIvor Sutherland, 8 April 1907-27 June 1980," *Biographical Memoirs of Fellows of the Royal Society* 28 (1982): 589-626.

4. 相关生物物理学家为"由细菌学、生物化学、植物学、医学、物理学、公共卫生和动物学等系的研究生和教职员工组成的听众"举办了 36 场讲座：*The President's Report to the Board of Regents of the University of Michigan for the Academic Year 1951*, 191; *Proceedings of the Board of Regents of the University of Michigan, 1951-1954*: September 1951 meeting, 80, October 1951 meeting, 182; Sheppard, "Gordon Brims Black McIvor Sutherland"; Samuel Krimm, "On the Development of Biophysics at the University of Michigan," Michigan Physics, Histories of the Michigan Physics Department, https://michiganphysics.com/2012/06/24/development-of-biophysics-at-michigan/。

5. Sinclair Lewis, *Arrowsmith* (New York: Harcourt, Brace, 1925), 7. 这并不是沃森第一次深入了解密歇根大学。1946 年夏天，他在密歇根州北部道格拉斯湖的生物站度过。在那里，他当服务生来支付"系统植物学"和"高级鸟类学"两门课程的学费，住在帐篷小屋里，并获得了一个不幸的绰号——"金博"（Jimbo）。James D. Watson, *Avoid Boring People: Lessons from a Life in Science* (New York: Knopf, 2007), 29.

6. Wilfred B. Shaw, *The University of Michigan: An Encyclopedic Survey*, vol. 1 (Ann Arbor: University of Michigan Press, 1942), 206.

7. Letter from James D. Watson to his parents, September 24, 1951, WFAT, "Letters to Family, Copenhagen, 1951"; George Santayana, *The Last Puritan: A Memoir in the Form of a Novel* (New York: Charles Scribner's Sons, 1936). 桑塔亚那在这部小说上耕耘的时间超过四十五年，其销量仅次于玛格丽特·米切尔 1936 年出版的《飘》。

470

8. James D. Watson, *The Double Helix: A Personal Account of the Discovery of the Structure of DNA* , edited by Gunther Stent (New York: Norton, 1980), 24–25; L. C. Pauling, R. B. Corey, and H. R. Branson, "The structure of proteins: two hydrogen–bonded helical configurations of the polypeptide chain," *Proceedings of the National Academy of Sciences* 37, no. 4 (1951): 205–211.

9. Watson, *The Double Helix* , 25.

10. Watson, *The Double Helix* , 24–25.

11. Letter from James D. Watson to his parents, July 12, 1951, WFAT, "Letters to Family, Copenhagen, 1951."

12. Letter from James D. Watson to Elizabeth Watson, July 14, 1951, JDWP, "James D. Watson Letters" (1 of 5), JDW/2/2/1934.

13. Horace Freeland Judson, *The Eighth Day of Creation: The Makers of the Revolution in Biology* (New York: Simon and Schuster, 1979), 97; TorbjörnCaspersson, "The Relations Between Nucleic Acid and Protein Synthesis," *Symposia of the Society for Experimental Medicine* 1 (1947): 127–151; R. Signer, T. Caspersson, and E. Hammarsten, "Molecular Shape and Size of Thymonucleic Acid," *Nature* 141 (1938): 122; G. Klein and E. Klein, "Torbjörn Caspersson, 15 October 1910–7 December 1997," *Proceedings of the American Philosophical Society* 147, no. 1 (2003): 73–75.

14. James D. Watson, Merck/National Research Council Fellowship correspondence, 1950–1952, JDWP, JDW/2/2/1284.

15. Horace Judson interview with John Kendrew, November 11, 1975, HFJP.

16. Author interview with James D. Watson (no. 1), July 23, 2018.

17. Letter from James D. Watson to his parents, August 21, 1951, WFAT, "Letters to Family, Copenhagen, 1951."

18. Letter from James D. Watson to his parents, August 27, 1951, WFAT, "Letters to Family, Copenhagen, 1951."

19. James D. Watson, fellowship applications and correspondence with the National Foundation for Infantile Paralysis, 1951–1953, JDWP, JDW/2/2/1276; letter from James D. Watson to his parents, August 27, 1951, WFAT, "Letters to Family, Copenhagen, 1951." See also Niels Bohr, "Medical Research and Natural Philosophy," Basil O'Connor, "Man's Responsibility in the Fight Against Disease," and Max Delbrück, " Virus Multiplication and Variation," in International Poliomyelitis Congress, *Poliomyelitis: Papers and Discussions Presented at the Second*

International Poliomyelitis Conference (Philadelphia: J. B. Lippincott, 1952) , xv−xviii, xix − xxi; 13 − 19. The conference was hosted by the Medicinsk − AnatomiskInstitut, University of Copenhagen, September 3−7, 1951.

20. Howard Markel, "April 12, 1955: Tommy Francis and the Salk Vaccine," *New England Journal of Medicine* 352 (2005) : 1408−1410.

21. Watson, *The Double Helix* , 28.

22. Jane Smith, *Patenting the Sun: Polio and the Salk Vaccine* (New York: William Morrow, 1990) , 171−172.

23. Letter from James D. Watson to his parents, September 15, 1951, WFAT, "Letters to Family, Copenhagen, 1951. " In a letter dated September 29, he gives his new address as "Cavendish Laboratory, Cambridge England"; see Watson, *The Double Helix* , 28.

24. Letter from James D. Watson to C. J. Lapp, undated, early October 1951, WFAT, quoted in Watson, *The Annotated and Illustrated Double Helix* , 273.

25. Letter from Herman Kalckar to C. J. Lapp, October 5, 1951, JDWP, JDW/2/2/1284, "James Watson's Merck/National Research Council Fellowship Correspondence, 1950−1952. "

26. Letter from James D. Watson to Elizabeth Watson, October 16, 1951, WFAT; quoted in Watson, *The Annotated and Illustrated Double Helix* , 275.

27. George H. F. Nuttall, "The Molteno Institute for Research in Parasitology, University of Cambridge, with an Account of How it Came to be Founded," *Parasitology* 14, no. 2 (1922) : 97 − 126; S. R. Elsden, "Roy Markham, 29 January 1916− 16 November 1979," *Biographical Memoirs of Fellows of the Royal Society* 28 (1982) : 319−314; 319−345.

28. Letter from Salvador Luria to Paul Weiss, October 20, 1951, JDWP, JDW/2/2/1284, " James Watson's Merck/National Research Council Fellowship Correspondence, 1950−1952. "

29. Watson, *The Annotated and Illustrated Double Helix* , 275.

30. Watson, *The Double Helix* , 30.

31. Letter from Paul Weiss to James D. Watson, October 22, 1951, JDWP, JDW/2/2/1284, "James Watson's Merck/National Research Council Fellowship Correspondence, 1950−1952. "

32. Watson, *The Double Helix* , 30−31.

33. Letter from Catherine Worthingham, Director of Professional Education,

NFIP, to James D. Watson, October 29, 1951, JDWP, JDW/2/2/1276, "James D. Watson Fellowship Applications and Correspondence to the National Foundation for Infantile Paralysis, 1951-1953." This letter was correctly addressed to Watson at the Cavendish Laboratory.

472   34. Letter from James Watson to Paul Weiss, November 13, 1951. A carbon copy of this letter is dated November 14, 1951, but is otherwise the same. JDWP, JDW/2/2/1284, "James Watson's Merck/National Research Council Fellowship Correspondence, 1950-1952."

35. James D. Watson to C. J. Lapp, November 27, 1951 (see also C. J. Lapp to James D. Watson, November 21, 1951), JDWP, JDW/2/2/1284, "James Watson's Merck/National Research Council Fellowship Correspondence, 1950 - 1952"; 引自：Watson, *The Annotated and Illustrated Double Helix*, 277-278。

36. Letter from James D. Watson to his parents, November 28, 1951, WFAT, "Letters to Family, Cambridge, October 1951-August 1952."

37. Letter from James D. Watson to Elizabeth Watson, November 28, 1951, WFAT, "Letters to Family, Cambridge, October 1951-August 1952."

38. Letter from James D. Watson to Max Delbrück, December 9, 1951, MDP, box 23, folder 20.

39. Letter from James D. Watson to his parents, January 8, 1952, WFAT, "Letters to Family, Cambridge, October 1951-August 1952."

40. Letter from James D. Watson to his parents, January 18, 1951, WFAT, "Letters to Family, Cambridge, October 1951-August 1952."

41. National Research Council Merck Fellowship Board, minutes of meeting March 16, 1952, National Academy of Sciences Archives; quoted in Watson, *The Annotated and Illustrated Double Helix*, 279.

42. Letter from Salvador Luria to James D. Watson, March 5, 1952, JDWP, JDW 2/2/1284; see Watson, *The Annotated and Illustrated Double Helix*, 109 and 280.

43. Letter from James D. Watson to his parents, October 9, 1951, WFAT, "Letters to Family, Cambridge, October 1951-August 1952."

第十一章　在剑桥的美国人

1. James D. Watson, *The Double Helix: A Personal Account of the Discovery of the Structure of DNA*, edited by Gunther Stent (New York: Norton, 1980), 31.

2. Horace Judson interview with John Kendrew, November 11, 1975, HFJP.

3. Georgina Ferry, *Max Perutz and the Secret of Life* (London: Chatto and Windus, 2007), 1 – 53; Max F. Perutz, "X – Ray Analysis of Hemoglobin," December 11, 1962, in *Nobel Lectures*, *Chemistry 1942 – 1962* (Amsterdam: Elsevier, 1964), 653 – 673; D. M. Blow, "Max Ferdinand Perutz, OM, CH, CBE. 19 May 1914–6 February 2002," *Biographical Memoirs of Fellows of the Royal Society* 50 (2004): 227 – 256; Alan R. Fersht, "Max Ferdinand Perutz, OM, FRS," *Nature Structural Biology* 9 (2002): 245–246.

4. Ferry, *Max Perutz and the Secret of Life* , 26; Blow, "Max Ferdinand Perutz. "

5. Max F. Perutz, "True Science," review of *Advice to a Young Scientist* by P. B. Medawar, *London Review of Books* , March 19, 1981.

6. Max F. Perutz, "How the Secret of Life Was Discovered," *I Wish I'd Made You Angry Earlier: Essays on Science*, *Scientists and Humanity* (Cold Spring Harbor, NY: Cold Spring Harbor Laboratory Press, 2003), 197–206, quote is on 204.

7. Watson, *The Double Helix* , 28.

8. Watson, *The Double Helix* , 28–29.

9. Watson, *The Double Helix* , 29.

10. Letter from James D. Watson to Elizabeth Watson, September 12, 1951, JDWP, JDW/2/2/1934.

11. K. C. Holmes, "Sir John Cowdery Kendrew, 24 March 1917–23 August 1997," *Biographical Memoirs of Fellows of the Royal Society* 47 (2001): 311–32; John C. Kendrew, *The Thread of Life: An Introduction to Molecular Biology* (Cambridge, MA: Harvard University Press, 1968); Soraya de Chadarevian, "John Kendrew and Myoglobin: Protein Structure Determination in the 1950s," *Protein Science* 27, no. 6 (2018): 1136–1143.

12. Watson, *The Double Helix* , 29.

13. Author interview with James D. Watson (no. 1), July 23, 2018.

14. Watson, *The Double Helix* , 31.

15. Letter from James D. Watson to his parents, October 9, 1951, WFAT, "Letters to Family, Cambridge, October 1951–August 1952. "

16. Watson, *The Double Helix* , 31.

17. The Kendrews divorced in 1956. Author interview with James D. Watson (no. 3), July 25, 2018; Paul M. Wasserman, *A Place in History: The Biography of*

473

John C. Kendrew (New York: Oxford University Press, 2020), 130-136.

18. Watson, *The Double Helix*, 31.

19. Letter from James D. Watson to his parents, October 16, 1951, WFAT, "Letters to Family, Cambridge, October 1951 - August 1952"; Denys Haigh Wilkinson, "Blood, Birds and the Old Road," *Annual Review of Nuclear Particle Science* 45 (1995): 1-39. Wilkinson was on the Cavendish staff from 1947 to 1957, before moving to Oxford. Interestingly, Sir William Lawrence Bragg was also an avid birdwatcher.

20. Author interview with James D. Watson (no. 2), July 24, 2018.

21. Sherwin B. Nuland, "The Art of Incision," *New Republic*, August 13, 2008, https://newrepublic.com/article/63327/the-art-incision.

22. Horace Judson interview with John Kendrew, November 11, 1975, HFJP.

23. Watson, *The Double Helix*, 31.

24. Francis Crick, *What Mad Pursuit: A Personal View of Scientific Discovery* (New York: Basic Books, 1988), 64.

25. Crick, *What Mad Pursuit*, 64.

26. Francis Crick interviewed on *The Prizewinners*, BBC Television, December 11, 1962; Horace Freeland Judson, *The Eighth Day of Creation: Makers of the Revolution in Biology* (Cold Spring Harbor, NY: Cold Spring Harbor Laboratory Press, 2013), 125.

27. Letter from James D. Watson to Max Delbrück, December 5, 1951, MDP, box 23, folder 20.

28. Erwin Chargaff, "A Quick Climb Up Mount Olympus," review of *The Double Helix* by James D. Watson, *Science* 159, no. 3822 (1968): 1448-1449.

29. Crick, *What Mad Pursuit*, 65.

30. Matt Ridley, *Francis Crick: Discoverer of the Genetic Code* (New York: Harper Perennial, 2006), 50; email from Malcolm Longair to the author, June 12, 2020. 2018 年 2 月 19 日，就在奥斯汀侧楼拆除之前，我参观了 103 号房间，当时它是动物学系的储藏室，里面的架子和箱子塞满了牛和其他大型生物的分解骨架。

31. Letter from James D. Watson to his parents, November 4, 1951, WFAT, "Letters to Family, Cambridge, October 1951-August 1952."

32. Anne Sayre, *Rosalind Franklin and DNA* (New York: Norton, 1975), 131.

33. "The Race for the Double Helix," documentary television program, narrated by Isaac Asimov, *Nova* , PBS, March 7, 1976.

34. Watson, *The Double Helix* , 31-32.

35. Watson, *The Double Helix* , 13.

36. Watson. *The Double Helix*, 34.

37. Watson, *The Double Helix* , 34.

38. Watson, *The Double Helix* , 36.

39. Watson, *The Double Helix* , 37.

40. Crick, *What Mad Pursuit* , 65.

41. Watson, *The Double Helix* , 43.

42. Victor K. McElheny, *Watson and DNA: Making a Scientific Revolution* (New York: Perseus, 2003), 40.

43. Watson, *The Double Helix* , 37.

第十二章　国王学院的纷争

1. Horace Judson interview with Maurice Wilkins, March 12, 1976, HFJP.

2. Muriel Franklin, "Rosalind," privately printed obituary pamphlet, 16-17, RFP, "Articles and Obituaries," FRKN 6/6.

3. 第二次世界大战结束后的十年间，英国约有40万犹太人，而1933年仅有30万——这是难民移民的结果。George Orwell, "Anti-Semitism in Britain," *Contemporary Jewish Record* , April 1945, reprinted in George Orwell, *Essays* (New York: Everyman's Library/ Knopf, 2002), 847-856; Eli Barnavi, *A Historical Atlas of the Jewish People: From the Time of the Patriarchs to the Present* (New York: Schocken, 1992); United States Holocaust Memorial Museum, "Jewish Population of Europe in 1933: Population Data by Country," *Holocaust Encyclopedia* , https: //encyclopedia. ushmm. org/content/en/article/jewish-population-of-europe-in-1933-population-data-by-country.

4. Horace Judson interview with John Kendrew, November 11, 1975, HFJP.

5. Anne Sayre interview with Francis Crick, June 16, 1970, ASP, box 2, folder 9.

6. Anne Sayre interview with Geoffrey Brown, May 12, 1970, ASP, box 2, folder 3.

7. Horace Judson interview with Raymond Gosling, July 21, 1975, HFJP.

8. Raymond Gosling interview in "The Secret of Photo 51," documentary television program, *Nova* , PBS, April 22, 2003, https: //www. pbs. org/wgbh/

nova/transcripts/3009_ photo51. html.

9. Anne Sayre interview with Raymond Gosling, May 18, 1970, ASP, box 4, folder 2.

10. Anne Sayre interview with Maurice Wilkins, June 15, 1970, 18, ASP, box 4, folder 32.

11. Letter from Maurice Wilkins to Horace Judson, July 12, 1976, HFJP.

12. Brenda Maddox, *Rosalind Franklin: The Dark Lady of DNA* (New York: HarperCollins, 2002), 146.

13. Author interview with Jenifer Glynn, May 7, 2018.

14. Horace Freeland Judson, *The Eighth Day of Creation: Makers of the Revolution in Biology* (Cold Spring Harbor, NY: Cold Spring Harbor Laboratory Press, 2013), 82–83; Maddox, *Rosalind Franklin*, 129.

15. Naomi Attar, "Raymond Gosling: The Man Who Crystallized Genes," *Genome Biology* 14 (2013): 402.

16. Raymond G. Gosling, "X-ray Diffraction Studies with Rosalind Franklin," in SewerynChomet, ed., *Genesis of a Discovery* (London: Newman Hemisphere, 1995), 43–73, quote is on 52.

17. Wilkins, *The Third Man of the Double Helix*, pp. 129–130.

18. Wilkins, *The Third Man of the Double Helix*, 130.

19. Wilkins, *The Third Man of the Double Helix*, 130.

20. Wilkins, *The Third Man of the Double Helix*, 132. 他后来声称，他觉得这种交流很有趣，这是因为"没有享受过战后巴黎的优渥生活之故，那里不像英国那样实行食品配给制"。与生活在其他地方的人相比，他简直"忘记了真正的奶油是什么样子的"。配给制并不局限于英国。即使到了 1949 年至 1950 年，"二战的阴影仍然笼罩着法国。暖气和热水匮乏，只能一周洗一次澡。每个人……都有咖啡和糖的配给卡"；Ann Mah, "After She Had Seen Paris," *New York Times*, June 30, 2019, TR1. See also Alice Kaplan, *Dreaming in French: The Paris Years of Jacqueline Bouvier Kennedy, Susan Sontag, and Angela Davis* (Chicago: University of Chicago Press, 2012), 7–80。

21. Wilkins, *The Third Man of the Double Helix*, 133. He recalled that at this time, "In any case my interests were fairly heavily occupied by Edel [Lange], whom I visited that summer at her family home in Berlin."

22. Judson, *The Eighth Day of Creation*, 626–627; see also Horace Judson interview with Sylvia Jackson, June 30, 1976, HFJP, "Women at King's College."

23. Anne Sayre, *Rosalind Franklin and DNA* (New York: Norton, 1975), 76-107; Maddox, *Rosalind Franklin*, 127-128, 134. 沃森称，弗兰克林之所以生气，是因为"女宾休息室仍然很简陋，而钱都用在了让［莫里斯］和他的朋友们在喝早咖啡时过上舒适的生活上": Watson, *The Double Helix*, 15。

24. Anne Sayre interview with Raymond Gosling, May 18, 1970, ASP, box 4, folder 2.

25. Margaret Wertheim, *Pythagoras's Trousers: God, Physics, and the Gender War* (New York: Norton, 1997), 12; Maddox, *Rosalind Franklin*, 134.

26. Letter from Maurice Wilkins to Horace Judson, April 28, 1976, HFJP.

27. 作为国王医学研究中心的高级生物顾问，费尔"每周都会来为每个研究小组提供经验丰富的意见和建议"。Judson, *The Eighth Day of Creation*, 625-626; Horace Judson interview with Dame Honor Fell, January 28, 1977, HFJP, "Women at King's College."

28. 她们是 E. 让·汉森博士、安吉拉·马丁·布朗博士、马乔里·B. M′伊万博士、M. I. 普拉特小姐、罗莎琳德·弗兰克林博士、宝琳·考恩·哈里森小姐、J. 陶尔斯小姐、玛丽·弗雷泽博士，以及一位名叫西尔维亚-菲顿-杰克逊的实验室技术员，她曾发表过论文，后来在兰德尔的敦促下攻读了博士学位。贾德森与其中七位女性进行了访谈或通信；他的访谈记录和受访者的来信被归入 HFJP 的"国王学院的女性"（布朗、费尔、哈里森、杰克逊、诺斯）一栏。在他开始研究时，弗兰克林和汉森已经去世，他无法找到陶尔斯小姐。他与 M′伊万通信，但没有亲自采访她。我非常感谢美国哲学学会的首席档案保管员查尔斯·格利芬斯坦（Charles Griefenstein），他为我解封了这些重要文件，供我审阅。See also Judson, *The Eighth Day of Creation*, 625-626; Maddox, *Rosalind Franklin*, 137; MRC Biophysics/Biophysics Research Unit, King's College London, PP/HBF/C.10, box 4, and MRC Biophysics/Biophysics Research Unit, King's College London, PP/HBF/C.11, box 4, Honor Fell Papers, Wellcome Library, London.

29. Judson, *The Eighth Day of Creation*, 626.

30. Sayre, *Rosalind Franklin and DNA*, 96-97. Sayre notes that, as of 1971, Wilkins had never directed a female PhD student at King's College (107).

31. Robert Olby, *The Path to the Double Helix* (Seattle: University of Washington Press, 1974), 331; W. E. Seeds and M. H. F. Wilkins, "A Simple Reflecting Microscope," *Nature* 164 (1949): 228-229; W. E. Seeds and M. H. F. Wilkins, "Ultraviolet Micrographic Studies of Nucleoproteins and Crystals of

Biological Interest," *Discussions of the Faraday Society* 9 (1950): 417-423; M. H. F. Wilkins, R. G. Gosling and W. E. Seeds, "Physical Studies of Nucleic Acid," *Nature* 167 (1951): 759-760; M. H. F. Wilkins, W. E. Seeds, A. R. Stokes, H. R. Wilson, "Helical Structure of Crystalline Deoxypentose Nucleic Acid," *Nature* 172 (1953): 759-762.

32. Maddox, *Rosalind Franklin*, 160.

33. Maddox, *Rosalind Franklin*, 160, 256. Other of Seeds's nicknames included "Uncle" for Wilkins and "Aunty" for Honor Fell. He called Stokes "Archangel Gabriel."

34. Maddox, *Rosalind Franklin*, 288.

35. Maddox, *Rosalind Franklin*, 160, 288. 马多斯指出，"她会接受亲密朋友和家人对她的称呼'Ros'（罗斯）"。她还指出，一些女性朋友，如路透社记者罗珊娜-格罗尔克（Rosanna Groarke），会"经常称她为'罗西'（Rosie），但没有其他人这么做"。

36. Anne Sayre interview with Maurice Wilkins, June 15, 1970, ASP, box 4, folder 32.

37. Maddox, *Rosalind Franklin*, 160-161.

38. Maddox, *Rosalind Franklin*, 146.

39. Sayre, *Rosalind Franklin and DNA*, 102-103.

40. Anne Sayre interview with Raymond Gosling, May 18, 1970, ASP, box 4, folder 2.

41. Author interview with Jenifer Glynn, May 7, 2018.

42. Sayre, *Rosalind Franklin and DNA*, 105.

43. Letter from Mary Fraser to Horace Judson, August 22, 1978, HFJP, "Women at King's College."

44. Letter from Marjorie M'Ewan to Horace Judson, September 15, 1976, HFJP, "Women at King's College;" Judson, *The Eighth Day of Creation*, 625-626.

45. Anne Sayre interview with Raymond Gosling, May 18, 1970, ASP, box 4, folder 2; Sayre, *Rosalind Franklin and DNA*, 102-103.

46. Maddox, *Rosalind Franklin*, 145-147. She said to her former laboratory mate Vittorio Luzzati, of Wilkins, "He's so middle-class, Vittorio!"

47. 在接下来的几个月里，弗兰克林在获得了适当的照相机装置后，证明了"DNA 纤维的延长与衍射图样周期性的增加是相同的"，"纤维长度的变化

477

是 DNA 螺旋部分解旋和延长的结果": Wilkins, *The Third Man of the Double Helix*, 134. See also Sayre, *Rosalind Franklin and DNA*, 103–104。

48. Sayre, *Rosalind Franklin and DNA*, 104.

49. Wilkins, *The Third Man of the Double Helix*, 134–135.

50. Maddox, *Rosalind Franklin*, 144.

51. Sayre, *Rosalind Franklin and DNA*, 104.

52. Anne Sayre interview with Maurice Wilkins, June 15, 1970, ASP, box 4, folder 32.

53. Wilkins, *The Third Man of the Double Helix*, 134–135.

54. Olby, *The Path to the Double Helix*, 341.

55. Wilkins, *The Third Man of the Double Helix*, 142.

56. Wilkins, *The Third Man of the Double Helix*, 142–143.

57. Letter from John Randall to Rosalind Franklin, December 4, 1950, JRP, RNDL 3/1/6.

58. Maddox, *Rosalind Franklin*, 150.

59. Wilkins, *The Third Man of the Double Helix*, 150–151.

60. Letter from Maurice Wilkins to Rosalind Franklin, July 1951, MWP, K/PP178/3/9.

61. 1938 年 9 月 30 日, 内维尔·张伯伦首相发表了臭名昭著的 "我们时代的和平" 演讲, 阐述了他对希特勒灾难性的绥靖政策。Anne Sayre interview with Maurice Wilkins, June 15, 1970, 11–12, ASP, box 4, folder 32.

62. Anne Sayre interview with Maurice Wilkins, June 15, 1970, 5, ASP, box 4, folder 32.

63. Wilkins, *The Third Man of the Double Helix*, 157–158.

64. Wilkins, *The Third Man of the Double Helix*, 156.

65. Letter from Muriel Franklin to Anne Sayre, November 23, 1969, ASP, box 2, folder 15. 1.

66. Letter from Rosalind Franklin to Adrienne Weill, October 21, 1941, ASP, box 3, folder 1.

478

第十三章　弗兰克林的演讲

1. James D. Watson, *The Double Helix: A Personal Account of the Discovery of the Structure of DNA*, edited by Gunther Stent (New York: Norton, 1980), 14.
"蓝袜"（bluestocking）一词指知识女性或文学女性, 起源于 18 世纪中后期英国的一批女权主义者，她们是蓝袜协会的成员，该协会强调教育、社会合作和对知识成就的追求。协会中的许多女性并不富裕，买不起丝袜或华丽的衣服，而是穿着精纺羊毛长袜。See Gary Kelly, ed., *Bluestocking Feminism: Writings of the Bluestocking Circle, 1738 - 1785*, 6 vols. (London: Pickering & Chatto, 1999).

2. Letter from Muriel Franklin to Anne Sayre, undated, mid-April to early May 1970 (certainly after the publication of Watson's *The Double Helix*), ASP, box 2, folder 15. 1.

3. Brenda Maddox, *Rosalind Franklin: The Dark Lady of DNA* (New York: HarperCollins, 2002), 138.

4. Letter from Anne Sayre to Gertrude Clark Dyche, June 28, 1978, ASP, box 7, "Post- Publication Correspondence A-E"; Maddox. *Rosalind Franklin*, 52-53, 138-139.

5. Muriel Franklin, "Rosalind," 16, privately printed obituary pamphlet, RFP, "Articles and Obituaries," FRKN 6/6. 布伦达・马多克斯在《罗莎琳德-弗兰克林》（138 页）中描述这套公寓有四个房间；詹妮弗・格林（Jenifer Glynn）在 2018 年 5 月 7 日接受笔者采访时指出，这套公寓有一间卧室、一间起居室/饭厅、一间完整的浴室和一间厨房。

6. Maddox, *Rosalind Franklin*, 139 - 140; Anne Sayre interview with Mrs. Simon Altmann, May 15, 1970, ASP, box 2, folder 2; Anne Sayre interview with Geoffrey Brown, May 12, 1970, ASP, box 2, folder 3.

7. Meteorological Office, United Kingdom, *British Rainfall, 1951. The 91st Annual Volume of the British Rainfall Organization. Report on the Distribution of Rain in Space and Time Over Great Britain and Northern Ireland During the 1951 as Recorded by About 5, 000 Observers* (London: Her Majesty's Stationery Office, 1953), 17-18, 81-82.

8. Horace Judson interview with Raymond Gosling, July 21, 1975, HFJP.

9. Muriel Franklin, "Rosalind," 10; Maddox, *Rosalind Franklin*, 21.

10. Letter from Muriel Franklin to Anne Sayre, undated, probably mid-April to early May, 1970 (certainly after the publication of Watson's *The Double Helix*), ASP, box 2, folder 15. 1.

11. King's College, London, "Strand Campus: Self-Guided Tour," pamphlet, 2; correspondence from Ben Barber, King's College, London, Archives, to the author, July 19, 2019. 这座建筑由建筑师罗伯特・斯密克爵士设计，他还为大

英博物馆和考文特花园皇家歌剧院的部分建筑设计了图纸。

12. Maddox, *Rosalind Franklin*, 135, 255-256.

13. Maurice Wilkins, *The Third Man of the Double Helix* (Oxford: Oxford University Press, 2003), 163.

14. Robert Olby, *The Path to the Double Helix* (Seattle: University of Washington Press, 1974), 348.

15. Horace Judson interview with Alexander Stokes, August 11, 1976, HFJP. 威尔金斯在 2003 年的回忆录中对这次演讲的回忆则更加模糊："我不认为他试图将自己的工作与罗莎琳德新发现的 B 形态联系起来。"这是一个令人费解的评论，因为如果斯托克斯在弗兰克林之前发表了演讲，那么他似乎不太可能跑题去讨论她的数据。See Wilkins, *The Third Man of the Double Helix*, 163.

16. François Jacob, *The Statue Within: An Autobiography* (Cold Spring Harbor, NY: Cold Spring Harbor Laboratory Press, 1995), 264.

17. Horace Freeland Judson, *The Eighth Day of Creation: Makers of the Revolution in Biology* (Cold Spring Harbor, NY: Cold Spring Harbor Laboratory Press, 2013), 97.

18. Letter from James D. Watson to his parents, November 20, 1951, WFAT, "Letters to Family, Cambridge, October 1951-August 1952."

19. Victor K. McElheny, *Watson and DNA: Making a Scientific Resolution* (New York: Perseus, 2003), 40.

20. Watson, *The Double Helix*, 44-45.   480

21. Watson, *The Double Helix*, 45.

22. Olby, *The Path to the Double Helix*, 316.

23. Watson, *The Double Helix*, 59.

24. Watson, *The Double Helix*, 45.

25. Wilkins, *The Third Man of the Double Helix*, 163-164.

26. Wilkins, *The Third Man of the Double Helix*, 164.

27. Anne Sayre interview with Maurice Wilkins, June 15, 1970, ASP, box 4, folder 32.

28. Letter from Maurice Wilkins to Robert Olby, December 18, 1972 (returning the author's manuscript chapters 19, 20, 21, with annotations), quoted in Olby, *The Path to the Double Helix*, 350. 奥尔比对这一说法持高度怀疑态度，并在引文后写道："但这些猜测是有局限的，而且她意识到自己必须处理近似六角形的堆积态，这表明分子是圆柱形的。当然，她完全有理由在演讲中提到这一特征及其意义。"

29. Letter from Maurice Wilkins to Horace Judson, April 28, 1976, HFJP.

30. Wilkins, *The Third Man of the Double Helix* , 163–164; see also letter from Maurice Wilkins to Robert Olby, December 18, 1972, quoted in Olby, *The Path to the Double Helix* , 350.

31. Horace Judson interview with Alexander Stokes, August 11, 1976, HFJP.

32. Rosalind Franklin, Colloquium, November 1951, RFP, FRKN 3/2; Rosalind Franklin, "Interim Annual Report: January 1, 1951 – January 1, 1952," Wheatstone Laboratory, King's College, London, February 7, 1952, RFP, FRKN 4/3; Rosalind Franklin DNA research notebooks, September 195 – May 1953, RFP, FRKN 1/1.

33. Watson, *The Double Helix* , 45; Judson, *The Eighth Day of Creation* , 98.

34. Anne Sayre interview with Raymond Gosling, May 18, 1970, ASP, box 4, folder 2.

35. Franklin, Colloquium, November 1951.

36. Aaron Klug, " Rosalind Franklin and the Discovery of the Structure of DNA ," *Nature* 219, no. 5156 (1968): 808–10, 843–844; Aaron Klug, "Rosalind Franklin and the Double Helix," *Nature* 248 (1974): 787–788.

37. C. Harry Carlisle, "Serving My Time in Crystallography at Birkbeck: Some Memories Spanning 40 Years. " Unpublished lecture, partly delivered as a valedictory lecture at Birkbeck College, May 30, 1978. Birkbeck College, University of London Library and Repository Services. 感谢莎拉·霍尔（Sarah Hall）和艾玛·伊林沃思（Emma Illingworth）帮助我找到这份手稿。

38. Franklin, Colloquium, November 1951.

39. At this point in time, the terms "spiral" and "helical" were often used interchangeably. Franklin, Colloquium, November 1951.

40. Franklin, Colloquium, November 1951; Franklin, " Interim Annual Report. "

41. Franklin, Colloquium, November 1951.

42. Franklin, Colloquium, November 1951; see also Sayre, *Rosalind Franklin and DNA* , 127–29; Judson, *The Eighth Day of Creation* , 98.

43. Franklin, "Interim Annual Report. "

44. Judson, *The Eighth Day of Creation* , 100.

45. Horace Judson interview with Max Perutz, February 15, 1975, HFJP.

46. Horace Judson interview with Max Perutz, February 15, 1975, HFJP; see

also Judson, *The Eighth Day of Creation*, 101-102.

47. Horace Judson interview with Max Perutz, February 15, 1975, HFJP; see also Judson, *The Eighth Day of Creation*, 102.

48. Horace Judson interview with Max Perutz February 15, 1975, HFJP; see also Judson, *The Eighth Day of Creation*, 102-103.

49. Horace Judson interview with Max Perutz, February 15, 1975; see also Judson, *The Eighth Day of Creation*, 102-103.

50. Watson, *The Double Helix*, 45.

51. Eugene Fodor and Frederick Rockwell, *Fodor's Guide to Britain and Ireland, 1958* (New York: David McKay, 1958), 122; British Library Learning Timelines: Sources from History, "Chinese Food, 1950s: Oral History with Wing Yip, Asian Food Restaurateur in London, 1950s and 1960s," http://www.bl.uk/learning/timeline/item107673.html.

52. Watson, *The Double Helix*, 46.

53. Watson, *The Double Helix*, 46.

54. Watson, *The Double Helix*, 46.

55. Judson, *The Eighth Day of Creation*, 102-103.

56. Watson, *The Double Helix*, 46.

57. Watson, *The Double Helix*, 48.

第十四章 牛津的梦幻尖塔

1. Matthew Arnold, "Thyrsis: A Monody, to Commemorate the Author's Friend, Arthur Hugh Clough," https://www.poetry-foundation.org/poems/43608/thyrsis-a-monody-to-commemorate-the-authors-friend-arthur-hugh-clough.

2. 弗莱明于 1928 年发现了青霉素霉菌，但霍华德·弗洛里、恩斯特·查恩和他们在牛津大学的团队在 13 年后才大规模生产出这种抗生素。他们三人共同获得了 1945 年诺贝尔生理学或医学奖。See Eric Lax, *The Mold in Dr. Florey's Coat: The Story of the Penicillin Miracle* (New York: Henry Holt, 2004); Howard Markel, "Shaping the Mold, from Lab Glitch to Life Saver," *New York Times*, April 20, 2004, D6.

3. Georgina Ferry, *Dorothy Hodgkin: A Life* (London: Granta, 1998); Guy Dodson, "Dorothy Mary Crowfoot Hodgkin, O.M., 12 May 1910-29 July 1994," *Biographical Memoirs of Fellows of the Royal Society* 48 (2002): 179-219; Dorothy Crowfoot, Charles W. Bunn, Barbara W. Rogers-Low, and Annette Turner-Jones,

482 "X – ray crystallographic investigation of the structure of penicillin," in H. Y. Clarke, J. R. Johnson, and R. Robinson, eds. , *The Chemistry of Penicillin* (Princeton: Princeton University Press, 1949), 310–367.

4. W. Cochran and F. H. C. Crick, "Evidence for the Pauling–Corey α–Helix in Synthetic Polypeptides," *Nature* 169, no. 4293 (1952): 234–235; W. Cochran, F. H. C. Crick, and V. Vand, "The structure of synthetic peptides. I. The transform of atoms on a helix," *Acta Crystallographica* 5 (1952): 581–586.

5. James D. Watson, *The Double Helix: A Personal Account of the Discovery of the Structure of DNA* , edited by Gunther Stent (New York: Norton, 1980), 48.

6. 万德在布拉格查尔斯大学获得物理学和天体物理学博士学位。他先后在斯柯达汽车厂和利华兄弟公司做过几份工业工作，之后在格拉斯哥大学担任研究员，最后在宾夕法尼亚州立大学担任物理学教授。他于 1968 年 4 月 4 日去世，享年 57 岁。See "Vladimir Vand, Pennsylvania State Crystallographer Dies", *Physics Today* 21, no. 7 (July 1, 1968): 115.

7. Robert Olbyinterview with Francis Crick, March 8, 1968, HFJP; Watson, *The Double Helix*, 41.

8. Watson, *The Double Helix* , 41.

9. Watson, *The Double Helix* , 41.

10. Watson, *The Double Helix*, 43.

11. Robert Olbyinterview with Francis Crick, March 8, 1968, HFJP.

12. *Wine Tasting: Vintage 1949* , mimeographed announcement, October 31, 1951, FCP, PP/CRI/H/1/42/6, box 73.

13. Watson, *The Double Helix* , 43.

14. Watson, *The Double Helix* , 43; Cochran and Crick, "Evidence for the Pauling–Corey α–Helix in Synthetic Polypeptides"; Cochran, Crick, and Vand, "The structure of synthetic peptides. "

15. Watson, *The Double Helix* , 43.

16. Horace Judsoninterview with Max Perutz, February 15, 1975, HFJP; Horace Freeland Judson, *The Eighth Day of Creation: Makers of the Revolution in Biology* (Cold Spring Harbor, NY: Cold Spring Harbor Laboratory Press, 2013), 100–103, quote is on 101.

17. Horace Judsoninterview with Max Perutz, February 15, 1975, HFJP; Judson, *TheEighth Day of Creation* , 101. 就 DNA 而言，3.4 埃处的 "斑点"（即威廉·阿斯特伯里在 1939 年描述的、罗莎琳德·弗兰克林在 1952 年的照

片中探测到的斑点）位于分子的外缘。它之所以能很好地衍射 X 射线，是因为核苷酸碱基——尤其是磷原子，它们是核苷酸中最重的元素——沿螺旋以这个间隔距离重复出现。1953 年 2 月，佩鲁茨用"Q. E. D."（quoderat demon-strandum，即"证毕"）这一华丽的几何表述补充了沃森和克里克非常清楚地意识到的观点："这与我在 α 螺旋中发现的 1.5 埃大小的斑的原理是一样的，超出了人们之前的研究范围。事实上，在 DNA 中，碱基以 3.4 埃的距离平行地堆叠在螺旋上，这使得斑点更加强烈。"

18. Maurice Wilkins, *The Third Man of the Double Helix* (Oxford: Oxford University Press, 2003), 160; the description of the November 22, 1951, colloquium is on 160 - 164. See also Michael Fry, *Landmark Experiments in Molecular Biology* (Amsterdam: Academic Press, 2016), 181. 斯托克斯把他的见解告诉了威尔金斯，威尔金斯又把它告诉了克里克，与此同时，克里克和柯克兰也得出了自己的结论。斯托克斯从未发表过他的理论，但柯克兰、克里克和万德的论文承认，该理论"也是由 A. R. 斯托克斯博士（私人通信）几乎同时独立得出的"。See Cochran, Crick, and Vand, "The structure of synthetic peptides," 582. See also James D. Watson, *The Annotated and Illustrated Double Helix*, edited by Alexander Gann and Jan Witkowski (New York: Simon and Schuster, 2012), 90.

19. Wilkins, *The Third Man of the Double Helix*, 161.

20. Ferry, *Dorothy Hodgkin*, 275. 邓尼茨当时是霍奇金实验室的研究员，后来成为苏黎世瑞士联邦理工学院的教授。

21. Ferry, *Dorothy Hodgkin*, 275-76.

22. Author interview with James D. Watson (no. 2), July 24, 2018.

23. Watson, *The Double Helix*, 45.

24. Watson, *The Double Helix*, 49.

25. Watson, *The Double Helix*, 48.

26. Watson, *The Double Helix*, 49.

27. Watson, *The Double Helix*, 49.

28. Watson, *The Double Helix*, 49.

29. Peter Pauling, "DNA: The Race That Never Was?," *New Scientist* 58 (May 31, 1973): 558-560.

30. W. L. Bragg, J. C. Kendrew, and M. F. Perutz, "Polypeptide Chain Configurations in Crystalline Proteins," *Proceedings of the Royal Society of London A: Mathematical and Physical Sciences* 203, no. 1074 (October 10, 1950): 321-

357；L. C. Pauling, R. B. Corey, and H. R. Branson, "The structure of proteins: two hydrogen-bonded helical configurations of the polypeptide chain," *Proceedings of the National Academy of Sciences* 37, no. 4 (1951): 205-211.

31. Watson, *The Double Helix*, 49.

32. Rosalind Franklin, Colloquium, November 1951. RFP, FRKN 3/2.

33. Watson, *The Double Helix*, 51.

34. Jenny PickworthGlusker, "ACA Living History," *ACA [American Crystallographic Association] Reflections* 4 (Winter 2011): 6-10; Ian Hesketh, *Of Apes and Ancestors: Evolution, Christianity, and the Oxford Debate* (Toronto: University of Toronto Press, 2009).

35. Ferry, *Dorothy Hodgkin*, 63, 106.

36. Samanth Subramanian, *A Dominant Character: The Radical Science and Restless Politics of J. B. S. Haldane* (New York: Norton, 2020); Claude Gordon Douglas, "John Scott Haldane, 1860-1936," *Biographical Memoirs of Fellows of the Royal Society* 2, no. 5 (December 1, 1936): 115-139.

37. Watson, *The Double Helix*, 52.

38. Letter from James D. Watson to Elizabeth Watson, November 28, 1951, WFAT, "Letters to Family, Cambridge, October 1951-August 1952." "显然他们家很有钱。他们在苏格兰有一座豪宅。我有可能被邀请来过圣诞节"。圣诞节前几周，伊丽莎白在哥本哈根，她告诉炉火中烧的哥哥，自己正被一个丹麦人"追求"，而这个丹麦人是个演员；"感觉到灾难即将来临"的沃森问米奇森她是否也能一起去。Watson, *The Double Helix*, 63; author interview with James D. Watson (no. 2), July 24, 2018.

39. Letter from James D. Watson to Max and Manny Delbrück, December 9, 1951, MDP, box 23, folder 20.

第十五章　克里克先生和沃森博士：构建梦想中的 DNA 模型

1. Horace Judson interview with Raymond Gosling, July 21, 1975, HFJP.

2. Author interview with James D. Watson (no. 3), July 25, 2018; James D. Watson, *The Double Helix: A Personal Account of the Discovery of the Structure of DNA*, edited by Gunther Stent (New York: Norton, 1980), 48.

3. Watson, *The Double Helix*, 52.

4. Watson, *The Double Helix*, 53.

5. Anne Sayre, *Rosalind Franklin and DNA* (New York: Norton, 1975), 131.

6. Letter from Dorothy Hodgkin to David Sayre, January 7, 1975, ASP, box 4, folder 7; Sayre, *Rosalind Franklin and DNA*, 134. 安妮·赛尔的丈夫戴维是一位晶体学家，曾与霍奇金共事。

7. Sayre, *Rosalind Franklin and DNA*, 134.

8. Letter from Dorothy Hodgkin to David Sayre, January 7, 1975, ASP, box 4, folder 7; a slightly misquoted version of Hodgkin's observation appears in Brenda Maddox, *Rosalind Franklin: The Dark Lady of DNA* (New York: HarperCollins, 2002), 178–179.

9. Watson, *The Double Helix*, 53.

10. Watson, *The Double Helix*, 53.

11. Watson, *The Double Helix*, 53.

12. Watson, *The Double Helix*, 53.

13. Margaret Bullard, *A Perch in Paradise* (London: Hamish Hamilton, 1952); James D. Watson, *The Annotated and Illustrated Double Helix*, edited by Alexander Gann and Jan Witkowski (New York: Simon and Schuster, 2012), 82. 伯特兰·罗素是布拉德小说中的人物之一；see Kenneth Blackwell, "Two Days in the Dictation of Bertrand Russell," *Russell: The Journal of the Bertrand Russell Archives* 15 (new series, Summer 1995): 37–52.

14. Watson, *The Double Helix*, 53.

15. Watson, *The Double Helix*, 53.

16. Horace Freeland Judson, *The Eighth Day of Creation: Makers of the Revolution in Biology* (Cold Spring Harbor, NY: Cold Spring Harbor Laboratory Press, 2013), 118.

17. Watson, *The Double Helix*, 55.

18. Watson, *The Double Helix*, 56.

19. Watson, *The Double Helix*, 42, 57.

20. Francis Crick, *What Mad Pursuit: A Personal View of Scientific Discovery* (New York: Basic Books, 1988), 35.

21. Francis Crick and James D. Watson, "A Structure of Sodium Thymonucleate: A Possible Approach," 1951, FCP, PP/CRI/H/1/42/1, box 72. 胸腺核酸是从小牛胸腺中提取的 DNA 的钠盐。.

22. Watson, *The Double Helix*, 57.

23. Wilkins, *The Third Man of the Double Helix*, 164–165.

24. Wilkins, *The Third Man of the Double Helix*, 165.

25. Wilkins, *The Third Man of the Double Helix* , 165–166; J. M. Gulland, D. O. Jordan, and C. J. Threlfall, "212. Deoxypentose Nucleic Acids. Part I. Preparation of the Tetrasodium Salt of the Deoxypentose Nucleic Acid of Calf Thymus," *Journal of the Chemical Society* 1947: 1129–1130; J. M. Gulland, D. O. Jordan, and H. F. W. Taylor. "213. Deoxypentose Nucleic Acids. Part II. Electrometric Titration of the Acidic and the Basic Groups of the Deoxypentose Nucleic Acid of Calf Thymus," *Journal of the Chemical Society* 1947: 1131–1141; J. M. Creeth, J. M. Gulland, and D. O. Jordan, "214. Deoxypentose Nucleic Acids. Part III. Viscosity and Streaming Birefringence of Solutions of the Sodium Salt of the Deoxypentose Nucleic Acid Thymus," *Journal of the Chemical Society* 1947: 1141–1145.

26. Sven Furberg, "An X-ray study of some nucleosides and nucleotides," PhD diss. , University of London, 1949; Sven Furberg, "On the Structure of Nucleic Acids," *Acta Chemica Scandinavica* 6 (1952): 634–640.

27. 沃森补充道："但由于不了解国王学院实验的细节，[福尔伯格] 只构建了单链结构，因此他的 DNA 结构想法在卡文迪许从未得到认真对待。" *The Double Helix* , 54.

28. Wilkins, *The Third Man of the Double Helix* , 166.

29. Wilkins, *The Third Man of the Double Helix* , 166.

30. Rosalind Franklin, "Interim Annual Report: January 1, 1951–January 1, 1952," Wheatstone Laboratory, King's College, London, February 7, 1952. RFP, FRKN 4/3.

31. Wilkins, *The Third Man of the Double Helix* , 166; Rosalind Franklin, Colloquium, November 1951, RFP, FRKN 3/2; Franklin, "Interim Annual Report."

32. Watson, *The Double Helix* , 58.

33. Wilkins, *The Third Man of the Double Helix* , 171.

34. Watson, *The Double Helix* , 58.

35. Watson, *The Double Helix* , 58.

36. Watson, *The Double Helix* , 58.

37. Watson, *The Double Helix* , 59.

38. Robert Olby, *Francis Crick: Hunter of Life's Secrets* (Cold Spring Harbor, NY: Cold Spring Harbor Laboratory Press, 2009), 134. 奥尔比利用 2003 年 BBC 纪录片《双螺旋：DNA 的故事》的脚本作为弗兰克林"眉开眼笑"的心情和

486

感叹词的来源。

39. 高斯林在 2012 年 1 月 28 日的一封信中向编辑们写下了这些评论；see Watson, *The Annotated and Illustrated Double Helix*, 91。

40. Watson, *The Double Helix*, 59.

41. Watson, *The Double Helix*, 59; Olby, *Francis Crick*, 135.

42. Robert Olby, *The Path to the Double Helix* (Seattle: University of Washington Press, 1974), 362.

43. Judson, *The Eighth Day of Creation*, 106-107.

44. "The Race for the Double Helix," documentary television program, narrated by Isaac Asimov, *Nova*, PBS, March 7, 1976.

45. Watson, *The Double Helix*, 59.

46. Watson, *The Double Helix*, 59; see also Wilkins, *The Third Man of the Double Helix*, 171-175; Crick, *What Mad Pursuit*, 65; Judson, *The Eighth Day of Creation*, 105-107; Olby, *The Path to the Double Helix*, 357-363.

47. Author interviews with James D. Watson (nos. 1 and 2), July 23 and 24, 2018.

48. Watson, *The Double Helix*, 60-61.

49. Wilkins, *The Third Man of the Double Helix*, 173-175.

50. 布伦纳与罗伯特·霍维茨（H. Robert Horvitz）和约翰·E. 苏尔斯顿（John E. Sulston）分享了 2002 年诺贝尔生理学或医学奖，"以表彰他们在器官发育和细胞程序性死亡的遗传调控方面的发现"。我非常感谢冷泉港实验室的亚历山大·甘恩（Alexander Gann）教授和扬·维特科夫斯基（Jan Witkowski）教授，感谢他们努力将这些一度失传的信件还原成历史记录，并慷慨地与我讨论这些信件。See A. Gann and J. Witkowski, "The Lost Correspondence of Francis Crick," *Nature* 467, no. 7315 (September 30, 2010): 519-524. The thirty-four letters, which date from 1951 to 1964, can be found at in the ColdSpring Harbor Laboratory Archives Repository, Cold Spring Harbor, NY, SB/11/1/177, http://libgallery.cshl.edu/items/show/52125.

51. Letter from Maurice Wilkins to Francis Crick, December 11, 1951, Cold Spring Harbor Laboratory Archives Repository, SB/11/1/177. Quoted with permission. 487

52. Letter from Maurice Wilkins to Francis Crick, December 11, 1951, Cold Spring Harbor Laboratory Archives Repository, SB/11/1/177. Quoted with permission.

53. Letter from Francis Crick to Maurice Wilkins, December 13, 1951. Cold Spring Harbor Laboratory Archives Repository, SB/11/1/177. Quoted with permission.

54. Wilkins says this event occurred in early December 1951; see Wilkins, *The Third Man of the Double Helix*, 170–171.

55. Wilkins, *The Third Man of the Double Helix*, 171.

56. Anne Sayre interview with Francis Crick, June 16, 1970, ASP, box 2, folder 9.

57. 1953 年春，罗莎琳德·弗兰克林离开国王学院，前往伯克贝克学院 J. D. 伯尔纳的实验室工作，此后她在 TMV 和病毒学研究方面取得了长足的进步。See Rosalind Franklin and K. C. Holmes, "The Helical Arrangement of the Protein Sub-Units in Tobacco Mosaic Virus," *Biochimica et Biophysica Acta* 21, no. 2 (1956): 405–406; Rosalind Franklin and Aaron Klug, "The Nature of the Helical Groove on the Tobacco Mosaic Virus," *Biochimica et Biophysica Acta* 19, no. 3 (1956): 403–416; J. G. Shaw, "Tobacco Mosaic Virus and the Study of Early Events in Virus Infections," *Philosophical Transactions of the Royal Society B: Biological Sciences* 354, no. 1383 (1999): 603–611; A. N. Craeger and G. J. Morgan, "After the Double Helix: Rosalind Franklin's Research on Tobacco Mosaic Virus," *Isis* 99, no. 2 (2008): 239–272.

58. Patricia Fara, "Beyond the Double Helix: Rosalind Franklin's work on viruses," *Times Literary Supplement*, July 24, 2020, https://www.the-tls.co.uk/articles/beyond-the-double-helix-rosalind-franklins-work-on-viruses/.

59. Watson, *The Double Helix*, 74.

60. Watson, *The Double Helix*, 74.

61. Watson, *The Double Helix*, 62.

62. Watson, *The Double Helix*, 67.

63. Watson, *The Double Helix*, 62.

64. Watson, *The Double Helix*, 62.

65. Letter from W. L. Bragg to A. V. Hill, January 18, 1952, A. V. Hill Papers, II 4/18, Churchill College Archives Centre, University of Cambridge.

卷四　止步不前，1952 年

1. Horace Judsoninterview with William Lawrence Bragg, January 28, 1971, HFJP.

第十六章　鲍林博士的困境

1. 这一张的标题摘自《纽约时报》一篇社评的题目，见 *New York Times*，May 19，1952，16。

2. Linus Pauling, notarized statement, June 20, 1952, LAHPP, http：// scarc. library. oregonstate. edu/coll/pauling/peace/papers/bio2. 003. 1-ts-19520620. html. 488

3. Thomas Hager, *Force of Nature：The Life of Linus Pauling* (New York：Simon and Schuster, 1995)，335-407, quote is on 358.

4. David Oshinsky, *A Conspiracy So Immense：The World of Joe McCarthy* (New York：Oxford University Press, 2005)；Ellen Schrecker, *Many Are the Crimes：McCarthyism in America* (Princeton：Princeton University Press, 1999)；Ellen Schrecker, *No Ivory Tower：McCarthysim and the Universities* (New York：Oxford University Press, 1986)。

5. Hager, *Force of Nature*，335-407；Victor Navasky, *Naming Names* (New York：Viking, 1980)，78-96, 169-178；"Statement by Prof. Linus Pauling, regarding clemency plea for Julius and Ethel Rosenberg," January 1953 (typescript)，LAHPP；Helen Manfull, ed.，*Additional Dialogue. Letters of Dalton Trumbo, 1942-1962* (New York：M. Evans/J. B. Lippincott, 1970)，172, 176, 191-192, 328.

6. James D. Watson, *The Double Helix：A Personal Account of the Discovery of the Structure of DNA*，edited by Gunther Stent (New York：Norton, 1980)，63.

7. Hager, *Force of Nature*，357.

8. Robert Olby interview with Linus Pauling, November 1968, quoted in Robert Olby, *The Path to the Double Helix* (Seattle：University of Washington Press, 1974)，376-377；see also Hager, *Force of Nature*，397.

9. Letter from John Randall to Linus Pauling, August 28, 1951, LAHPP, http：//scarc. library. oregonstate. edu/coll/pauling/dna/corr/sci9. 001. 2 - randall - lp-19510828. html. Letter from Linus Pauling to John Randall, September 25, 1951, LAHPP, http：//scarc. library. oregonstate. edu/coll/pauling/dna/corr/sci9. 001. 2 - lp-randall-19510925. html.

10. *Life Story：Linus Pauling*，documentary film, BBC, 1997. Transcript and video clip in LAHPP, http：//scarc. library. oregonstate. edu/coll/pauling/dna/ audio/1997v. 1-photos. html.

11. Olby, *The Path to the Double Helix*，400.

12. Linus Pauling, "My Efforts to Obtain a Passport," *Bulletin of the Atomic Scientists* 8, no. 7 (October 1952): 253-256.

13. 露丝·比拉斯基于 1909 年与弗雷德里克·希普利结婚，丈夫被任命为联邦政府驻巴拿马运河区的行政长官后，露丝离开了政府部门。这对夫妇在 1911 年有了一个儿子，但在弗雷德感染黄热病无法继续工作后，他们于 1914 年返回华盛顿。从 1912 年到 1919 年，她的兄弟布鲁斯·比拉斯基（A. Bruce Bielaski）开始负责管理美国司法部调查局，也就是联邦调查局的前身。正是在比拉斯基的运作下，希普利夫人在国务院的护照服务台获得了一份急需的工作。她曾两次拒绝晋升为护照办公室主任，最终于 1928 年接受了这一职位。"Basic Passports," *Fortune* 32, no. 4 (October 1945): 123.

14. "Ogre," *Newsweek*, May 29, 1944, 38; "Sorry, Mrs. Shipley," *Time*, December 31, 1951, 15. The Subversive Activities Control Act of 1950, also known as the Internal Security Act of 1950, can be accessed at https://www.loc.gov/law/help/statutes-at-large/81st-congress/session-2/c81s2ch1024.pdf.

15. "Sorry, Mrs. Shipley." The *Time* cover that week featured a portrait of the comedian Groucho Marx, with the caption "Trademark: effrontery."

16. Andre Visson, "Ruth Shipley: The State Department's Watchdog," *Reader's Digest*, October 1951: 73-74 (condensed and reprinted from *Independent Woman*, August 1951); Richard L. Strout, "Win a Prize—Get a Passport," *New Republic*, November 28, 1955, 11-13.

17. "Woman's Place Also in the Office, Finds Chief of the Nation's Passport Division," *New York Times*, December 24, 1939, 22. See also Hager, *Force of Nature*, 335-407; Jeffrey Kahn, *Mrs. Shipley's Ghosts: The Right to Travel and Terrorist Watch Lists* (Ann Arbor: University of Michigan Press, 2013); Jeffrey Kahn, "The Extraordinary Mrs. Shipley: How the United States Controlled International Travel Before the Age of Terrorism," *Connecticut Law Review* 43 (February 2011): 821-88; "Passport Chief to End Career; Mrs. Shipley Retiring After 47 Years in Government—Figured in Controversies," *New York Times*, February 25, 1955, 15; "Ruth B. Shipley, Ex-Passport Head, Federal Employee 47 Years Dies at 81 in Washington," *New York Times*, November 5, 1966, 29.

18. "Woman's Place Also in the Office."

19. "Mrs. Shipley Abdicates," editorial, *New York Times*, February 26, 1955, 14.

20. 1952 年 4 月，同情左派的卢里亚被拒绝签发护照前往牛津大学参加

489

一般微生物学会的研讨会，原本此次会议他受邀就噬菌体繁殖这一高度非政治化的话题发表论文。最终，他的论文被缺席宣读，并被收录在会议出版的论文集中。a leftist sympathizer, was refused a passport to travel to Oxford in April 1952 for a Society for General Microbiology symposium, at which he had been asked to give a paper on the highly apolitical topic of bacteriophage multiplication. His paper was read in absentia and included in the published proceedings of the meeting. Letter from James D. Watson to Elizabeth Watson, April 3, 1952, WFAT, "Letters to Family, Cambridge, October 1951 – August 1952"; James D. Watson, *The Annotated and Illustrated Double Helix*, edited by Alexander Gann and Jan Witkowski (New York: Simon and Schuster, 2012), 121–124; S. E. Luria, "An Analysis of Bacteriophage Multiplication," in Paul Fieldes and W. E. Van Heyningen, eds., *The Nature of Virus Multiplication: Second Symposium for the Society of General Microbiology Held at Oxford University*, April 1952 (Cambridge: Cambridge University Press, 1953). Luria also sent Watson a précis of the Hershey-Chase Waring blender experiment to be read at the Oxford conference; see letter from Horace Judson to Alfred D. Hershey, August 27, 1976, HFJP.

21. Letter from Ruth B. Shipley, U. S. State Department, to Linus Pauling, February 14, 1952, LAHPP, http://scarc.library.oregonstate.edu/coll/pauling/dna/corr/bio2.002.5-shipley-lp-19520214.html.

22. 传记作家托马斯·海格（Thomas Hager）通过《信息自由法》申请调查了鲍林在国务院的档案，并在"*Force of Nature*, 401-3"中引用了这段话和其他内容。

23. Hager, *Force of Nature*, 401.

490

24. 77th Congress of the United States, Public Law 77 – 671, 56 Stat 662, S. 2404, enacted July 20, 1942: "To Create the Decorations to be Known as the Legion of Merit, and the Medal for Merit."

25. Letter from Linus Pauling to President Harry Truman, February 29, 1952. The letter is included in Pauling's State Department file and is quoted in Hager, *Force of Nature*, 401.

26. Hager, *Force of Nature*, 402.

27. Graham Berry oral history interview with Edward Hughes, 1984, California Institute of Technology Archives; Hager, *Force of Nature*, 401-404.

28. "Passport is Denied to Dr. Linus Pauling; Scientist Assails Action as 'Interference'," *New York Times*, May 12, 1952, 8; "Passport Denial Decried:

British Scientists Score U. S. Action on Prof. Linus Pauling," *New York Times* , May 13, 1952, 10; "Dr. Pauling's Predicament"; "Linus Pauling and the Race for DNA," documentary film, *Nova* , PBS and Oregon State University, 1977, available at http：//osulibrary. oregonstate. edu/specialcollections/coll/pauling/dna/audio/ 1977v. 66. html.

29. Robert Robinson, letter to the editor, *The Times* , May 2, 1952; Hager, *Force of Nature* , 405. Robinson's letter is dated May 1, which, he admitted, was "possibly an unfortunate choice of day" to invite an accused Communist to speak at the Royal Society.

30. "Second International Congress of Biochemistry (July 21 - 27, 1952)," *Nature* 170, no. 4324 (1952)：443-444; Hager, *Force of Nature* , 405.

31. *Tech* (magazine of the California Institute of Technology), May 15, 1952, 1.

32. Ruth B. Shipley, internal memorandum, May 16, 1952, quoted in Hager, *Force of Nature* , 406.

33. "Dr. Pauling Gets Limited Passport. State Department Reverses Its Stand in Cases of Famed Caltech Scientist," *Los Angeles Times* , July 16, 1952, 20.

34. "Linus Pauling Day - by - Day," July 1952, Linus Pauling Special Collections, Oregon State University, Corvallis, OR, http：// scarc. library. oregonstate. edu/coll/pauling/calendar/1952/07/index. html.

35. Hager, *Force of Nature* , 414-415.

36. *Life Story: Linus Pauling* , documentary film, BBC, 1997. Transcript and video clip in LAHPP, http：//scarc. library. oregonstate. edu/coll/pauling/dna/ audio/1997v. 1-photos. html.

第十七章　查尔加夫法则

1. Erwin Chargaff, "Preface to a Grammar of Biology," *Science* 172, no. 3984 (May 14, 1971)：637-642, quote is on 639; Erwin Chargaff, *Heraclitean Fire: Sketches from a Life Before Nature* (New York：Rockefeller University Press, 1978), 81-82. 此处提到的论文为：O. T. Avery, C. M. Macleod, and M. McCarty, "Studies on the chemical nature of the substance inducing transformation of pneumococcal types. Induction of transformation by a desoxyribonucleic acid fraction isolated frompneumococcus Type II," *Journal of Experimental Medicine* 79 (1944)： 137 - 158 (DNA was still referred to as desoxyribonucleic acid rather than

deoxyribonucleic acid）；the Cardinal Newman book mentioned is John Henry Newman, *An Essay in Aid of the Grammar of Assent* （London：Burns, Oates, 1870）。

2. Seymour S. Cohen, "Erwin Chargaff, 1905-2002," *Biographical Memoirs of the National Academy of Sciences* （Washington, DC：National Academy of Sciences, 2010）, 5, reprinted from *Proceedings of the American Philosophical Society* 148, no. 2 （2004）：221-228. See also Nicholas Wade, "Erwin Chargaff, 96, Pioneer in DNA Chemical Research," *New York Times*, June 30, 2002, 27; Nicole Kresge, Robert D. Simoni, and Robert L. Hill, "Chargaff's Rules：The Work of Erwin Chargaff," *Journal of Biological Chemistry* 280, no. 24 （2005）：172-174.

3. 自然哲学（Naturphilosophie）现已成为一种晦涩难懂的德国生物学、自然和神秘泛神论理论，但它曾一度受到德国学术界的推崇。Chargaff, *Heraclitean Fire*, 15-16; Howard Markel, *An Anatomy of Addiction：Sigmund Freud, William Halsted, and the Miracle Drug, Cocaine* （New York：Pantheon, 2011）, 21.

4. Chargaff, *Heraclitean Fire*, 16.

5. C. J. M., "Léon Charles Albert Calmette, 1863-1933," *ObituaryNotices of Fellows of the Royal Society* 1 （1934）：315-325.

6. Chargaff, *Heraclitean Fire*, 52-54.

7. 查尔加夫最初住在中央公园西街 410 号：*Manhattan （New York） Telephone Directory, 1940* （New York：New York Telephone Co., 1939）, 184。后来，他搬到了中央公园西街 350 号：*National Academy of Sciences, National Academy of Engineering, Institute of Medicine, National Research Council：Annual Report, Fiscal Year, 1974 - 1975*,（Washington, DC：National Academy of Sciences）, 213。

8. Chargaff, *Heraclitean Fire*, 39-40.

9. Chargaff, *Heraclitean Fire*, 84-85.

10. Chargaff, *Heraclitean Fire*, 85.

11. Chargaff, "Preface to a Grammar of Biology," 639.

12. Cohen, "Erwin Chargaff, 1905-2002," 8.

13. Ernst Vischer and Erwin Chargaff, "The Separation and Quantitative Estimation of Purines and Pyrimidines in Minute Amounts," *Journal of Biological Chemistry* 176 （1948）：703 - 714; Erwin Chargaff, "On the nucleoproteins and nucleic acids of microorganisms," *Cold Spring Harbor Symposia of Quantitative*

Biology 12 （1947）： 28 - 34； Erwin Chargaff and Ernst Vischer, "Nucleoproteins, nucleic acids, and related substances," *Annual Review of Biochemistry* 17 （1948）： 201 - 226； Erwin Chargaff, "Chemical Specificity of Nucleic Acids and Mechanism of Their Enzymatic Degradation," *Experientia* 6 （1950）： 201 - 9； Erwin Chargaff, "Some Recent Studies of the Composition and Structure of Nucleic Acids," *Journal of Cellular and Comparative Physiology* 38, suppl. I （1951）： 41 - 59. See also Erwin Chargaff and J. N. Davidson, eds., *The Nucleic Acids： Chemistry and Biology*, 2 vols. （New York： Academic Publishers, 1955）； PninaAbir-Am, "From Biochemistry to Molecular Biology： DNA and the Acculturated Journey of the Critic of Science, Erwin Chargaff," *History and Philosophy of the Life Sciences* 2, no. 1 （1980）： 3-60.

14. Chargaff, "Chemical Specificity of Nucleic Acid and Mechanism of Their Enzymatic Degradation."

15. Chargaff, *Heraclitean Fire*, 87.

16. Horace Freeland Judson, *The Eighth Day of Creation： Makers of the Revolution in Biology* （Cold Spring Harbor, NY： Cold Spring Harbor Laboratory Press, 2013）, 75, see also 73-75, 117-121； Robert Olby, *Francis Crick： Hunter of Life's Secrets* （Cold Spring Harbor, NY： Cold Spring Harbor Laboratory Press, 2009）, 140-143, 165-166.

17. Erwin Chargaff, "Amphisbanea," *Essays on Nucleic Acids* （New York： Elsevier, 1963）, 174-199, quote is on 176； Chargaff, *Heraclitean Fire*, 140. 希腊神话中的双头蛇是一种吃蚂蚁的双头蛇。

18. James D. Watson, *The Double Helix： A Personal Account of the Discovery of the Structure of DNA*, edited by Gunther Stent （New York： Norton, 1980）, 74.

19. Watson, *The Double Helix*, 75.

20. Watson, *The Double Helix*, 75-76.

21. Watson, *The Double Helix*, 76.

22. Hermann Bondi and Thomas Gold, "The Steady State Theory of the Expanding Universe," *Monthly Notices of the RoyalAstronomical Society* 109, no. 3 （1948）： 252-270.

23. Watson, *The Double Helix*, 76. 自我复制本身并不是一个新的假设。至少从 20 世纪 20 年代起，包括鲍林和德尔布吕克在内的一些科学家就开始推测一种生物过程——即一个互补的、负形的分子或结构与正形的分子或结构精确地结合在一起。这种分子排列方式还可以使现存的负型结构成为新的正形图像的模子或模板。并非所有科学家都同意互补的概念：赫尔曼·穆勒（Hermann Muller）和德国理论物理学家帕斯卡尔·乔丹（Pascual Jordan）认为"同类相吸"。See L. C. Pauling and M. Delbrück, "The Nature of the Intermolecular Operative in Biological Processes," *Science* 92, no. 2378（1940）：77-99; Pascual Jordan, "Biologische Strahlen-wirkung und Physik der Gene"（Biological Radiation and Physics of Genes）, *Physikalische Zeitschrift* 39（1938）：345-366, 711; Pascual Jordan, "Problem der spezifischenImmunität"（Problem of Specific Immunity）, *FundamentaRadiologica* 5（1939）：43-56.

24. 约翰·格里菲思——弗雷德里克·格里菲思的侄子，曾对肺炎球菌进行了一些最初的转化原理实验——对沃森自传中发表的"无理言论"感到非常愤怒：*The Double Helix*（77）. See John Lagnado, "Past Times: From Pablum to Prions（via DNA）：A Tale of Two Griffiths," *Biochemist* 27, no. 4（August 2005）：33-35, http://www.biochemist.org/bio/02704/0033/027040033.pdf。

25. Watson, *The Double Helix*, 77.

26. 沃森声称这次会面发生在 7 月，但查尔加夫明确其日期为 1952 年 5 月 24-27 日，后者更有可能。Watson, *The Double Helix*, 77-78; Chargaff, *Heraclitean Fire*, 100.

27. 此时，查尔加夫曾希望在瑞士获得一个捐赠教席，但最终未能如愿。Horace Freeland Judson, "Reflections on the Historiography of Molecular Biology," *Minerva* 18, no. 3（1980）：369-421.

28. Chargaff titles this chapter "Gullible's Troubles." Chargaff, *Heraclitean Fire*, 100-103.

29. Chargaff, *Heraclitean Fire*, 100.

30. Chargaff, "Preface to a Grammar of Biology," 641.

31. Watson, *The Double Helix*, 78.

32. Watson was actually twenty-four when he first met Chargaff; Chargaff, *Heraclitan Fire*, 100-102.

33. Erwin Chargaff, "Building the Tower of Babble," *Nature* 248（April 26, 1974）：776-79, quote is on 776-777.

34. Watson, *The Double Helix*, 78.

35. Robert Olby, *The Path to the Double Helix*（Seattle: University of Washington Press, 1974）, 385-423, quote is on 388; Olby, *Francis Crick*, 139-44; Royal Society interviews with Crick in Cambridge, conducted by Robert Olby, March 8, 1968, and August 7, 1972, Collections of the Royal Society, London.

36. Watson, *The Double Helix*, 77-78.

37. "王（所罗门）说：'给我拿一把剑来。'他们就把剑带到王面前。王说：'把活的孩子一分为二，一半给这一个，一半给那一个。'"《列王记上》3：24、25。

38. 1951 年 8 月 27-31 日，查尔加夫和威尔金斯在新罕布什尔州新汉普顿举行的戈登核酸和蛋白质年会上相遇。The Chargaff-Wilkins letters, from late December 1951 through the end of 1953, are in ECP, box 59, Mss. B. C37. I am grateful to Charles Greifenstein, Associate Librarian and Curator of Manuscripts of the American Philosophical Society, for introducing me to these documents. See also Wilkins, *The Third Man of the Double Helix*, 151-154. *Bacillus coli*, or *B. coli*, is the antiquated name for *Escherichia coli*, or *E. coli*.

39. 直到 2000 年，他还在抱怨弗兰克林夺走了他的西格纳 DNA 样本。Brenda Maddox, *Rosalind Franklin: The Dark Lady of DNA* (New York: HarperCollins, 2002), 195, 343. Maddox interviewed Wilkins on November 4, 2000.

40. Letter from Maurice Wilkins to Erwin Chargaff, January 6, 1952, ECP, box 59, Mss. B. C37.

41. Letter from Maurice Wilkins to Erwin Chargaff, January 6, 1952. "Nerk" is a British slang word of the era, referring to a foolish or objectionable person or activity.

42. 在忍受了哥伦比亚大学行政上司的"寒酸"待遇后，他的情绪变得更加暴躁。当他为学校服务了 40 年后退休时，单位拒绝"批准新的基金申请，还换掉了他老实验室的锁，只给他 30% 的退休金"。Judson, "Reflections on the Historiography of Molecular Biology."

43. Horace Freeland Judson, "No Nobel Prize for Whining," op-ed, *New York Times*, October 20, 2003, A17. Ironically, Chargaff was invited many times to nominate people for the Nobel Prize, a task he could not have completed with joy. ECP, Nobel Prize correspondence, box 121, Mss. B. C37.

44. Chargaff, *Heraclitan Fire*, 103; Erwin Chargaff, review of *The Path to the Double Helix* by Robert Olby, *Perspectives in Biology and Medicine* 19 (1976): 289-290.

45. James D. Watson, *The Double Helix: A Personal Account of the Discovery of the Structure of DNA*, edited by Gunther Stent (New York: Norton, 1980), 80.

第十八章 巴黎和鲁亚蒙修道院

1. James D. Watson, *The Donble Helix: A Personal Account of the Discovery of the Structure of DNA*, edited by Gunther Stent (NewYork: Norton, 1980), 80.

2. "Second International Congress of Biochemistry [July 21-27, 1952]," *Nature* 170, no. 4324 (1952): 443-444; Linus Pauling's annotated program from the Second International Congress of Biochemistry, Paris, July 21-27, 1952, LAHPP, http://scarc. library. oregonstate. edu/coll/pauling/proteins/papers/1952s. 9-program. html.

3. 这片著名的森林被称为"停战空地"。阿道夫·希特勒曾将签署第一次世界大战停战协定的火车车厢从巴黎运到贡比涅。它象征着德国屈辱的战败和他认为他的国家被迫在 1918 年签署的苛刻条约,还意味着他将以第三帝国征服法国的形式来复仇。See William Shirer, *The Rise and Fall of the Third Reich* (New York: Simon and Schuster, 1960), 742.

4. Watson, *The Double Helix*, 79.

5. In 1622, Cardinal Richelieu was elected *proviseur*, or principal, of the Sorbonne. Erwin Chargaff, "Building the Tower of Babble," *Nature* 248 (April 26, 1974): 776-779, quote is on 776.

6. Watson, *The Double Helix*, 79. 沃森错误地回忆说,鲍林是在"〔马克斯〕佩鲁茨发言的会议"上发表演讲的。但佩鲁茨的会议是"第一次研讨会",主题是造血的生物化学,他讲述了血红蛋白的结构。而鲍林的档案文件显示,他是在"第二次研讨会"上发言的,主题是蛋白质的生物生成。

7. Commemorative dinner menu, International Congress of Biochemistry, Paris, July 26, 1952, LAHPP, http://scarc. library. oregonstate. edu/coll/pauling/proteins/pictures/1952s. 9-menu. html.

8. Maurice Wilkins, *The Third Man of the Double Helix* (Oxford: Oxford University Press, 2003), 186.

9. Phage Conference, International (Summary of the Proceedings of the Conference), July 1952, JDWP, JDW/2/7/3/3.

10. Watson, *The Double Helix*, 80.

11. Frederick W. Stahl, ed., *We Can Sleep Later: Alfred D. Hershey and the Origins of Molecular Biology* (Cold Spring Harbor, NY: Cold Spring Harbor Laboratory Press, 2000).

12. Allen Campbell and Franklin W. Stahl, "Alfred D. Hershey," *Annual Review of Genetics* 32 (1998): 1-6.

495

13. Alfred Hershey and Martha Chase, "Independent Functions of Viral Protein and Nucleic Acid in Growth of Bacteriophage," *Journal of General Physiology* 36, no. 1 (1952): 39-56; see also "The Hershey-Chase Experiment," in Jan Witkowski, ed., *Illuminating Life: Selected Papers from Cold Spring Harbor, 1903-1969* (Cold Spring Harbor, NY: Cold Spring Harbor Laboratory Press, 2000), pp. 201-222; Stahl, ed., *We Can Sleep Later*, 171-207; Alfred D. Hershey, "The Injection of DNA into Cells by Phage," in John Cairns, Gunther S. Stent, and James D. Watson, eds., *Phage and the Origins of Molecular Biology* (Cold Spring Harbor, NY: Cold Spring Harbor Laboratory Press, 1966), 100-109. 沃森在 1951 年哥本哈根的研究中只标记了 DNA 中的磷，而赫希在 1952 年的研究则同时使用了蛋白质和 DNA 的放射性标记，结果也要好得多，被许多人认为是最权威的研究。

14. "The Hershey-Chase Experiment," 201; H. V. Wyatt, "How History Has Blended," *Nature* 249, no. 5460 (June 28, 1974): 803-804. 赫希与卢里亚和德尔布吕克（赫希称他们三人为"两个敌对的外国人和一个不合群的人"）分享了诺贝尔奖，"因为他们发现了病毒的复制机制和基因结构"。与从未获得过诺贝尔奖的奥斯瓦尔德·艾弗里不同，这三人的优势在于与冷泉港实验室的联系，在那里，科学家们看到了以自己的形象撰写、修订和广泛传播遗传学文献的巨大价值。

15. James D. Watson, "The Lives They Lived: Alfred D. Hershey: Hershey Heaven," *New York Times Magazine*, January 4, 1998, 16; a longer version of this essay appears as "Alfred Day Hershey 1908-1997," in *Cold Spring Harbor Laboratory Annual Report 1997*, ix-x, http://repository.cshl.edu/id/eprint/36676/1/CSHL_AR_1997.pdf.

16. Thomas Hager, *Force of Nature: The Life of Linus Pauling* (New York: Simon and Schuster, 1995), 408.

17. Watson, *The Double Helix*, 80.

18. Letter from James D. Watson to Max Delbrück, May 20, 1952, MDP, box 23, folder 21.

19. Letter from Max Delbrück to James D. Watson, June 4, 1952, MDP, box 23, folder 21. Incidentally, Rosalind Franklin was notinvited to Pauling's 1953 Pasadena Conference on Protein Structure at Caltech (September 21-25), although Wilkins, Randall, Bragg, Kendrew, Perutz, Watson, and Crick were. See "Linus Pauling Day-by-Day," September 21, 1952, Linus Pauling Special Collections,

Oregon State University, Corvallis, OR, http: //scarc. library. oregonstate. edu/ coll/pauling/calendar/1953/09/21. html.

20. Watson, *The Double Helix* , 81.

21. Watson, *The Double Helix* , 81. Watson confirmed his ingratiating approach to Mrs. Pauling to the author in interview no. 2, July 24, 2018.

22. Peter Pauling, "DNA: The Race That Never Was?," *New Scientist* , May 31, 1973, 558−560, quote is on 558.

23. Pauling, "DNA: The Race That Never Was?," 558; Horace Judson interview with Peter Pauling, February 1, 1970, HFJP.

24. Watson, *The Double Helix* , 81.

25. Photographs from the conference amply demonstrate Watson's odd attire. See JDWP, "Meeting at Royaumont, France," JDW/1/6/1, and "Bacteriophage Conference at Royaumont France," JDW/1/11/2.

26. Letter from James D. Watson to Francis Crick, August 11, 1952, FCP, PP/CRI/H/1/42/3, box 72. See also JDWP, "Italian Alps, 1952," JDW/1/ 15/2.

27. Letter from Jean Mitchell Watson to James D. Watson, Sr. , June 18, 1952, WFAT, JDW/2/2/1947/55.

28. Watson, *The Double Helix* , 8.

29. Letter from James D. Watson to Francis and Odile Crick, August 11, 1952, FCP, PP/CRI/H/1/42/3, box 72.

30. Pauling, "DNA: The Race That Never Was?"

31. Author interview with James D. Watson (no. 2), July 24, 2018.

第十九章 慌乱的夏天

1. Horace Judson interview with Francis Crick, July 3, 1975, HFJP.

2. Maurice Wilkins, *The Third Man of the Double Helix* (Oxford: Oxford University Press, 2003), 181.

3. Carlos Chagas, "Nova tripanozomiazehumana: estudossobre a morfolojia e o cicloevolutivo do *Schizotrypanumcruzi n. gen. , n. sp* , ajenteetiolojico de nova entidademorbida do homem," [Human nova trypanossomia: studies on the morphology and evolutionary cycle of Schistrypanumcruzi (new genus, new species), etiological agent of a new morbid entity in man] . *Memórias do Instituto Oswaldo Cruz* 1, no. 2 (1908): 158−218.

4. Letter from Maurice Wilkins to Francis Crick, undated, "on train, Innsbruck to Zurich," FCP, PP/CRI/H/1/42/4, box 72.

5. Wilkins, *The Third Man of the Double Helix*, 185-195, quote is on 194.

6. Wilkins, *The Third Man of the Double Helix*, 194.

7. Wilkins, *The Third Man of the Double Helix*, 195.

8. Wilkins, *The Third Man of the Double Helix*, 195.

9. Anne Sayre interview with Geoffrey Brown, May 12, 1970, ASP, box 2, folder 3.

10. Letter from Rosalind Franklin to Anne and David Sayre, March 1, 1952, ASP, box 2, folder 15. 1.

11. Letter from Rosalind Franklin to Anne and David Sayre, March 1, 1952.

12. Letter from Rosalind Franklin to Anne and David Sayre, June 2, 1952, ASP, box 3, folder 1.

13. Letter from Rosalind Franklin to J. D. Bernal, June 19, 1952, RFP, personnel file, FRKN 2/31; Horace Freeland Judson, *The Eighth Day of Creation: Makers of the Revolution in Biology* (Cold Spring Harbor, NY: Cold Spring Harbor Laboratory Press, 2013), 114.

14. Brenda Maddox, *Rosalind Franklin: The Dark Lady of DNA* (New York: HarperCollins, 2002), 183.

15. 兰德尔于 7 月 3 日批准了这一请求，并建议弗兰克林于 1953 年 1 月 1 日从国王学院转到伯克贝克学院。7 月 21 日，资助委员会主席 I. C. 麦克斯韦尔（I. C. Maxwell）也提出了同样的建议。See I. C. Maxwell, Chair of the Turner and Newall Fellowships, to John Randall, July 1, 1952. JRP, RNDL 3/1/6, ; letter from Rosalind Franklin to J. D. Bernal, June 19, 1952, RFP, personnel file, FRKN 2/31; Rosalind Franklin, "Annual Report, 1 January 1954-1 January 1955," Birkbeck College, 1955, RFP, FRKN 1/4. See also Maddox, *Rosalind Franklin*, 183.

16. Maddox, *Rosalind Franklin*, 168-169. 克里克和威尔金斯都说，弗兰克林根据卢扎蒂的建议进行了烦琐的帕特森分析。See Anne Sayre interview with Francis Crick, June 16, 1970, ASP, box 2, folder 9; Anne Sayre interview with Maurice Wilkins, June 15, 1970, ASP, box 4, folder 32. 在给霍勒斯·贾德森（Horace Judson）的一封信中，卢扎蒂将历史问题复杂化了，他说他直到弗兰克林的 B 型 DNAX 射线照片出版后才看到，因此他没有督促她制作模型。他将自己描述为次要角色；虽然他教她如何使用比弗斯和利普森的条带，但他不记得"看到过帕特森叠加或我喜欢的任何其他想法开始应用在 DNA 上"。Letter from Vittorio Luzzati to Horace Judson, September 21, 1976, HFJP.

17. Raymond G. Gosling, "X-ray diffraction studies with Rosalind Franklin," in SewerynChomet, ed., *Genesis of a Discovery* (London: Newman Hemisphere, 1995), 43-73, esp. 47-48.

18. Judson, *The Eighth Day of Creation*, 128.

19. M. F. Perutz and J. C. Kendrew, "The Application of X-ray crystallography to the study of biological macromolecules," in F. J. W. Roughton and J. C. Kendrew, eds., *Haemoglobin: The Joseph Barcroft Memorial Conference* (London: Butterworths, 1949), 171.

20. Francis Crick, "The height of the vector rods in the three-dimensional Patterson of haemoglobin," unpublished typescript (no. 1), signed by Crick and dated July 1951, and another typescript (no. 2) returned with editorial marks and figures following acceptance for publication in *Acta Crystallographica* 5 (1952): 381-386. FCP, PPCRI/H/1/4. Box 68.

498

21. Author interview with James D. Watson (no. 2), July 24, 2018.

22. Gosling, "X-ray diffraction studies with Rosalind Franklin," 66.

23. Rosalind Franklin, laboratory notebooks 1951-1952, RFP, FRKN 1/1. 1952 年 7 月，弗兰克林在塞奇威克动物学实验室的一次会议上喝茶时，把这些发现告诉了克里克，后者居高临下地建议她"仔细研究"她收集到的证据，这些证据似乎是反螺旋的。See Robert Olby, *Francis Crick: Hunter of Life's Secrets* (Cold Spring Harbor, NY: Cold Spring Harbor Laboratory Press, 2009), 152-153.

24. 弗兰克林和高斯林寄出的明信片，"宣布 DNA 螺旋体的死亡，1952 年 7 月 18 日"。See Wilkins, *The Third Man of the Double Helix*, 182-183; Judson, *The Eighth Day of Creation*, 121; Maddox, *Rosalind Franklin*, 184-185. "贝塞尔化"指的是螺旋衍射理论中使用的数学公式贝塞尔函数。根据高斯林的说法，"死亡通知"只发给了威尔金斯和斯托克斯；高斯林保留了自己的副本。James D. Watson, *The Annotated and Illustrated Double Helix*, edited by Alexander Gann and Jan Witkowski (New York: Simon and Schuster, 2012), 179.

25. Maddox, *Rosalind Franklin*, 184; Jenifer Glynn, *My Sister Rosalind Franklin: A Family Memoir* (Oxford: Oxford University Press, 2012), 129; email from Jenifer Glynn to the author, August 27, 2020.

26. Gosling, "X-ray diffraction studies with Rosalind Franklin," 68.

27. Description of the Second European Symposium on Microbial Genetics, 1952,

at Pallanza, by John Fincham, professor of genetics at Edinburgh and later Cambridge, JDWP, JDW/2/1/29; letters from Luca Cavalli – Sforza to James D. Watson, September – October, 1952, JDWP, JDW/2/2/304; "Pallanza Italy Meeting," photographs of the attendees, JDWP, JDW/1/11/1; photographs of friends and colleagues at Cold Spring Harbor, 1946, and of attendees at the Pallanza conference, Guido Pontecorvo Papers, UGC198/10/1/1/11, Glasgow University Archive Services; Guido Pontecorvo, "Somatic recombination in genetics analysis without sexual reproduction in filamentous fungi," paper read at the conference, Guido Pontecorvo Papers, UGC198/7/3/3.

28. Watson, *The Double Helix*, 83.

29. J. Lederberg and E. L. Tatum, "*Gene Recombination in Escherichia coli,*" *Nature 158, no. 4016* (1946): *558*; E. L. Tatum and J. Lederberg, "Gene Recombination in the Bacterium *Escherichia coli* ," *Journal of Bacteriology* 53, no. 6 (1947): 673 – 684; J. Lederberg and N. D. Zinder, "*Genetic Exchange in Salmonella,*" *Journal of Bacteriology64, no. 5* (1952): 679–699; J. Lederberg, L. L. Cavalli, and E. M. Lederberg, "Sex Compatibility in *Escherichia coli* ," *Genetics* 37 (1952): 720–731; J. Lederberg, "*Genetic Recombination in Bacteria: A Discovery Account,*" *Annual Review of Genetics* 21 (1987): 23–46.

30. Watson, *The Double Helix*, 83.

31. Watson, *The Double Helix*, 83. 沃森的调侃很有感染力。莱德伯格精心准备的演讲和术语后来被"恶搞"成了一封写给《自然》杂志编辑的玩笑信，内容是"细菌水平的网络动力学在未来可能具有重要意义"；《自然》杂志的编辑没有意识到这是一个玩笑，并发表了这封信。Boris Ephrussi, James Watson, Jean Weigle, and Urs Leopold, "Terminology in Bacterial Genetics," *Nature* 171, no. 4355 (April 18, 1953): 701. 这封信在《自然》杂志上刊登的时间仅比沃森和克里克发表著名的 DNA 论文早一周。

32. Watson, *The Double Helix*, 83–84; William Hayes, "Recombination in *B. coli* –12. Unidirectional transfer of genetic material," *Nature* 169 (1952): 118 – 119; William Hayes, "Observations on a transmissible agent determining sexual differentiation in *B. coli* ," *Journal of General Microbiology* 8 (1953): 72–88; P. Broada and B. Holloway, "William Hayes, 19 January 1913 – 7 January 1994," *Biographical Memoirs of Fellows of the Royal Society* 42 (1996): 172–189; Roberta Bivins, "Sex Cells: Gender and the Language of Bacterial Genetics," *Journal of the History of Biology* 33, no. 1 (Spring 2000): 113–39; R. Jayaraman, "Bill Hayes

499

and his Pallanza Bombshell," *Resonance*, October 2011, 911 – 921, https://www. ias. ac. in/article/fulltext/reso/016/10/0911-0921.

33. Letter from James D. Watson to Elizabeth Watson, October 27, 1952, WFAT, JDW/1/1/22. He uses a similar turn of phrase in a letter to Max Delbrück, September 23, 1952, MDP, box 23, folder 21.

34. Watson, *The Double Helix*, 84.

35. Watson, *The Double Helix*, 84.

36. Thomas Hager, *Force of Nature: The Life of Linus Pauling* (New York: Simon and Schuster, 1995), 413-15; letter from Linus Pauling to Arne Tiselius, October 17, 1952, LAHPP, http://scarc. library. oregonstate. edu/coll/pauling/calendar/1952/10/17. html No. corr407. 5-lp-tiselius-19521017. tei. xml.

37. Hager, *Force of Nature*, 413; W. Cochran and F. H. C. Crick, "Evidence for the Pauling-Corey α-Helix in Synthetic Polypeptides," *Nature* 169, no. 4293 (1952): 234-235; W. Cochran, F. H. C. Crick, and V. Vand, "The structure of synthetic peptides. I. The transform of atoms on a helix," *Acta Crystallographica* 5 (1952): 581-586.

38. Francis Crick, *What Mad Pursuit: A Personal View of Scientific Discovery* (New York: Basic Books, 1988), 60-61; Horace Judson interview with Francis Crick, July 3, 1975, HFJP. 在这次访谈中，克里克回忆起大约在这个时候教沃森螺旋衍射理论的情景，以及沃森是多么努力地掌握了这一理论，"你看，他比当时的马克斯和约翰还厉害。因为他一直在坚持。我认为他不可能自己学会，必须有人教他"。

39. Watson, *The Double Helix*, 9, 86.

40. Hager, *Force of Nature*, 414.

41. L. C. Pauling and R. B. Corey, "Compound Helical Configurations of Polypeptide Chains: Structure of Proteins of the α-Keratin Type," *Nature* 171, no. 4341 (January 10, 1953): 59-61.

42. F. H. C. Crick, "Is α-Keratin a Coiled Coil?," *Nature* 170, no. 4334 (November 22, 1952): 882-33; see also F. H. C. Crick, "The Packing of α-helices. Simple Coiled-Coils," *Acta Crystallographica* 6 (1953): 689-697.

43. 1952 年 11 月 19 日，鲍林在写给多诺霍的信中说："克里克曾问我是否想过 α 螺旋相互缠绕的可能性，我说我想过，我不记得我们在这件事上还说过什么。" Letter from Jerry Donohue to Linus Pauling, November 19, 1952, LAHPP, http://scarc. library. oregonstate. edu/coll/pauling/calendar/1952/11/index. html. 在

500

另一封日期为 1952 年 12 月 19 日的信中，多诺霍写道，克里克对他和鲍林的 α 角蛋白论文"草率的发表时机"感到尴尬；LAHPP http：// scarc. library. oregonstate. edu/coll/pauling/dna/corr/sci9. 001. 14 － donohue － lp － 19521215-transcript. html. See also letter from Peter Pauling to Linus Pauling, January 13, 1953, and letter from Linus Pauling to Max Perutz, March 29, 1953, LAHPP, Quoted in：James Watson *The Annotated and Illustrated Double Helix* , 152, 325.

44. Hager, *Force of Nature* , 415-416.

卷五　最后的冲刺：1952 年 11 月至 1953 年 4 月

1. Horace Judson interview with William Lawrence Bragg, January 28, 1971, HFJP.

2. "Nature Conference：Thirty Years of DNA," *Nature* 302 （April 21, 1983）：651-54, quote is on 652.

第二十章　莱纳斯之歌

1. A Linos （Λ ῖνος） song, or "Linus song," was a dirge sung to commemorate the end of summer. See Homer, *The Iliad*, translated by Robert Fagles （New York：Penguin, 1990）, 586 （Book 18, lines 664-669） .

2. Thomas Hager, *Force of Nature：The Life of Linus Pauling* （New York：Simon and Schuster, 1995）, 416-421, quotes are on 417. It should be noted that in some viruses RNA, rather than DNA, carries genetic information.

3. Hager, *Force of Nature* , 417.

4. James D. Watson, *The Double Helix：A Personal Account of the Discovery of the Structure of DNA* , edited by Gunther Stent （New York：Norton, 1980）, 33. Alexander Todd, an organic chemist from Scotland, would go on to win the 1957 Nobel Prize in Chemistry "for his work on nucleotides and nucleotide co-enzymes. " See Alexander R. Todd and Daniel M. Brown, "Nucleotides. Part 10. Some observations on the structure and chemical behavior of the nucleic acids," *Journal of the Chemical Society* 1952：52-58; Daniel M. Brown and Hans Kornberg, "Alexander Robertus Todd, O. M. , Baron Todd of Trumpington, 2 October 1907－10 January 1997," *Biographical Memoirs of Fellows of the Royal Society* 46 （2000）：515-532; Alexander Todd, *A Time to Remember：The Autobiography of a Chemist* （Cambridge：Cambridge University Press, 1983）, 83-91; letter from Linus Pauling to Henry Allen

Moe, December 19, 1952, LAHPP, http://scarc.library.oregonstate.edu/coll/pauling/dna/corr/sci14.014.7-lp-moe-19521219-01.html.

5. Linus Pauling, "A Proposed Structure for the Nucleic Acids" (70 pp. manuscript, 2 pp. typescript, 7 pp. notes), November – December 1952, and "Atomic Coordinates for Nucleic Acid, December 20, 1952," LAHPP, http://scarc.library.oregonstate.edu/coll/pauling/dna/notes/1952a.22.html.

6. "The Triple Helix," Narrative 19 in "Linus Pauling and the Race for DNA," documentary film, *Nova*, PBS and Oregon State University, 1977, LAHPP, http://scarc.library.oregonstate.edu/coll/pauling/dna/narrative/page19.html.

7. Pauling and Corey, "A Proposed Structure for the Nucleic Acids" and "Atomic Coordinates for Nucleic Acid, December 20, 1952."

8. Hager, *Force of Nature*, 418.

9. Hager, *Force of Nature*, 419.

10. Letter from Linus Pauling to E. Bright Wilson, December 4, 1952, cited in Hager, *Force of Nature*, 419.

11. Letter from Linus Pauling to Alexander Todd, December 19, 1952, LAHPP, http://scarc.library.oregonstate.edu/coll/pauling/dna/corr/sci9.001.16 – lp – todd – 19521219.html.

12. Hager, *Force of Nature*, 354 – 56, 420 – 421; "Budenz to Lecture on Communist Peril," *New York Times*, October 13, 1945, 5; Louis F. Budenz, *This Is My Story* (New York: McGraw – Hill, 1947); Louis F. Budenz, *Men Without Faces: The Communist Conspiracy in the U. S. A.* (New York: Harper, 1950); Robert M. Lichtman, "Louis Budenz, the FBI, and the 'List of 400 Concealed Communists': An Extended Tale of McCarthy - era Informing," *American Communist History* 3, no. 1 (2004): 25–54; "Louis Budenz, McCarthy Witness, Dies," *New York Times*, April 28, 1972, 44.

13. Louis F. Budenz, "Do Colleges Have to Hire Red Professors," *American Legion* 51, no. 5 (November 1951): 11–13, 40–43.

14. *Hearings Before the Select Committee to Investigate Tax–Exempt Foundations and Comparable Organizations, U. S. House of Representatives, 82nd Congress, Second Session on H. R. 561, December 23, 1952* (Washington, DC: Government Printing Office, 1953), 715–727, quote is on 723.

15. Linus Pauling, memorandum without address or title regarding allegations by Louis Budenz of Pauling's Communist affiliations, December 23, 1952, LAHPP,

http：//scarc. library. oregonstate. edu/coll/pauling/peace/notes/1952a. 21. html.

16. L. C. Pauling and R. B. Corey, "A Proposed Structure for the Nucleic Acids," *Proceedings of the National Academy of Sciences* 39 (1953)：84-97. The short "preview version" was published as "Structure of the Nucleic Acids," *Nature* 171 (February 21, 1953)：346.

17. Hager, *Force of Nature*, 421.

18. Pauling and Corey, "A Proposed Structure for the Nucleic Acids."

19. Letter from Linus Pauling to John Randall, December 31, 1952, LAHPP, http：//scarc. library. oregonstate. edu/coll/pauling/calendar/1952/12/31 - xl. html. 1952 年底，美国一流的晶体学家亚历山大-里奇（Alexander Rich）已经在帕萨迪纳与鲍林一起研究如何获得更好的 DNA 的 X 射线照片了。

20. Pauling and Corey, "Structure of the Nucleic Acids."

21. Horace Freeland Judson, *The Eighth Day of Creation：Makers of the Revolution in Biology* (Cold Spring Harbor, NY：Cold Spring Harbor Laboratory Press, 2013), 131-135；Hager, *Force of Nature*, 420-422；Pauling and Corey, "A Proposed Structure for the Nucleic Acids"；Pauling and Corey, "Structure of the Nucleic Acids."

第二十一章　克莱尔学院难以下咽的饭菜

1. Walt Whitman, "Manly Health and Training, With Off-Hand Hints Toward Their Conditions," *Walt Whitman Quarterly Review* 33 (2016)：184-310, quote is on 210. 重点是惠特曼所加。这些文章最初发表在《纽约地图册》上，连载于 1858 年 9 月 12 日至 12 月 26 日的每个星期日，刊登时署名为笔名莫斯·维尔索尔（MoseVelsor）。

2. Letter from L. M. Harvey, Secretary, Board of Research Studies, Assistant Registrary, to James Watson, November 17, 1952, JDWP, JDW/2/2/1862. The Registraryis the chief academic officer of the University of Cambridge；the archaic spelling of "registrar" is unique in its use to Cambridge University.

3. James D. Watson, *The Double Helix：A Personal Account of the Discovery of the Structure of DNA*, edited by Gunther Stent (New York：Norton, 1980), 87.

4. Watson, *The Double Helix*, 87. The physicist Denis Wilkinson, a Fellow of Jesus College (and later Professor of Experimental Physics at Oxford), was the point person for Watson's possible matriculation to Jesus.

5. Watson, *The Double Helix*, 87-88.

6. 沃森的房间在 R 楼梯间的 5 号。"Room Assignments: Lent Term, 1953, Easter Term, 1953; both in Clare College Archives, University of Cambridge; Clare College, Cambridge, Extensions, 1951: Layout of typical bedroom and bed sitting rooms. Architects, Sir Giles Gilbert Scott and Son"; October Term, 1952; See also JDWP, "Receipts and Correspondence, 1953–1956, Clare College, Cambridge" (1 of 2), JDW/2/2/338, and "Correspondence 1967 – 1986, Clare College, Cambridge" (2 of 2). I am indebted to Jude Brimmer at Clare College Archives, who helped me locate the rooms where Watson lived in 1952.

7. Letter from James D. Watson to Elizabeth Watson, October 8, 1952, JDW/2/2/1934, JDWP, .

8. Watson, *The Double Helix*, 87. 1944 年，哈蒙德指挥盟军军事特派团，支持希腊在塞萨利和马其顿的抵抗运动。他著有许多关于古典希腊和罗马的书籍。Nicholas Hammond, (Obituary). *The Guardian*. April 4, 2001. Accessed on December 13, 2020 at: https://www.theguardian.com/news/2001/apr/05/guardianobituaries1.

9. Letter from James D. Watson to Elizabeth Watson, October 18, 1952, JDWP, JDW/2/2/1934.

10. 1952 年的 42 便士约等于今天的 5 英镑或 6.5 美元。Watson, *The Double Helix*, 88. For the Whim restaurant ("In Cambridge, All Roads Lead to the Whim"), see http://www.iankitching.me.uk/history/cam/whim.html? LMCL= PkVbfy.

11. Author interview with James D. Watson (no. 4), July 26, 2018.

12. Watson, *The Double Helix*, 88.

13. 国际英语联合会是由著名记者兼《观察者》编辑约翰·伊夫林·温伦奇爵士于 1918 年创立的一个国际信托机构。其宗旨是将不同文化背景的学生聚集在一起，相信"英语民主国家的目标一致可以在很大程度上促进世界和平和人类进步"。See "Creed," *Landmark* 1, no. 4 (April 1919): ix.

14. Author interview with James D. Watson (no. 4), July 26, 2018.

15. Watson, *The Double Helix*, 88; Howard Markel, *The Kelloggs: The Battling Brothers of Battle Creek* (New York: Pantheon, 2017); James C. Whorton, *Inner Hygiene: Constipation and the Pursuit of Health in Modern Society* (New York: Oxford University Press, 2000).

16. Watson, *The Double Helix*, 88.

17. S. C. Roberts, *Adventures with Authors* (Cambridge: Cambridge University Press, 1966), 144.

18. Watson, *The Double Helix* , 88–89. 1952 年 10 月 8 日，沃森在给妹妹伊丽莎白的信中写道："我已经开始加入了著名的卡米耶·普莱尔夫人的私人法语课程，她经营着一家针对年轻大陆女孩的'高级'寄宿公寓。她们应该相当令人愉悦，也会很有想法"；JDWP, JDW/2/2/1934.

19. 在伦敦，这一事件被称为 1952 年的烟雾事件。在浓厚、灰暗、携带颗粒的二氧化硫浪潮散去之前，至少已造成 4000 名伦敦人死亡（最近的流行病学分析认为死亡率超过了 12000 人）；在随后的几个月里，6000 人或更多的人将死于呼吸道疾病，10 多万英国人病倒。M. L. Bell, D. L. Davis, and T. Fletcher, "A retrospective assessment of mortality from the London smog episode of 1952: the role of influenza and pollution," *Environmental Health Perspectives* 112, no. 1 (2004): 6–8. This event led to the passage of some of the first air pollution laws in England, including the Clean Air Act of 1956; see Peter Hennessy, *Having It So Good: Britain in the Fifties* (London: Penguin, 2006), 117–118, 120–122.

20. Watson, *The Double Helix* , 89.

21. Francis Crick, "On Protein Synthesis," typescript of a lecture delivered on September 19, 1957, at a Society for Experimental Biology Symposium on the Biological Replication of Macromolecules, held at University College, London), Sydney Brenner Collection, SB/11/5/4, Cold Spring Harbor Laboratory Archives, Cold Spring Harbor, NY, published as F. H. C. Crick, "On Protein Synthesis," *The Symposia of the Society for Experimental Biology* 12 (1958): 138–163; F. H. C. Crick, "The Central Dogma of Molecular Biology," *Nature* 227 (August 8, 1970): 561–563; Matthew Cobb, "60 Years Ago, Francis Crick Changed the Logic of Biology," *PLoS Biology* 15, no. 9 (2017): e2003243, doi.org/10.1371/journal.pbio.2003243.

22. Watson, *The Double Helix* , 89; author interview with James D. Watson (no. 4), July 26, 2018.

23. Watson, *The Double Helix* , 89.

24. Watson, *The Double Helix*, 89–90.

25. Watson, *The Double Helix*, 89–90. Taslima Khan, "A Visit to Abergwenlais Mill," *The Pauling Blog* , https://paulingblog.wordpress.com/tag/abergwenlais-mill/; Peter Pauling, "DNA: The Race That Never Was?," *New Scientist* , May 31, 1973, 558–560.

26. Watson, *The Double Helix* , 91.

27. Thomas Hager, *Force of Nature: The Life of Linus Pauling* (New York:

Simon and Schuster, 1995）, 420.

28. Watson, *The Double Helix* , 91.

29. Watson, *The Double Helix* , 91.

第二十二章　彼得如狼

1. Peter Pauling, "DNA: The Race That Never Was?," *New Scientist* , May 31, 1973, 558-560, quote is on 559.

2. James D. Watson, *The Double Helix: A Personal Account of the Discovery of the Structure of DNA* , edited by Gunther Stent（New York: Norton, 1980）, 92.

3. auling, "DNA: The Race That Never Was?," 559. Pauling wrote to Jerry Donohue around the same time stating that he was "hoping soon to complete a short paper on nucleic acids"; Thomas Hager, *Force of Nature: The Life of Linus Pauling* （New York: Simon and Schuster, 1995）, 420.

505

4. Linus Pauling sent the manuscript to Peter and to Bragg on January 21, 1952; it was received on January 28. Victor K. McElheny, *Watson and DNA: Making a Scientific Revolution* （New York: Perseus, 2003）, 49-50.

5. Cynthia Sanz, "Brooklyn's Polytech: A Storybook Success," *New York Times* , January 5, 1986, 26.

6. Erwin Chargaff, "A Quick Climb Up Mount Olympus," review of *The Double Helix* by James D. Watson, *Science* 159, no. 3822（1968）: 1448-1449.

7. Pauling, "DNA: The Race That Never Was?," 559.

8. Watson, *The Double Helix* , 93; Peter Pauling recalled merely giving the manuscript to Watson and Crick; see Pauling, "DNA: The Race That Never Was?," 559.

9. Horace Freeland Judson, *The Eighth Day of Creation: Makers of the Revolution in Biology* （Cold Spring Harbor, NY: Cold Spring Harbor Laboratory Press, 2013）, 133. Judson does a superb job of explaining Pauling's errors in his triple helix paper on 133-135; see also Thomas Hager, *Force of Nature: The Life of Linus Pauling* （New York: Simon and Schuster, 1995）, 416-425.

10. L. C. Pauling and R. B. Corey, "A Proposed Structure for the Nucleic Acids," *Proceedings of the National Academy of Sciences* 39（1953）: 84-97.

11. Howard Markel, "Science Diction: The Origin of Chemistry," *Science Friday/Talk of the Nation* , NPR, August 26, 2011, https://www.npr.org/2011/08/26/139972673/science-diction-the-origin-of-chemistry.

12. Judson, *The Eighth Day of Creation*, 135.

13. Watson, *The Double Helix*, 94.

14. 从化学角度讲，酸含有一个氢原子，与一个带负电荷的原子结合在一起。这有利于一个名为解离的化学过程，酸（HA）释放出氢离子（质子或正电荷，H+），与水结合生成共轭碱（H3O+）和共轭酸（A-）。Watson, *The Double Helix*, 94.

15. Watson, *The Double Helix*, 93.

16. Watson, *The Double Helix*, 94.

17. Watson, *The Double Helix*, 94.

18. Watson, *The Double Helix*, 94.

19. Watson, *The Double Helix*, 94.

20. Judson, *The Eighth Day of Creation*, 135.

21. Watson, *The Double Helix*, 94.

22. Watson, *The Double Helix*, 95.

23. Defense of the Realm（No. 2）Regulations, 1914, s. 4. *London Gazette*（*Supplement*），*September 1, 1914.*，*6968-6969.*

24. Author interview with James D. Watson（no. 1），July 23, 2018.

25. Watson, *The Double Helix*, 95.

第二十三章　51 号照片

1. Steven Rose interview with Maurice Wilkins, "National Life Stories. Leaders of National Life. Professor Maurice Wilkins, FRS," C408/017（London：British Library, 1990），111.

2. James D. Watson, address at the inauguration of the Center for Genomic Research, Harvard University, September 30, 1999, quoted in "Linus Pauling and the Race for DNA," documentary film, PBS and Oregon State University, 1977, LAHPP, http：// scarc. library. oregonstate. edu/coll/pauling/dna/quotes/rosalind_ franklin. html.

3. Steven Rose interview with Maurice Wilkins.

4. Maurice Wilkins, *The Third Man of the Double Helix*（Oxford：Oxford University Press, 2003），196.

5. Wilkins, *The Third Man of the Double Helix*，196-198, quote is on 198.

6. Brenda Maddox interview with Raymond Gosling, c. 2000, cited in *Rosalind Franklin：The Dark Lady of DNA*（New York：HarperCollins, 2002），196, 343; Raymond G. Gosling, "X-ray Diffraction Studies of Desoxyribose Nucleic Acid,"

PhD thesis, University of London, 1954.

7. "The Secret of Photo 51," documentary television program, *Nova*, PBS, April 22, 2003, https://www. pbs. org/wgbh/nova/transcripts/3009_ photo51. html.

8. James D. Watson, *The Annotated and Illustrated Double Helix* , edited by Alexander Gann and Jan Witkowski (New York: Simon and Schuster, 2012), 182.

9. Author interview with Jenifer Glynn, May 7, 2018.

10. Maddox, *Rosalind Franklin* , 190 – 206, quote is on 190. Rosalind Franklin, laboratory notes for January 1953, Rosalind Franklin, laboratory notebooks, September 1951–May 1953, RFP, FRKN 1/1; Aaron Klug, "Rosalind Franklin and the Discovery of the Double Helix," *Nature* 219, no. 5156 (1968): 808–810 and 843–844; Aaron Klug, "Rosalind Franklin and the Double Helix," *Nature* 248 (1974): 787–88.

11. A. Gann and J. Witkowski, "The Lost Correspondence of Francis Crick," *Nature* 467 (2010): 519–24, quote is on 522.

12. Wilkins, *The Third Man of the Double Helix* , 203–204.

13. Wilkins, *The Third Man of the Double Helix* , 200–201.

14. Wilkins, *The Third Man of the Double Helix* , 200–203.

15. Herbert R. Wilson, "The Double Helix and All That," *Trends in Biochemical Sciences* 13, no. 7 (1988): 275–278; see also Herbert R. Wilson, "Connections," *Trends in Biochemical Sciences* 26, no. 5 (2000): 334 – 337; Maddox, *Rosalind Franklin* , 192.

16. Klug, "Rosalind Franklin and the Discovery of the Double Helix. "

17. Horace Freeland Judson, *The Eighth Day of Creation: Makers of the Revolution in Biology* (Cold Spring Harbor, NY: Cold Spring Harbor Laboratory Press, 2013), 145–152; Watson, *The Double Helix* , 95–99.

18. Watson, *The Double* Helix, 95.

19. Anne Sayre interview with André Lwoff, c. early October 1970, ASP, box 4, folder 14.

20. Author interview with James D. Watson (no. 4), July 26, 2018.

21. Maddox, *Rosalind Franklin* , 194.

22. Author interview with Jenifer Glynn, May 7, 2018; Jenifer Glynn, *My Sister Rosalind Franklin: A Family Memoir* (Oxford: Oxford University Press, 2012), 156.

23. Watson, *The Double Helix* , 95.

507

24. Judson, *The Eighth Day of Creation*, 136.

25. Klug, "Rosalind Franklin and the Discovery of the Double Helix."

26. Watson, *The Double Helix*, 96.

27. Watson, *The Double Helix*, 96.

28. Watson, *The Double Helix*, 96.

29. Watson, *The Double Helix*, 96.

30. Anne Sayre interview with Maurice Wilkins, June 15, 1970, ASP, box 4, folder 32.

31. "The Race for the Double Helix," documentary television program, narrated by Isaac Asimov, *Nova*, PBS, March 7, 1976.

32. Jenifer Glynn, email to the author, August 13, 2019.

33. Author interview with James D. Watson (no. 1), July 23, 2018.

34. Watson, *The Double Helix*, 97.

35. James D. Wilson, *Genes, Girls and Gamow: After the Double Helix* (New York: Knopf, 2002), 10.

36. Watson, *The Double Helix*, 98.

37. Watson, *The Double Helix*, 98. 这本书的许多草稿都保存在沃森家族资产信托基金中。可以说，沃森为了完善他现在著名的故事版本，付出了漫长而艰辛的努力。

38. Anne Sayre interview with Maurice Wilkins, June 15, 1970, ASP, box 4, folder 32.

39. Letter from Francis Crick to Brenda Maddox, April 12, 2000, cited in Maddox, *Rosalind Franklin*, 343.

40. Wilkins, *The Third Man of the Double Helix*, 218–219.

41. Author interview with Jenifer Glynn, May 7, 2018.

42. Watson, *The Double Helix*, 99.

43. Watson, *The Double Helix*, 99.

44. Watson, *The Double Helix*, 98.

45. Watson, *The Double Helix*, 99.

46. Watson, *The Double Helix*, 99.

47. Watson, *The Double Helix*, 99.

第二十四章　接下来的日日夜夜

1. Anne Sayre interview with Francis Crick, June 16, 1970, ASP, box 2, folder

9; see also Anne Sayre, *Rosalind Franklin and DNA* (New York: Norton, 1975), 214, n. 21.

2. James D. Watson, *The Double Helix: A Personal Account of the Discovery of the Structure of DNA*, edited by Gunther Stent (New York: Norton, 1980), 105.

3. Watson, *The Double Helix*, 61; J. G. Crowther, *The Cavendish Laboratory, 1874-1974* (New York: Science History Publications, 1974), 283.

4. Watson, *The Double Helix*, 100.

5. Watson, *The Double Helix*, 100.

6. Horace Freeland Judson, *The Eighth Day of Creation: Makers of the Revolution in Biology* (Cold Spring Harbor, NY: Cold Spring Harbor Laboratory Press, 2013), 139.

7. W. S. Gilbert and Arthur Sullivan, *H. M. S. Pinafore*, in *The Complete Plays of Gilbert and Sullivan* (New York: Modern Library, 1936), 99-137; "For He Is an Englishman," 131. See also Thomas Hager, *Force of Nature: The Life of Linus Pauling* (New York: Simon and Schuster, 1995), 424.

8. Watson, *The Double Helix*, 100.

9. Watson, *The Double Helix*, 100.

10. Watson, *The Double Helix*, 100.

11. Watson, *The Double Helix*, 100-101.

12. 沃森坚持对克里克说: "3.4 埃处的经向反射比其他任何反射都要强得多……［这意味着］3.4 埃厚的嘌呤碱基和嘧啶碱基在垂直于螺旋轴的方向上相互叠加。此外, 从电子显微镜和 X 射线证据中, 我们可以确定螺旋直径约为 20 埃。"Watson, *The Double Helix*, 101.

13. Watson, *The Double Helix*, 101.

14. Rosalind Franklin, laboratory notebooks, September 1951 – May 1953, RFP, FRKN 1/1; Brenda Maddox, *Rosalind Franklin: The Dark Lady of DNA* (New York: HarperCollins, 2002), 197 – 198; Judson, *The Eighth Day of Creation*, 139-141.

15. Rosalind Franklin, laboratory notebooks, September 1951 – May 1953, RFP, FRKN 1/1.

16. 此时, 弗兰克林已经快要弄清螺旋结构了, 她甚至打算查阅克里克的螺旋理论论文。Rosalind Franklin, laboratory notebooks, September 1951 – May 1953, RFP, FRKN 1/1; W. Cochran, F. H. C. Crick, and V. Vand, "The structure of synthetic peptides. I. The transform of atoms on a helix," *Acta Crystallographica* 5

（1952）：581-586.

17. Judson, *The Eighth Day of Creation*, 627.

18. Judson, *The Eighth Day of Creation*, 627.

19. Aaron Klug, "Rosalind Franklin and the Discovery of the Double Helix," *Nature* 219, no. 5156 (1968)：808-10, 843-844.

20. Rosalind Franklin, laboratory notebooks, September 1951 - May 1953, RFP, FRKN 1/1; Klug, "Rosalind Franklin and the Discovery of the Double Helix"; Aaron Klug, "Rosalind Franklin and the Double Helix," *Nature* 248 (1974)：787-788; Judson, *The Eighth Day of Creation*, 148.

21. Anne Sayre interview with Maurice Wilkins, June 15, 1970, ASP, box 4, folder 32.

22. Author interview with James D. Watson (no. 2), July 24, 2018.

23. Letter from Peter Pauling to Linus Pauling, January 13, 1953, and letter from Linus Pauling to Peter Pauling, February 4, 1953, both in LAHPP, http：// scarc. library. oregonstate. edu/coll/pauling/dna/corr/bio5. 041. 6 - peterpauling - paulings - 19530113. html and http：//scarc. library. oregonstate. edu/coll/pauling/ dna/corr/sci9. 001. 24-lp-peterpauling-19530204. html; Robert Olby, *The Path to the Double Helix* (Seattle：University of Washington Press, 1974), 382-83; "A Very Pretty Model," Narrative 25 in "Linus Pauling and the Race for DNA," documentary film, PBS and Oregon State University, 1977, LAHPP, http：// scarc. library. oregonstate. edu/coll/pauling/dna/nar-rative/page25. html.

24. Letter from Linus Pauling to Peter Pauling, February 18, 1953, LAHPP, http：//scarc. library. oregonstate. edu/coll/pauling/dna/corr/sci9. 001. 26 - lp - peterpauling-19530218. html.

25. Olby, *The Path to the Double Helix*, 383.

26. Watson, *The Double Helix*, 102.

27. Watson, *The Double Helix*, 102.

28. Watson, *The Double Helix*, 103.

29. Watson, *The Double Helix*, 103.

30. Watson, *The Double Helix*, 103.

31. Francis Crick, *What Mad Pursuit: A Personal View of Scientific Discovery* (New York：Basic Books, 1988), 70.

32. Watson, *The Double Helix*, 103.

33. Watson, *The Double Helix*, 103.

34. Francis Crick, "Polypeptides and proteins: X - ray studies," PhD dissertation, Gonville and Caius College, University of Cambridge, submitted on July 1953, FCP, PPCRI/F/2, https://wellcomeli-brary. org/item/b18184534.

35. Watson, *The Double Helix*, 103.

36. Letter from Maurice Wilkins to Francis Crick, dated "Thursday," probably written on February 5, 1953, and received on Saturday, February 7, 1953, FP, PPCRI/H/1/42/4. See also Judson, *The Eighth Day of Creation*, 140, 664; Wilkins, *The Third Man of the Double Helix*, 203.

37. Watson, *The Double Helix*, 103.

38. Wilkins, *The Third Man of the Double Helix*, 203-205.

39. Watson, *The Double Helix*, 104.

40. Wilkins, *The Third Man of the Double Helix*, 205-206.

41. Wilkins, *The Third Man of the Double Helix*, 206.

42. Watson, *The Double Helix*, 104.

43. Wilkins, *The Third Man of the Double Helix*, 206-207.

510

第二十五章　医学研究理事会的报告

1. Hedy Lamarr, *Ecstasy and Me: My Life as a Woman* (New York: Fawcett Crest, 1967), 249.

2. Francis Crick, *What Mad Pursuit: A Personal View of Scientific Discovery* (New York: Basic Books, 1988), 75.

3. Horace Freeland Judson, *The Eighth Day of Creation: Makers of the Revolution in Biology* (Cold Spring Harbor, NY: Cold Spring Harbor Laboratory Press, 2013), 139.

4. James D. Watson, *The Double Helix: A Personal Account of the Discovery of the Structure of DNA*, edited by Gunther Stent (New York: Norton, 1980), 104.

5. 雷克斯剧院最初是一座谷仓式建筑，名为"约会"（Rendezvous），1911 年至 1919 年间曾是旱冰场。大战结束后，为了迎合无声电影的热潮，这座建筑被改建成了"约会剧院"，但在 1931 年被烧毁。次年，该剧院以雷克斯之名重新开业。James D. Watson, *The Annotated and Illustrated Double Helix*, edited by Alexander Gann and Jan Witkowski (New York: Simon and Schuster, 2012), 193; "flea pit" in *The Cambridge Dictionary*, https://dictionary. cambridge. org/dictionary/english/fleapit.

6. 第二次世界大战期间，拉马发明了一种鱼雷"wi-fi"无线电制导系统，可防止鱼雷被敌方无线电信号干扰而偏离航道。拉马是一位自学成才的发明家，1942 年，她与音乐家乔治·安塞尔（George Antheil）一起为这项技术申请了专利，但直到 1962 年其才被安装到美国海军舰艇上。Richard Rhodes, *Hedy's Folly: The Life and Breakthrough Inventions of Hedy Lamarr, the Most Beautiful Woman in the World*（New York: Doubleday, 2012）.

7. 这部 1933 年的捷克色情片是拉玛主演的第一部电影。这位 18 岁的黑发少女在片中扮演一位年长许多的男人的无聊妻子。最撩人的镜头包括她高潮时的面部特写［虐待狂导演古斯塔夫·马查蒂（Gustav Machatý）用大头针反复戳她的臀部和肘部］、"裸露的下体在银幕上晃动"、裸泳，以及其他一些在当时被视为"撩人"甚至是绝对禁止的身体镜头。《入迷》在美国和德国被禁，但在 20 世纪 50 年代又再次被搬上银幕。沃森看到的版本被大量删减，其中"无法控制的激情"的台词被配成了生硬的英语。Lamarr, *Ecstasy and Me*, 21-25.

511

8. Watson, *The Double Helix*, 104.

9. Watson, *The Double Helix*, 104-105.

10. M. F. Perutz, M. H. F. Wilkins, and J. D. Watson, "DNA Helix," *Science* 164, no. 3887（1969）: 1537-1539; report by John Randall to the Medical Research Council, December 1952, JRP, RNDL 2/2/2,; see also "Letters and Documents related to R. E. Franklin's X-ray diffraction studies at King's College, London, in my Laboratory," JRP, RNDL 3/1/6.

11. Judson, *The Eighth Day of Creation*, 142.

12. Horace Judson interview with Francis Crick, July 3, 1975, HFJP; Judson, *The Eighth Day of Creation*, 142.

13. Judson, *The Eighth Day of Creation*, 142.

14. Horace Judson interview with Francis Crick, July 3, 1975, HFJP; Judson, *The Eighth Day of Creation*, 142.

15. Horace Judson interview with Francis Crick, July 3, 1975, HFJP; Judson, *The Eighth Day of Creation*, 143; Watson, *The Double Helix*, 99.

16. Robert Olby interviews with Francis Crick, March 6, 1968, and August 7, 1972, cited in Robert Olby, *ThePath to the Double Helix*（Seattle: University of Washington Press, 1974）, 404.

17. 就在著名的沃森和克里克模型发表之后，查尔加夫写给莫里斯-威尔金斯的一封信中出现了这段诙谐的描述；May 8, 1953, ECP。

18. Erwin Chargaff, "A Quick Chase Up Mount Olympus," review of *The*

Double Helix by James D. Watson）, *Science* 159, no. 3822（1968）: 1448-1449.

19. Letter from Max Perutz to John Randall, February 13, 1969, JRP, RNDL 2/4.

20. Letter from Landsborough Thomson to Max Perutz, February 4, 1969, and letter from H. P. Himsworth to Max Perutz, July 26, 1968, both in JRP, RNDL 2/4 and 2/2/2.

21. Perutz, Wilkins, and Watson, "DNA Helix."

22. Perutz, Wilkins, and Watson, "DNA Helix."

23. Letter from Max Perutz to Harold Himsworth, April 6, 1953, Medical Research Council Archives, FD1, British National Archives, Richmond, UK. 乔治娜·费里（Georgina Ferry）发现了这封意义重大的信件，并将其收录在她的著作中，见: *Max Perutz and the Secret of Life*（London: Chatto and Windus, 2007）, 151-154。

24. Memorandum from Maurice Wilkins to John Randall, December 19, 1968, MWP, K/PP178/3/35/7.

25. Letter from John Randall to W. L. Bragg, January 13, 1969, WLBP, 12/98. 在1968年11月5日写给布拉格的另一封信中，兰德尔写道:"我一直认为，一开始由沃森、克里克和威尔金斯联合撰写文章发表是最好的办法，但当时我无法向您提出这个要求，因为威尔金斯本人似乎并不希望这样做。"（12/90）.

26. Max F. Perutz, "How the Secret of Life was Discovered," *Daily Telegraph*, April 27, 1987 reprinted as "Discoverers of the Double Helix" in Max F. Perutz, *Is Science Necessary? Essays on Science and Scientists*（New York: E. P. Dutton, 1989）, 181-183.

27. Watson, *The Double Helix*, 105.

28. J. N. Davidson, *The Biochemistry of the Nucleic Acids*（London: Methuen, 1950）.

29. Albert Neuberger, "James Norman Davidson, 1911-1972," *Biographical Memoirs of Fellows of the Royal Society* 19（1973）: 281-303.

30. Erwin Chargaff and J. N. Davidson, eds., *The Nucleic Acids: Chemistry and Biology*, 2 vols.（New York: Academic, 1955）.

31. Davidson, *The Biochemistry of the Nucleic Acids*, 5-19.

32. Watson, *The Double Helix*, 105.

33. Watson, *The Double Helix*, 105.

34. Professor Gulland died in a train crash on October 26, 1947, while traveling on the London Northeastern Railway from Edinburgh to King's Cross. James D. Watson, *The Double Helix*, 106. J. M. Gulland, D. O. Jordan, and C. J. Threlfall, "212. Deoxypentose Nucleic Acids. Part I. Preparation of the Tetrasodium Salt of the Deoxypentose Nucleic Acid of Calf Thymus," *Journal of the Chemical Society* 1947: 1129 - 1130; J. M. Gulland, D. O. Jordan, and H. F. W. Taylor, "213. Deoxypentose Nucleic Acids. Part II. Electrometric Titration of the Acidic and the Basic Groups of the Deoxypentose Nucleic Acid of Calf Thymus," *Journal of the Chemical Society* 1947: 1131 - 1141; J. M. Creeth, J. M. Gulland, and D. O. Jordan, "214. Deoxypentose Nucleic Acids. Part III. Viscosity and Streaming Birefringence of Solutions of the Sodium Salt of the Deoxypentose Nucleic Acid Thymus," *Journal of the Chemical Society* 1947: 1141-1145; J. M. Creeth, "Some Physico-Chemical Studies on Nucleic Acids and Related Substances," PhD thesis, University of London, 1948; S. E. Harding, G. Channell, Mary K. Phillips-Jones, "The Discovery of Hydrogen Bonds in DNA and a Re-evaluation of the 1948 Creeth Two-Chain Model for its Structure," *Biochemical Society Transactions* 48 (2018): 1171 - 1182; H. Booth and M. J. Hey, "DNA Before Watson and Crick: The Pioneering Studies of J. M. Gulland and D. O. Jordan at Nottingham," *Journal of Chemical Education* 73, no. 10 (1996): 928-931; A. Peacocke, "Titration Studies and the Structure of DNA," *Trends in Biochemical Sciences* 30, no. 3 (2005): 160- 162; K. Manchester, "Did a Tragic Accident Delay the Discovery of the Double Helical Structure of DNA?," *Trends in Biochemical Sciences* 20, no. 3 (1995): 126- 128. 顺便一提，1948 年，莱纳斯·鲍林在诺丁汉大学发表了著名的杰西·布特演讲，但他并没有与乔丹或克里思会面。当时，博士生克里思正在摆弄 DNA 的双链模型，但由于他当时专注于氢键，并没有意识到其中的含义。

35. Watson, *The Double Helix*, 106.

36. Watson, *The Double Helix*, 106.

37. Watson, *The Double Helix*, 108.

38. Watson, *The Double Helix*, 108.

513

第二十六章　碱基对

1. 这里的"碱基对"是双关语，取自 DNA 中核苷酸碱基结合之意。"碱基对"是沃森最初为后来的《双螺旋》拟定的标题之一。See manuscripts of *The Double Helix*, JDWP.

2. Jerry Donohue, "Honest Jim?," *Quarterly Review of Biology* 51 (June, 1976): 285–289. 多诺霍于1953–1966年在南加州大学任化学教授，1966年至1985年去世前在宾夕法尼亚大学任化学教授。20世纪70年代，他开始严厉批评DNA的沃森-克里克模型。See letters from Jerry Donohue to Francis Crick, May 6, 1970, and August 10, 1970, and letter from Francis Crick to Jerry Donohue, May 20, 1970, FCP, PP/CRI/D/2/11/; see also Jerry Donohue, "Fourier Analysis and the Structure of DNA," *Science* 165, no. 3898 (September 12, 1969): 1091–1096; Jerry Donohue, "Fourier Series and Difference Maps as Lack of Structure Proof: DNA Is an Example," *Science* 167, no. 3826 (March 27, 1970): 1700–1702; F. H. C. Crick, "DNA: Test of Structure?," *Science* 167, no. 3926 (March 27, 1970): 1694; M. H. F. Wilkins, S. Arnott, D. A. Marvin, and L. D. Hamilton, "Some Misconceptions on Fourier Analysis and Watson-Crick Base Pairing," *Science* 167, no. 3926 (27 March 27, 1970:): 1693–1694.

3. James D. Watson, *The Double Helix: A Personal Account of the Discovery of the Structure of DNA*, edited by Gunther Stent (New York: Norton, 1980), 110.

4. 2月25日，马克斯·德尔布吕克在给《美国国家科学院院刊》(*PNAS*) 编辑的论文投稿信副本上手写了一篇后记："吉姆：[阿尔伯特] 斯图尔特万认为你的理论完全错误……玛格丽特-[沃格特] 认为你的理论有一定可能是对的，但这篇论文写得过于言之凿凿了。我们都认为证据很薄弱，表述也很难理解。不过，既然你不想改，既然我想做实验而不是重写你的论文，既然了解一下过早发表论文意味着什么对你有好处，我今天就把它寄出去了，只修改了几个逗号和缺失的单词。" Letter from Max Delbrück to James D. Watson, February 25, 1953, JDWP. See also letter from Max Delbrück to E. B. Wilson, February 25, 1953, JDWP; J. D. Watson and W. Hayes, "Genetic Exchange in *Escherichia Coli* K 12: Evidence for Three Linkage Groups," *Proceedings of the National Academy of Sciences* 39, no. 5 (May, 1953): 416–426.

5. 向《美国国家科学院院刊》投稿的论文必须由当选的科学院院士"背书"。沃森当时还不是院士，因此需要德尔布吕克的背书。See letters from James D. Watson to Max Delbrück, September 23, 1952, October 6, 1952, October 22, 1952, November 25, 1952, and January 15, 1953, MDP, box 23, folders 21 and 22.

6. Watson, *The Double Helix*, 110. See also letter from Max Delbrück to James D. Watson, February 25, 1953, JDWP; letter from Max Delbrück to E. B. Wilson,

February 25, 1953, JDWP; and the paper that resulted: Watson and Hayes, "Genetic Exchange in Escherichia Coli K 12"; James D. Watson to Max Delbrück, February 20, 1953, MDP, box 23, folder 22.

7. James D. Watson to Max Delbrück, February 20, 1953, MDP, box 23, folder 22.

8. James D. Watson to Max Delbrück, February 20, 1953, MDP, box 23, folder 22.

9. Watson, *The Double Helix*, 110. 伊丽莎白二世于 1952 年 2 月 6 日在其父王乔治五世去世后不久即位；1953 年 6 月 2 日，她加冕成为英格兰女王。1952 年春天，印有她的王室标记 ER II（伊丽莎白-里贾纳二世）的邮筒开始在街头出现。

10. Watson, *The Double Helix*, 110.

11. Horace Freeland Judson, *The Eighth Day of Creation: Makers of the Revolution in Biology* (Cold Spring Harbor, NY: Cold Spring Harbor Laboratory Press, 2013), 129.

12. Thomas Hager, *Force of Nature: The Life of Linus Pauling* (New York: Simon and Schuster, 1995), 425–426.

13. June M. Broomhead, "The structure of pyrimidines and purines. II. A determination of the structure of adenine hydrochloride by X-ray methods," *Acta Crystallographica* 1 (1948): 324–329; June M. Broomhead, "The structures of pyrimidines and purines. IV. The crystal structure of guanine hydrochloride and its relation to that of adenine hydrochloride," *Acta Crystallographica* 4 (1951): 92–100; June M. Broomhead, "An X-ray investigation of certain sulphonates and purines," PhD thesis, Cambridge University, 1948. 她婚后的姓氏是林赛，她后来的一些出版物也反映了这一点。

14. Judson, *The Eighth Day of Creation*, 145.

15. Judson, *The Eighth Day of Creation*, 146–147; Jerry Donohue, "The Hydrogen Bond in Organic Crystals," *Journal of Physical Chemistry* 56 (1952): 502–510; Horace Judson interview with Jerry Donohue, October 5, 1973, HFJP; Jerry Donohue Papers, box 5, folders 20 and 21, University of Pennsylvania Archives, Philadelphia, PA.

16. Watson, *The Double Helix*, 110.

17. Watson, *The Double Helix*, 110.

18. Watson, *The Double Helix*, 112.

19. Author interview with James D. Watson（no. 4），July 26, 2018.

20. Watson, *The Double Helix*，112.

21. L. C. Pauling and R. B. Corey,"Structure of the Nucleic Acids,"*Nature* 171（February 21, 1953）：346；L. C. Pauling and R. B. Corey,"A Proposed Structure for the Nucleic Acids,"*Proceedings of the National Academy of Sciences* 39（1953）：84-97.

22. Rosalind Franklin, notes on the Pauling-Corey triple helix paper, February 1953, RFP, ARCHIVAL REF？；Judson, *The Eighth Day of Creation*，141.

23. Brenda Maddox, *Rosalind Franklin：The Dark Lady of DNA*（New York：HarperCollins, 2002），195, 200；R. E. Franklin and R. G. Gosling,"Molecular configuration in sodium thymonucleate,"*Nature* 171（1953）：740-741；R. E. Franklin and R. G. Gosling,"The Structure of Sodium Thymonucleate Fibers. I. The Influence of Water Content,"*Acta Crystallographica* 6（1953）：673-677；R. E. Franklin and R. G. Gosling,"The Structure of Thymonucleate Fibers. II：The Cylindrically Symmetrical Patterson Function,"*Acta Crystallographica* 6（1953）：678-685；see also R. E. Franklin and R. G. Gosling,"The Structure of Sodium Thymonucleate Fibers III. The Three - Dimensional Patterson Function,"*Acta Crystallographica* 8（1955）：151-156. See also J. D. Watson and F. H. C. Crick,"A structure for deoxyribose nucleic acid,"*Nature* 171（1953）：737-738；M. H. F. Wilkins, A. R. Stokes, and H. R. Wilson,"Molecular structure of deoxypentose nucleic acids,"*Nature* 171（1953）：738-740.

24. 《晶体学学报》杂志的英文编辑收到这些论文后，将其刊登在该杂志的 1953 年 9 月号上；Maddox, *Rosalind Franklin*，199-201。

25. Robert Olby, *Francis Crick：Hunter of Life's Secrets*（Cold Spring Harbor, NY：Cold Spring Harbor Laboratory Press, 2009），165；Robert Olby, *ThePath to the Double Helix*（Seattle：University of Washington Press, 1974），410-414.

26. Olby, *Francis Crick*，165.

27. Watson, *The Double Helix*，112, 114.

28. Richard Sheridan, *The Rivals*，in *The School for Scandal and Other Plays*（London：Penguin, 1988），29-124.

29. Watson, *The Double Helix*，114.

30. 几个世纪后，马库斯·维特鲁威·波罗在他的《建筑十书》中讲述了这个可能是天方夜谭的故事。阿基米德关于体积位移的发现使他立即开发出了一种测试黄金纯度的方法。莫里斯·H. 摩根（Morris H. Morgan）的英

515

译本全文可在以下网址查阅：http：//www.gutenberg.org/ebooks/20239。

31. 这是希腊人的又一贡献，剧作家欧里庇得斯（公元前 480-406 年）将这一戏剧技巧归功于希腊人。

32. Watson, *The Double Helix*, 113-114. 沃森声称，自己曾经考虑过在鸟嘌呤和胞嘧啶之间形成第三个氢键，但由于鸟嘌呤的结晶学研究表明这种氢键非常弱，因此被否决了。如今，这一猜想已被证实是错误的；鸟嘌呤和胞嘧啶之间存在三个强氢键。鲍林对此进行了更正，但应该指出的是，1953 年最初的沃森-克里克模型并不包括胞嘧啶和鸟嘌呤之间的第三个氢键。L. C. Pauling and R. B. Corey, "Specific Hydrogen-Bond Formation Between Pyrimidines and Purines in Deoxyribonucleic Acids," *Archives of Biochemistry and Biophysics* 65 (1956)：164-181.

516

33. Author interview with James D. Watson (no. 2), July 25, 2018.

34. Watson, *The Double Helix*, 114-115.

35. Watson, *The Double Helix*, 115.

36. Deb Amlen, "How to Solve the New York Times Crossword," *New York Times*, https://www.nytimes.com/guides/crosswords/how-to-solve-a-crossword-puzzle.

37. Watson, *The Double Helix*, 115；Olby, *Francis Crick*, 166.

38. Olby, *The Path to the Double Helix*, 412.

39. Watson, *The Double Helix*, 115.

40. Olby, *Francis Crick*, 167-168.

41. Watson, *The Double Helix*, 115.

42. Watson, *The Double Helix*, 115.

43. Watson, *The Double Helix*, 115.

44. Ivan Noble, "'Secret of Life' Discovery Turns 50," *BBC News*, February 28, 2003, http://news.bbc.co.uk/2/hi/science/nature/2804545.stm.

第二十七章 大美如斯

1. Francis Crick, *What Mad Pursuit: A Personal View of Scientific Discovery* (New York：Basic Books, 1988), 78-79. Invitation to the May 1, 1953, meeting of the Hardy Club in Kendrew's rooms at Peterhouse College, featuring James Watson's reading of a paper, "Some Comments on desoxyribonucleic acid"；letters from James D. Watson to Francis Crick, FCP, PP/CRI/H/1/42/3, box 72.

2. James D. Watson, *The Double Helix: A Personal Account of the Discovery of*

the Structure of DNA , edited by Gunther Stent（New York：Norton, 1980）, 116.

3. Author interview with James D. Watson（no. 1）, July 23, 2018.

4. Watson, *The Double Helix* , 116; see also Robert Olby, *Francis Crick：Hunter of Life's Secrets*（Cold Spring Harbor, NY：Cold Spring Harbor Laboratory Press, 2009）, 168-169; Robert Olby, *The Path to the Double Helix*（Seattle：University of Washington Press, 1974）, 399-416; Horace Freeland Judson, *The Eighth Day of Creation：Makers of the Revolution in Biology*（Cold Spring Harbor, NY：Cold Spring Harbor Laboratory Press, 2013）, 148-152.

5. Watson, *The Double Helix* , 116.

6. Olby, *The Path to the Double Helix* , 414; Robert Olby recorded Interviews with Francis Crick for the Royal Society, March 8, 1968 and August 7, 1972, Collections of the Royal Society, London.

7. Olby, *The Path to the Double Helix* , 414.

8. Watson, *The Double Helix* , 116-117.

9. Watson, *The Double Helix* , 117.

10. Judson, *The Eighth Day of Creation* , 627-629.

11. Watson, *The Double Helix* , 118.

12. Watson, *The Double Helix* , 117.

13. Crick, *What Mad Pursuit* , 77.

14. "The Race for the Double Helix," documentary television program, narrated by Isaac Asimov, *Nova* , PBS, March 7, 1976.

15. Watson, *The Double Helix* , 117-118.

16. Watson, *The Double Helix* , 118.

17. Watson, *The Double Helix* , 118.

18. 1953 年，英国最流行的病毒类型被俗称为流感病毒 A/英格兰/1/51，与 1950-51 年的利物浦毒株十分相似；该年第二流行的病毒类型为 A/英格兰/1/53，可能源自斯堪的纳维亚；A. Isaacs, R. Depoux, P. Fiset, "The Viruses of the 1952 - 53 Influenza Epidemic," *Bulletin of the World Health Organization* 11, no. 6（1954）：967-979; *The Registrar General's Statistical of England and Wales for the Year 1953*（London：Her Majesty's Stationery Office, 1956）, 173-188. For an exegesis on the history of influenza pandemics, see Howard Markel et al. , "Nonpharmaceutical Interventions Implemented by U. S. Cities During the 1918 - 1919 Influenza Pandemic," *Journal of the American Medical Assocation* 298, no. 6, 2007; 644-654; Howard Markel and J. Alexander Navarro,

517

eds. , *The American Influenza Epidemic of 1918 - 1919. A Digital Encyclopedia* , http：//www. influenzaarchive. org。

19. Letter from Rosalind Franklin to Adrienne Weill, March 10, 1953, ASP, box 2, folder 15. 1; Brenda Maddox, *Rosalind Franklin: The Dark Lady of DNA* (New York：HarperCollins, 2002), 205-206.

20. WLBP, MS WLB 54A/282; MS WLB 32E/7. See also Graeme K. Hunter, *Light is a Messenger: The Life and Science of William Lawrence Bragg* (Oxford：Oxford University Press, 2004), 196, 279.

21. Watson, *The Double Helix* , 118.

22. Watson, *The Double Helix* , 118.

23. Watson, *The Double Helix* , 120.

24. Watson, *The Double Helix* , 120.

25. Watson, *The Double Helix* , 120.

26. Alexander Todd, *A Time to Remember: The Autobiography of a Chemist* (Cambridge：Cambridge University Press, 1983), 88.

27. Todd, *A Time to Remember* , 89. See also W. L. Bragg, J. C. Kendrew, and M. F. Perutz, "Polypeptide Chain Configurations in Crystalline Proteins," *Proceedings of the Royal Society of London A: Mathematical and Physical Sciences* 203, no. 1074 (October 10, 1950)：321-357; L. C. Pauling, R. B. Corey, and H. R. Branson, "The structure of proteins: Two hydrogen - bonded helical configurations of the polypeptide chain," *Proceedings of the National Academy of Sciences* 37, no. 4 (1951)：205-211; M. F. Perutz, "New X-ray Evidence on the Configuration of Polypeptide Chains: Polypeptide Chains in Poly-γ-benzyl-L-glutamate, Keratin and Hæmoglobin," *Nature* 167, no. 4261 (1951)：1053-1054.

28. 托德猜想，如果物理学家和化学家在这一时期能更紧密合作，化学家也许"能让物理学家提前一年左右实现想象力的飞跃，但可能也只能提前这么长时间"。Todd, *A Time to Remember* , 89.

29. Todd, *A Time to Remember* , 89.

30. Watson, *The Double Helix* , 120.

31. Olby, *The Path to the Double Helix* , 416.

32. Watson, *The Double Helix* , 120.

33. Watson, *The Double Helix* , 120.

34. Crick, *What Mad Pursuit* , 75.

35. Watson, *The Double Helix* , 120.

518

36. Watson, *The Double Helix*, 120. This is a paraphrase of what Wilkins actually wrote in his letter to Francis Crick, March 7, 1953, FCP, PP/CRI/H/1/42/4.

第二十八章 功败垂成

1. Letter from Maurice Wilkins to Francis Crick, March 7, 1953, FCP, PP/CRI/H/1/42/4.

2. William Shakespeare, *The Life and Death of Richard II*, Act II, scene i.

3. William Shakespeare, sonnets 127–152.

4. Michael Schoenfeldt, *The Cambridge Introduction to Shakespeare's Poetry* (Cambridge: Cambridge University Press, 2010), 98–111.

5. William Shakespeare, sonnet 147.

6. Horace Judson interview with Raymond Gosling, July 21, 1975, HFJP.

7. James D. Watson, *The Double Helix: A Personal Account of the Discovery of the Structure of DNA*, edited by Gunther Stent (New York: Norton, 1980), 126.

8. Max Delbrück, undatedmemorandum, "The Pauling seminar on his triple helix DNA structure was held on Wednesday, March 4, 1953," MDP, box 23, file 22; Thomas Hager, *Force of Nature: The Life of Linus Pauling* (New York: Simon and Schuster, 1995), 425; Watson, *The Double Helix*, 126.

9. James D. Watson, "Succeeding in Science: Some Rules of Thumb," *Science* 261, no. 5129 (September 24, 1993): 1812–1813.

10. Letter from Peter Pauling to Linus and Ava Helen Pauling, March 14, 1953, LAHPP, http://scarc.library.oregonstate.edu/coll/pauling/dna/corr/bio5.041.6 – peterpauling–lp–19530301–transcript.html.

11. Letter from Peter Pauling to Linus and Ava Helen Pauling, March 14, 1953, LAHPP, http://scarc.library.oregonstate.edu/coll/pauling/dna/corr/bio5.041.6 – peterpauling – lp – 19530301–transcript.html.

12. Letter from Francis Crick to Linus Pauling, March 2, 1953, California Institute of Technology Archives, Pasadena, CA, cited in Hager, *Force of Nature*, 424.

13. Maurice Wilkins, *The Third Man of the Double Helix* (Oxford: Oxford University Press, 2003), 211; Horace Freeland Judson, *The Eighth Day of Creation: Makers of the Revolution in Biology* (Cold Spring Harbor, NY: Cold Spring Harbor Laboratory Press, 2013), 152.

14. Wilkins, *The Third Man of the Double Helix*, 211.

15. Wilkins, *The Third Man of the Double Helix*, 211.

16. Wilkins, *The Third Man of the Double Helix*, 211-212.

17. Wilkins, *The Third Man of the Double Helix*, 212. "他们（威尔金斯实验室）改进后的 B 型结构在骨架的细节上与原来的结构有所不同，最明显的是糖的角度发生了变化，从而使碱基更贴近中心。威尔金斯花费了七年的时间改进模型"；Judson, *The Eighth Day of Creation*, 167. See also Maurice Wilkins, "The Molecular Configuration of Nucleic Acids," in *Nobel Lectures*, *Physiology or Medicine 1942 - 1962* (Amsterdam: Elsevier, 1964), 755 - 782, available at https://www. nobelprize. org/prizes/medicine/1962/wilkins/lecture.

18. Watson, *The Double Helix*, 122.

19. Horace Judson interview with William Lawrence Bragg, January 28, 1971, HFJP.

20. Letter from Maurice Wilkins to Max Perutz, June 30, 1976, HFJP.

21. Wilkins, *The Third Man of the Double Helix*, 215.

22. Watson, *The Double Helix*, 122. 2018 年，沃森对威尔金斯和弗兰克林第一次看到他和克里克的 DNA 双螺旋模型时表现出的 "良好英国风度" 大加赞赏；author interview with James D. Watson (no. 4), July 26, 2018。

23. Wilkins, *The Third Man of the Double Helix*, 213-215.

24. Wilkins, *The Third Man of the Double Helix*, 215.

25. Brenda Maddox, *Rosalind Franklin: The Dark Lady of DNA* (New York: HarperCollins, 2002), 209.

26. Anne Sayre interview with Jerry Donohue, December 19, 1975, ASP, box 2; Maddox, *Rosalind Franklin*, 209.

27. Letter from James D. Watson to Max Delbrück, March 12, 1953, MDP, box 23, folder 22.

28. Watson, *The Double Helix*, 127.

29. Watson, *The Double Helix*, 122.

30. Anne Sayre, *Rosalind Franklin and DNA* (New York: Norton, 1975), 168-169.

31. Judson, *The Eighth Day of Creation*, 628.

32. Watson, *The Double Helix*, 124.

33. "Due Credit," *Nature* 496 (April 18, 2013): 270. 最后一句转述了艾萨克·牛顿 1675 年的著名格言："如果我比别人看得更远，那是因为我站在巨人的肩膀上。"这句话出自沙特尔的伯纳德之口，他可能在 12 世纪首次说出这句名言。

34. Watson, *The Double Helix*, 124–126.

35. Judson, *The Eighth Day of Creation*, 148.

36. Author interview with James D. Watson（no. 4）, July 26, 2018.

520

37. Sayre, *Rosalind Franklin and DNA*, 213–14; Francis Crick, "How to Live with a Golden Helix," *The Sciences* 19（September 1979）: 6–9.

38. Maddox, *Rosalind Franklin*, 202.

39. Mansel Davies, "W. T. Astbury, Rosie Franklin, and DNA: A Memoir," *Annals of Science* 47（1990）: 607–618, quote is on 617–618. 曼塞尔·戴维斯（1913-1995 年）是威廉·阿斯特伯里的学生，也是著名的物理学家、X 射线晶体学家和分子结构专家。See Sir John Meurig Thomas, "Professor Mansel Davies," obituary, *Independent*, January 17, 1995, https://www.independent.co.uk/news/people/obituariesprofessor-mansel-davies-1568365.html.

40. Watson, *The Double Helix*, 126.

41. Robert Olby, *Francis Crick: Hunter of Life's Secrets*（Cold Spring Harbor, NY: Cold Spring Harbor Laboratory Press, 2009）, 169.

42. Judson, *The Eighth Day of Creation*, 151.

43. Watson, *The Double Helix*, 126.

44. Author interview with James D. Watson（no. 4）, July 26, 2018.

45. Watson, *The Double Helix*, 127.

46. Letter from James D. Watson to Max Delbrück, March 22, 1953, MDP, box 23, folder 22.

47. Author interview with James D. Watson（no. 4）, July 26, 2018.

48. 弗朗西斯·克里克写给迈克尔·克里克的信，1953 年 3 月 19 日，完整信件的副本出自: FCP, PP/CRI/D/4/3, box 243。这封信的原件于 2013 年 4 月 10 日由纽约佳士得拍卖行以 6059750 美元的价格拍出，创下当时书信拍卖的世界纪录; Jane J. Lee, "Read Francis Crick's $6 Million Letter to Son Describing DNA," *National Geographic*, April 11, 2013, https://blog.nationalgeographic.org/2013/04/11/read-francis-cricks-6-million-letter-to-son-describing-dna/。

第二十九章　我们注意到了

1. J. D. Watson and F. H. C. Crick, "A Structure for Deoxyribose Nucleic Acid," *Nature* 171, no. 4356（April 25, 1953）: 737–738.

2. Letter from James D. Watson and Francis Crick to Linus Pauling, March 21, 1953, LAHPP, http：//scarc. library. oregonstate. edu/coll/pauling/dna/corr/sci 9. 001. 32-watsoncrick-lp-19530321. html.

3. Letter from James D. Watson and Francis Crick to Linus Pauling, March 21, 1953, LAHPP, http：//scarc. library. oregonstate. edu/coll/pauling/dna/corr/sci 9. 001. 32-watsoncrick-lp-19530321. html.

4. Letter from James D. Watson to his parents, March 24, 1953, WFAT, "Cambridge Letters, to his Family, September 1953-September 1953. "

5. 索尔维会议自 1922 年开始举办，世界上一些最聪明的物理学家和化学家都参加了会议，会议由富有的比利时化学家和实业家欧内斯特·G. J. 索尔维资助。虽然索尔维因为胸膜炎没有上过大学，但他的后半生却通过慈善活动与杰出的化学和物理教授结下了不解之缘。他开发了索尔维工艺，用盐水和石灰石制造纯碱（无水氢氧化钠，是制造玻璃、纸张、人造丝、肥皂和洗涤剂的关键原料）。See Institut International de Chimie Solvay, *Les Protéines*, *Rapports et Discussions: Neuvième Conseil de Chimietenuàl'université* de Bruxelles du 6 au 14 Avril 1953 (Brussels：R. Stoops, 1953) .

6. Thomas Hager, *Force of Nature: The Life of Linus Pauling* (New York：Simon and Schuster, 1995), 388-389, 427.

7. James D. Watson, *The Double Helix: A Personal Account of the Discovery of the Structure of DNA* , edited by Gunther Stent (New York：Norton, 1980), 127; letter from James D. Watson to Max Delbrück, March 12, 1953, MDP, box 23, folder 22.

8. Hager, *Force of Nature* , 428.

9. Hager, *Force of Nature* , 387-389, 427-428.

10. Brenda Maddox, *Rosalind Franklin: The Dark Lady of DNA* (New York：HarperCollins, 2002), 209.

11. Maddox, *Rosalind Franklin* , 209; "Due Credit," editorial, *Nature* 496 (April 18, 2013)：270.

12. 麦克米伦公司于 1966 年将《自然》杂志的现存档案出售给大英博物馆之前，有关沃森和克里克 DNA 论文的重要历史资料就已被销毁。Letter from A. J. V. Gale to Horace Judson, October 3, 1976, and letter from David Davies, editor of *Nature* , to Horace Judson, September 1, 1976, HFJP, file "A. J. V. Gale/*Nature* "; Maddox, *Rosalind Franklin* , 211.

13. Letter from Francis Crick to Maurice Wilkins, March 17, 1953；信件背面

521

是给《自然》杂志联合编辑 A. J. V. 盖尔的说明草稿，内容是关于他们的 DNA 论文，也就是《自然》杂志上提到的"信"："布拉格教授和佩鲁茨教授都读了这封信，并同意我们把它寄给您。如果您能大概告诉我们是否有可能发表这封信，我们将不胜感激。"See：A. Gann and J. Witkowski，"The lost correspondence of Francis Crick"，*Nature* 467（2010）：519-524.

14. Letter from Maurice Wilkins to Francis Crick，March 18，1953，FCP，PP/CRI/H/1/42/3，box 72，quoted in Robert Olby，*The Path to the Double Helix*（Seattle：University of Washington Press，1974），417-418.

15. Letter from Maurice Wilkins to Erwin Chargaff，June 3，1953，ECP.

16. 此前一天的 4 月 1 日，洛克菲勒基金会自然科学项目颇具影响力的助理主任杰拉尔德·波默拉特（Gerald Pomerat）访问了卡文迪许实验室，考察由基金会资助的布拉格的蛋白质研究项目。波默拉特的日记清楚地表明，剑桥的主要新闻与 DNA 以及两个"为他们的新结构鼓吹的狂想家"所引发的 522 轰动相关。J. Witkowski，"Mad Hatters at the DNA Tea Party，"*Nature* 415（2001）：473-474.

17. James D. Watson，*Girls，Genes and Gamow：After the Double Helix*（New York：Knopf，2002），8.

18. Martin J. Tobin，"Three Papers，Three Lessons，"*American Journal of Respiratory and Critical CareMedicine* 167，no. 8（2003）：1047-1049.

19. Horace Freeland Judson，*The Eighth Day of Creation：Makers of the Revolution in Biology*（Cold Spring Harbor，NY：Cold Spring Harbor Laboratory Press，2013），154.

20. Watson，*The Double Helix*，129.

21. Watson and Crick，"A Structure of Deoxyribose Nucleic Acid."

22. M. H. F. Wilkins，A. R. Stokes，and H. R. Wilson，"Molecular Structure of Deoxypentose Nucleic Acids，"*Nature* 171，no. 4356（April 25，1953）：738-740.

23. R. E. Franklin and R. G. Gosling，"Molecular Configuration in Sodium Thymonucleate，"*Nature* 171，no. 4356（April 25，1953）：740-741. See also Roger Chartier，*The Order of Books：Authors and Libraries in Europe Between the 14th and 18th Centuries*（Palo Alto，CA：Stanford University Press，1994）；and Roger Chartier，*The Cultural Uses of Print in Early Modern France*（Princeton：Princeton University Press，2019）.

24. Judson，*The Eighth Day of Creation*，148.

25. Franklin and Gosling, "Molecular Configuration in Sodium Thymonucleate."

26. Maddox, *Rosalind Franklin*, 211-212. 事实上，弗兰克林只把沃森-克里克模型作为一种假设来接受。在 1953 年 9 月的一篇论文中，她写道："由于跟数据不符，我们在细节上无法接受。" See R. E. Franklin and R. G. Gosling, "The structure of sodium thymonucleatefibres: The influence of water content. Part I," and "The structure of sodium thymonucleatefibres: The cylindrically symmetrical Patterson function. Part II," *Acta Crystallographica* 6 (1953): 673-677, 678-685; see also Brenda Maddox, "The Double Helix and the 'Wronged Heroine,'" *Nature* 421, no. 6291 (January 23, 2003): 407-408.

27. Watson, *The Double Helix*, 129.

28. Watson, *The Double Helix*, 130.

29. Watson, *The Double Helix*, 129.

30. Watson, *The Double Helix*, 130.

31. Letter from Linus Pauling to Ava Helen Pauling, April 6, 1953, LAHPP, http://scarc. library. oregonstate. edu/coll/pauling/dna/corr/safe1. 021. 3. html.

32. Linus Pauling notebook, Solvay Congress, April 1953, LAHPP, http://scarc. library. oregonstate. edu/coll/pauling/dna/notes/safe4. 083 - 031. html. In the published version of Bragg's "Note Complémentaire" on Watson and Crick's work—a short report constituting the first formal announcement of their DNA model—Pauling gave a smoother imprimatur to the proceedings: "I feel that it is very likely that the Watson-Crick model is essentially correct." See "Discussion des rapports de MM. L. Pauling et L. Bragg," and J. D. Watson and F. H. C. Crick, "The Stereochemical Structure of DNA," both in Institut International de Chimie Solvay, *Les Protéines. Rapports et Discussions*, 113-118, 110-112.

33. "Linus Pauling Diary: Trips to Germany, Sweden and Denmark, July and August, 1953," 89, LAHPP, http://scarc. library. oregonstate. edu/coll/pauling/dna/notes/safe4. 082-017. html.

34. *Lifestory: Linus Pauling*, BBC, 1997, in Linus Pauling and the Nature of the Chemical Bond, website maintained by the LAHPP, http://scarc. library. oregonstate. edu/coll/pauling/bond/audio/1997v. 1-pasadena. html.

35. Hager, *Force of Nature*, 429.

36. Hager, *Force of Nature*, 431; John L. Greenberg oral history interview with Linus Pauling, May 10, 1984, 23, Archives of the California Institute of

Technology, Pasadena, CA, http://oralhistories. library. caltech. edu/18/1/OH_
Pauling_ L. pdf.

37. Jim Lake, "Why Pauling Didn't Solve the Structure of DNA,"
correspondence, *Nature* 409, no. 6820 (February 1, 2001): 558.

38. Hager, *Force of Nature*, 429-430.

39. *Oxford English Dictionary* (Oxford: Oxford University Press, 1989), https://
www. oed. com/oed2/00048049; jsessionid=0389830C953F30EA35E2A97FD896F289.

40. Maurice Wilkins, *The Third Man of the Double Helix* (Oxford: Oxford
University Press, 2003), 164-165.

41. Maddox, *Rosalind Franklin*, 209-210.

42. Watson and Crick, "A Structure for Deoxyribose Nucleic Acid."

43. Letter from Maurice Wilkins to Francis Crick, March 23, 1953, Sydney
Brenner Collection, SB/11/1/77/, Cold Spring Harbor Laboratory Archives, Cold
Spring Harbor, NY; Maddox, *Rosalind Franklin*, 210.

44. Maurice Wilkins to Francis Crick, March 18, 1953, cited in Olby, *The
Path to the Double Helix*, 418; Maddox, *Rosalind Franklin*, 211.

45. Oddly, Wilkins spells the nickname both "Rosy" and "Rosie" in the same
letter. Letter from Maurice Wilkins to Francis Crick, March 23, 1953, Sydney
Brenner Collection, SB/11/1/77.

46. Eugene Garfield, "Bibliographic Negligence: A Serious Transgression,"
Scientist 5, no. 23 (November 25, 1991): 14.

47. James D. Watson and Francis Crick, "A Structure for DNA," FCP, PP/
CRI/H/1/11/2, box 69. There are six extant typescripts of the Watson-Crick paper
here.

48. Maddox, *Rosalind Franklin*, 210.

49. W. T. Astbury, "X-ray Studies of Nucleic Acids," *Symposia of the Society
for Experimental Biology* (*I. Nucleic Acids*), 1947: 66-76; M. H. F. Wilkins and
J. T. Randall, "Crystallinity in sperm heads: molecular structure of nucleoprotein in
vivo," *ActaBiochimica et Biophysica* 10, no. 1 (1953): 192-193.

50. Watson and Crick, "A Structure for Deoxyribose Nucleic Acid."

51. F. H. C. Crick and J. D. Watson, "The Complementary Structure of 524
Deoxyribonucleic Acid," *Proceedings of the Royal SocietyA: Mathematical, Physical
and Engineering Sciences* 223 (1954): 80-96.

52. Francis Crick, *What Mad Pursuit: A Personal View of Scientific Discovery*

（New York：Basic Books，1988），66.

53. Watson and Crick，"A Structure for Deoxyribose Nucleic Acid."克里克在《疯狂的追求》一书中指出，一些评论家称他们著名论文的结尾句是忸怩作态。在回忆录中，他回忆了自己为加入一两句关于 DNA 遗传影响的内容所做的努力："我非常希望论文能讨论遗传影响。吉姆反对。他时不时地担心论文的结构可能是错误的，担心自己出丑。我被迫同意他的观点，但坚持要在论文中加入一些内容，否则肯定会有人写信来提出建议，认为我们太盲目而没有看到这一点。简而言之，这是在要求优先权。"（66）

54. 沃森和克里克经常抱怨说，他们没有因为发现双螺旋而立即名声大噪。大众媒体的反应也说明了这一点，几年后，他们的 DNA 模型才被纳入大学和医学院的课程和教科书。沃森解释说，没有欢呼声是因为"觉得我们不配——因为我们没有做任何实验，用的是别人的数据"；见：Victor K. McElheny，*Watson and DNA: Making a Scientific Revolution*（New York：Perseus，2003），65。在发现双螺旋 40 周年纪念会上，克里克对听众说，就即时的赞誉而言，"一点也没有，一点也没有"；见：Stephen S. Hall，"Old School Ties：Watson，Crick，and 40 Years of DNA，" *Science* 259，no. 5101（March 12，1993）：1532-1533。报纸上对索尔维会议的声明作了一些报道，而关于《自然》论文的报道则少之又少。《纽约时报》直到 1953 年 5 月 16 日才以"细胞中'生命单位'的形式被扫描"为题报道了 DNA 结构被发现的故事；1953 年 6 月 12 日又刊登了一篇较长的文章。里奇·考尔德（Ritchie Calder）的文章《为什么生命的秘密离你更近了》（"Why You Are Nearer to the Secret of Life"）刊登在 1953 年 5 月 15 日的《伦敦新闻纪事报》（*London News Chronicle*）上，1953 年 5 月 30 日剑桥大学本科生校报《大学》（*The Varsity*）也刊登了一篇介绍短文。尽管如此，当时真正有影响力的一百多位科学家很快就明白了他们的发现的重要性，并相应地调整了自己的研究议程。

55. Maddox，*Rosalind Franklin*，206.

56. Letter from John Randall to Rosalind Franklin，April 17，1953，JRP，RNDL 3/1/6.

57. 弗兰克林在 1953 年向赛尔提出了这个问题；Anne Sayre，*Rosalind Franklin and DNA*（New York：Norton，1975），168，214。

58. Maddox，*Rosalind Franklin*，221-222.

59. Steven Rose interview with Maurice Wilkins，"National Life Stories. Leaders of National Life. Professor Maurice Wilkins，FRS，" C408/017（London：British Library，1990），60，116.

60. Steven Rose interview with Maurice Wilkins, 60, 104.

61. Letter from Rosalind Franklin to John Randall, April 23, 1953, JRP, RNDL 3/1/6.

62. 弗兰克林·威尔金斯大楼位于伦敦大学滑铁卢校区斯坦福街 150 号。它现在是牙科教育中心和弗兰克林·威尔金斯图书馆的所在地，后者"旨在满足护理和助产专业学生的需求，[并]包含大量管理、生物科学和教育方面的藏书"，还为在该楼学习法律课程的学生收藏了少量法律书籍。See https：//www.kcl.ac.uk/visit/franklin-wilkins-building。

63. Jenifer Glynn, *My Sister Rosalind Franklin: A Family Memoir* (Oxford: Oxford University Press, 2012), 127.

64. Author interview with Jenifer Glynn, May 7, 2018; Glynn, *My Sister Rosalind Franklin*, 127. 布伦达·马多克斯报告了 1999 年与西蒙·阿尔特曼（Simon Altmann）博士的一次面谈，此外，他后来还在 2000 年和 2001 年的相关信件中声称弗兰克林曾告诉他，有一天她来到实验室，"发现自己的笔记本被人翻过"。弗兰克林还担心她的导师没有保护她，而是与沃森和克里克交流。遗憾的是，随着岁月的流逝，阿尔特曼已无法确定这次讨论的时间，而他在 1952 年初到 1953 年春这段时间一直在阿根廷工作。Maddox, *Rosalind Franklin*, 194, 343.

65. Author interview with James D. Watson (no. 2), July 24, 2019.

66. Maddox, *Rosalind Franklin*, 212.

67. Letter from John Randall to Rosalind Franklin, April 17, 1953, JRP, RNDL 3/1/6.

68. James Boswell, *The Life of Samuel Johnson* (London: Penguin, 1986), 116. 1763 年 7 月 31 日，博斯韦尔告诉约翰逊他参加了一个贵格会聚会后，约翰逊说出了这句大男子主义意味的调侃话；see Howard Markel, "The Death of Dr. Samuel Johnson: A Historical Spoof on the Clinicopathologic Conference," in Howard Markel, *Literatim: Essays at the Intersections of Medicine and Culture* (New York: Oxford University Press, 2020), 15-24。

69. "圣愚"指的是一批"先知"，他们以装疯卖傻为幌子追随基督，并坚称自己能够揭示福音的真相。就沃森而言，他的神和福音都包含在 DNA 中。Horace Judson interview with Maurice Wilkins, June 26, 1971, HFJP; Judson, *The Eighth Day of Creation*, 156-157.

70. Author interview with James D. Watson (no. 2), July 24, 2019.

71. Watson, *The Double Helix*, 132-133.

72. Maddox，*Rosalind Franklin*，254.

73. Maddox，*Rosalind Franklin*，240-241，246，262-263，268-269，295.

74. Watson，*The Double Helix*，133.

75. Letter from C. P. Snow to W. L. Bragg，March 14，1968，after reading the manuscript of *The Double Helix*，MFP，4/2/1.《自然》杂志编辑约翰·马多克斯在另一篇通讯中写道："感到不安的科学家们有责任做更多的事情，而不是把吉姆·沃森从他们的圣诞贺卡名单上除名。他们有责任站出来讲述自己的故事"；Victor McElheny，review of *The Path to the Double Helix* by Robert Olby，*New York Times Book Review*，March 16，1975，BR19。

76. Franklin and Gosling，"Molecular Configuration in Sodium Thymonucleate."

77. J. D. Watson and F. H. C. Crick，"Genetical Implications of the Structure of Deoxyribonucleic Acid，" *Nature* 171，no. 4361（May 30，1953）：964-967.

78. Judson，*The Eighth Day of Creation*，156.

79. Watson，*The Double Helix*，130-131.

80. Watson，*The Double Helix*，131.

81. Maurice Goldsmith，*Sage: A Life of J. D. Bernal*（London：Hutchinson，1980），166.

82. Letter from J. D. Bernal to Birkbeck Administration，January 6，1955；letter from Rosalind Franklin to J. D. Bernal，undated（May 26，1955?），both in RFP，"Rosalind Franklin File Kept by Professor J. D. Bernal，" FRKN 2/31.

83. Letter from Rosalind Franklin to J. D. Bernal，July 25，1955，RFP，"Rosalind Franklin File Kept by Professor J. D. Bernal，" FRKN 2/31；Maddox，*Rosalind Franklin*，256，262-265.

84. Maddox，*Rosalind Franklin*，254.

85. Letter from W. L. Bragg to Francis Crick，November 23，1956（83P/20）；letter from Francis Crick to W. L. Bragg，December 8，1956（83P/37）；invitation letter to Rosalind Franklin from W. L. Bragg，June 26，1956（85B/164）；letter from Rosalind Franklin to W. L. Bragg，July 23，1956（85B/165），all in WLBP.

86. 穆里尔·弗兰克林在与安妮·赛尔的通信中，曾不假思索地将卡斯帕尔视为潜在的情人。布伦达·马多克斯认为，弗兰克林与卡斯帕尔之间的爱情关系可能始于 1955 年或 1956 年，当时卡斯帕尔是她所在的伦敦伯克贝克学院（Birkbeck College）的研究员。（*Rosalind Franklin*，258，274-275，280-281，283，295-296，304）. 弗兰克林去世后，卡斯帕尔将她的照片放在自己的书桌上，并以她的名字为自己的第一个女儿命名。有人甚至评论说，他娶的女人也长得像弗兰克林。安娜·齐格勒（Anna Ziegler）在戏剧《第 51 号照片》（*Photograph No. 51*）中将这段想象中的恋情戏剧化，见：Anna Ziegler, *Plays One* (London：Oberon, 2016)，199-274。詹妮弗·格林认为，关于卡斯帕尔的故事也是"纯粹的幻想"（author interview, May 7, 2018）。卡斯帕尔后来与詹姆斯·沃森和亚伦·克鲁格都有过合作。

　　87. 有人断言，弗兰克林所说的"我倒希望自己怀孕了"暗示了她与卡斯帕尔之间的肉体关系，但她的话也可能表达了希望自己身体健康、怀有身孕而不是身患恶性肿瘤的愿望。Maddox, *Rosalind Franklin*, 284, see also 279.

　　88. Maddox, *Rosalind Franklin*, 144.

　　89. Maddox, *Rosalind Franklin*, 285, quotes from her medical chart at University College Hospital："Prof. Nixon, UCH notes for Miss Rosalind Franklyn [sic] Right oophorectomy and left ovarian cystectomy, Case No. AD 1651, September 4, 1956;" See also K. A. Metcalfe, A. Eisen, J. Lerner-Ellis, and S. A. Narod, "Is it time to offer BRCA1 and BRCA2 testing to all Jewish women?," *Current Oncology* 22, no. 4 (2015)：e233-236; F. Guo, J. M. Hirth, Y. Lin, G. Richardson, L. Levine, A. B. Berenson, and Y. Kuo, "Use of BRCA Mutation Test in the U. S. , 2004-2014," *American Journal of Preventive Medicine* 52, no. 6 (2017)：702-709.

　　90. Glynn, *My Sister Rosalind Franklin*, 149-150.

　　91. Maddox, *Rosalind Franklin*, 315. 2018 年 7 月 23 日，沃森在冷泉港实验室与笔者共进午餐时，就弗兰克林与父母所谓的"关系不睦"表达了类似的观点。

　　92. Glynn, *My Sister Rosalind Franklin*, 142; author interview with Jenifer Glynn, May 7, 2018.

　　93. Maddox, *Rosalind Franklin*, 304-5. In his biography of Aaron Klug, Kenneth C. Holmes claims it was Crick who came to Birkbeck to invite Franklin and Klug to work at the new Laboratory for Molecular Biology in Cambridge; Kenneth C. Holmes, *Aaron Klug：A Long Way from Durban* (Cambridge：Cambridge University Press, 2017), 103-104.

　　94. Maddox, *Rosalind Franklin*, 305.

　　95. Anne Sayre interview with Gertrude "Peggy" Clark Dyche, May 31, 1977, ASP, box 7, "Post Publication Correspondence A-E."

　　96. Letter from Muriel Franklin to Anne Sayre, November 23, 1969, ASP, box 2, folder 15. 2.

97. "未婚女人"一词并不像今天人们认为的那样带有贬义；它是对从未结过婚的妇女的法律称呼，类似于"寡妇"或"妻子"。Rosalind Franklin's death certificate, April 15, 1958, cited in Maddox, *Rosalind Franklin*, 307.

98. J. D. Bernal, "Dr. Rosalind E. Franklin," *Nature* 182, no. 4629 (1958): 154.

99. 她墓碑上的第三行希伯来文写道："罗谢尔，耶胡达之女"（她的希伯来名字和她父亲的希伯来名字）；最后一行是希伯来文首字母"רההיים תהיהנשממתהצרורהבבצרו"（"愿她的灵魂永生"），出自《撒母耳记上》第 25 章第 29 节：29。威尔斯登是大不列颠最著名的益格鲁-犹太人墓地之一，https：//historicengland. org. uk/listing/the-list/list-entry/1444176。

100. Author interview with Jenifer Glynn, May 7, 2018.

101. Glynn, *My Sister Rosalind Franklin*, 160.《牛津英语词典》将 "swot" 定义为一个俚语，意思是"努力学习"。该词大约起源于 1850 年的桑赫斯特皇家军事学院，据说当时一位名叫威廉・华莱士的数学教授的作业会让人"出汗"（swot）。罗莎琳德在临终前告诉她的哥哥科林，她想成为英国皇家学会会员。See also "Rosalind Franklin was so much more than the 'wronged heroine' of DNA," editorial, *Nature* 583 (July 21, 2020): 492.

528

卷六　诺贝尔奖

1. John Steinbeck, Nobel Prize Banquet speech, December 10, 1962, https：//www. nobelprize. org/prizes/literature/1962/steinbeck/25229 - john - steinbeck-banquet-speech-1962/.

第三十章　斯德哥尔摩

1. James D. Watson, Nobel Prize Banquet toast, December 10, 1962. https：//www. nobelprize. org/prizes/medicine/1962/watson/speech/.

2. Adam Smith interview with James D. Watson, December 10, 2012, Nobel Media AB 2019, https：//www. nobelprize. org/prizes/medicine/1962/watson/interview/.

3. Ragnar Sohlman, *The Legacy of Alfred Nobel* (London: Bodley Head, 1983).

4. Howard Markel, "The Story Behind Alfred Nobel's Spirit of Discovery," *PBS NewsHour*, https：//www. pbs. org/newshour/health/ the - story - behind - alfred -

nobela-spirit-of-discovery.

5. James D. Watson, *Avoid Boring People: Lessons from a Life in Science* (New York: Knopf, 2007), 179.

6. Watson, *Avoid Boring People*, 179.

7. Maurice Wilkins, *The Third Man of the Double Helix* (Oxford: Oxford University Press, 2003), 241.

8. https://www.nobelprize.org/prizes/medicine/1962/summary/.

9. 约翰·斯坦贝克的《愤怒的葡萄》(纽约：维京出版社，1939 年) 荣获 1939 年国家图书奖和 1940 年普利策奖。See also William Souder, *Mad at the World: A Life of John Steinbeck* (New York: Norton, 2020).

10. Wilkins, *The Third Man of the Double Helix*, 241; Paul Douglas, "An Interview with James D. Watson," *Steinbeck Review* 4, no.1 (February, 2007): 115-118.

11. The Nobel Prize in Physics, 1962, https://www.nobelprize.org/prizes/physics/1962/summary/.

12. The Nobel Medal for Physiology or Medicine, https://www.nobelprize.org/prizes/facts/the-nobel-medal-for-physiology-or-medicine. Virgil, *Aeneid*, book 6, line 663；埃涅阿斯在冥界瞻仰着故去的伟大灵魂——他们在我们现在所说的艺术和科学（artes et scientiae）领域的独特创造和发现为人类的进步做出了巨大贡献。原句为 "Inventasaut qui vitamexcoluere per artes"（威廉·莫里斯 1876 年的译文为 "通过新发现的精湛技艺改善人间生活的人们"）。自 1980 年以来，诺贝尔奖章一直由 "18K 再生金" 制成。

13. A Vnique Gold Medal, https://www.nobelprize.org/prizes/about/the-nobel-medals-and-the-medal-for-the-prize-in-economic-sciences; *Dr. James D. Watson's Nobel Medal and Related Papers*, auctioncatalogue, Christies: New York, December 4, 2014. 这枚奖章以 410 万美元的价格卖给了俄罗斯亿万富翁阿利舍尔·乌斯马诺夫（Alisher Usmanov），后者随即将奖章归还给了沃森。沃森表示，他将把部分收益用于支持冷泉港实验室和都柏林圣三一学院的研究；see Brendan Borrell, "Watson's Nobel medal sells for U.S. ＄4.1 million," *Nature*, December 4, 2014, https://www.nature.com/news/watson-s-nobel-medal-sells-for-us-4-1-million-1.16500。

14. 1962 年 12 月 11 日，颁奖仪式结束后的第二天早上，吉姆·沃森前往恩斯基尔达银行将自己三分之一的奖金兑换成了美元；Watson, *Avoid Boring People*, 189。2020 年颁发的每个诺贝尔奖的奖金数额定为 1000 万瑞典克朗，约

529

合 1145000 美元；诺贝尔基金会新闻稿，2020 年 9 月 24 日，https：//
www. nobelprize. org/press/？referringSource = articleShare #/publication/5f6c4a743
8241500049eca4a/ 552bd85dccc8e20c00e7f979？&sh=false。

15. James D. Watson, *Genes, Girls and Gamow: After the Double Helix* (New
York: Knopf, 2002), 252.

16. 自 1974 年以来，为容纳更多宾客，宴会便一直改在蓝厅举行。See also
Philip Hench, "Reminiscences of the Nobel Festival, 1950," *Proceedings of the Staff
Meetings of the Mayo Clinic* 26 (November 7, 1951): 417-37, available at https://
www. nobelprize. org/ceremonies/reminiscences-of-the-nobel-festival-1950/.

17. Ulrica Söderlind, *The Nobel Banquets: A Century of Culinary History*, 1901-
2001 (Singapore: World Scientific, 2005), 148-152; menu available at https://
www. nobelprize. org/ceremonies/nobel-banquet-menu-1962/.

18. Steinbeck, Nobel Prize Banquet speech. The axiom Steinbeck uses to
conclude his speech ("In the end is the Word, and the Word is Man—and the Word
is with Men") is adapted from John 1: 1 (King James Version): "In the
beginning was the Word, and the Word was with God, and the Word was God." The
Steinbeck Nobel Prize files are "Utlånde av Svenska AkademiensNobelkommitté,
1962; Förslag till utdelning av nobelprisetilitteraturår 1962" [Lent by the Swedish
Academy's Nobel Committee, 1962; Proposal for the Awarding of the Nobel Prize in
Literature in 1962]; Per Hallström, "John Steinbeck, 1943," Archives of the
Swedish Academy, Stockholm.

19. Douglas, "An interview with James D. Watson."

20. ErlingNorrby, *Nobel Prizes and Nature's Surprises* (Singapore: World
Scientific, 2013), 348-50; see also Wilkins, *The Third Man of the Double Helix*,
242-243.

21. Watson, *Avoid Boring People*, 183, 192.

22. Horace Freeland Judson, *The Eighth Day of Creation: Makers of the
Revolution in Biology* (Cold Spring Harbor, NY: Cold Spring Harbor Laboratory
Press, 2013), 556.

23. 沃森的祝酒词其实比不上美国第三十五任总统在其出色的演讲稿撰
写人西奥多·索伦森的帮助下发表的高亢演说。Watson, *Avoid Boring
People*, 187.

24. Watson, Nobel Prize Banquet toast.

25. Watson, *Avoid Boring People*, 187.

26. Maurice Wilkins, "The Molecular Configuration of Nucleic Acids," in *Nobel Lectures, Physiology or Medicine 1942-1962* (Amsterdam：Elsevier, 1964), 754-782; see also James D. Watson, "The Involvement of RNA in the Synthesis of Proteins," ibid., 785-808, and Francis H. C. Crick, "On the Genetic Code," https：//www. nobelprize. org/prizes/medicine/1962/crick/lecture/.

27. Norrby, *Nobel Prizes and Nature's Surprises*, 373-374.

28. 克鲁格因其对"晶体学电子显微镜和阐明具有重要生物意义的核酸－蛋白质复合物结构"的贡献而获得 1982 年诺贝尔化学奖。Aaron Klug, "From Macromolecules to Biological Assemblies," in *Nobel Lectures, Chemistry 1981-1990* (Singapore：World Scientific, 1992), available at https：//www. nobelprize. org/prizes/chemistry/1982/klug/lecture/.

29. Watson, *Avoid Boring People*, 189.

30. Watson, *Avoid Boring People*, 193.

31. Watson, *Avoid Boring People*, 187, 189.

32. Judson, *The Eighth Day of Creation*, 556-557.

第三十一章　故事终章

1. *The Man Who Shot Liberty Valance*, directed by John Ford, screenplay by James Warner Bellah and Willis Goldbeck based on a short story by Dorothy M. Johnson, Paramount Pictures, 1962.

2. Email from Ann-Mari Dumanski, Karolinska Institutet, to the author, August 6, 2018.

3. Email from Ann-Mari Dumanski, Karolinska Institutet, to the author, August 21, 2020.

4. 1962 年，沃森、克里克和威尔金斯获奖，但生物化学家埃尔温·查尔加夫因被忽视而耿耿于怀。1988 年和 2001 年，诺贝尔奖委员会邀请他提名"一位或多位诺贝尔生理学或医学奖候选人"，这相当于在他的伤口上又撒了一把盐。请放心，查尔加夫博士知道他不能提名自己。他于 2002 年去世，无缘诺贝尔奖。ECP, B：C37, Series IIC. See also Horace Freeland Judson, "No Nobel Prize for Whining," op-ed, *New York Times*, October 20, 2003, A17; David Kroll, "This Year's Nobel Prize in Chemistry Sparks Questions About How Winners Are Selected," *Chemical and Engineering News* 93, no. 45 (November 11, 2015)：35-36.

5. 物理奖紧随其后。截至 2020 年，自 1901 年以来颁发给 216 位获奖者的 114 个奖项中，47 个由一位获奖者获得，32 个由两位获奖者分享，35 个由三位获奖者分享；化学奖方面，颁发给 186 位获奖者的 112 个奖项中，63 个由一位获奖者获得，24 个由两位获奖者分享，25 个由三位获奖者分享。在 100 个和平奖中，68 个授予个人，30 个由两人分享，2 个授予三人；在授予 843 位获奖者的 51 个经济学奖中，25 个授予个人，19 个授予两人，7 个由三人分享；在 113 个文学奖中，只有 4 个由两位作家共同获得，其余 109 个由个人获得。和平奖通常授予组织（27 个）；例如，2020 年的和平奖授予了联合国世界粮食计划署。见：https：//www. nobelprize. org/prizes/facts/nobel-prize-facts/。

6. 瑞典经济学家、外交家、联合国第二任秘书长达格·哈默斯基约尔德于 1961 年 9 月 18 日死于飞机失事，享年 56 岁；他生前曾被提名为 1961 年和平奖候选人。瑞典诗人、瑞典科学院常任秘书卡尔·卡尔费尔特（Karl Karlfeldt）于 1931 年 4 月 8 日逝世，享年 66 岁；他生前也被提名为 1961 年和平奖候选人。2011 年诺贝尔生理学或医学奖揭晓后，人们发现获奖者之一拉尔夫·斯坦曼在三天前去世。根据对上述规则初衷的解释，诺尔基金会董事会得出结论，斯坦曼博士仍应是获奖者，因为卡罗林斯卡学院的诺贝尔奖大会是在不知道斯坦曼去世的情况下宣布获奖的。See https：//www. nobelprize. org/prizes/facts/nobel-prize-facts/.

7. Email from Dr. Karl Grandin to the author, July 22, 2019；https：//www. nobelprize. org/prizes/facts/nobel-prize-facts.

8. Horace Judson interview with William Lawrence Bragg, January 28, 1971, HFJP；letter from W. L. Bragg to Arne Westgren, Nobel Committee in Chemistry, January 9, 1960, Archives of the Center for the History of Science, Royal Swedish Academy of Sciences, Stockholm.

9. Letter from Linus Pauling to the Nobel Committee in Chemistry, March 15, 1960, LAHPP, http：//scarc. library. oregonstate. edu/coll/pauling/dna/corr/sci9. 001. 47-lp-nobelcommittee-19600315. html.

10. 1960 年的化学提名人为 W. L. 布拉格、D. H. 坎贝尔、W. H. 斯坦因、H. C. 尤里、J. 科克罗夫特、S. 摩尔、L. C. 鲍林和 J. 莫诺，生理学或医学奖的提名人为 M. 斯托克、E. J. 金（他只提名了克里克和佩鲁茨）；1961 年的化学奖提名人为 A. 圣·乔尔吉、G. 比尔德和 R. M. 赫里奥特，1962 年为 G. H. 玛奇、G. 比尔德、C. H. 斯图尔德·哈里斯、P. J. 盖拉德和 F. H. 索伯。Archives of the Center for the History of Science, Royal Swedish Academy of Sciences, Stockholm. See also Nobel Prize nominations for Medicine or Physiology: *Karol. Inst.*

Nobelk. 1960. P. M. Forsändelser Och Betänkanden；*Sekret Handling，1961. Betänkande angående F. H. C. Crick，J. D. Watson och M. H. F. Wilkins av Arne Engström*；（Shipments and Reports；Secret Action，1961. Report on F. H. C. Crick，J. D. Watson，and M. H. F. Wilkins by Arne Engström）*Nobel Prize Nominations for Medicine or Physiology. Karol. Inst. Nobelk. 1961*；*P. M. Forsändelser Och Betänkanden*；*Sekret Handling，1962. Betänkandeangående F. H. C. Crick，J. D. Watson och M. H. F. Wilkins av Arne Engström*（Shipments and Reports；Secret Action，1962. Report on F. H. C. Crick，J. D. Watson，and M. H. F. Wilkins by Arne Engström），Nobel Prize Nominations for Medicine or Physiology. Karol. Inst. Nobelk. 1962. *Nobel Prize Committee in Physiology or Medicine，Nobel Forum，Karolinska Institute，Stockholm，Sweden.* For secondary accounts，see Erling Norrby，*Nobel Prizes and Nature's Surprises*（Singapore：World Scientific，2013），333，370；A. Gann and J. Witkowski，"DNA：Archives Reveal Nobel Nominations，" correspondence，*Nature* 496（2013）：434.

　　11. *Arthur Conan Doyle*，"*The Gloria Scott*，" The Adventures and Memoirs of Sherlock Holmes（*New York：Modern Library*，1946），427. 这篇 1893 年的故事最初发表在《斯特兰德》杂志上，后被收入故事集《夏洛克-福尔摩斯回忆录》（*London：George Newnes*，1893）。在故事中，柯南·道尔描写了一个"虚伪的牧师……恶毒地谋杀了一名囚船船长…〔他站在死去的船长面前，脑浆溅满在大西洋航海图上……手肘处还握着一把冒烟的手枪"。*See also William Safire*，"*The Way We Live Now：On Language，Smoking Gun*，" New York Times Magazine，*January* 26，2003，18，*https：//www. nytimes. com/2003/01/26/ magazine/the-way-we-live-now-1-26-03-on-language-smoking-gun. html.*

　　12. *Gunnar Hägg*，"*Arne Westgren，1889-1975*，" Acta Crystallographica 32，*no.* 1（1976）：172-173.

　　13. *Arne Westgren*，"*Bilaga 8：Yttranderörandeförslagattbelöna J. D. Watson，F. H. C. Crickoch M. H. F. Wilkins med nobelpris*，" *in* Protokoll vid Kungl：Vetenskapsakademiens Sammankomster för Behandling av Ärenden Rörande Nobelstiftelsen，*Är 1960*（*Minutes at the Royal Swedish Academy of Sciences' Meetings for Processing Matters Concerning the Nobel Foundation*，1960），*Center for the History of Science，Royal Swedish Academy of Sciences，Stockholm. Translated by Erling Norrby in* Nobel Prizes and Nature's Surprises，337-338. 瑞典皇家科学院的埃林·诺尔比教授是前诺贝尔奖委员会成员，他对这份重要报告进行了出色的翻译和阐释，并慷慨地与我分享，允许我引用其中的内容，对此我深表感谢。

14. *W. L. Bragg, nomination for the Nobel Prize in Chemistry, January 9,* 1960, Ärenden Rörande Nobelstiftelsen. Är *1960 (Matters Concerning the Nobel Foundation, 1960), Center for the History of Science, Royal Swedish Academy of Sciences, Stockholm.*

15. 海顿于 1772 年创作了 "告别交响曲"，当时他担任为埃斯特哈希王子演奏的管弦乐队的指挥。夏去秋来之际，乐团成员向海顿发出呼吁，希望他能做些什么，让王子离开他在匈牙利乡村的避暑山庄，从而让他们能回家与家人团聚。音乐伎俩显然奏效了，宫廷乐师们第二天就回到了自己的家中。*Daniel Coit Gilman, Harry Thurston Peck, and Frank Moore Colby, eds.,* The New International Encyclopedia (*New York: Dodd, Mead,* 1905), 43; *James Webster,* Haydn's " Farewell " Symphony and the Idea of Classical Style (*Cambridge: Cambridge University Press,* 1991).

16. *"Decoding Watson,"* American Masters, *PBS, January 2, 2019, http: // www. pbs. org/wnet/americanmasters/american-masters-decoding-watson-full-film/ 10923/? button=fullepisode.*

17. *Amy Harmon,* " *For James Watson, the Price Was Exile,*" New York Times, *January 1, 2019, D1; Amy Harmon,* "*Lab Severs Ties with James Watson, Citing 'Unsubstantiated and Reckless' Remarks,*" New York Times, *January 11, 2019, https: //www. nytimes. com/2019/01/11/science/watson-dna-genetics. html.*

18. *Author interview with James D. Watson (no. 1), July 23, 2018.*

19. *James D. Watson,* Genes, Girls and Gamow: After the Double Helix (*New York: Knopf,* 2002), 250.

20. *Author interview with James D. Watson (no. 1), July 23, 2018.* 1970 年，莫里斯·威尔金斯告诉安妮-赛尔，如果弗兰克林还活着，诺贝尔奖只会颁给沃森和克里克。赛尔回忆说，"这个想法一直困扰着他，让他感到沮丧"。; *Anne Sayre interview with Maurice Wilkins, June 15, 1970, ASP, box 4, folder 32.*

21. *James D. Watson,* "*Striving for Excellence,*" A Passion for DNA: Genes, Genomes and Society (*Cold Spring Harbor, NY: Cold Spring Harbor Laboratory Press,* 2001), 117–121, *quote is on 120.* 在 2010 年出版的《避免无聊的人》一书中，沃森称赞哥伦比亚大学著名历史学家雅克·巴曾 (*Jacques Barzun*) 鼓励他 "将我们的发现故事讲述成一出非常人性的戏剧" (213)。

22. *Author interview with James D. Watson (no. 2), July 24, 2018.*

23. *James D. Watson,* The Double Helix: A Personal Account of the Discovery of the Structure of DNA, *edited by Gunther Stent (New York: Norton, 1980), 7.* 当时，

英国最畅销的书籍之一是金斯利·艾米斯（*Kingsley Amis*）的小说《幸运的吉姆》（Lucky Jim）（*London*：*Victor Gollancz*，1954），该书描写了一位外省大学讲师詹姆斯·迪克森（*James Dixon*）的故事。布伦达·马多克斯（*Brenda Maddox*）推测，沃森非常喜欢这部小说，他在《双螺旋》中以这部小说为蓝本，自己扮演"老实巴交的吉姆·迪克森"，弗兰克林则扮演"神经质的女讲师玛格丽特·皮尔（《新政治家》称艾米斯对她的描写'相当出色'），她的衣着毫无品味，完全不知道如何吸引男人"。*Brenda Maddox*，Rosalind Franklin：The Dark Lady of DNA（*New York*：*HarperCollins*，2002），315.

534

24. *Maddox*，Rosalind Franklin，314.

535

插图来源说明

（左侧页码为原著页码，即本书边码）

permission of the Franklin Trust and the Churchill Archives of Cambridge University)

86　Rosalind Franklin in Cabane des Evettes taking a break from a mountain climb, c. 1950 (reproduced with permission of the Franklin Trust and the Churchill Archives of Cambridge University)

94　Linus Pauling and Ava Helen Miller, 1922 (Linus and Ava Helen Pauling Papers, Oregon State University)

96　Linus Pauling in his Caltech laboratory, c. 1930s (Linus and Ava Helen Pauling Papers, Oregon State University)

98　Linus and Ava Helen Pauling and their children, c. 1941 (Linus and Ava Helen Pauling Papers, Oregon State University)

99　Robert Corey and Linus Pauling, 1951 (California Institute of Technology Archives)

108　James D. Watson, age ten, 1938 (James D. Watson Collection, Cold Spring Harbor Laboratory Archives)

110　Jim Watson as a Quiz Kid in 1942 (James D. Watson Collection, Cold Spring Harbor Laboratory Archives)

113　Jim Watson, graduation photo, 1947, University of Chicago (James D. Watson Collection, Cold Spring Harbor Laboratory Archives)

116　Max Delbrück and Salvador Luria at Cold Spring Harbor, summer 1952 (California Institute of Technology Archives)

118　Max Delbrück and the Phage Group, 1949 (California Institute of Technology Archives)

122　Jim and Betty Watson in Copenhagen, 1951 (James D. Watson Collection, Cold Spring Harbor Laboratory Archives)

123　Copenhagen, the city of bicycles (University of Michigan Center for the History of Medicine)

132　The Naples Zoological Station (University of Michigan Center for the History of Medicine)

134　The library of the Naples Zoological Station (Stazione Zoologica Anton Dohrn Archives)

139　Paestum: the Second Temple of Hera (University of Michigan Center for the History of Medicine)

145　The University of Michigan, c. 1950 (Bentley Historical Library at the University of Michigan)

147　John Kendrew, c. 1962 (Science Photo Library)

156　Max Perutz, c. 1962 (Associated Press Images)

162　Watson and Crick walking along the backs of King's and Clare colleges, 1952 (James D. Watson Collection, Cold Spring Harbor Laboratory Archives)

175　King's College Biophysics Unit interdepartmental cricket match, c. 1951 (King's College, London/Science Photo Library)

索 引

（索引页码为原著页码，即本书边码）

图书在版编目（CIP）数据

生命的秘密：弗兰克林、沃森、克里克和 DNA 双螺旋
结构的发现／（美）霍华德·马克尔（Howard Markel）
著；李果译. -- 北京：社会科学文献出版社，2024.
11. --（思想会）. -- ISBN 978-7-5228-4034-5

Ⅰ. Q1-0

中国国家版本馆 CIP 数据核字第 2024DW7843 号

·思想会·

生命的秘密：弗兰克林、沃森、克里克和 DNA 双螺旋结构的发现

著　　者／〔美〕霍华德·马克尔（Howard Markel）
译　　者／李　果

出 版 人／冀祥德
责任编辑／刘学谦
责任印制／王京美

出　　版／社会科学文献出版社·文化传媒分社（010）59367004
　　　　　地址：北京市北三环中路甲 29 号院华龙大厦　邮编：100029
　　　　　网址：www.ssap.com.cn
发　　行／社会科学文献出版社（010）59367028
印　　装／北京联兴盛业印刷股份有限公司

规　　格／开　本：880mm×1230mm　1/32
　　　　　印　张：19.25　字　数：474 千字
版　　次／2024 年 11 月第 1 版　2024 年 11 月第 1 次印刷
书　　号／ISBN 978-7-5228-4034-5
著作权合同
登 记 号／图字 01-2022-5872 号
定　　价／118.00 元

读者服务电话：4008918866